Automotive SPICE® in der Praxis

Dipl.-Ing. Markus Müller ist Director Operations und Partner bei KUGLER MAAG CIE GmbH und verantwortlich für den operativen Betrieb. Er berät seit vielen Jahren namhafte Unternehmen sehr erfolgreich in Prozessverbesserung und agiler Entwicklung, überwiegend in der Automobilindustrie. Markus Müller ist auch »Project Management Professional« entsprechend der Zertifizierung PMI sowie Scrum Master und SAFe Program Consultant (Scaled Agile Framework). Außerdem ist er intacs™ ISO/IEC 15504 Principal Assessor, bildet seit vielen Jahren Assessoren aus und leitet seit fast 20 Jahren Assessments. Neben vielen Assessments hat er das bis dato größte bekannte Organisationsassessment nach Automotive SPICE durchgeführt. Zudem ist er Co-Autor mehrerer Bücher und Vortragender auf Konferenzen und Veranstaltungen.

Dr. Klaus Hörmann ist Principal und Partner bei KUGLER MAAG CIE GmbH und seit vielen Jahren schwerpunktmäßig in der Automobilindustrie tätig. Er leitet Verbesserungsprojekte und führt Assessments, Appraisals, CMMI-, Automotive SPICE- und Projektmanagement-Trainings sowie Assessoren-Trainings und -Coaching durch. Dr. Klaus Hörmann ist intacs™-zertifizierter Principal Assessor, intacs™-zertifizierter Instructor (Competent Level), Scrum Master, CMMI Institute-zertifizierter SCAMPI Lead Appraiser und CMMI Instructor. Er ist ehrenamtlich bei intacs tätig und leitet die Arbeitsgruppe »Exams« und ist (Co-)Autor mehrerer Fachbücher.

Dipl.-Ing. Lars Dittmann ist bei der Volkswagen AG Marke VW PKW für den Betrieb und fachlichen Support der mobilen Aftersales Onlinedienste verantwortlich. Er baute u.a. das Software-Assessmentsystem des Konzerns auf und leitete die Software-Qualitätssicherung des Konzerns. Mit seiner jahrelangen Erfahrung als intacs™ ISO/IEC 15504 Principal Assessor beteiligt er sich aktiv an der Erweiterung der SPICE-Methodik auf neue Domains.

Dipl.-Inform. Jörg Zimmer ist seit vielen Jahren bei der Daimler AG tätig. Dort leitete er übergreifende Software-Qualitätsprojekte und interne Prozessverbesserungsprojekte. Er war Mitglied des VDA-Arbeitskreises 13 sowie Sprecher der HIS-Arbeitsgruppe Prozessassessment. Er ist Mitbegründer des Software-Qualitätsmanagementsystems des Konzerns und im Rahmen der aktiven Mitgliedschaft der AUTOSIG-Gruppe mitverantwortlich für die initiale Erstellung von Automotive SPICE. Aktuell ist er in der Powertrain-Entwicklung für den Inhouse-Softwareentwicklungsprozess verantwortlich. Er ist intacs™ ISO/IEC 15504 Principal Assessor.

Markus Müller · Klaus Hörmann · Lars Dittmann · Jörg Zimmer

Automotive SPICE®
in der Praxis

Interpretationshilfe für Anwender und Assessoren

2., aktualisierte und erweiterte Auflage

dpunkt.verlag

Markus Müller – markus.mueller@kuglermaag.com
Klaus Hörmann – klaus.hoermann@kuglermaag.com
Lars Dittmann – lars.dittmann@volkswagen.de
Jörg Zimmer – Joerg.Zimmer@daimler.com

Lektorat: Christa Preisendanz
Copy-Editing: Ursula Zimpfer, Herrenberg
Satz: Birgit Bäuerlein
Herstellung: Susanne Bröckelmann
Umschlaggestaltung: Helmut Kraus, www.exclam.de
Druck und Bindung: M.P. Media-Print Informationstechnologie GmbH, 33100 Paderborn

Bibliografische Information der Deutschen Nationalbibliothek
Die Deutsche Nationalbibliothek verzeichnet diese Publikation in der Deutschen Nationalbibliografie; detaillierte bibliografische Daten sind im Internet über http://dnb.d-nb.de abrufbar.

Fachliche Beratung und Herausgabe von dpunkt.büchern im Bereich Wirtschaftsinformatik:
Prof. Dr. Heidi Heilmann · heidi.heilmann@augustinum.net

ISBN:
Print 978-3-86490-326-7
PDF 978-3-86491-998-5
ePub 978-3-86491-999-2
mobi 978-3-96088-000-4

2., aktualisierte und erweiterte Auflage 2016

Wieblinger Weg 17
69123 Heidelberg

5 4 3 2 1 0

Geleitwort

Ein Blick auf die Entwicklung des Automobils über die letzten Dekaden zeigt deutlich: Fahrzeuginnovationen, wie vernetzte Infotainmentsysteme, Head-up-Displays, bidirektionale Funkschlüssel, Hybridantriebe oder Fahrerassistenzsysteme, wären ohne Software nicht denkbar. In modernen Oberklassefahrzeugen tauschen heute bis zu 100 Steuergeräte Daten aus und insgesamt sorgen bis zu 100 Millionen Programmzeilen dafür, dass Fahrer und Passagiere sicher, effizient und komfortabel ans Ziel gelangen. Zum Vergleich, ein F35-Kampfjet aus dem Jahr 2013 kam noch mit etwa 25 Millionen Programmzeilen aus und das Space Shuttle flog nur mit etwa 400.000 Zeilen ins All.

Im Fahrzeug ist allein zwischen den Jahren 2000 und 2010 der Wertschöpfungsanteil von Software von etwa 2 auf 13 % gestiegen und die Tendenz zeigt klar weiter nach oben. Blickt man auf die Trends, die die Automobilindustrie bewegen, so bestätigt sich diese Annahme. Automatisiertes Fahren, Hybridisierung und Elektrifizierung, Vernetzung mit dem Internet of Everything: All diese Themen werden maßgeblich durch schlaue Algorithmen durch Bits und Bytes und letztlich durch Einsen und Nullen vorangetrieben. In der Tat sind Elektronik und Software bereits heute Basis für über 90 % der Fahrzeuginnovationen. Bei der immens steigenden Bedeutung softwarebasierter Funktionen darf allerdings gerade die Automobilindustrie die grundlegenden Anforderungen nicht außer Acht lassen. Der Fahrer eines Fahrzeugs bewegt sich in einem sicherheitskritischen Umfeld. Er will zuverlässig von der Fahrzeugelektronik unterstützt werden, und das nicht nur heute und morgen, sondern über die gesamte Lebensdauer seines Fahrzeugs hinweg. Die Toleranz für Softwarefehler ist deshalb im Fahrzeug nur äußerst gering.

Es gehört zum Handwerkszeug der Automobilindustrie, Elektronik und Software zu beherrschbaren Kosten, innerhalb eines vorgegebenen Terminplans und mit höchster Qualität zu entwickeln. Bei Continental arbeiten daran schon heute etwa 11.000 Mitarbeiter im Bereich Software – gut die Hälfte des gesamten Forschungs- und Entwicklungspersonals. Dabei hat sich deutlich herauskristallisiert, dass nachhaltig implementierte Prozesse in Entwicklung, aber auch Produktion eine immens positive Wirkung auf die Produktqualität haben können.

Mit dem Start des SPICE-Projekts im Jahr 1992, der Einführung des Internationalen Standards ISO/IEC 15504 [ISO/IEC 15504] und der Veröffentlichung von Automotive SPICE wurde ein Weg gefunden, Softwareentwicklungsprozesse transparent zu bewerten. In der Praxis wurde dadurch die Transparenz in Entwicklungsprojekten deutlich erhöht. Automotive SPICE hat zudem das Bewusstsein dafür geschärft, welche Bereiche bei komplexen Softwareentwicklungen von Bedeutung sind. Damit ist Automotive SPICE zum Synonym für Entwicklungsqualität geworden.

Der Blick nach vorne zeigt deutlich, dass softwarebasierte Funktionen im Fahrzeug komplexer werden. Dabei steigt jedoch gleichzeitig der Qualitäts- und Produktivitätsdruck. Mit dieser Entwicklung geht ein Wandel von wasserfallartigen Entwicklungsprozessen hin zu agilen Prozessen (wie Scrum) einher. Da Automotive SPICE genügend Freiräume für unternehmensspezifische Prozessgestaltungen lässt, kann es auch in Zukunft die Basis für Qualität in der Softwareentwicklung bilden. Dafür wird es jedoch essenziell, den agilen Entwicklungsmethoden in der Bewertungspraxis Rechnung zu tragen.

Das vorliegende Buch »Automotive SPICE in der Praxis« gibt die notwendigen Interpretationshilfen und unterstützt den Leser dabei, die Anforderungen der neuesten Version von Automotive SPICE im Kontext der jeweiligen Situation besser zu verstehen. Es liefert konkrete Beispiele aus der Entwicklung von softwarebestimmten Systemen. Aktuelle Trends bei der Weiterentwicklung der Norm wurden entsprechend berücksichtigt. Auch gehen die Autoren auf spannende Themen wie Automotive SPICE und funktionale Sicherheit bzw. das Zusammenspiel mit agilen Methoden ein. Die Autoren sind anerkannte Experten mit jahrelangem umfangreichem Erfahrungswissen, erworben in Hunderten von Assessments im Feld, und haben zahlreiche Unternehmen bei der Umsetzung von Verbesserungsprogrammen unterstützt. Ich bin zuversichtlich, dass dieses Buch das Verständnis für die Bewertung des Reifegrades der Softwareentwicklung weiter fördert, hilfreich ist für die Durchführung von Assessments, und die notwendigen Prozessverbesserungen in den Unternehmen systematisch unterstützt.

Helmut Matschi
Vorstandsmitglied von Continental und
Leiter der Division Interior

Vorwort

Acht Jahre nach Erscheinen der ersten Auflage und nachdem zwischenzeitlich das Automotive SPICE-Modell mehrfach geändert wurde, zuletzt mit größeren strukturellen Änderungen in der Version 3.0, wurde es Zeit für eine zweite Auflage. Was sich nicht geändert hat, ist die grundlegende Motivation für dieses Buch: Immer noch sind die Modellforderungen schwierig zu verstehen und werden teilweise unterschiedlich interpretiert. Wie in der ersten Auflage möchten wir den Lesern eine praxisnahe Hilfestellung geben, sowohl für Assessments als auch für die Prozessimplementierung.

In der zweiten Auflage haben wir die zwischenzeitlichen Modelländerungen eingearbeitet. Wir haben aber auch einige Themen vertieft bzw. neu aufgenommen, die durch Modelländerung, neue Entwicklungen oder veränderte Rahmenbedingungen in der Automobilindustrie an Bedeutung gewonnen haben:

- **Applikationsparameter** sind schon vor einiger Zeit im Automotive SPICE-Modell aufgenommen worden und werden in der Praxis häufig noch nicht in voller Tragweite verstanden.
- **Funktionale Sicherheit und Automotive SPICE** hat seit der ersten Auflage weiter an Wichtigkeit gewonnen und stellt für viele Organisationen eine doppelte Herausforderung dar.
- **Agile Entwicklungsmethoden** verbreiten sich schnell, treffen aber auf Beurteilungsunsicherheiten und teilweise auf Vorurteile. Wir zeigen, worauf man achten muss, um mit agilen Methoden Automotive SPICE-kompatibel zu bleiben.
- **Erfolgreiche Prozessverbesserung** ist eine Herausforderung, die alle Unternehmen betrifft. Wir geben Tipps, worauf es ankommt.
- **Automotive SPICE-Assessments:** Wir beschreiben den Stand der Praxis bezüglich Assessmentmethoden inklusive Organisationsassessments.

Wir danken Frau Christa Preisendanz (dpunkt.verlag) für die professionelle Abwicklung sowie unseren Kollegen bei der Firma KUGLER MAAG CIE GmbH für die Unterstützung bei den Kapiteln »Funktionale Sicherheit und Automotive SPICE« und »Agilität und Automotive SPICE«. Bei unseren Familien bedanken wir uns für das aufgebrachte Verständnis angesichts diverser zeitlicher Engpässe.

Markus Müller, Klaus Hörmann,
Lars Dittmann, Jörg Zimmer
Mai 2016

Vorwort zur 1. Auflage

In unserer langjährigen Arbeit mit Modellen wie SPICE, Automotive SPICE und CMMI haben wir immer wieder festgestellt, wie schwierig die Modellforderungen zu verstehen sind und wie unterschiedlich diese teilweise interpretiert werden. Diese Interpretationsvielfalt liegt in dem Wesen eines solchen Modells, das für ein breites Spektrum von Anwendungen geeignet sein soll. Dessen Elemente wie z.B. Praktiken oder Arbeitsprodukte müssen im jeweiligen Anwendungskontext des Projektes bzw. der Organisation interpretiert werden. Gleiches gilt auch für die Bewertung dieser Modellelemente in Assessments. Es gibt daher keine absoluten Maßstäbe bei der Erfüllung der Modellforderungen.

Seit Erscheinen des Buchs »SPICE in der Praxis« (dpunkt.verlag) wurde in der Automobilindustrie der Umstieg von SPICE zu Automotive SPICE vollzogen. Es erscheint uns daher an der Zeit, dass auch für Automotive SPICE eine deutschsprachige Interpretationshilfe verfügbar ist. Wir hoffen, dass dieses Buch den Lesern sowohl für Assessments als auch für die Prozessimplementierung hilfreich ist.

Zum Aufbau des Buches:

- **Kapitel 1** (Einführung und Überblick) führt in die grundlegenden Konzepte von Reifegradmodellen ein und behandelt in Kürze deren Historie, Zusammenhänge und Tendenzen. Das für das Verständnis des Buches notwendige Grundwissen bezüglich Struktur und Bestandteilen von Automotive SPICE wird kompakt vermittelt.
- **Kapitel 2** (Interpretationen zur Prozessdimension) behandelt eine praxisgerechte Auswahl von Automotive SPICE-Prozessen im Detail und erläutert jeweils den Zweck des Prozesses, die Basispraktiken und die Arbeitsprodukte. Enthalten sind auch deutsche Übersetzungen der Normtexte sowie Hinweise für Assessoren. Ein separater Abschnitt ist dem wichtigen Thema der »Traceability« gewidmet.
- **Kapitel 3** (Interpretationen zur Reifegraddimension) erklärt, wie Reifegradstufen gemessen werden, und beschreibt und interpretiert im Detail die Reifegradstufen, Prozessattribute und die generischen Praktiken. Auch hier sind

deutsche Übersetzungen der Normtexte sowie Hinweise für Assessoren enthalten.

- **Kapitel 4** (CMMI – Unterschiede und Gemeinsamkeiten) trägt dem Faktum Rechnung, dass CMMI in vielen Fällen in der Automobilindustrie zusätzlich zu Automotive SPICE eingesetzt wird. Strukturen, Inhalte und Untersuchungsmethoden der beiden Modelle werden in der gebotenen Kürze verglichen, um den betroffenen Personen eine erste Orientierungshilfe zu geben.
- **Kapitel 5** (Funktionssicherheit) gibt einen kurzen Überblick über die IEC 61508, die in den nächsten Jahren einen größeren Rollout in der Automobilindustrie erleben wird. Diese stellt ebenfalls Forderungen an Entwicklungsprozesse und Methoden. Viele der Automotive SPICE Prozesse tragen zur Erfüllung dieser Anforderungen bei, die IEC 61508 Forderungen gehen aber an vielen Stellen deutlich darüber hinaus.
- Der **Anhang** enthält eine Übersicht ausgewählter Arbeitsprodukte, ein Glossar, ein Abkürzungsverzeichnis und Verzeichnisse von Webadressen, Literatur und Normen.

Die zahlreichen deutschen Übersetzungen der Modelltexte wurden kursiv gesetzt. Bei der Übersetzung haben wir uns sehr eng an das englische Original gehalten, waren jedoch in einigen Fällen, wenn eine wörtliche Übersetzung nicht sinnvoll war, zu einer freieren Übersetzung gezwungen. In Zweifelsfällen und bei schwierigen Interpretationsfragen sollte daher immer auch der englische Originaltext hinzugezogen werden.

Unsere Interpretationen, Hinweise und Tipps basieren auf unseren praktischen Erfahrungen und wurden mit der größtmöglichen Sorgfalt niedergeschrieben. Dennoch müssen wir darauf hinweisen, dass die Konformität mit Automotive SPICE immer einer Einzelfallbeurteilung im jeweiligen Kontext des Unternehmens und der Projekte bedarf. Daran wollen und können wir mit diesem Buch nichts ändern. Insofern übernehmen wir keine Gewährleistung für den Erfolg von Implementierungen, basierend auf den von uns gegebenen Interpretationen, Empfehlungen und Beispielen.

Bedanken möchten wir uns bei Frau Christa Preisendanz (dpunkt.verlag) für die gewohnt professionelle Abwicklung und bei unserer konstruktiven Reviewerin, Frau Prof. Dr. Heidi Heilmann. Bei unseren Familien bedanken wir uns für das aufgebrachte Verständnis angesichts diverser zeitlicher Engpässe.

Markus Müller, Klaus Hörmann,
Lars Dittmann, Jörg Zimmer
Juni 2007

Inhaltsübersicht

Inhaltsverzeichnis

Anhang

1 Einführung und Überblick

Dieses Kapitel besteht aus fünf Teilen: In Abschnitt 1.1 beschäftigen wir uns mit der Frage, warum Automotive SPICE und weitere Modelle mit steigender Tendenz eingesetzt werden. In Abschnitt 1.2 geben wir einen kurzen Überblick über die in der Automobilentwicklung relevanten Modelle, deren Historie und die sich abzeichnenden Tendenzen. Abschnitt 1.3 beschreibt intacs, das in der Automobilindustrie etablierte und offiziell anerkannte Ausbildungssystem. Abschnitt 1.4 erläutert die wesentlichen Strukturen von Automotive SPICE, soweit sie für das Verständnis der restlichen Kapitel notwendig sind. Abschnitt 1.5 widmet sich den Umsetzungsaspekten in Form von Tipps für eine nachhaltige Prozessverbesserung.

1.1 Einführung in die Thematik

In der globalisierten Weltwirtschaft werden Produkte und Dienstleistungen kaum noch von einzelnen Unternehmen isoliert entwickelt. Unternehmen sind zunehmend gezwungen, ihre Entwicklung in einem Netz von weltweiten Entwicklungsstandorten, Lieferanten und gleichberechtigten Partnern durchzuführen. Der entscheidende Treiber hierfür ist der stetig steigende Kostendruck, der die Unternehmen zur Entwicklung an Niedrigkostenstandorten und zu strategischen Partnerschaften zwingt. Da gleichzeitig die Produkte immer komplexer und anspruchsvoller werden und sich die Entwicklungszeiten verkürzen, haben sich zwei kritische Themen herauskristallisiert:

- Wie können die komplexen Kooperationen und Wertschöpfungsketten beherrscht werden?
- Wie können unter diesen Umständen Qualität, Kosten- und Termineinhaltung sichergestellt werden?

Dies ist für viele Unternehmen zur existenziellen Herausforderung geworden, mit unmittelbarer Auswirkung auf Markterfolg und Wachstum. Ein entscheidender Erfolgsfaktor bei diesen Fragen sind systematische und beherrschte Prozesse, insbesondere für Management, Entwicklung, Qualitätssicherung, Einkauf und für die Kooperation mit externen Partnern. Die Methodik der »Reifegradmodelle« bietet sich geradezu an, um dieser Probleme Herr zu werden.

Reifegradmodelle wie Automotive SPICE und CMMI werden schon seit vielen Jahren erfolgreich zu diesem Zweck eingesetzt. Historisch begann es mit CMM und dessen Nachfolger CMMI, mit denen enormen Qualitäts-, Kosten- und Zeitproblemen entgegengewirkt wurde. Es ist bei vielen Auftraggebern üblich, von Lieferanten einen bestimmten CMMI- oder Automotive SPICE-Level zu verlangen, bevor ein Angebot akzeptiert wird. In der Automobilindustrie wollen die Hersteller damit das Risiko hinsichtlich Qualität, Zeit und Funktionsumfang in den Lieferantenprojekten reduzieren.

1.2 Überblick über die in der Automobilentwicklung relevanten Modelle

Das erste Reifegradmodell, das weite Verbreitung fand, war Anfang der 90er-Jahre CMM (siehe [CMM 1993a], [CMM 1993b]). In der Automobilindustrie hat CMM nie eine nennenswerte Rolle gespielt, auch wenn ein Automobilhersteller damit für kurze Zeit Ansätze zur Lieferantenbeurteilung erprobte. Das SPICE-kompatible BOOTSTRAP wurde bei wenigen Pionieren unter den Automobilzulieferern eingesetzt, konnte sich aber gegenüber SPICE nie durchsetzen und wurde 2003 eingestellt.

SPICE[1] (siehe [Hörmann et al. 2006]) entstand aus einem gleichnamigen Projekt der ISO[2] und wurde 1998 als ISO/IEC TR 15504 veröffentlicht, wobei TR (Technical Report) eine Vorstufe zu einem späteren International Standard (IS) darstellt. Die verschiedenen Teile des International Standard ISO/IEC 15504 erschienen sukzessive ab 2003. 2006 erschien der für die Praxis wichtigste Teil 5, der 2012 eine neue Version erhielt. 2008 erschien der Teil 7 (»Assessment of organizational maturity«), der normative Grundlagen von Organisationsassessments definierte. Im Gegensatz zu den sonst üblichen Projektassessments kann hier die Reife einer Organisation anhand einer größeren Zahl von Untersuchungsstichproben beurteilt werden. Bisher wurden auf dieser Grundlage erfolgreich einige Pilotassessments durchgeführt. In der Breite hat sich diese Methodik noch nicht durchgesetzt. Wir gehen darauf in Abschnitt 4.4 näher ein.

Die ISO/IEC 15504 wird seit 2015 sukzessive in die ISO/IEC-33000-Familie [ISO/IEC 33000] überführt. Die folgenden Normen sind die Basisnormen, auf die das Automotive SPICE-Modell aufsetzt:

- ISO/IEC 33001 Concepts & Terminology
- ISO/IEC 33002 Requirements for Performing Process Assessment
- ISO/IEC 33003 Requirements for Process Measurement Frameworks

---

1. Das Akronym SPICE steht für Software Process Improvement and Capability DEtermination.
2. International Organization for Standardization.

- ISO/IEC 33004 Requirements for Process Models
- ISO/IEC 33020 Measurement Framework for assessment of process capability and organizational maturity

Der Durchbruch zum Einsatz von Reifegradmodellen in der Automobilindustrie geschah 2001 durch die Entscheidung der Herstellerinitiative Software (HIS)[3], SPICE zur Lieferantenbeurteilung im Software- und Elektronikbereich einzusetzen. Ab diesem Zeitpunkt verbreitete sich SPICE flächendeckend in der Automobilindustrie. Einer der großen Vorzüge von SPICE ist, unter einem gemeinsamen normativen Framework branchenspezifische Modelle entwickeln zu können. Davon machte u.a. die Automobilindustrie Gebrauch: 2005 veröffentlichte die Automotive Special Interest Group (AUTOSIG) das Automotive SPICE-Modell (siehe [Automotive SPICE]) und löste damit SPICE ab. Automotive SPICE wird heute durch den VDA-Arbeitskreis 13[4] weiterentwickelt. Nach einigen Jahren der Versionspflege erschien 2015 die Version 3.0, die neben inhaltlichen Weiterentwicklungen auch einige strukturelle Änderungen mit sich brachte.

Die Lieferanten müssen neben Automotive SPICE insbesondere die Forderungen nach funktionaler Sicherheit von elektrisch-elektronischen Systemen in Pkws erfüllen. 2011 erschien die ISO 26262 (»Road vehicles – Functional safety«) [ISO 26262] und löste eine neue Umsetzungswelle in der Automobilindustrie aus. Das Verhältnis der beiden Modelle kann man etwa wie folgt zusammenfassen: Beide Modell besitzen Anforderungen an Prozesse, die sich teilweise überlappen, aber auch teilweise unterschiedlich sind. Dabei wirkt Automotive SPICE (ab Level 2, besser noch ab Level 3) sehr förderlich für die Umsetzung von funktionaler Sicherheit (für Details siehe Kap. 5).

1.3 intacs™ (International Assessor Certification Scheme)

intacs ist das weltweit führende Ausbildungs- und Zertifizierungssystem für ISO/IEC-33000-konforme Modelle und ist auch in der Automobilindustrie als Ausbildungssystem etabliert und offiziell anerkannt[5]. intacs hat in den letzten zwölf Jahren eine weltweite Community aufgebaut, die Prozessassessments, basierend auf der ISO/IEC-15504- bzw. ISO/IEC-33000-Familie, unterstützt. Es wurde 2006 gegründet und verzeichnet derzeit über 30 Mitgliedsorganisationen, darunter Automobilhersteller und -zulieferer, Trainings- und Beratungsunterneh-

3. HIS – ehemalige Initiative der Hersteller Audi, BMW, Daimler, Porsche und Volkswagen für nicht wettbewerbsrelevante Produkte und Prozesse, in der bis 2015 zusammengearbeitet wurde, um gemeinsame Standards in verschiedenen Themen wie z.B. Prozessassessments zu etablieren.
4. In diesem Arbeitskreis sind Vertreter von folgenden Organisationen aktiv: BMW, Bosch, Brose, Continental, Daimler, Ford, Knorr Bremse, Kugler Maag Cie, Schäffler, VDA QMC, Volkswagen, ZF.
5. intacs ist von der Herstellerinitiative Software (HIS) und vom Arbeitskreis 13 des VDA (zuständig für die Festlegung von Anforderungen an Prozessbewertungen auf Basis von Automotive SPICE) anerkannt.

men sowie Vertreter aus der Forschung. Die Organisation ist nicht gewinnorientiert und arbeitet ausschließlich mit ehrenamtlichen Mitarbeitern, die ohne Ausnahme sehr erfahrene Assessoren sind.

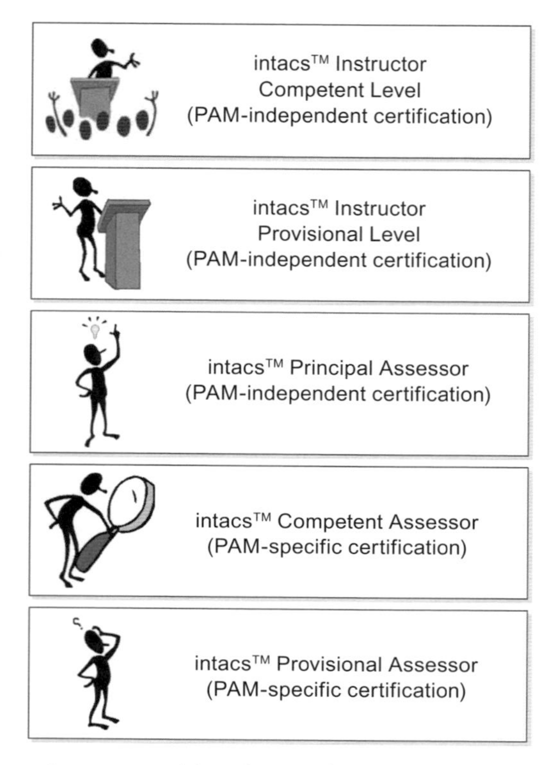

Abb. 1–1 *Die intacs-Assessoren- und -Instruktorenstufen*

intacs hat ein Ausbildungssystem aufgebaut, das weltweit anerkannt und verwendet wird. Dabei werden drei Assessorenstufen und zwei Instruktorenstufen unterschieden (siehe Abb. 1–1). Die unteren beiden Assessorenstufen werden nur für einzelne Prozessassessmentmodelle zertifiziert (»PAM-specific certification«), die Principal Assessoren sind für alle PAMs zugelassen. Für alle Stufen gibt es Lehr- und Prüfungspläne sowie standardisierte Trainingsmaterialien. Diese werden von denjenigen intacs-Mitgliedsorganisationen verwendet, die auch als Trainingsanbieter tätig sind. Nicht-intacs-Trainingsanbieter können ihre Trainingsmaterialien von intacs auf Konformität mit den Lehrplänen validieren lassen.

Das Grundprinzip des intacs-Ausbildungssystems ist die organisatorische Trennung der Definition des Ausbildungssystems von der Zertifizierung (inklusive Prüfung) der Assessoren und der Durchführung der Trainings (siehe Abb. 1–2). In der Automobilindustrie ist der VDA QMC der maßgebliche »Certification Body«, für alle anderen Modelle ist die ECQA zuständig.

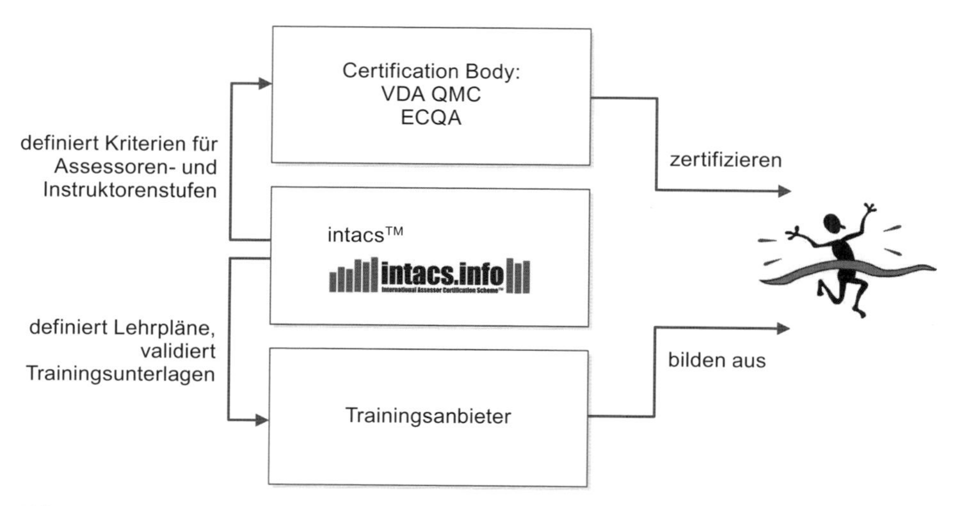

Abb. 1–2 *Organisatorische Trennung der Definition des Ausbildungssystems von der Zertifizierung (inkl. Prüfung) der Assessoren und der Durchführung der Trainings*

Seit der Gründung wurden weltweit ca. 3.300 Prüfungen durch die Zertifizierungsorganisationen durchgeführt. Zum Beispiel kann sich eine Person nach Absolvierung des intacs™ Provisional Assessor Training für Automotive SPICE und nach bestandener Prüfung bei der zuständigen Zertifizierungsorganisation (VDA QMC) gegen Zahlung einer Gebühr für drei Jahre registrieren lassen. Sie erhält dadurch den Status »intacs™ Provisional Assessor (Automotive SPICE)« sowie eine »Authorisation Card« mit aufgedruckter Zertifizierungsnummer. Dieser Status ist in der Automobilindustrie der Qualifikationsnachweis schlechthin für Automotive SPICE. Man kann danach als Co-Assessor an offiziellen, intacs-anerkannten Assessments teilnehmen und, wenn man genügend Erfahrung gesammelt hat, das intacs™ Competent Assessor Training für Automotive SPICE besuchen und die Prüfung ablegen. Zusätzlich zu diesem Training (davor oder danach) durchlaufen Provisional Assessoren in der Regel mehrere Ausbildungsassessments, in denen sie schrittweise die Aufgaben eines Lead Assessors wahrnehmen und dabei von einem erfahrenen Assessor[6] gecoacht und beobachtet werden. Der beobachtende Assessor füllt einen detaillierten »Observation Report« aus mit Bewertungen und detaillierten Befunden in mehreren Kategorien, die alle erforderlichen Fähigkeiten eines Lead Assessors abdecken. Ist die Competent-Assessor-Prüfung bestanden und ist die Observation positiv verlaufen, kann sich der Kandidat beim VDA QMC als »intacs™ Competent Assessor (Automotive SPICE)« registrieren lassen.

---

6. Dieser muss mindestens Competent Assessor sein. Eine organisatorische Unabhängigkeit von dem Kandidaten ist nicht erforderlich.

Ende 2015 waren weltweit ca. 1.250 Assessoren bei den Zertifizierungsorganisationen registriert, darunter ca. 1.105 Provisional Assessoren, ca. 100 Competent Assessoren und ca. 45 Principal Assessoren.

Weitere wichtige Aufgaben von intacs sind:

- Die Förderung der Entwicklung und Erprobung von neuen Prozessassessmentmodellen (PAMs). In den letzten Jahren wurden mit Unterstützung von intacs z.B. das TestSPICE PAM und das ISO/IEC 20000 PAM entwickelt und in das Ausbildungssystem integriert. Das Gleiche gilt für neue PAM-Versionen wie z.B. die Transition von Automotive SPICE v2.5 zu v3.0.
- Die Förderung der Interaktion in der Community der Assessoren, Instruktoren und Anwender der von intacs betreuten Modelle. Hierzu gehören sowohl intacs-interne Arbeitskreise als auch öffentliche Veranstaltungen (in Deutschland »Gate4SPICE« genannt), in denen sich Unternehmen treffen und Erfahrungen und Neuigkeiten austauschen.
- Eine Plattform für Arbeitsgruppen und Interessierte rund um das Thema SPICE zu bieten. Aus dem Bedarf der Mitglieder haben sich hier mehrere interessante Arbeitsgruppen gebildet, zum Beispiel zu Themen wie Mechanik- und Mechatronik-SPICE und die Arbeitsgruppe »Trustworthy Assessments«, die sich mit komplexen Assessments und Organisationsassessments beschäftigt. Eine weitere wichtige Arbeitsgruppe ist die Gruppe »Internationalisierung«, die die weltweite Verbreitung von intacs vorantreibt. In Japan gibt es z.B. eine weitere sehr große Community mit Fokus auf die Automobil- und die Luft- und Raumfahrtindustrie. Ableger von Gate4SPICE gibt es in Indien und Italien. Weitere Länder wie Korea sind Stand 2016 auf dem Sprung, und in vielen Ländern gibt es »Regional Representatives« von intacs.

1.4 Automotive SPICE: Struktur und Bestandteile

Automotive SPICE besteht aus einem **Prozessreferenzmodell (PRM)** und einem **Prozessassessmentmodell (PAM)**, die in einem gemeinsamen Dokument enthalten sind und sich durch Farbcodes unterscheiden. Für die praktische Anwendung ist die Kenntnis des Prozessassessmentmodells[7] relevant und ausreichend, auf das wir uns daher im Folgenden beschränken.[8]

Das Prozessassessmentmodell enthält die Details zur Bewertung der Prozessreife (sog. Indikatoren) und ist in zwei Dimensionen organisiert:

---

7. Seit Automotive SPICE 3.0 sind PRM und PAM in einem Dokument zusammengefasst und durch Farbcodes abgegrenzt.
8. Siehe [Hörmann et al. 2006] für eine ausführliche Darstellung der Zusammenhänge.

- **Prozessdimension**
  Diese enthält für alle Prozesse die Indikatoren für die Prozessdurchführung (»process performance indicators«). Mit diesen wird beurteilt, inwieweit die Prozesse durchgeführt werden. Diese Indikatoren sind für jeden Prozess verschieden und bilden eine wichtige Voraussetzung zur Erreichung von Level 1.
- **Reifegraddimension**
  Diese enthält die Indikatoren für die Prozessfähigkeit (»process capability indicators«). Mit diesen wird beurteilt, welcher Level erreicht wird. Diese Indikatoren sind für alle Prozesse gleich.

Abbildung 1–3 zeigt die zwei Dimensionen des Prozessassessmentmodells sowie dessen Quellen: Die Reifegraddimension (y-Achse) basiert auf den Vorgaben der ISO/IEC 33020 und fügt dieser die Indikatoren für die Prozessfähigkeit hinzu. Die Prozessdimension basiert auf dem Automotive SPICE-Prozessreferenzmodell und fügt diesem die Indikatoren für die Prozessdurchführung hinzu.

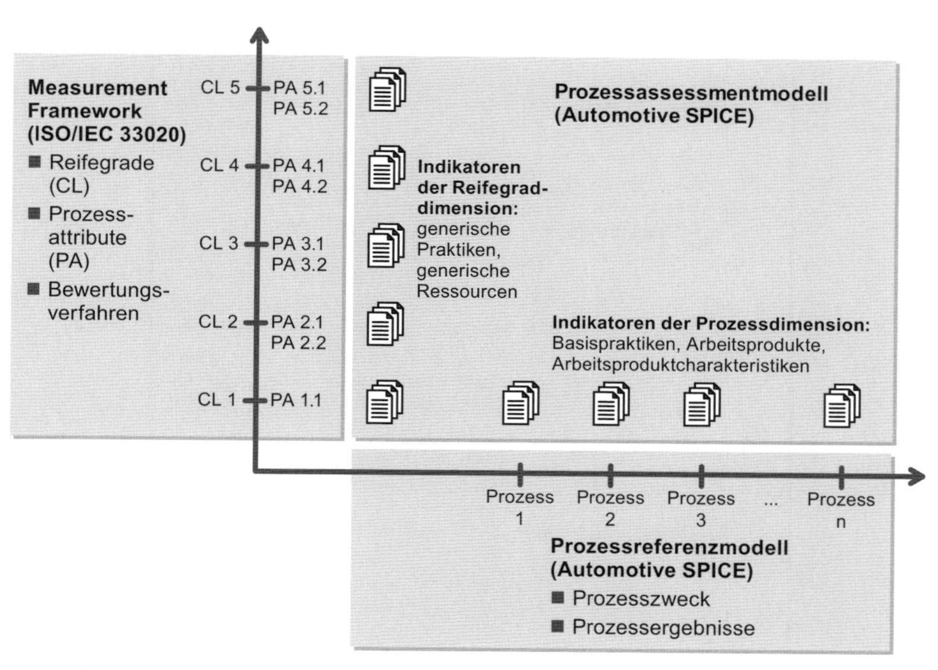

Abb. 1–3 *Die zwei Dimensionen von Automotive SPICE (in Anlehnung an Figure 1 und Figure 3 in [Automotive SPICE])*

1.4.1 Die Prozessdimension

Die in Automotive SPICE verwendeten Prozesse sind in Abbildung 2–1 dargestellt. Jeder Prozess hat den in Abbildung 1–4 gezeigten Aufbau. Basispraktiken sind modellhafte Aktivitäten[9], durch deren Umsetzung die Prozessergebnisse (»process outcomes«) erzielt werden sollen. Die Prozessergebnisse sind eine Detaillierung des Prozesszweckes (»process purpose«), sie spezifizieren, was durch den Prozess erreicht werden soll. Arbeitsprodukte[10] (»output work products«) sind modellhafte, typische Ergebnisse eines Prozesses. Zusammen mit den Basispraktiken stellen sie objektive Nachweise für die Erfüllung des Zweckes des Prozesses dar. Sie werden daher als Indikatoren für die Prozessdurchführung (»process performance indicators«) bezeichnet und sind die Kriterien für die Erreichung von Level 1.

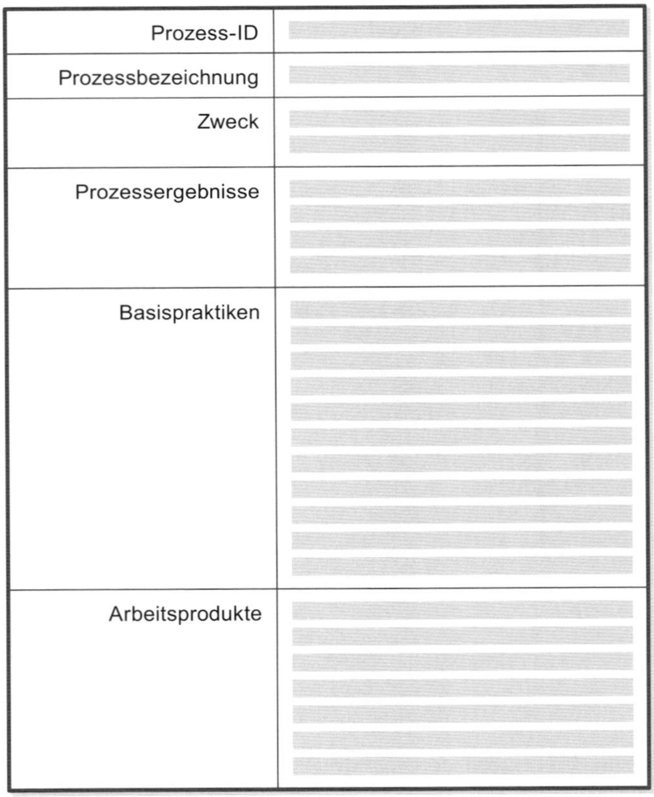

Prozess-ID	
Prozessbezeichnung	
Zweck	
Prozessergebnisse	
Basispraktiken	
Arbeitsprodukte	

Abb. 1–4 *Aufbau eines Prozesses in Automotive SPICE*

9. Alle Automotive SPICE-Modellelemente sind modellhaft, d.h., sie müssen nicht wörtlich umgesetzt werden, sondern sinngemäß. Sie sind sozusagen Anforderungen an die Unternehmensprozesse. Die Unternehmensprozesse können auch anders benannt und strukturiert werden.
10. Zu den Arbeitsprodukten gibt es im PAM, Annex B Erläuterungen, die »Work product characteristics«.

1.4.2 Die Reifegraddimension

Automotive SPICE verwendet sechs Levels für Prozesse (siehe Abb. 1–5). Die Levels bauen aufeinander auf. Jede höhere Stufe beinhaltet die Anforderungen der darunterliegenden Stufen.

Die Levels haben folgende Bedeutung:

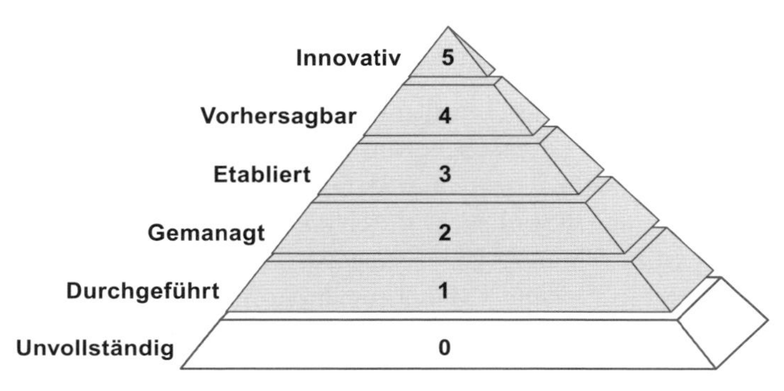

Abb. 1–5 *Die sechs Levels*

- Level 0: *Unvollständig*
  Der Prozess ist nicht implementiert oder der Zweck des Prozesses wird nicht erfüllt. Projekterfolge sind durchaus möglich, basieren dann aber häufig auf den individuellen Leistungen der Mitarbeiter.
- Level 1: *Durchgeführt*
  Der implementierte Prozess erfüllt den Zweck des Prozesses. Dies bedeutet, dass grundlegende Praktiken sinngemäß implementiert sind und definierte Prozessergebnisse erzielt werden.
- Level 2: *Gemanagt*
  Die Prozessausführung wird zusätzlich geplant und verfolgt und die Planung ständig fortgeschrieben. Die Arbeitsprodukte des Prozesses sind adäquat implementiert, stehen unter Konfigurationsmanagement und werden qualitätsgesichert gesteuert und fortgeschrieben.
- Level 3: *Etabliert*
  Es existiert ein organisationseinheitlich festgelegter Standardprozess. Ein Projekt verwendet eine angepasste Version dieses Standardprozesses, einen sogenannten »definierten Prozess«, der daraus mittels »Tailoring« abgeleitet wird. Dieser ist in der Lage, definierte Prozessergebnisse zu erreichen. Zur Messung und Verbesserung der Prozesseffektivität gibt es einen Feedbackmechanismus.
- Level 4: *Vorhersagbar*
  Bei der Ausführung des definierten Prozesses werden detaillierte Messungen durchgeführt und analysiert, die zu einem quantitativen Verständnis des Prozesses und einer verbesserten Vorhersagegenauigkeit führen. Messdaten wer-

den gesammelt und analysiert, um zuordenbare Gründe für Abweichungen zu ermitteln. Korrekturmaßnahmen werden auf Basis eines quantitativen Verständnisses durchgeführt.

- Level 5: *Innovativ*
  Die Prozesse werden fortlaufend verbessert, um auf Änderungen in Verbindung mit Organisationszielen zu reagieren. Innovative Ansätze und Techniken werden erprobt und ersetzen weniger effektive Prozesse, um dadurch vorgegebene Ziele besser zu erreichen. Die Effektivität der Änderung wird nachgewiesen.

Ob ein bestimmter Level vorliegt, wird anhand von Prozessattributen beurteilt. Die Prozessattribute sind den Levels zugeordnet und charakterisieren diese inhaltlich (siehe Abb. 1–6). Jedes Prozessattribut definiert einen bestimmten inhaltlichen Aspekt der Prozessreife, z.B. ist Level 2 durch die Attribute »Management der Prozessausführung« (d.h. Planung, Zuweisung von Verantwortlichkeiten und Ressourcen, Überwachung etc.) und »Management der Arbeitsprodukte« (d.h. Sicherstellung, dass die Anforderungen an Arbeitsprodukte erfüllt werden) definiert.

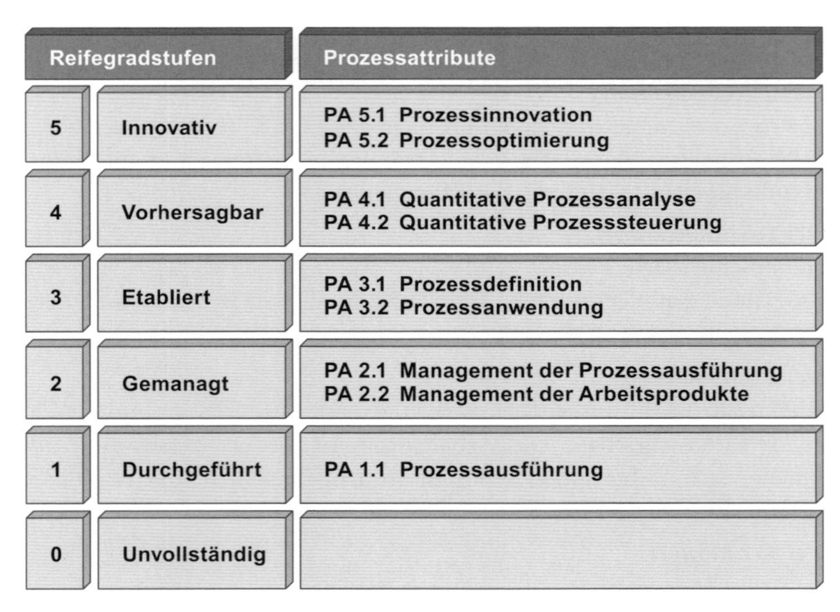

Abb. 1–6 *Die Prozessattribute*

Die Prozessattribute und deren Bewertung sind in Kapitel 3 im Detail erläutert. Die Bewertung der Prozessattribute erfolgt auf einer vierstufigen Bewertungsskala:

N Not achieved bzw. nicht erfüllt
P Partially achieved bzw. teilweise erfüllt
L Largely achieved bzw. überwiegend erfüllt
F Fully achieved bzw. vollständig erfüllt

Der Level wird aus den Prozessattributbewertungen nach einer einfachen Methode berechnet (siehe Kap. 3). Danach müssen die Prozessattribute des betreffenden Level mindestens mit L bewertet sein, um diesen Level zu erreichen, und alle Prozessattribute der darunter liegenden Levels müssen mit F bewertet sein.

1.5 Umsetzungsaspekte: Tipps für eine nachhaltige Prozessverbesserung

In unserer langjährigen Berufserfahrung trafen wir bei der Durchführung von Prozessverbesserungen häufig auf ähnliche Fragestellungen und Probleme. Wir wollen Ihnen mit diesem Abschnitt ein paar dieser Probleme aufzeigen und Denkanstöße bzw. Ideen geben, damit Ihre Prozessverbesserungsaktivitäten und -programme in der Zukunft erfolgreicher werden.

Nachfolgend sind die wesentlichen Erfolgsfaktoren für eine nachhaltige Prozessverbesserung dargestellt.

Ausreichend Zeit einplanen – Erfolgsfaktor Zeit

Vor allem im Umfeld der SPICE-Assessments wird immer wieder vorgeschlagen, die Prozessverbesserung im betroffenen Unternehmen durch einen verstärkten internen und externen Kapazitätseinsatz zu beschleunigen. Das heißt, um von einem Level auf den nächsten zu gelangen, wird mit großem Personaleinsatz für einen bestimmten Zeitraum an der Abarbeitung von Maßnahmen aus vorangegangenen Assessments gearbeitet. Man geht davon aus, dass so der gewünschte Level innerhalb kurzer Zeit sicher erreicht wird.

Sicher, die Maßnahmen aus einem Assessment lassen sich so abarbeiten, aber die Resultate müssen von den Mitarbeitern verstanden, akzeptiert und verinnerlicht werden. Dafür vergehen erfahrungsgemäß mindestens 1–2 Jahre. In diesem Zeitraum können dann auch die Veränderungen an das Umfeld angepasst und weiter verbessert und optimiert werden. Daher wird auch in dieser Zeit erhöhte Kapazität benötigt.

Tipp: »Gut Ding braucht Weile.« Fangen Sie so früh wie möglich mit Ihrer Prozessverbesserungsinitiative an und planen Sie pro Level wirklich 1–2 Jahre an Zeit und Kapazität ein. Vereinbaren Sie die Verbesserungen mit Ihren Mitarbeitern und lassen Sie ihnen Zeit für die Umsetzung der Veränderungen. Diese betreffen deren tägliche Arbeit und der Mensch ist ein Gewohnheitstier, d.h., er hat seine übliche und bekannte Arbeitsweise, an die er gewöhnt ist, und kann sich nur langsam umstellen. Schaffen Sie eine Kultur der ständigen Verbesserung unter Einbeziehung der Mitarbeiter. Die Adaption der Veränderungen muss in dieser Zeit regelmäßig kontrolliert werden und Abweichungen durch die Prozesscoaches oder Führungskräfte abgestellt werden.

Interne Schlüsselkollegen ausreichend einbinden – Erfolgsfaktor Erfahrung

Prozessverbesserung erfordert Zusatzaufwand für Assessments, für die Umsetzung von Maßnahmen und das Ausrollen in die Organisation. Hier wird häufig externe Unterstützung gesucht.

Das mag in vielen Fällen sinnvoll sein. Es kommt aber immer darauf an, für welche Aufgaben die externe Unterstützung eingesetzt werden soll. Kann man z.B. ein Automotive SPICE-Assessment nicht selbst durchführen oder ist man ratlos, was man am Entwicklungsprozess verbessern soll, sind externe Experten hervorragend geeignet. Man sollte aber nie vergessen, dass diese weder genügend firmenspezifisches Wissen und Erfahrung besitzen noch den Rückhalt in der eigenen Mannschaft.

Tipp: Der Schlüssel zum Erfolg einer Prozessverbesserung ist die maßgebliche Beteiligung von internen, sehr erfahrenen Kollegen (Manager, erfahrene Entwickler, interne Know-how-Träger etc.) mit großem Rückhalt in der Entwicklungsmannschaft. Diese übernehmen die Verantwortung für die Prozessverbesserung und Kommunikation und lassen sich dabei von den externen Kollegen unterstützen. Nur so finden die Veränderungen interne Akzeptanz und die Kompetenz und das Verständnis für die Veränderungen bleiben auch nach dem Weggang der externen Verstärkung erhalten.

Tipp: Ergänzen Sie die Prozessverbesserung gezielt durch externe Experten, wenn das interne Know-how nicht ausreichend ist.

Beschluss zur Prozessverbesserung – Erfolgsfaktor Management

Für den Erfolg einer Prozessverbesserung ist es unabdingbar, sich die Zustimmung des verantwortlichen Managements einzuholen. Oft wird nur das Budget genehmigt und ein nachhaltiges Commitment bleibt aus. Doch was bedeutet »Zustimmung«? Ist das ein schriftlicher Beschluss? Ist es eine mündliche Zusage?

Tipp: Auch bei noch so kleinen Prozessverbesserungen ist immer ein schriftlicher Beschluss einzuholen. Dieser beinhaltet auch die Freigabe der benötigten, kompetenten, internen und ggf. auch externen Personalressourcen. Gibt es diesen Beschluss nicht, so steht auch das Management nicht voll hinter der Prozessverbesserungsinitiative. Dann wird auch im Ernstfall die Unterstützung ausbleiben und die Prozessverbesserung fehlschlagen. Daher sollte bei Ausbleiben einer verbindlichen Managementunterstützung die Initiative gestoppt werden.

Tipp: Ein weiterer Aspekt ist das nachhaltige Management Commitment durch kontinuierliches Einbinden des Managements in z.B. Steuerkreise oder durch eine aktive Wahrnehmung der Sponsorrolle.

Umfang und Reihenfolge der Prozessverbesserung – Erfolgsfaktor Umfang

Häufig wird nach einem Automotive SPICE-Assessment versucht, alle Befunde aus dem Assessment für das betroffene Projekt gleichzeitig anzugehen. Das kann zu einer Überforderung des Projekts führen. Außerdem sinkt zunächst die Qualität der Arbeitsprodukte und die Performance der Mitarbeiter zu Beginn der Prozessverbesserung, bevor sie am Ende der Prozessverbesserung über das ursprüngliche Maß hinauswachsen. Während einer Prozessverbesserung müssen die neuen und geänderten Prozesse durch die Mitarbeiter verstanden, gelernt und akzeptiert werden. In dieser Einarbeitungs- bzw. Lernphase entstehen natürlicherweise Fehler, die sich auf die Qualität des Produktes und auf die Performance der Mitarbeiter auswirken können.

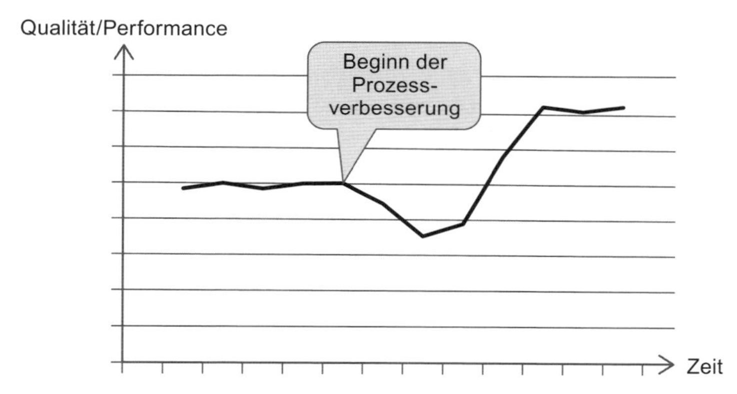

Abb. 1–7 *Zusammenhang von Zeit und Qualität/Performance bei Prozessverbesserungen*

Tipp: Wenn die Maßnahmen nicht von einem OEM nachdrücklich gefordert werden, sollten in einem laufenden Projekt möglichst nur Maßnahmen mit gutem Kosten-Nutzen-Verhältnis angegangen werden. Weitere Veränderungen sollten vorbereitet und erst bei neu beginnenden Projekten umgesetzt werden.

Tipp: Denken Sie daran, in der Organisation parallel laufende Prozessverbesserungsinitiativen aufeinander abzustimmen! Am besten richten Sie eine zentrale Stelle zur Koordination der gesamten Prozessverbesserungen ein.

Tipp: Sorgen Sie in dieser Zeit für eine zusätzliche Unterstützung der eingebundenen Personen, da diese in der Regel gut ausgelastet sind. Ist beispielsweise ein erfahrener Projektleiter in die Prozessverbesserung des Projektmanagements intensiv eingebunden, so sollte er diese Unterstützung bei Routinetätigkeiten bekommen (z.B. durch eine Projektassistenz).

Transferarbeit zu den Mitarbeitern – Erfolgsfaktor Tooling & Kommunikation

Die notwendige Transferarbeit, damit Veränderungen von Mitarbeitern tatsächlich umgesetzt werden können, wird fast immer unterschätzt. Die neuen Prozesse, Methoden, Tools, Templates etc. sind oft noch nicht ganz ausgereift, passen noch nicht gut bzw. sind noch nicht richtig in die bestehende Toollandschaft integriert (z.B. doppelte Datenhaltung und manueller Transfer von Daten reduziert die Akzeptanz dramatisch) und ihre Benutzerfreundlichkeit ist schwach. Auch Kommunikation und Schulungen lassen häufig zu wünschen übrig.

Tipp: Erstellen Sie eine kleine Auswirkungsanalyse, z.B. eine SWOT-Analyse: Welche Prozessdokumentation muss geändert werden? Wie ändert sich ein Werkzeug? Ändern Sie alle betroffenen Dokumente und erstellen Sie einen Kommunikations- und Schulungsplan, um die Zielsetzung bzw. den Grund für die Änderungen sowie die Änderungen selbst in die Entwicklungsmannschaft nachhaltig zu kommunizieren. Stellen Sie eine Anlaufstelle für interne Unterstützung zur Verfügung, falls Mitarbeiter Probleme oder Fragen haben. Je weniger manuelle Schritte, desto erfolgversprechender ist der Ansatz.

Feedbackmechanismus – Erfolgsfaktor Feedback

Essenziell bei Prozessverbesserungen ist es, dass die Betroffenen eine Rückmeldung geben können in Form von Kritik, Fragen, Verbesserungsvorschlägen etc. Hier kann man viel falsch machen, insbesondere wenn die Mitarbeiter den Eindruck gewinnen, dass ihre Rückmeldungen ignoriert werden.

Tipp: Bieten Sie einen guten, toolgestützten Feedbackmechanismus an und kommunizieren Sie ihn an die Mitarbeiter. Mitarbeiter sollten in einer definierten Antwortzeit eine individuelle (nicht automatisch generierte) E-Mail erhalten und den Status ihrer Rückmeldung verfolgen können. Für die Organisation ist es wichtig, die Feedbacks tatsächlich auszuwerten und für Korrekturmaßnahmen zu nutzen. Dies kostet nicht unerheblich Aufwand und muss in der Personalplanung berücksichtigt werden.

Tipp: Planen Sie für die Umsetzung kurze Retroperspektiven, z.B. alle vier Wochen, damit das Feedback auch analysiert und ggf. rechtzeitig kleinere Nachschärfungen durchgeführt werden können.

Nachweis des Erfolgs – Erfolgsfaktor Messgrößen

Wie weisen Sie denn Ihren Auftraggebern den Erfolg Ihrer Prozessverbesserung nach? Erheben Sie bereits Prozess- oder Produktkennzahlen vor einer Prozessverbesserung? Erfahrungsgemäß fängt eine Organisation erst nach einem Assessment damit an. Automotive SPICE besitzt zwar den Prozess MAN.6 Measurement, der allerdings nicht im HIS Scope (gefüllte Kreise in Abb. 2–1) enthalten ist und daher selten verwendet wird.

Tipp: Erforschen Sie den Zusammenhang zwischen den geplanten Verbesserungen und den Geschäftszielen Ihrer Organisation und finden Sie geeignete Messgrößen, um die Auswirkungen zu verfolgen. Fangen Sie mit den Messungen VOR den Verbesserungen an, um den Vorher-Nachher-Effekt darstellen zu können.

Tipp: Prüfen Sie kontinuierlich die Prozesskonformität durch z.B. interne Audits, entsprechende Messgrößen und Kommunikation, damit die Prozessverbesserung nachhaltig aktiv bleibt.

Aufsetzen der Prozessverbesserung – Erfolgsfaktor Change Management

Wie setzen Sie Ihre Prozessverbesserung auf? Ist ein Automotive SPICE-Assessment von außen der Auslöser? Oder setzen Sie eine eigenständige größere Prozessverbesserungsinitiative auf?

Tipp: Prozessverbesserung bedeutet Change Management einschließlich Änderung der Unternehmenskultur. Planen Sie die Prozessverbesserungsinitiative als eigenständiges Projekt mit eigenen Zielen, Ressourcen und Plänen. Binden Sie das Management ein. Überwachen die den Fortschritt und kommunizieren Sie rechtzeitig.

2 Interpretationen zur Prozessdimension

Aus Platzgründen können wir leider nicht alle Prozesse von Automotive SPICE behandeln, sondern müssen uns auf eine sinnvolle Auswahl beschränken. Wir haben uns daher an den Prozessen orientiert, die aufgrund unserer Erfahrung aus Verbesserungsprojekten und vielen Assessments für die meisten Anwender – zumindest zu Beginn ihrer Verbesserungsaktivitäten – von zentraler Bedeutung sind. Außerdem sollten zumindest die Prozesse abgedeckt sein, die von der Herstellerinitiative Software (siehe Kap. 1) im Rahmen von Lieferantenassessments untersucht werden, da diese das bei Weitem größte Volumen an Assessments ausmachen.

Die in den nachfolgenden Kapiteln kursiv gedruckten Texte sind unsere freie Übersetzung der Automotive SPICE-Texte. Für ein tieferes Verständnis und in Zweifelsfragen sollte immer der englischsprachige Originaltext hinzugezogen werden [Automotive SPICE].

Abbildung 2–1 zeigt die in diesem Buch behandelten Prozesse (mit Kreisen markiert). Gefüllte Kreise bezeichnen die von den OEMs geforderten Prozesse (sog. HIS Scope). Bei reinen Softwarelieferanten fallen die SYS-Prozesse weg. Wenn keine Lieferanten eingesetzt werden, fällt ACQ.4 weg. Jeder der in Abbildung 2–1 markierten Prozesse ist in diesem Kapitel mit einem eigenen Abschnitt vertreten, der folgendermaßen aufgebaut ist:

- **Zweck**
  Der »Process Purpose«, wie in Automotive SPICE definiert, wird von uns ausführlich erläutert.
- **Basispraktiken**
  Die von Automotive SPICE definierten Basispraktiken werden einzeln und im Detail durchgesprochen. Den im Modell enthaltenen Anmerkungen (engl. notes) kommt in der Assessmentpraxis eine größere Bedeutung zu, als es sonst in Normen üblich ist. Sie stellen meistens Konkretisierungen bzw. Interpretationshinweise dar, die in Assessments häufig geprüft werden.

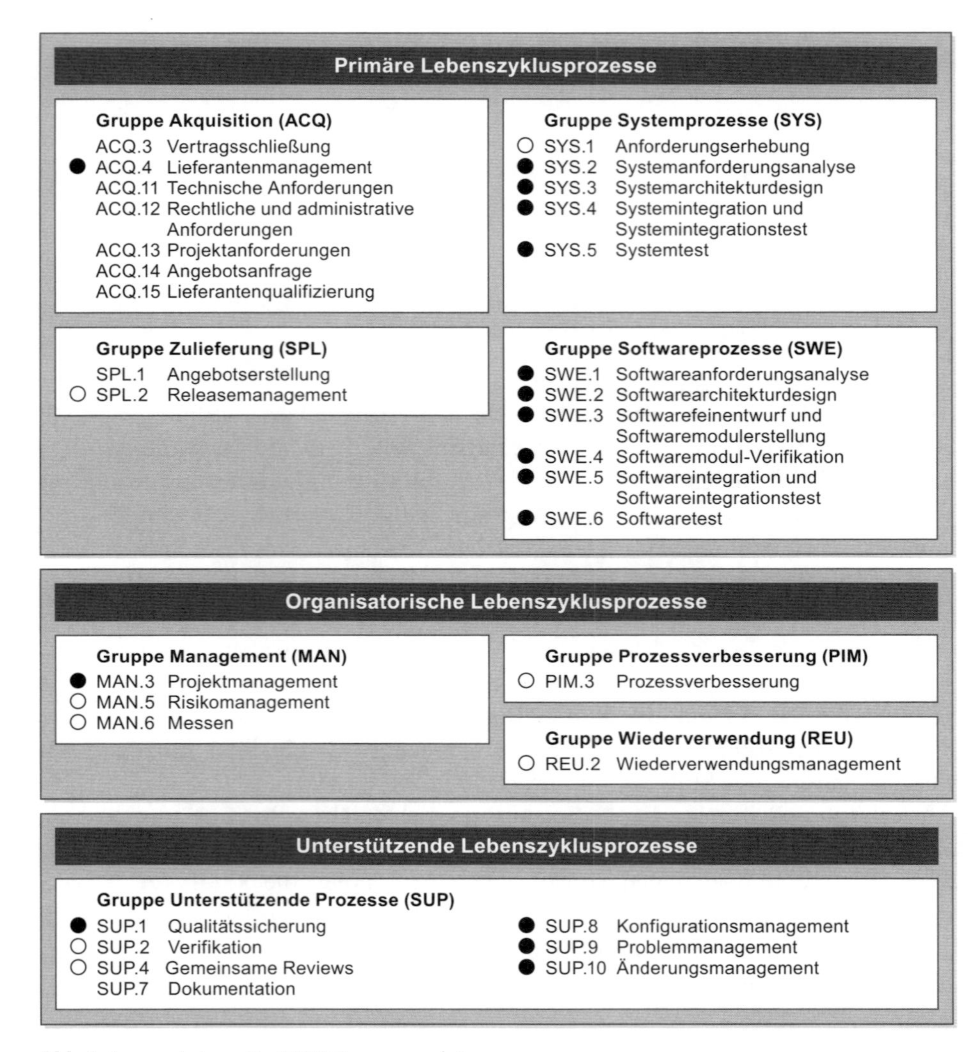

Abb. 2–1 *Automotive SPICE-Prozesse und -Prozessgruppen*

- **Ausgewählte Arbeitsprodukte**
  In Automotive SPICE wird eine große Zahl von Arbeitsprodukten definiert. Wir haben zu den für die Praxis wichtigen Arbeitsprodukten Erläuterungen und z.T. Beispiele angegeben. Dabei werden die Work-Product (WP)-ID und -Bezeichnung referenziert.

- **Besonderheiten Level 2**
  Da die generischen Praktiken (siehe Kap. 3) prozessunspezifisch definiert sind, ist für das praktische Verständnis eine prozessspezifische Interpretation hilfreich. Wir haben uns dabei in der Regel auf Level 2 beschränkt, da die Unterschiede auf Level 3 nicht so gravierend sind. Durch die Zwischenüber-

schriften »Zum Management der Prozessausführung« und »Zum Management der Arbeitsprodukte« wird auf die Prozessattribute PA 2.1 und PA 2.2 Bezug genommen.

Zusätzlich haben wir unregelmäßig vorkommende Gestaltungselemente verwendet:

- **Exkurse**
  An einigen Stellen sind weiterführende oder prozessübergreifende Ausführungen in Form von Exkursen dargestellt.
- **Hinweise für Assessoren**
  Damit wollen wir für den Einsatz im Assessment sowohl praktische Tipps (z.B. in Form von typischen Assessmentfragen) geben als auch auf besondere Probleme, häufige Schwachstellen und schwierige Bewertungssituationen hinweisen.
- **Erfahrungsberichte**
  Hier beschreiben wir typische Probleme oder Situationen aus der Praxis.

Zum besseren Verständnis der Prozesse erläutern wir vorab noch einige grundlegende Konzepte. Weitere Konzepte sind in [Automotive SPICE] im Annex D »Key Concepts« beschrieben.

Das V-Modell als zentrales Leitbild der technischen Prozesse

Die Systemprozesse SYS.2 bis SYS.5 und die Softwareentwicklungsprozesse SWE.1 bis SWE.6 bilden zusammen das V-Modell[1]. Parallel zu den Softwareentwicklungsprozessen könnten in Zukunft die Prozesse anderer Domänen hinzukommen, insbesondere die Hardware- und Mechanikentwicklungsprozesse. Diese existieren zwar noch nicht in Automotive SPICE[2], in Zukunft könnte aber ein Assessmentumfang aus den Systemprozessen und den Domänenprozessen für Software, Hardware oder Mechanik zusammengestellt werden. Die davon unabhängigen Prozesse wie MAN.3, ACQ.4 und die unterstützenden Prozesse kommen wie bisher bei Bedarf hinzu.

---

1. Das V-Modell in Automotive SPICE wurde von der ISO 15504 übernommen und hat nicht den Anspruch auf Kompatibilität mit dem V-Modell XT [V-Modell].
2. Stand 2. Quartal 2016. Es gibt eine intacs-Arbeitsgruppe, die Mechanikprozesse erarbeitet und schon weit fortgeschritten ist.

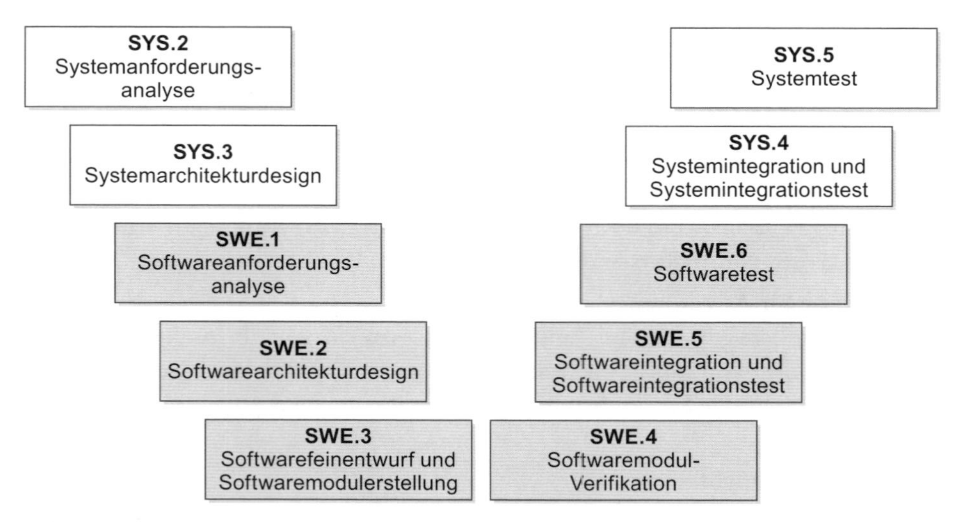

Abb. 2–2 *Das V-Modell als zentrales Leitbild (in Anlehnung an Figure D.2 in [Automotive SPICE])*

Im V-Modell verwendete Begriffe »Element«, »Komponente«, »Modul« und »Bestandteil«

Teile des Systems bzw. der Software werden in verschiedenen Prozessen des V-Modells mit verschiedenen Begriffen benannt (siehe Abb. 2–3):

- Eine Systemarchitektur spezifiziert die »Elemente« des Systems.
- Eine Softwarearchitektur spezifiziert die »Elemente« der Software.
- »Elemente« der Software werden hierarchisch in kleinere »Elemente« heruntergebrochen bis zu den »Komponenten« der Software, die die unterste Ebene der Softwarearchitektur darstellen.
- Die »Komponenten« der Software werden im Feinentwurf beschrieben.
- Eine »Komponente« der Software besteht aus ein oder mehreren »Softwaremodulen«.
- Die »Bestandteile« auf der rechten Seite sind die implementierten Gegenstücke der »Elemente« und »Komponenten« auf der linken Seite. Dabei kann es eine 1:1- oder m:n-Beziehung geben.

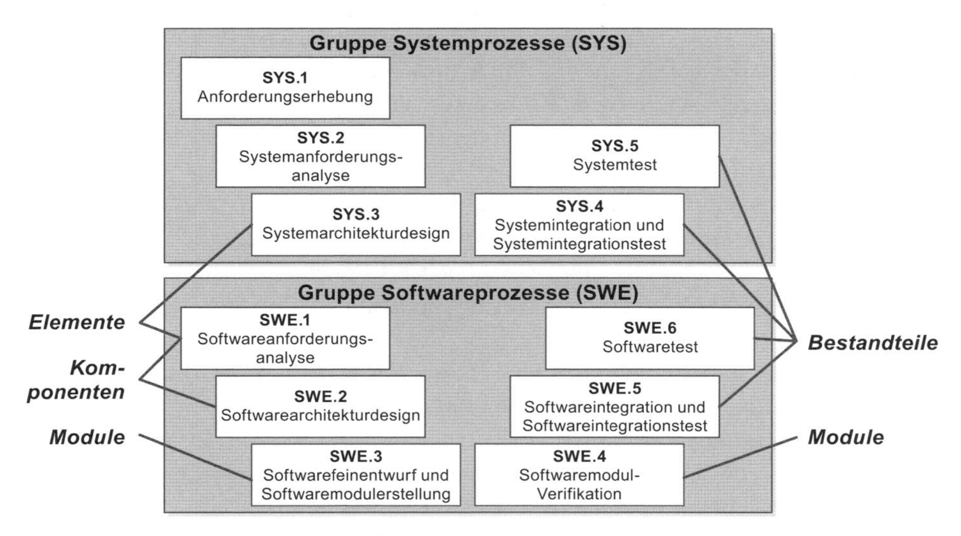

Abb. 2–3 *Verwendete Begriffe im V-Modell (in Anlehnung an Figure D.3 in [Automotive SPICE])*

2.1 ACQ.4 Lieferantenmanagement

2.1.1 Zweck

Zweck des Prozesses ist es, die Leistungen des Lieferanten bezüglich der vereinbarten Anforderungen zu verfolgen und zu bewerten.

Dieser Prozess behandelt die Überwachung und Steuerung des Lieferanten sowie die Zusammenarbeit und Kommunikation mit diesem. Basis für die Zusammenarbeit sind eine erfolgte Lieferantenauswahl sowie eine vertragliche Vereinbarung zwischen Auftraggeber und Lieferant.

Beim Lieferantenmanagement können Methoden aus MAN- und SUP-Prozessen wie Projektmanagement, Risikomanagement, Messen und Änderungsmanagement angewendet werden, indem diese vom Auftraggeber zur Überwachung und Steuerung des Lieferanten eingesetzt werden.

Werden Entwicklungsleistungen an den Lieferanten vergeben, so müssen die Prozessschnittstellen aufeinander abgestimmt sein. Neben den Engineering-Prozessen sollten insbesondere die unterstützenden Prozesse wie z.B. Konfigurations- und Änderungsmanagement sowie Qualitätssicherung aufeinander abgestimmt sein.

Bei der Entwicklung von Automobilkomponenten arbeiten Fahrzeughersteller und Lieferanten[3] meist sehr eng zusammen. Es gibt eine Vielzahl von Projektkonstellationen.

3. Außer dem Begriff »Lieferant« wird in der Automobilbranche auch der Begriff »Zulieferer« oder »tier one« bis »tier n« verwendet.

Eine einfache Anwendung von ACQ.4 ist beispielsweise der Fall, wenn der Automobilhersteller bereits entwickelte Komponenten einkauft, die nur in geringem Umfang angepasst werden. Komplexer wird die Anwendung von ACQ.4, wenn die Entwicklung größerer Komponenten vollständig bei einem Lieferanten durchgeführt wird.

Bei der Entwicklung von komplexen Komponenten im Automobil arbeiten oft mehrere Lieferanten mit. Bei einer derart vernetzten Entwicklung werden häufig Partnerschaften eingegangen, wobei meist einer der Lieferanten als Systemlieferant beauftragt wird, dessen Aufgabe es unter anderem ist, die übrigen Lieferanten zu steuern.

Oft entsteht dabei eine ganze Hierarchie von Auftraggeber-Auftragnehmer-Beziehungen, d.h., ein Lieferant (»tier one«) akquiriert weitere Systembestandteile von eigenen Unterlieferanten (»tier two«) und steuert die Zusammenarbeit. Häufig werden dem Lieferanten bestimmte Tier-two-Lieferanten durch den Auftraggeber vorgegeben oder der OEM schreibt gewisse Softwarekomponenten als zu integrierende Zulieferungen vor. Oft kommt es auch vor, dass der OEM[4] wettbewerbskritische Funktionen selbst entwickelt, die in das Gesamtsystem integriert werden müssen. Der OEM ist somit gleichzeitig ein Tier-two-Lieferant, was besondere Herausforderungen an den Systemlieferanten stellt.

Daher kommt der Auswahl und Steuerung von Lieferanten in der Automobilentwicklung eine besondere Bedeutung zu.

Hinweise für Assessoren

Dieser Prozess wird nur dann assessiert, wenn die Organisation (z.B. ein Tier-one-Lieferant) Unterlieferanten (tier two) besitzt. Es wird also geprüft, wie der Lieferant seine Unterlieferanten überwacht und steuert. Dabei ist darauf zu achten, dass der Tier-one-Lieferant relevante OEM-Anforderungen an den Tier-two-Lieferanten weitergibt und diese um eigene Anforderungen ergänzt.

Der Prozess wird nur dann assessiert, wenn Entwicklungsleistungen (z.B. die Entwicklung von Komponenten) unterbeauftragt werden, ganze Prozesse (wie z.B. Testen) outgesourct werden oder Produktkomponenten eingekauft werden, die an die Projektbedürfnisse angepasst werden. Werden lediglich Ressourcen für Entwicklungstätigkeiten eingekauft[a] (auch »Body Leasing« genannt) oder nur Standardprodukte ohne Anpassungen (»Produkte von der Stange«[b]), ist ein Assessieren des Prozesses nicht sinnvoll, da ACQ.4 von einer starken Verzahnung der Entwicklungsprozesse ausgeht, was in diesen Fällen aber nicht zutrifft.

a. In diesem Fall arbeiten die Fremdmitarbeiter nach Prozessen des Auftraggebers und werden im Assessment bei Bedarf wie dessen eigene Mitarbeiter befragt.

b. Engl. COTS (Commercial off-the-shelf).

4. Oder eine Tochterfirma oder Beteiligung des OEM.

2.1.2 Basispraktiken

BP 1: Vereinbare gemeinsame Prozesse, gemeinsame Schnittstellen und auszutauschende Informationen und halte diese aktuell. *Erstelle eine Vereinbarung über auszutauschende Informationen und gemeinsame Prozesse und gemeinsame Schnittstellen, Verantwortlichkeiten, Art und Häufigkeit von gemeinsamen Aktivitäten, Kommunikation, Besprechungen, Statusberichte und Reviews und halte diese aktuell.*

Anmerkung 1: *Gemeinsame Prozesse und Schnittstellen beinhalten gewöhnlich Projektmanagement, Anforderungsmanagement, Änderungsmanagement, Konfigurationsmanagement, Problemmanagement, Qualitätssicherung und Abnahme durch den Kunden.*

Anmerkung 2: *Gemeinsam durchzuführende Aktivitäten sollten einvernehmlich zwischen dem Kunden und dem Lieferanten vereinbart werden.*

Anmerkung 3: *Der Ausdruck Kunde bezieht sich in diesem Prozess auf die zu assessierende Organisation. Der Ausdruck Lieferant bezieht sich auf den Lieferanten der zu assessierenden Organisation*[5]*.*

Im Rahmen der Projektabwicklung müssen die Prozesse und Schnittstellen zwischen Kunde[6] und Lieferant abgestimmt und dokumentiert werden. Dies umfasst:

- Vereinbarungen bezüglich durchzuführender Regelbesprechungen und Reviews (siehe BP 2 bis 4)
- Planung und Steuerung der Kommunikation und der Schnittstellen, z.B. mittels eines Kommunikationsplans (siehe Abb. 3–9 sowie Abschnitt 3.4.3, Ausführungen zu GP 2.1.7)
- Regelungen bezüglich des Austauschs von Arbeitsprodukten und Informationen, z.B. welche Arbeitsprodukte zur Verfügung gestellt werden, Datenaustauschformate, Art und Weise der Übermittlung (z.B. Verschlüsselung bei E-Mails oder Kommunikation über einen gemeinsamen Server mit Zugriff beider Seiten auf gemeinsame Projektdaten und -dokumente oder Cloud-Lösungen)
- Abstimmung von Rollen und Verantwortlichkeiten
- Planung und Abstimmung der Prozesse und Abläufe für gemeinsame Aktivitäten. Die Basispraktik fordert dies zumindest für die in der ersten Anmerkung genannten Prozesse. Darüber hinaus empfehlen sich auch Regelungen bezüglich gemeinsamer Tests – zumindest einer gemeinsam abgestimmten Teststrategie –, der Releaseplanung der beigestellten Produkte sowie bezüglich der

5. Wird z.B. ein Tier-one-Lieferant assessiert, dann geht es darum, wie dieser seine (Tier- two-)Lieferanten überwacht und steuert.
6. Wir verwenden den allgemeineren Begriff »Kunde«. Dieser kann Auftraggeber sein oder auch nicht, z.B. wenn der OEM formal der Auftraggeber des Unterlieferanten ist und den Lieferanten zur Steuerung des von ihm beauftragten Unterlieferanten verpflichtet.

durchgängigen Traceability über die Organisationsgrenzen hinweg (siehe hierzu auch Abschnitt 2.25).

- Definition von Eskalationspfaden bei Problemen. Dies ist insbesondere wichtig, wenn mehrere Lieferanten beteiligt sind. Als oberstes Entscheidungsgremium kann ein Steuerkreis mit Vertretern aller Lieferanten dienen. Häufig verbreitet ist das Problem, dass die Verantwortung für eine detaillierte Analyse und Fehlerbeseitigung zwischen mehreren Partnern hin und her geschoben wird. Der Auftraggeber muss hierauf ein besonderes Augenmerk haben. Es ist sinnvoll, einen lieferantenübergreifenden Fehlermanagementprozess zu etablieren und den Hauptverantwortlichen klar zu benennen.
- Verfolgung von offenen Punkten z.B. mittels einer gemeinsamen Offene-Punkte-Liste (OPL, siehe Abb. 2–4). Bei mehreren Lieferanten gilt die gleiche Problematik wie beim vorherigen Punkt.
- Regelungen bezüglich Projektfortschrittsberichten des Lieferanten an den Kunden und Austausch von Projektplänen
- Die Zusammenarbeit der Qualitätssicherung von Kunde und Lieferant[7]

Gute Praxis ist es, ein gemeinsames Projektteam zwischen Kunde und Lieferant zu installieren. So können zuverlässig (Haupt-)Verantwortliche (z.B. Funktionsverantwortliche) auf beiden Seiten benannt werden, die vom Projektstart an zusammenarbeiten.

BP 2: Tausche alle vereinbarten Informationen aus. *Nutze die definierten gemeinsamen Schnittstellen zwischen Kunde und Lieferant zum Austausch aller vereinbarten Informationen.*

Anmerkung 4: *Die vereinbarten Informationen sollten alle relevanten Arbeitsprodukte enthalten.*

Informationen und insbesondere Arbeitsprodukte wie Softwarelieferungen, Dokumentation etc. werden wie in BP 1 vereinbart regelmäßig ausgetauscht. Die vereinbarte Kommunikation muss über den Projektverlauf aufrechterhalten werden.

BP 3: Überprüfe die technische Entwicklung zusammen mit dem Lieferanten. *Überprüfe die Entwicklung mit dem Lieferanten auf einer vereinbarten, regelmäßigen Basis. Dies umfasst technische Aspekte, Probleme und Risiken. Verfolge offene Punkte bis zum Abschluss.*

Insbesondere zu technischen Fragen muss eine permanente Kommunikation im Projekt aufrechterhalten werden, um sicherzustellen, dass der Lieferant techni-

7. Hierbei ist darauf zu achten, dass die Qualitätssicherung und die Qualitätsziele der Unterlieferanten denen der Kunden nicht widersprechen, d.h., die qualitativen Anforderungen der Kunden können nur erweitert und nicht durch lokale Richtlinien der Unterlieferanten eingeschränkt werden.

sche Anforderungen versteht und seine Aufgaben ordnungsgemäß und planmäßig erledigt. Hierzu dienen in erster Linie regelmäßige Projektbesprechungen zu technischen Themen, Problemen und Risiken. In Entwicklungsprojekten sind über den gesamten Projektverlauf meist eine Fülle von technischen Fragen und Problemen zu klären.

Außerdem sollten technische Arbeitsprodukte und Dokumente in gemeinsamen technischen Reviews bewertet werden. Dies bietet sich zu folgenden Dokumenten bzw. Liefergegenständen an:

- Anforderungsspezifikationen (Lastenheft/Pflichtenheft)
- Systemarchitektur (bei Systemlieferanten)
- Softwarearchitektur
- Schnittstellenspezifikationen
- Testpläne und Testdokumentation, Benutzer- und sonstige Entwicklungsdokumentation, die vereinbart wurde
- Abnahmetest (bzgl. Kundenabnahme)

Vorteilhaft ist es, technische Reviews mit geeigneten Reviewmethoden (z.B. Inspektionen) möglichst frühzeitig[8] im Entwicklungsprozess durchzuführen (siehe auch SUP.4).

Die identifizierten technischen Fragen, Probleme und offenen Punkte müssen bis zu ihrem Abschluss verfolgt werden. Um sicherstellen, dass alle offenen Punkte termingerecht abgearbeitet werden, sollte die Abarbeitung durch eine gemeinsame Offene-Punkte-Liste (OPL, siehe Abb. 2–4) systematisch verfolgt werden. In dieser Liste können sowohl Punkte des Kunden als auch des Lieferanten verfolgt werden.

Offene-Punkte-Liste Projekt XYZ

Nr.	Kategorie	Aufforderung/Problem	Maßnahme/Lösung	Prio	Verantwortlich	Termin	Status	Datum Eintrag	Eintrag durch	Quelle	Klassifizierung
1	CAN	Problembeschreibung, z.B CAN Signal nicht an ...	Beschreibung der Maßnahme	hoch	Müller	28.11.	in Bearb.	14.11.	Dittmann	z.B. Risikomanagement-Workshop	Änderungswunsch
2	HMI			mittel			offen				offener Punkt
3	Erprobung			niedrig			erledigt				Fehler
4	–										
5											

Abb. 2–4 *Beispielstruktur einer Offene-Punkte-Liste (OPL)*

BP 4: Überprüfe den Fortschritt des Lieferanten. *Überprüfe regelmäßig wie vereinbart den Fortschritt des Lieferanten bezüglich Zeitplan, Qualität und Kosten. Verfolge offene Punkte bis zum Abschluss und führe Maßnahmen zur Abschwächung der Risiken durch.*

8. Das heißt unmittelbar nach der Erstellung und vor Freigabe des Reviewobjekts.

Der Fortschritt beim Lieferanten wird regelmäßig überprüft[9]. Der Arbeitsfortschritt wird gegen den Plan bewertet, es werden signifikante Probleme (u.a. auch Qualitätsprobleme) und Risiken sowie die Terminsituation (insbesondere Terminverschiebungen und -prognosen) und eventuell auch die Ressourcensituation besprochen. Erfolgt die Vergütung nach Aufwand, werden auch die aufgelaufenen Kosten gegen den Kostenplan geprüft sowie Kostenprognosen beurteilt.

Automotive SPICE fordert weiterhin, dass für Risiken Maßnahmen zur Abschwächung der Risiken eingeleitet werden und dass Probleme und Maßnahmen bis zum Abschluss verfolgt werden. Das Risikomanagement (siehe MAN.5) im Projekt muss daher erweitert werden und auch die Risiken abdecken, die sich aus der Zusammenarbeit mit den Lieferanten ergeben.

Eine besondere Bedeutung gewinnt diese Praktik, wenn mehrere Lieferanten im Projekt des Kunden integriert und koordiniert werden müssen. Dann muss der Gesamtprojektstatus sowohl der Lieferantenaktivitäten als auch der Aktivitäten des Kunden zusammengefasst und im Ganzen überwacht werden. Hier empfiehlt sich eine offene Kommunikation des Gesamtstatus (an alle Beteiligten), damit jeder seinen Beitrag zum Gesamtwerk versteht. Ein weiterer Vorteil dieser Transparenz ist es, dass der dadurch indirekt geschaffene Wettbewerb den Projektfortschritt fördert (keiner will der Letzte sein). Zur objektiven Verfolgung des Projektfortschritts beim Lieferanten empfiehlt sich die Verfolgung des Fortschritts mittels Metriken (siehe MAN.6 und Abb. 2–41 auf S. 222).

Die Fortschrittsüberwachung sollte auch die Überwachung von vereinbarten Verbesserungsmaßnahmen (BP 5) im laufenden Projekt beinhalten.

Erfahrungsbericht

Der Projektfortschritt wird häufig sehr optimistisch dargestellt. Daher sind die Einschätzungen von Lieferanten (z.B. in Statusberichten oder im Projektplan) kritisch zu hinterfragen. Außerdem sollten frühzeitig erste Zwischenlieferungen vereinbart werden, um den tatsächlichen Fortschritt besser überprüfen zu können.

Problemursachen sind häufig auch unzureichende Mitwirkungen des Kunden. Der Lieferant wartet oft lange auf Antworten (z.B. von technischen Fragen), es dauert sehr lange, bis Entscheidungen getroffen werden, und dringend benötigte fachliche Ansprechpartner stehen nicht oder nicht in ausreichendem Umfang zur Verfügung. Ein weiteres Problem bei vernetzten Entwicklungen zeigt sich darin, dass Beistellungen des Auftraggebers oft nicht rechtzeitig oder in ausreichendem Umfang zur Verfügung stehen (z.B. Prototypen zu Testzwecken).

9. Es ist hilfreich für ein Projekt mit Unterlieferanten, wenn diese von sich aus in regelmäßigen Abständen entsprechende Informationen eigenständig bereitstellen (Push-Prinzip) und nicht erst auf Anfrage des Kunden (Pull-Prinzip) reagieren.

BP 5: Reagiere auf Abweichungen. *Ergreife Maßnahmen, wenn vereinbarte Ziele nicht erreicht werden, um die Abweichungen von den vereinbarten Projektplänen zu korrigieren und um das erneute Auftreten der erkannten Probleme zu verhindern. Änderungen von Zielen werden verhandelt und diese werden in einer Vereinbarung dokumentiert.*

Wenn bei der Durchführung des Projekts und bei der Überwachung des Projektfortschritts Abweichungen gegenüber dem Planungsstand festgestellt werden und dadurch vereinbarte Ziele nicht erreicht werden können, müssen entsprechende Maßnahmen eingeleitet werden. Automotive SPICE fordert neben der Durchführung der Maßnahmen zur Korrektur der Planabweichungen auch Maßnahmen zur Behebung bzw. Vermeidung der Ursachen.

Über den gesamten Projektverlauf muss zwischen Auftraggeber und Lieferant ein definierter und systematischer Änderungsmanagementprozess (siehe SUP.10) eingesetzt werden. Neben der Abstimmung selbst ist die Dokumentation der Änderungen gefordert. Zu beachten ist hierbei, dass sich die Änderungen nicht nur auf technische Fragen beziehen können, sondern auch auf definierte Prozesse, Vorgehensweisen, Vereinbarungen, Verträge etc.

Erfahrungsbericht

Im Kunden-Lieferanten-Verhältnis gibt es bei Festpreisprojekten bei der Umsetzung von Änderungen oft Probleme, wenn die Änderungen Kostenerhöhungen verursachen. Viele Kunden scheuen daher vor formalen Änderungsanträgen zurück und versuchen, Änderungen informell bzw. als Fehlermeldung getarnt an den Lieferanten zu übermitteln. Verschärft wird die Problematik bei der Entwicklung von Systemen, wenn neue Technologien angewendet werden und das Projektergebnis in einem evolutionären Prozess entsteht. Anforderungen können hier zu Projektbeginn nur unzureichend (unvollständig, nicht detailliert genug usw.) definiert werden und werden erst später im Laufe der Entwicklung portionsweise an den Lieferanten übergeben. In diesen Fällen muss auch der Änderungsmanagementprozess entsprechend angepasst werden. Zum Beispiel kann vereinbart werden, dass Änderungen zwar formal über den Änderungsmanagementprozess erfasst werden, aber erst unter bestimmten Bedingungen[10] kostenwirksam werden. In solchen Fällen, d.h. mit neuen Technologien und unklaren Anforderungen, können agile Entwicklungsansätze sehr hilfreich sein (siehe dazu auch Kap. 6).

10. Zum Beispiel können Änderungen kostenrelevant werden, wenn eine Änderung funktionaler Art ist und für das zugehörige Teilsystem bereits eine Zwischenabnahme erfolgt war.

2.1.3 Ausgewählte Arbeitsprodukte

02-01 Vereinbarung

Gemeint ist hier eine verbindlich getroffene Vereinbarung zwischen Kunde(n) und Lieferant(en). Die Vereinbarung muss nachweislich und verbindlich dokumentiert werden (z.B. in einem Vertrag oder in der Kombination aus Anfragelastenheft, Angebot, Bestellung). Nach Vertragsabschluss werden eventuell weitere, detaillierte Vereinbarungen zwischen Kunde(n) und Lieferant(en) getroffen.

13-01 Abnahmeprotokoll

Das Abnahmeprotokoll besteht nach [Hindel et al. 2009] aus dem eigentlichen Protokoll und einer Mängelliste. Grundlegendes zur Mängelliste ist bei SUP.9, Arbeitsprodukt 13-07 (Problemmeldung), beschrieben. Zusätzlich sollte das Abnahmeprotokoll Folgendes enthalten:

- Projektdaten (Projektbezeichnung, Auftragsnummer, Auftragsdatum, Auftraggeber etc.)
- Benennung aller abzunehmenden Produkte gemäß Releaseplanung, neben dem eigentlichen (Teil-)System auch Dokumentation und Begleitmaterial, das übergeben wurde (Empfänger, Datum der Übergabe, Benennung inklusive Versionsbezeichnung etc.)
- Datum, Ort, Teilnehmer der Abnahme (inklusive der Zuordnung zur Firma, d.h. Lieferant oder Kunde)
- Art der Abnahme (handelt es sich z.B. um eine Teilabnahme oder um die Gesamtabnahme)
- Verweis auf weitere Eingangs- und/oder Ergebnisdokumente der durchgeführten Abnahme
- Test- bzw. Verifikationsergebnisse
- Abnahmeergebnis (und ggf. weiteres Vorgehen, wie z.B. Mängelbeseitigung, erneute Abnahme)
- Unterschrift von Kunde und Lieferant

13-09 Besprechungsprotokoll

Die Besprechungen zwischen Auftraggeber und Lieferant sollten mittels Protokollen dokumentiert werden. Das Protokoll sollte beinhalten:

- Zweck der Besprechung, Tagesordnung, Ort, Datum und Zeiten, Teilnehmer
- Getroffene Beschlüsse und sonstige wesentliche Ergebnisse
- Offene Punkte (ggf. auch als separate Liste, siehe Abb. 2–4)
- Gegebenenfalls Hinweis auf nächste Besprechung
- Verteiler des Protokolls

13-14 Fortschrittsstatusbericht

Siehe bei MAN.3, Arbeitsprodukt 15-06 Projektfortschrittsbericht

13-16 Änderungsantrag

Siehe Erläuterung bei SUP.10

13-19 Reviewaufzeichnungen

Siehe Erläuterung bei SUP.4

2.1.4 Besonderheiten Level 2

Zum Management der Prozessausführung

Zu Projektbeginn ist die Abstimmung der Kommunikation zwischen Auftraggeber und Lieferant gemäß BP 1 zu planen (Abstimmung von Prozessschnittstellen, Abstimmung von Rollen und Verantwortlichkeiten, Definition von Eskalationspfaden etc.). Im Projektverlauf werden die Regeltermine und Fortschrittsreviews sowie Zwischen- und Endabnahmen eingeplant und deren Einhaltung bzw. Durchführung verfolgt. Zur Steuerung des Lieferanten sollte in der Regel eine verantwortliche Person benannt sein. Manchmal ist dies der (Teil-)Projektleiter oder es gibt hierfür eine Rolle »Supplier Manager«.

Zum Management der Arbeitsprodukte

Die im Rahmen der Abstimmung der Kommunikation gemäß BP 1 vereinbarten Arbeitsprodukte des Lieferanten sind zu reviewen und unter Versions- und Änderungsmanagement zu stellen. Neben den vereinbarten Zwischen- und Endlieferungen gilt dies auch für vereinbarte Planungsdokumente des Lieferanten und Fortschrittsberichte. Des Weiteren sind auch Änderungsanträge, die die Arbeit des Lieferanten betreffen, zu reviewen. Es sollte auch vereinbart werden, dass ein gemeinsames Konfigurationsmanagement eingerichtet wird (siehe BP 1, Anmerkung 1) und dass die Arbeitsprodukte entsprechend versioniert und geändert werden.

2.2 SPL.2 Releasemanagement

2.2.1 Zweck

Zweck des Prozesses ist es, Produktreleases für den Kunden zu steuern.

Ein Produktrelease ist eine konsistente Menge von versionierten Objekten mit definierten Eigenschaften und Merkmalen, die zur Auslieferung an interne oder externe Kunden bestimmt ist. Ein Produktrelease ist somit eine Baseline im Sinne des Konfigurationsmanagements (siehe SUP.8 BP 6). Der Prozess beinhaltet:

- Die Planung und Steuerung von Releases
- Die Vorbereitung und Durchführung von Zwischen- und Endfreigaben für Releases inklusive Freigabekriterien
- Die Definition von »Build-Aktivitäten und -Umgebung«

- Festlegung von Klassifizierungs- und Nummerierungsschema
- Die Definition der Art und Weise der Auslieferung
- Dokumentation und Support von Releases

Der Prozess hat Schnittstellen zum Anforderungsmanagement, zum Projektmanagement und zum Konfigurationsmanagement. Im Anforderungsmanagement werden die zu realisierenden Anforderungen priorisiert (siehe z.B. SYS.2 BP 2). Im Rahmen des Projektmanagements werden diese Anforderungen z.B. mittels einer Funktionsliste (siehe Abb. 2–31 auf S. 188) den verschiedenen Releases und Meilensteinen zugeordnet, und deren Umsetzung wird verfolgt.

Exkurs: Musterphasen in der Automobilindustrie

Die Automobilindustrie arbeitet mit sogenannten Musterständen (A, B, C, D). Dabei werden Entwicklungsstände der zu entwickelnden Bauteile mit zunehmendem Reifegrad im Entwicklungsprozess bereitgestellt und in Erprobungsfahrzeugen integriert. Ziel sind die frühzeitige Integration und der Test des Zusammenspiels im Fahrzeug. Die Musterphasen bedeuten:

- **A-Muster**
  Dies sind bedingt fahrtaugliche Funktionsmuster mit geringem Reifegrad. Das Bauteil erfüllt noch nicht die Anforderungen z.B. bezüglich Temperatur- und Spannungsbereich, Abmessungen, Rüttel-/Stoßfestigkeit, elektromagnetischer Störsicherheit bzw. Verträglichkeit (EMV) und Optik. A-Muster gestatten aber bereits die Erprobung von (Software-)Grundfunktionen unter Versuchsbedingungen. A-Muster dienen der Funktionsdarstellung.
- **B-Muster**
  Dies sind funktionsfähige, fahrtaugliche Grundsatzmuster mit hohem Reifegrad. B-Muster sehen aus wie das spätere Serienteil und haben alle zu dem Zeitpunkt geforderten (Software-)Funktionen. B-Muster bestehen aus weitgehend seriennaher Hardware und erlauben erste Aussagen bezüglich elektromagnetischer Verträglichkeit und Temperaturbereich. B-Muster können aber noch aus Hilfswerkzeugen erstellt worden sein. B-Muster gewährleisten eine ausreichende Betriebssicherheit für die Erprobung auf dem Prüfstand und im Fahrzeug. Die Infrastruktur für die Diagnose ist enthalten. Für den Einsatz im Fahrzeug kann es noch Einschränkungen geben. B-Muster dienen der konstruktiven Festlegung z.B. hinsichtlich Einbau und Platzbedarf sowie der Funktionserprobung, Funktionsabsicherung und Applikation im Fahrzeug, Prüfstand und im Labor.
- **C-Muster**
  Diese werden mit Serienwerkzeugen unter seriennahen Bedingungen gefertigt und dienen u.a. der Erprobung im Fahrzeugdauerlauf. Die Bauform und Spezifikationen entsprechen den Serienanforderungen. Sämtliche Spezifikationen

für Funktion, Zuverlässigkeit und Störsicherheit müssen eingehalten werden. Ferner entsprechen die Einbauverhältnisse, der Platzbedarf und die Kontaktierung dem Serienstand. Es muss weiterhin eine Reproduzierbarkeit in der Serienfertigung gewährleistet sein. Bei den C-Mustern sind keine technischen Einschränkungen zugelassen, und es ist somit ein uneingeschränkter Einsatz im Fahrzeug gewährleistet. Die Elektronikbauteile müssen qualifizierte Serienteile sein. In der Theorie sollen die Softwarefunktionen bereits beim B-Muster fertiggestellt sein. In der Praxis werden letzte Softwarefunktionen bei einigen Steuergeräten aber erst mit dem C-Muster fertiggestellt. C-Muster dienen der Gesamterprobung (Dauererprobung, Funktionsabsicherung, Applikation) unter serienähnlichen Bedingungen.

- **Baumuster/D-Muster**
  Diese werden vom Lieferanten für die Baumusterfreigabe bereitgestellt. Baumuster, manchmal auch D-Muster genannt, werden mit Serienwerkzeugen unter Serienbedingungen gefertigt. Die Geräte sind voll einsatzfähig und beurteilbar. Alle Qualitätsanforderungen sollten gleichbleibend sichergestellt sein. Freigegebene Baumuster können auch für die Erstmusterfreigabe genutzt werden und in der Produktvorserie/Serie verbaut werden.

2.2.2 Basispraktiken

BP 1: Definiere den funktionalen Inhalt der Releases. *Erstelle eine Releaseplanung, die die zu implementierende Funktionalität eines jeden Release bestimmt.*

Anmerkung 1: *Der Plan sollte aufzeigen, welche Applikationsparameter, die die identifizierte Funktionalität beeinflussen, für welches Release wirksam sind.*

Eine Releaseplanung definiert, in welcher Version eines Produktes bestimmte Eigenschaften realisiert werden. Auf dieser Basis kann man den Entwicklungsablauf strukturieren und die Arbeiten priorisieren. Häufig werden Funktionslisten (siehe Abb. 2–31 auf S. 188) zur Planung der funktionalen Inhalte genutzt. Neben den »offiziell« vereinbarten A/B/C-Mustern sind häufig auch Zwischenreleases notwendig (z.B. HW-Stand auf B-Muster, aber aktuelle Softwarefunktionalität). Auch diese müssen geplant werden. Die Releaseplanung ändert sich häufig im Projektverlauf. Gründe hierfür sind z.B.:

- Das Projekt hat Verzug. Die Releasetermine müssen eingehalten werden. Also wird die Funktionalität des Release reduziert und ein weiteres Release mit voller Funktionalität wird nachgeliefert.
- Anforderungen ändern sich im Projektverlauf, werden anders priorisiert, oder neue Anforderungen müssen berücksichtigt werden. Dadurch werden die Anforderungen vorgezogen[11] oder auf ein späteres Release verschoben.

11. Lieferung in einem früheren Release als ursprünglich geplant.

Werden daher neben den ursprünglich geplanten Releases weitere Releases notwendig, so sollten diese beantragt und genehmigt werden. Ein Releaseantrag für weitere Releases sollte zumindest folgende Punkte beinhalten:

- Die betroffenen Objekte
- Die Gründe für das Release
- Wie die Lieferung erfolgt

Die Releaseplanung muss verfolgt und aktualisiert werden. Die Anmerkung weist darauf hin, dass die Releaseplanung auch die für die jeweilige Funktionalität wirksamen Applikationsparameter (siehe auch Abschnitt 2.26) für jedes Release beinhalten soll.

BP 2: Definiere Releaseprodukte. *Definiere die mit dem Release verbundenen Produkte.*

Anmerkung 2: *Releaseprodukte können Programmierungstools beinhalten, wenn dies vereinbart wurde. Im Automobilsprachgebrauch kann ein Release einem Muster, z.B. A, B, C, zugeordnet sein.*

Neben den funktionalen Inhalten muss definiert werden, welche Objekte und Dokumente ein Release umfasst. Dies können z.B. auch entwicklungsbegleitende Dokumentation, Test- und QS-Berichte oder eine Liste bekannter Fehler sein. Außerdem ist zu definieren, ob es sich um ein reines Softwarerelease handelt oder ob ein System (also Software auf definiertem HW-Stand) geliefert wird. Wird z.B. zu einem vereinbarten A/B/C-Musterstand nur eine Kiste mit Steuergeräten geliefert oder umfasst dies auch Dokumentation und notwendige Tools wie Bedatungs- oder Flashtools[12]?

BP 3: Lege eine Klassifizierung der Produktreleases und ein Nummerierungsschema fest. *Eine Klassifizierung der Produktreleases und ein Nummerierungsschema werden gemäß dem vorgesehenen Zweck der Releases und der Erwartungen an die Releases eingeführt.*

Anmerkung 3: *Die Releasenummerierung kann Folgendes beinhalten:*

- *Die Hauptversionsnummer*
- *Die Versionsnummer eines Funktionsmerkmals*[13]
- *Die Fehlerbehebungsnummer*
- *Die Alpha- oder Beta-Version*
- *Die Iteration innerhalb der Alpha- oder Betaversion*

12. Mit Bedatungstools können Parameter der Software geändert werden, mit Flashtools lassen sich neue Softwarestände auf das Steuergerät aufspielen (»flashen«).
13. Engl. feature.

Ein Klassifikationsschema wird eingeführt. Mögliche Klassifikationen sind z.B.:

- Internes Release
- Kundenrelease zu Testzwecken
- Offizielles Musterrelease
- Serienrelease

Ferner wird ein Nummerierungsschema eingeführt, damit Releases mit einer eindeutigen Kennzeichnung versehen werden können, z.B. E02A (Erprobungsfahrzeugphase, 2. Musterrelease A). Dies erleichtert eine eindeutige Kommunikation.

BP 4: Definiere die Build-Aktivitäten und die Build-Umgebung. *Ein einheitlicher Build-Prozess wird festgelegt und gepflegt.*

Anmerkung 4: *Eine festgeschriebene und einheitliche Build-Umgebung sollte von allen Beteiligten genutzt werden.*

Im Rahmen der Releaseplanung ist festzulegen, wie das Release zusammengebaut wird. Dies ist meist im Rahmen des Konfigurationsmanagements geregelt (siehe SUP.8). Sind mehrere Lieferanten beteiligt, ist der Build-Prozess meist komplizierter. Insbesondere dann ist zu regeln, wie der Build erfolgt: Führt der Systemlieferant den Build durch? Gibt es mehrere Stufen? usw.

Neben der Vorgehensweise ist auch die Build-Umgebung wie Compiler, Targetlink-Version, Matlab-Version etc. einheitlich zu definieren und zu verwenden. Diese Regelungen müssen im Projektverlauf, wenn notwendig, angepasst werden.

BP 5: Erstelle das Release aus konfigurierten Objekten. *Das Release wird aus konfigurierten Objekten erstellt, um die Integrität zu gewährleisten.*

Anmerkung 5: *Gegebenenfalls sollte ein Softwarerelease vor der Freigabe auf die richtige Hardwareversion aufgespielt werden.*

Die in BP 2 definierten Objekte werden gemäß dem in BP 4 definierten Ablauf zu einem Release zusammengestellt. Die Objekte werden ausschließlich aus dem Konfigurationsmanagementsystem entnommen.

BP 6: Teile Art, Service Level und Dauer des Supports für ein Produktrelease mit. *Art, Service Level und Dauer des Supports für ein Produktrelease werden bestimmt und mitgeteilt.*

Für die ausgelieferten Musterstände wird ein Support vereinbart. Denkbar wären hier Regelungen bezüglich Support bei Änderungen, Vorgehen bei Fehlern (z.B. neue Lieferung bei einem oder mehreren Fehlern 1. Priorität), schnelles Bereitstellen von Entwicklungsressourcen, wenn notwendig, Bereitstellen eines Resident Engineer, Support bei reinen SW-Lieferungen (z.B. Navigationssoftware, Betriebssystem) über Hotline etc.

BP 7: Lege die Art des Liefermediums für das Release fest. *Das Medium für die Produktlieferung wird entsprechend den Bedürfnissen des Kunden festgelegt.*

Anmerkung 6: *Die Art des Liefermediums kann mittelbar (Lieferung an den Kunden auf einem geeigneten Medium) oder direkt (z.B. Lieferung in Firmware als Teil des Pakets) oder in Kombination beider Möglichkeiten erfolgen. Das Release kann auf elektronischem Weg geliefert werden durch Ablage auf einem Server. Es kann auch erforderlich sein, das Release vor der Lieferung zu vervielfältigen.*

Mögliche Medien können sein:

- Medien wie DVD etc.
- Elektronische Verteilung z.B. über E-Mail, virtuelle Projektlaufwerke
- Post, Paketdienste bzw. persönliche Übergabe

BP 8: Bestimme die Verpackung für die Releasemedien. *Die Verpackung für die verschiedenen Medienarten wird festgelegt.*

Anmerkung 7: *Für die Verpackungen bestimmter Medienarten kann mechanischer oder elektronischer Schutz erforderlich sein, z.B. bestimmte Verschlüsselungstechniken.*

Neben dem Liefermedium sind ggf. auch Regelungen bezüglich der Verpackung der Lieferung notwendig:

- Empfindliche Hardware oder Mechanik muss speziell verpackt werden, damit diese auf dem Transport nicht beschädigt wird.
- Wie viele Komponenten werden pro Lieferung oder Bestellcharge oder Palette geliefert?
- Gibt es Anforderungen hinsichtlich Sicherheit, z.B. wie sind Anschlüsse zu sichern oder Kabel festzubinden?
- Sind Schutzmechanismen für elektronische Lieferungen wie z.B. Verschlüsselungstechniken anzuwenden?

BP 9: Definiere und erstelle die Produktreleasedokumentation/Release Notes. *Stelle sicher, dass jegliche das Release begleitende Dokumentation erstellt, überprüft und genehmigt wird und zur Verfügung steht.*

Die begleitende Releasedokumentation kann neben der eigentlichen Beschreibung des Release Folgendes umfassen:

- Wurde die Funktionalität gemäß Releaseplanung umgesetzt?
- Welche bekannten Fehler enthält das Release noch, ggf. Workarounds?
- Wie ist die Speicherauslastung?
- Wurden die (Abnahme-)Tests in vollem Umfang durchgeführt (z.B. auch Tests bezüglich Temperatur- und Spannungsbereich, Rüttel-/Stoßfestigkeit, EMV etc.)?
- Wie genau ist der Freigabestatus (vollständige Freigabe, Freigabe unter Auflagen etc.)?

BP 10: Stelle die Genehmigung des Produktrelease vor der Auslieferung sicher. *Die Kriterien für das Produktrelease werden vor der Auslieferung erfüllt.*

Im Rahmen der Genehmigung muss überprüft werden, ob die definierten Freigabekriterien eingehalten wurden. In der Praxis ist dies meist ein formaler Akt durch die Projektleitung oder das Management, da in der Regel vorher bekannt ist, ob eine Freigabe erfolgen kann oder nicht.

BP 11: Stelle die Konsistenz sicher. *Stelle die Konsistenz sicher zwischen Softwarereleasenummer, Papieretikett und EPROM-Etikett (wo relevant).*

Vor der Auslieferung muss überprüft werden, ob das Release auch alle in BP 2 identifizierten Objekte enthält (»Ist drin, was drauf steht?«) und dass keine Widersprüche zwischen Etiketten/Labels und der von der Software angezeigten Releasenummer existieren. In der Praxis durchaus problematisch ist auch, wenn die von der Software angezeigte Releasenummer nicht der tatsächlich enthaltenen Software entspricht. Gleiches gilt für Änderungskennzeichnungen auf Etiketten auf dem Muster. Beides wird in SUP.8 BP 8 Verifizierung von KM-Elementen adressiert.

BP 12: Stelle eine Release Note bereit. *Ein Release wird von Informationen begleitet, die die wichtigsten Charakteristiken des Release erläutern.*

Anmerkung 8: *Eine Release Note kann eine Einleitung, die Umgebungsanforderungen, Installationsverfahren, Produktaufruf, Listung neuer Features sowie eine Aufstellung der behobenen Fehler, bekannten Fehler und Workarounds beinhalten.*

Zu jedem Release wird eine Release Note (z.B. Freigabemitteilung, Entwicklungsbericht) erstellt. Zu den Inhalten der begleitenden Releasedokumentation siehe BP 9.

BP 13: Liefere das Produktrelease an den vorgesehenen Kunden aus. *Das Produkt wird an den Kunden, für den es bestimmt ist, gegen eine Empfangsbestätigung ausgeliefert.*

Anmerkung 9: *Eine Empfangsbestätigung kann von Hand, elektronisch, per Post, telefonisch oder mittels eines Logistikdienstleisters erfolgen.*

Anmerkung 10: *Diese Praktiken werden typischerweise durch den Konfigurationsmanagementprozess SUP.8 unterstützt.*

Das Produkt und die zugehörige Dokumentation werden ausgeliefert und der Kunde bestätigt den Empfang. Gegebenenfalls beinhaltet die Auslieferung auch die Installation des Produkts in einer definierten Umgebung.

2.2.3 Ausgewählte Arbeitsprodukte

08-16 Releaseplan

Der Releaseplan umfasst generell:

- Die zeitliche Planung aller Releases (Übersicht)
- Regelungen zur Handhabung des Release wie Klassifizierung, Nummerierungsschema, Build-Aktivitäten und Build-Umgebung etc.

Des Weiteren sind für jedes Release zu regeln:

- Die funktionalen Inhalte (siehe hierzu als Beispiel eine Funktionsliste, Abb. 2–31 auf S. 188)
- Die zugehörigen Objekte (Softwarestand, Hardwarestand, Dokumentation etc.) und Freigaben
- Ein Mapping auf die Kundenanforderungen, die im jeweiligen Release erfüllt werden
- Sonstige Regelungen wie Support, Verpackung, Art und Medium der Lieferung

WP 11-03 Produktrelease-Information

Die begleitende Releasedokumentation, in der Praxis häufig »Release Notes« genannt, kann neben der eigentlichen Beschreibung des Release Folgendes umfassen:

- Releaseinformationen inklusive Releaseobjekt und -ID, Kompatibilitätsinformationen, Informationen zur Betriebsumgebung, Art des Release (Entwicklungsrelease, vollständig getestetes Release, Bugfix-Release, offizielles Musterrelease etc.) und Freigabestatus (Straßenfreigabe, vollständige Freigabe, Freigabe mit Auflagen etc.)
- Übersicht, ob die Funktionalität gemäß Releaseplanung enthalten ist
- Übersicht der Verifikationsergebnisse
    - Test Summary Report, Ressourcenverbrauch (Speicherauslastung etc.), sonstige Metriken
- Inhalte des Release
    - Beschreibung der Änderungen gegenüber dem letzten Release
    - Neue und geänderte Funktionalität
    - Behobene Fehler
    - Bekannte Fehler und Workarounds
    - Detaillierte Komponentenliste
    - Zugehörige Applikationsparameter (welche Sets, Versionsnummern etc.)
- Sonstiges
    - Technische Supportinformationen, Copyright- und Lizenzinformationen

2.2.4 Besonderheiten Level 2

Zum Management der Prozessausführung

Auf Level 2 werden die Releaseplanung und deren Verfolgung sehr viel stringenter und detaillierter (Prozessattribut PA 2.1) gehandhabt.

Zum Management der Arbeitsprodukte

Die Anforderungen von Prozessattribut PA 2.2 gelten insbesondere für das Release selbst und alle zugehörigen Releaseobjekte. Die Prüfung des Release erfolgt im Rahmen der Freigabeprüfungen. Außerdem sollte der Releaseplan unter Konfigurationskontrolle stehen.

2.3 SYS.1 Anforderungserhebung

2.3.1 Zweck

Zweck des Prozesses ist es, die sich kontinuierlich entwickelnden Stakeholder[14]-Bedürfnisse und -Anforderungen über den gesamten Lebenszyklus des Produkts und/oder der Dienstleistung zu erfassen, zu verarbeiten und zu verfolgen. Darauf basierend wird eine Anforderungsbaseline erstellt, die als Basis für die Definition der benötigten Arbeitsprodukte dient.

Werden Anforderungen nicht ausreichend sorgfältig erhoben, fehlt dem ganzen Projekt die stabile Grundlage, und spätere Probleme sind vorprogrammiert. Die schriftliche Niederlegung von Anforderungen macht in der Praxis oft Schwierigkeiten oder ist mit Mängeln behaftet. Weitverbreitete Gründe sind:

- Das Entwicklungsprojekt steht von vornherein unter immensem Zeitdruck, Anforderungen werden daher nur notdürftig beschrieben. Dies gilt insbesondere in der Angebotsphase. Die Anforderungsanalyse kann dann nicht so vollständig und sorgfältig wie erforderlich ausgeführt werden, weil der Abgabetermin des Angebots drängt und sich die Verantwortlichen auf das Wesentliche beschränken müssen. Detaillierte Analysen können in diesem Fall erst nach Auftragserteilung erfolgen, wobei es dann nicht selten zu Meinungsverschiedenheiten zwischen den Partnern über den Inhalt der angebotenen Leistung kommt.
- Der Auftraggeber kann oder will sich zu Beginn noch nicht auf alle Details festlegen.
- Es wird ein innovatives und komplexes System erstmals entwickelt, die Anforderungen lassen sich zu Beginn nur schwer beschreiben.

---

14. Stakeholder sind insbesondere der Kunde, aber auch interne Anforderungsquellen (z.B. Produktmanagement, Management, Marketing, Vertrieb, Produktion).

- Der Auftraggeber kennt seine Anforderungen selbst noch nicht richtig und hat daher Probleme, diese konkret zu beschreiben.
- Neben den Kundenanforderungen sind weitere Anforderungen zu berücksichtigen. Diese werden aber nicht in gleicher Güte erhoben und dokumentiert. Mögliche weitere Anforderungen sind:
  - Interne Anforderungen vom Produktmanagement, Marketing, Vertrieb, Produktion etc.
  - Strategische Anforderungen: Das Produkt soll später als Plattform für weitere Kunden genutzt werden.
  - Normen und gesetzliche Anforderungen, die zu berücksichtigen sind

Problematisch für den weiteren Projektverlauf können folgende Punkte sein:

- Der Kunde beteiligt sich nicht an der Spezifizierung der Funktion des Systems, der Spezifizierungsaufwand wird komplett dem Lieferanten überlassen. Der Kunde äußert aber später im Projekt eine Vielzahl von Änderungswünschen und neuen Anforderungen.
- Der Lieferant versäumt es, sich die von ihm spezifizierten Anforderungen durch den Kunden bestätigen zu lassen, oder dieser verweigert die Bestätigung. Vereinzelt hat sich auch eine »arbeitssparende Praxis« etabliert, ein System »wie beim Wettbewerber« oder »wie im Vorgängerprodukt, nur mit folgenden Änderungen …« zu bestellen. An dieser Stelle wird im Projekt bereits der Grundstein für spätere Probleme gelegt.

Problematisch ist teilweise auch die Verwendung vorhandener und bereits fertig entwickelter Plattformlösungen oder die Verwendung von Lösungen, die bereits in Vorgängerprojekten verwendet wurden, wenn dabei der Änderungsaufwand nicht realistisch eingeschätzt wird. So wirtschaftlich interessant diese Konstellationen bei Vergabe auch sind, können die im weiteren Verlauf erforderlichen Änderungen und Anpassungen das Projekt schnell an den Rand des Scheiterns bringen und später die Frage nach der Wirtschaftlichkeit von Wiederverwendung aufwerfen. In der Praxis hat es sich mehrfach gezeigt, dass Firmen die Verwendung einer Plattform während des Projekts verworfen und am Ende eine Neuentwicklung durchgeführt haben. Gründe dafür sind, dass der Änderungsanteil zum bestehenden Umfang zu groß wird oder die geplante Lösung aufgrund von Architekturproblemen so nicht umsetzbar ist. Der Erfolg hängt in diesen Fällen neben der Anforderungserhebung von weiteren Faktoren ab, wie z.B. vom Änderungsmanagement, dessen Verknüpfung mit den Entwicklungsprozessen, der Softwarearchitektur, Kapselung einzelner Systemelemente usw.

Bei komplexen Systemen werden oft sehr viele Anforderungen ermittelt und in verschiedenen Dokumenten abgelegt. Diese Anforderungen müssen inhaltlich konsistent sein und die Konsistenz muss auch bei Änderungen während des Projekts gewährleistet bleiben. Der aktuelle Stand zu wichtigen Meilensteinen wird jeweils in einer Anforderungsbaseline festgehalten.

Anforderungen ergeben sich meistens nicht nur aus den explizit geäußerten Bedürfnissen des Kunden. Bei komplexen Produkten sind weitere Anforderungen, Normen oder sonstige Vorschriften, wie z.B. Diagnosevorschriften und Vorschriften bezüglich Flashbarkeit von Steuergeräten oder Gesetzesanforderungen (aus Homologation) zu beachten. Die Menge der zu berücksichtigenden Dokumente kann daher schnell einige Hundert betragen. Teilweise sind einige Dokumente älteren Datums und nicht selten finden sich Widersprüche in den Dokumenten. Dies führt zu einem erheblichen Aufwand für die Entwicklung, da neben der Sichtung, Zuordnung und Priorisierung der vielen Dokumente auch enthaltene Inkonsistenzen, Fehler und technisch nicht realisierbare Anforderungen ermittelt und geklärt werden müssen. Das Bewusstsein für die Komplexität dieser Tätigkeit und den damit verbundenen Aufwand ist kundenseitig oft wenig ausgeprägt, dabei kann der Kunde durch möglichst präzise und ausgereifte Vorgaben entscheidend zur Vermeidung späterer Probleme beitragen.

2.3.2 Basispraktiken

BP 1: Hole Stakeholder-Anforderungen und -Anfragen ein. *Hole Anforderungen und Anfragen der Stakeholder ein und definiere diese durch direktes Anfordern von Kunden-Inputs und durch Review von Ausschreibungsunterlagen des Kunden (soweit relevant), der Zielbetriebs- und Hardwareumgebung und anderer Dokumente mit Einfluss auf Kundenanforderungen.*

Anmerkung 1: *Die Anforderungserhebung kann den Kunden und den Lieferanten einbeziehen.*

Anmerkung 2: *Die vereinbarten Stakeholder-Anforderungen und die Analyse von Änderungen können auf Machbarkeitsstudien und/oder Analysen bezüglich Kosten und Zeitplänen basieren.*

Anmerkung 3: *Die Informationen, die benötigt werden, um Traceability für jede Kundenanforderung aufrechtzuerhalten, sind zu sammeln und zu dokumentieren.*

In der Praxis werden für die Anforderungserhebung meist folgende Fälle relevant sein:

- Es wird ein Produkt im Auftrag entwickelt. Die Anforderungen kommen – zumindest teilweise – direkt vom Kunden. Anwendbare Techniken zur Erhebung der Anforderungen sind z.B. Interviews, Workshops, Analyse von Unterlagen des Kunden.
- Es wird ein Produkt direkt für den Markt entwickelt. Anforderungen kommen dann vom eigenen Produktmarketing bzw. -management. Hier werden andere Mechanismen und Techniken als im ersten Fall angewendet, wie z.B. Marktanalysen, Endkundenbefragungen und Analyse von Wettbewerbsprodukten.

- Eine Mischform der ersten beiden Punkte: Für einen Kunden soll ein konkretes Produkt entwickelt werden. Das Produkt soll jedoch auf einer bestehenden Produktplattform aufsetzen bzw. das Auftragsprodukt soll Basis für weitere Produkte (und damit der Grundstein für eine Produktplattform) sein. So oder so ist es wichtig, dass aktiv auf die Anforderungslieferanten zugegangen wird und die Anforderungen abgefragt bzw. erhoben werden. Bei der Dokumentation der ermittelten Anforderungen muss im Sinne einer Traceability (siehe SYS.2 BP 6) sichergestellt werden, dass die Quelle der Kundenanforderungen (z.B. die in der Basispraktik genannten Kundenkonzepte, Zielbetriebs- und Hardwareumgebung und andere Dokumente mit Einfluss auf Kundenanforderungen) dokumentiert wird. Bei der Mischform ist festzuhalten, welche Anforderungen kundenspezifisch und welche plattformspezifisch sind. Dabei auftretende Konflikte sollten frühzeitig identifiziert und gelöst werden. Aus den hier ermittelten Anforderungen des Kunden werden in den nachfolgenden Prozessen u.a. System- und Softwareanforderungen abgeleitet.

Hinweise für Assessoren

Der entscheidende (und bewertungsrelevante) Punkt bei BP 1 (und BP 2) ist das aktive Bemühen der assessierten Organisation, die Anforderungen zu erheben und in den Anwendungskontext zu setzen. In der Praxis kommt es jedoch bei der Mitwirkung des Kunden häufig zu Problemen. Die assessierte Organisation sollte im Assessment nicht abgewertet werden, wenn der Kunde nicht in der Lage ist, seine Anforderungen zu übermitteln bzw. aktiv an deren Erhebung mitzuwirken. Derartige Befunde sollten jedoch im Bericht erwähnt werden.

BP 2: Verstehe Erwartungen der Stakeholder. *Stelle sicher, dass sowohl Lieferant als auch Kunde jede Anforderung in der gleichen Weise verstehen.*

Anmerkung 4: *Ein Review der Anforderungen und Anfragen mit den Kunden unterstützt ein besseres Verständnis der Kundenbedürfnisse und -erwartungen (siehe auch SUP.4 Gemeinsame Reviews).*

Ein bewährtes Mittel zur Herstellung eines gemeinsamen Verständnisses sind gemeinsame Reviews von Kunde und Lieferant, wie in der Anmerkung aufgeführt. Ebenfalls hat sich bewährt, dass die Fachspezialisten des Lieferanten reviewen, die Fragen und Probleme notieren und in den regelmäßigen Rücksprachen mit dem Kunden klären. Dabei wird nicht nur Machbarkeit und Eignung der Anforderungen, sondern auch Verständlichkeit und Widerspruchsfreiheit geprüft. Dieser Vorgang zieht sich oft weit in das Projekt hinein und muss auch bei Änderungen, weiteren Detaillierungen oder Funktionserweiterungen wiederholt werden.

Ansonsten entstehen Anforderungspräzisierungen oft anhand von inkrementell weiterentwickelten Prototypen (»Woher soll ich wissen, was ich will, bevor ich sehe, was ich nicht will.«), was sich unter Umständen durch weite Teile des Projekts zieht.

BP 3: Erziele ein Übereinkommen bezüglich der Anforderungen. *Hole das explizite Einverständnis aller relevanten Parteien ein, um mit diesen Anforderungen zu arbeiten.*

Die Zustimmung aller an der Entwicklung Beteiligten beim Lieferanten und beim Kunden erfordert, dass alle Parteien die Anforderungen bewertet und als realisierbar eingeschätzt haben. Dies erfolgt in der Regel mittels der in BP 2 angesprochenen Reviews. Auf diese Art und Weise werden Probleme mit der technischen Realisierbarkeit und damit verbundene Risiken erheblich reduziert und das gemeinsame Entwicklungsziel vereinbart. Das verbindliche Einholen der Zustimmungen gestaltet sich in der Praxis meist schwierig und erfolgt nach fachlicher Bewertung hauptsächlich durch das Management. Besonderer Wert wird dabei auf die Vollständigkeit bei der Abfrage der Beteiligten gelegt. Daher sollte dokumentiert werden, wer die relevanten Beteiligten sind und ob und wann die Zustimmung erfolgt ist.

Das Commitment der Fachbereiche des Lieferanten, die Anforderungen des Kunden umzusetzen, wird oft bereits in der Angebotsphase (vor Auftragserteilung) durch das Angebotsteam oder die (künftige) Projektleitung eingeholt. Als Ergebnis liegt ein initiales Verständnis des Lieferanten bezüglich der Anforderungen des Kunden und deren Realisierbarkeit vor. Basierend auf den ersten Bewertungen der Machbarkeit und den Grobabschätzungen von Aufwand und Kosten wird das erste Angebot erstellt, dessen Inhalt und Umfang im Rahmen weiterer Angebotsverhandlungen oft noch detailliert und mehrfach mit dem Kunden abgestimmt wird. Falls sich Änderungen im Umfang des Angebots auf Anforderungen auswirken, müssen die Anforderungsdokumente aktualisiert werden. Dieser in mehreren Iterationen verlaufende Prozess beim Lieferanten ist in Automotive SPICE nicht explizit in Basispraktiken abgebildet. Ebenso wird in Automotive SPICE nicht ausgeführt, wie mit nicht realisierbaren Anforderungen umgegangen werden soll. Empfehlenswert ist hier, dass Anforderungen, denen der Lieferant nicht zustimmen kann oder die dieser nicht erfüllen kann, identifiziert und dem Kunden vor Auftragserteilung schriftlich mitgeteilt werden – im Sinne einer »Abweichungsliste«.

Erfolgt dies nicht, werden diese Forderungen Vertragsbestandteil, was später zu Problemen führen kann.

Die Klärung der Anforderungen bis hin zu einer Zustimmung durch alle relevanten Parteien kann unter Umständen sehr lange dauern. Daher ist der Bearbeitungsstand solcher Anforderungen z.B. mittels Abweichungslisten oder Statusmodellen (z.B. Anforderung neu/in Klärung/abgestimmt ...) zu verfolgen.

BP 4: Stelle eine Baseline der Stakeholder-Anforderungen auf. *Formalisiere die Anforderungen der Stakeholder und stelle sie in einer Baseline zusammen für die Nutzung im Projekt und zur Verfolgung gegen die Bedürfnisse der Stakeholder. Der Lieferant sollte die Anforderungen bestimmen, die von den Stakeholdern* *nicht genannt wurden, aber für die spezifizierte und beabsichtigte Verwendung notwendig sind, und diese zur Baseline hinzufügen.*

Die Baseline (siehe auch SUP.8) stellt sowohl eine Ausgangsbasis für die Projektarbeit dar als auch eine Grundlage für das Änderungsmanagement. Neben den Anforderungen des Kunden bestehen in der Regel weitere Anforderungen, wie z.B. Umweltauflagen, Gesetzesvorgaben und sonstige Auflagen, Normen oder geltende Vorschriften für verschiedene Märkte oder Regionen, die berücksichtigt werden müssen. Der Lieferant muss sich um die vollständige Ermittlung aller relevanten Anforderungen kümmern, ob von den Stakeholdern explizit mitgeteilt oder nicht. Diese Anforderungen sollen ebenfalls Teil der Anforderungsbaseline sein.

Nachdem der Lieferant alle relevanten Anforderungen ermittelt (BP 1 und BP 2) und abgestimmt hat[15] (BP 3), wird der abgestimmte Stand als Anforderungsbaseline festgehalten, z.B. in Form eines Lastenheftes oder in Form einer Baseline über alle Anforderungsdokumente in einem Konfigurationsmanagementsystem.

Ausgehend von dieser Erstversion wird jede Änderung oder Erweiterung der Anforderungen des Auftraggebers im weiteren Projektverlauf ermittelt, bewertet und mittels eines Änderungsmanagementverfahrens (siehe BP 5) verfolgt. Dadurch entstehen sukzessive neue Versionen der Baseline.

Die Praxis zeigt, dass Projekte ohne derartige Anforderungsbaselines (und ohne Änderungsmanagement) problematisch sind (sog. »requirements creep«):

- Die Anforderungen ändern sich schleichend.
- Ob es sich um eine Änderung handelt, ist nicht eindeutig bestimmbar.
- Resultierende Aufwandserhöhungen sind nicht ermittelbar (und können nicht in Rechnung gestellt werden).
- Die Einsteuerung der Änderungen in bereits laufende Entwicklungsaktivitäten ist problematisch.

Die Beschreibung von Anforderungen sollte formalen Anforderungen genügen, wie z.B. in der ISO/IEC/IEEE 29148 »Systems and software engineering – Life cycle processes – Requirements engineering« [ISO/IEC/IEEE 29148] nachzulesen ist. Anforderungen sollten demnach korrekt, eindeutig, vollständig, konsistent, nach Bedeutung und/oder Stabilität priorisiert, verifizierbar, änderbar und nachvollziehbar sein.

Die Anforderungsbaseline wird im weiteren Projektverlauf für die Erstellung weiterer Dokumente (Systemanforderungen, Softwareanforderungen) verwendet und ist somit für das Projekt von essenzieller Bedeutung. Die erste Anforderungsbaseline ist in der Praxis auch deshalb so wichtig, weil sie Grundlage der Projektplanung ist. In einem Kunden-Lieferanten-Verhältnis entsteht sie im Idealfall in der Angebotsphase und wird zum Vertragsbestandteil.

15. Diese Ermittlung und Abstimmung kann sich in manchen Projekten über einen langen Zeitraum erstrecken, sodass dieser Vorgang sehr iterativ erfolgen kann.

BP 5: Manage Änderungen der Stakeholder-Anforderungen. *Manage alle Änderungen der Stakeholder-Anforderungen gegenüber der Anforderungsbaseline der Stakeholder. Stelle dadurch sicher, dass Verbesserungen, die auf Änderungen von Technologie und Kundenwünschen beruhen, ermittelt werden, und dass die von den Änderungen Betroffenen in der Lage sind, Auswirkung und Risiken zu bewerten und geeignete Änderungsmanagement- und Schadensminderungsmaßnahmen zu initiieren.*

Anmerkung 5: *Eine Anforderungsänderung kann verschiedene Ursachen haben, wie z.B. Änderungen von Technologie, Kundenbedürfnissen oder gesetzlichen Bestimmungen.*

Anmerkung 6: *Ein Informationsmanagementsystem kann nötig sein, um die gewonnenen Informationen zu verwalten, zu speichern und zu referenzieren, die für die Definition von abgestimmten Stakeholder-Anforderungen notwendig sind.*

Ein gut funktionierendes Änderungsmanagement von Anforderungen ist für das Projekt essenziell. Hierzu ist es notwendig, dass Änderungswünsche einem definierten Ablauf folgen (siehe auch SUP.10).

Es ist letztendlich zu verhindern, dass einzelne Entwickler unautorisierte Änderungen auf dem »kleinen Dienstweg« annehmen, umsetzen und dadurch u.U. unerwünschte Seiteneffekte und ungeplante Mehrkosten produzieren. Jeder Änderungswunsch muss auf seine Auswirkungen und Realisierbarkeit untersucht werden. Ist die erste Anforderungsbaseline Vertragsbestandteil in einem Kunden-Lieferanten-Verhältnis, muss der Lieferant den beauftragten vom zusätzlichen Aufwand abgrenzen können. Jede durch den Kunden später geforderte Änderung oder Erweiterung wird bewertet und es wird entschieden, ob die Änderung kostenpflichtig ist, d.h., ob ein Nachtragsangebot erstellt werden muss.

Zu berücksichtigen sind dabei nicht nur Anforderungen des Kunden oder der Endkunden, sondern auch Änderungen, die z.B. durch Technologieänderungen oder geänderte gesetzliche Bestimmungen erforderlich werden. Der Lieferant muss deshalb kontinuierlich den Markt beobachten, um selbst Kenntnisse über diese Änderungen des Stands der Technik zu erlangen.

BP 6: Baue einen Kunden-Lieferanten-Kommunikationsmechanismus für Anfragen auf. *Stelle ein Verfahren bereit, mit dem der Kunde den Status und die Disposition seiner geänderten Anforderungen erfährt und der Lieferant notwendige Informationen, inklusive Daten, in einer vom Kunden spezifizierten Sprache und Format mitteilen kann.*

Anmerkung 7: *Alle Änderungen sollten dem Kunden vor der Implementierung mitgeteilt werden, damit die Auswirkungen hinsichtlich Zeit, Kosten und Funktionalität bewertet werden können.*

Anmerkung 8: *Dies kann gemeinsame Sitzungen mit dem Kunden umfassen oder formale Kommunikation, um den Status der Anforderungen und der Anträge zu überprüfen (siehe auch SUP.4 Gemeinsame Reviews).*

Anmerkung 9: *Die Formate der vom Lieferanten mitgeteilten Informationen können computergestützte Designdaten (CAD-Daten) und elektronischen Datenaustausch einschließen.*

Der Kunde wird über den Status (z.B. ist die Anfrage schon entschieden?) und die Disposition (z.B. in welcher Version wird eine Änderung umgesetzt?) seiner geänderten/erweiterten Anforderungen informiert. Dazu existiert ein definierter Kommunikationsmechanismus, der für Statusrückmeldungen verwendet wird. Die dafür notwendigen technischen Voraussetzungen (Datenverbindungen, Tools, Formatfestlegungen etc.) werden geschaffen. Es soll sichergestellt werden, dass der Kunde die Meldungen versteht bzw. weiterverarbeiten und bewerten kann.

In der Regel wird entweder ein gemeinsames Tool verwendet oder Tools auf beiden Seiten, deren Daten regelmäßig abgeglichen werden. Falls vom Kunden kein Tool eingesetzt wird, was gelegentlich bei sehr kleinen Änderungsumfängen noch vorkommen kann, kann der Kunde z.B. eine Liste der Änderungswünsche führen und diese periodisch vom Lieferanten kommentieren und ergänzen lassen. Darüber hinaus sind gemeinsame Meetings aller Beteiligten mit Erörterung des Status von Anforderungen und Anfragen üblich.

Empfehlenswert ist ein möglichst proaktives Feedback an den Kunden, das diesem das nötige Vertrauen verschafft, dass seine Anforderungsänderungen fach- und termingerecht abgearbeitet werden. Dazu gehört auch, dass der Kunde regelmäßig und unaufgefordert über den Abarbeitungsstand seiner Anforderungsänderungen informiert wird.

2.3.3 Ausgewählte Arbeitsprodukte

13-21 Änderungsaufzeichnung

Siehe bei SUP.10

17-03 Stakeholder-Anforderungen

Die Stakeholder-Anforderungen legen die Eigenschaften eines Systems bzw. Produkts fest. Wesentliche Teile werden vom Kunden (in Form eines »Lastenheftes«) oder von internen Quellen (z.B. Produktmanagement, Plattformentwicklung) vorgegeben oder während des Projekts erarbeitet. Folgende Qualitätseigenschaften kennzeichnen eine Anforderungsspezifikation:

- **Korrektheit**
  bezüglich Übereinstimmung mit übergeordneten Anforderungen
- **Eindeutigkeit**
  bezüglich der Sprache

- **Vollständigkeit**
  bezüglich Funktionalität, Performance, Schnittstellen etc.
- **Verifizierbarkeit**
  Anforderungen sind konkret formuliert und messbar.
- **Konsistenz**
  Begriffe werden konsistent verwendet (keine Synonyme) und es bestehen keine Widersprüche zwischen Anforderungen.
- **Änderbarkeit**
  Inhalte sind strukturiert und systematisch organisiert (z.B. Inhaltsverzeichnis, Index, Cross-Referenz) und nicht redundant.
- **Traceability**
  Einzelne Anforderungen sind separiert und verfolgbar, und zwar in beide Richtungen: hinsichtlich ihrer Quellen und hinsichtlich niedrigerer Anforderungsebenen.

Zur Gestaltung von Anforderungsdokumenten siehe Abbildung 2–5.

1 Einführung
1.1 Zweck
1.2 Umfang und Abgrenzung
1.3 Überblick
1.3.1 Systemkontext
1.3.2 Systemfunktionen
1.3.3 Benutzercharakteristik
1.3.4 Restriktionen und Abhängigkeiten
1.4 Definitionen
2 Referenzen
3 Systemanforderungen
3.1 Funktionale Anforderungen
3.1.1 Einführung
3.1.2 Input
3.1.3 Ablaufsteuerung
3.1.4 Betriebszustände und Status
3.1.5 Output
3.1.6 Umgebungsbedingungen
3.1.7 Systemschnittstellen (extern, intern)
3.1.7.1 Benutzer-Interface
3.1.7.2 Hardware-Interface
3.1.7.3 Software-Interfaces
3.1.7.4 Kommunikations-Interfaces
3.2 Nichtfunktionale Anforderungen
3.2.1 Performance-Anforderungen
3.2.2 Usability-Anforderungen
3.2.3 Wartbarkeit
3.2.4 Änderbarkeit
3.3 System Security
3.4 Datenverwaltung und -sicherheit
3.5 Richtlinien und Vorschriften
3.6 Packaging, Handling, Versand und Transport
4 Verifikation
5 Anhang
5.1 Annahmen und Abhängigkeiten
5.2 Abkürzungen, Abkürzungsverzeichnis

Abb. 2–5 *Beispiel der Struktur eines Anforderungsdokuments in Anlehnung an [ISO/IEC/IEEE 29148]*

2.3.4 Besonderheiten Level 2

Zum Management der Prozessausführung

Die bei Prozessattribut PA 2.1 aufgeführten Inhalte werden in der Regel mit den im Projekt üblichen Projektmanagementmethoden umgesetzt und z.T. im Projektplan dokumentiert. Die Planung der Aktivitäten im Rahmen des Änderungsmanagements umfasst z.B. die Terminplanung für Abstimmungstreffen, Workshops und Reviews und die Abläufe und Schritte des Änderungsmanagements.

Zum Management der Arbeitsprodukte

Die Anforderungen von Prozessattribut 2.2 gelten insbesondere für die Anforderungsdokumente und Änderungsanträge. Beide Typen von Dokumenten benötigen Festlegung und Durchführung von Reviews und Freigaben. Ebenso müssen beide Dokumenttypen unter Konfigurationsmanagement (KM) stehen mit entsprechenden Vorgaben im KM-Plan.

2.4 SYS.2 Systemanforderungsanalyse

2.4.1 Zweck

Zweck des Prozesses ist es, die definierten Stakeholder-Anforderungen in eine Menge von Systemanforderungen zu überführen, die das Design des Systems unterstützen.

Die Systemanforderungsanalyse ist wesentliche Grundlage für die gesamte Entwicklungsarbeit. Die Systemanforderungen beschreiben die Anforderungen an das Gesamtsystem, bestehend aus Hardware-, Mechanik- und Softwarekomponenten, und an das Zusammenwirken dieser Komponenten. Eine mangelhafte Systemanforderungsanalyse ist einer der größten Misserfolgsfaktoren in Entwicklungsprojekten. SYS.2 setzt auf die in SYS.1 ermittelten Anforderungen des Kunden (= Lastenheftebene) auf und transformiert diese ggf. nach einer Ausschreibung in technisch detailliertere Anforderungen (= Pflichtenheftebene). Neben den Anforderungen des Kunden werden auch die Anforderungen der sonstigen an der Entwicklung beteiligten Gruppen und Personen berücksichtigt. Insbesondere das Zusammenspiel verschiedener Entwicklungsbereiche, wie z.B. Hardware-, Mechanik- und Softwareentwicklung oder Testabteilungen, ist entscheidend für die erfolgreiche Durchführung der Systemanforderungsanalyse.

Anforderungen an die einzelnen Komponenten des Systems sind aus den Anforderungsdokumenten des Kunden oft schwer separierbar, da dort in der Regel[16] die gewünschte Funktionalität des Systems aus Endkundensicht im Vordergrund steht. Bei der Systemanforderungsanalyse steht nun die technische Sicht der Entwicklungsmannschaft im Fokus. In der Praxis werden oft die Anforderungen an die einzelnen Komponenten separiert, z.B. durch entsprechende Strukturierung des Systemanforderungsdokuments oder durch Aufteilung in verschiedene Dokumente.

16. Manche OEMs hingegen haben im Softwarebereich sehr detaillierte Vorgaben auf Algorithmenebene.

Exkurs: »System«

Die meisten Assessments beginnen inhaltlich mit der Frage: »Wie definieren wir den Begriff System?« Wird diese Frage nicht eindeutig geklärt, führt das im weiteren Verlauf immer wieder zu Verwirrung und behindert den Ablauf. Eine genaue Definition ist wichtig, weil die nachfolgenden Schritte (z.B. SWE.1 Softwareanforderungsanalyse) auf der Systemdefinition aufbauen und daher zumindest eine eindeutige Abgrenzung von Hardware und Software erfolgt sein sollte. Dies ist im Rahmen der Assessmentplanung auch wichtiger Teil der Festlegung des Assessmentumfangs (was wird im Rahmen der SYS-Prozesse assessiert?).

Automotive SPICE definiert ein System als eine »Menge von interagierenden Systemelementen, die eine Funktion oder eine Menge von Funktionen in einer spezifischen Umgebung ausführen«. Ein Element eines Systems kann zugleich ein anderes System sein, genannt Teilsystem, das steuernd oder gesteuert angelegt sein kann und Hardware, Software und menschliche Eingriffe beinhalten kann. Systeme in der Automobilindustrie können aus verschiedenen Mechanik-, Hardware- und Softwarebestandteilen, aber auch aus IT-Anteilen – z.B. bei Onlinediensten – oder aus optischen Bestandteilen – z.B. Kameralinsen – bestehen. Die Abgrenzung des Systems gegenüber anderen Systemen bzw. dem Gesamtfahrzeug hängt auch vom jeweiligen Lieferanten ab: Sein System wird in der Regel nur aus Komponenten bestehen, für die er sich vertraglich verpflichtet hat. Außerdem kann der Assessmentumfang aus Opportunitätsgesichtspunkten bestimmte Systemteile ausschließen. Aus diesen Gründen kann das »System« ganz unterschiedlich aussehen. Hier einige Beispiele für das System:

- Aus Sicht eines OEM ist es das Fahrzeug mit all seinen einzelnen Bestandteilen, die wiederum selbst noch feiner, z.B. in weitere Subsysteme (z.B. Infotainment, Motormanagement, Fahrerassistenz), untergliedert werden können.
- Zusammenbauteil oder Modul, bestehend aus einem Mechanikanteil (z.B. Lenkungsmechanik), Steuergerätehardware und einem Softwareanteil.
- Steuergerät, bestehend aus Mechanik (Gehäuse), Hardware (Leiterplatte, elektronische Bauelemente) und Software. Diese Definition bezieht sich rein auf das elektronische Steuergerät und ist damit eine Unterform der Definition Zusammenbauteil/Modul. In Abbildung 2–6 ist als Beispiel eine Getriebesteuerung schematisch dargestellt.
- Fahrzeugfunktion verteilt über mehrere Zusammenbauteile, Module oder Steuergeräte. In diesem Fall wird die Systembetrachtung im Verlauf eines Assessments beliebig komplex.

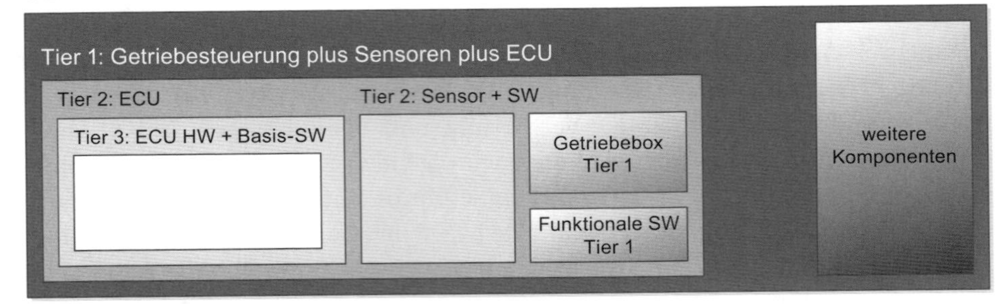

Abb. 2–6 *Was ist das System?*

Hinweise für Assessoren

Besteht das zu entwickelnde Produkt »rein« aus Software, z.B. eine Softwarefunktion, die über mehrere Steuergeräte mit oder ohne außerhalb vom Fahrzeug befindlichen IT-Systemen verteilt ist, so werden die SWE-Prozesse, nicht aber die SYS-Prozesse assessiert. Die SYS-Prozesse kommen zum Einsatz, wenn mehrere Disziplinen (z.B. Software + Hardware und/oder Mechanik) betroffen sind.

Hinweise für Assessoren

Bei der Anforderungsanalyse ist darauf zu achten, dass die Anforderungen über die einzelnen Schritte bis hin zum Feinentwurf sukzessive verfeinert werden. Die Anforderungen werden auf der nächsten Ebene verfeinert und in weitere »Teilanforderungen« heruntergebrochen (siehe Abb. 2–7). Der Bezug der Anforderungen über die verschiedenen Ebenen sollte nachverfolgbar sein. Im Assessment kann dies z.B. durch eine Abfrage des Verhältnisses von Anzahl Kundenanforderungen → Anzahl Systemanforderungen → Anzahl Softwareanforderungen → Anzahl Softwarekomponentenanforderungen schnell plausibilisiert werden. Ist z.B. die Anzahl der Softwarekomponentenanforderungen nur unwesentlich höher als die Anzahl der Kundenanforderungen, so sollte im Detail überprüft werden, ob die Kundenanforderungen tatsächlich analysiert und nicht einfach nur »kopiert« wurden.

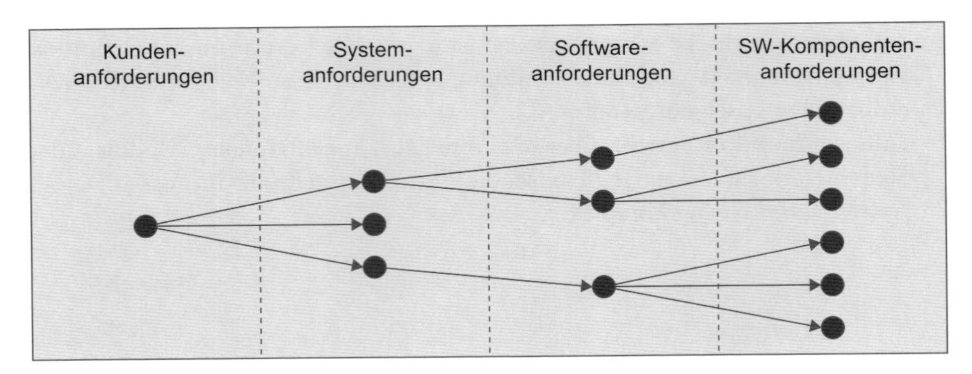

Abb. 2–7 *Verfeinerung von Anforderungen über die verschiedenen Ebenen*

2.4.2 Basispraktiken

BP 1: Spezifiziere Systemanforderungen. *Nutze die Stakeholder-Anforderungen und Änderungen der Stakeholder-Anforderungen, um die geforderten Funktionen und Fähigkeiten des Systems zu identifizieren. Spezifiziere funktionale und nicht funktionale Systemanforderungen in einer Systemanforderungsspezifikation.*

Anmerkung 1: *Applikationsparameter, die Funktionen und Fähigkeiten beeinflussen, sind Bestandteil der Systemanforderungen.*

Anmerkung 2: *Für Änderungen der Stakeholder-Anforderungen ist SUP.10 anwendbar.*

Basierend auf den Stakeholder-Anforderungen aus SYS.1 werden die Systemanforderungen abgeleitet und in der Systemanforderungsspezifikation dokumentiert. In Abbildung 2–8 ist schematisch eine mögliche Struktur der Anforderungsspezifikation dargestellt[17].

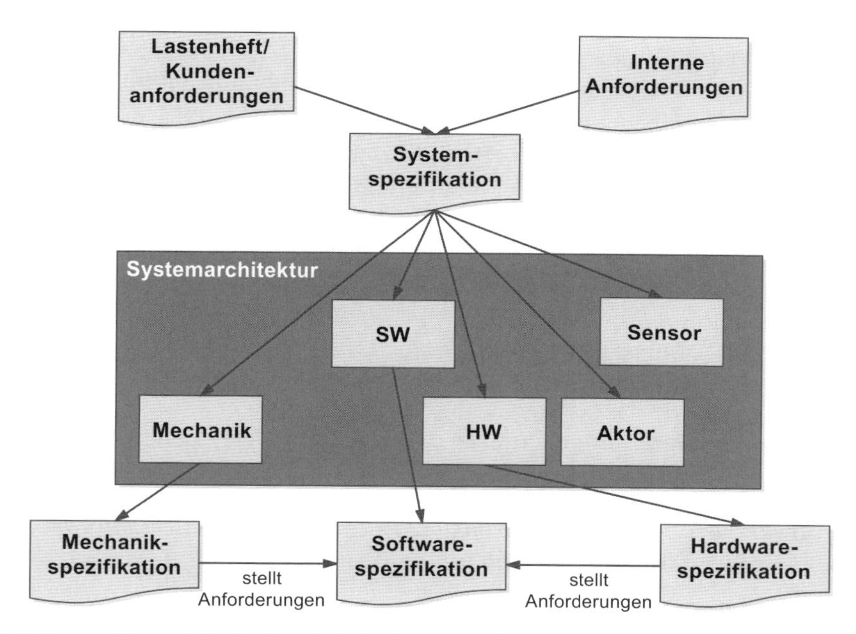

Abb. 2–8 *Schematische Struktur der Anforderungsspezifikation*

Oft werden auch Funktions-[18] oder Feature-Listen erstellt, die die Grundlage für die spätere Systemanforderungsspezifikation bilden.

Entsprechend der ersten Anmerkung umfasst die Systemanforderungsspezifikation nicht nur die reinen Funktionsanforderungen, sondern auch weitere Faktoren, wie die Eigenschaftsänderung oder -anpassung von Funktionen durch

17. In Anlehnung an die VW SQIL-Schulungsunterlagen
18. Siehe auch die Funktionsliste in Abbildung 2–31 (s. S. 188) bei MAN.3.

Applizieren/Kalibrieren von Daten (siehe Abschnitt 2.26). Dies können z.B. Daten sein, mit denen Motorkennlinien beeinflusst werden. Dieses ist für den Kunden und damit auch für den Endkunden wichtig, weil hier direkt z.B. das Fahrverhalten durch Kennlinienänderung beeinflusst werden kann.

Üblich ist eine toolgestützte Systemanforderungsspezifikation oder systemunterstützte Modellierung/Simulation eines Funktions- oder Verhaltensmodells (z.B. Zustandsautomaten). Als Standardwerkzeug für die toolgestützte Systemanforderungsspezifikation wird häufig DOORS eingesetzt.

In Bezug auf das System sollten folgende Anforderungen beschrieben werden:

- Funktionale Anforderungen und Fähigkeiten
- Schnittstellen, System-Performance, Timing-Verhalten, Anforderungen für den Betrieb und Designeinschränkungen
- Applikationsparameter
- Nicht funktionale Anforderungen. Diese haben keinen direkten Zusammenhang mit der technischen Funktion von Systemelementen. Dazu gehören z.B. Anforderungen an die Qualität, Änderbarkeit, Testbarkeit, Wartbarkeit, Zuverlässigkeit, Dokumentation, Kommentierung und Verifikation, wirtschaftliche Randbedingungen (wie z.B. geschäftliche und organisatorische Anforderungen des Kunden), betriebswirtschaftliche Aspekte, Marktanforderungen, Time-to-Market, Wiederverwendung, Wartung und Produktpflege.
- Technische Randbedingungen
- Zu beachtende Normen (ISO, DIN etc.), z.B. zur Funktionssicherheit [ISO 26262], Standards des Kunden (z.B. technische Richtlinien) und lokale Gesetze
- Datenschutz und Datensicherheit
- Ergonomie

Bevor Anforderungen festgeschrieben werden, muss ggf. deren Machbarkeit untersucht werden (siehe dazu BP 3).

BP 2: Strukturiere Systemanforderungen. *Strukturiere die Systemanforderungen in einer Systemanforderungsspezifikation z.B. durch:*

- *Gruppierung in projektrelevante Cluster*
- *Sortierung in einer logischen Reihenfolge für das Projekt*
- *Kategorisierung auf der Basis der für das Projekt relevanten Kriterien*
- *Priorisierung gemäß den Stakeholder-Anforderungen*

Anmerkung 3: *Die Priorisierung umfasst typischerweise die Zuweisung der funktionalen Inhalte zu geplanten Releases (siehe auch SPL.2 BP 1).*

Systemanforderungen sollten nachvollziehbar gruppiert oder strukturiert werden. Hierzu existieren verschiedene Methoden, z.B. der System Footprint[19]. Grundsätzlich ist es sinnvoll, später nachvollziehen zu können, warum die Struktur und Anforderungsgruppierung so und nicht anders gewählt wurde. Die entsprechende Dokumentation und Archivierung unterstützt die Nachvollziehbarkeit. Nach dieser Basisarbeit muss der Funktionszuwachs im Projekt geplant werden. Auch hierüber muss Transparenz hergestellt werden. Aufgrund der Komplexität neuer und vernetzter Systeme wird der vollständige Funktionsumfang meist nicht mehr mit dem ersten Release erreicht, sondern es werden Funktionen über verschiedene Entwicklungsstufen bzw. Releases verteilt und sukzessive erweitert[20]. Dieses zu planen ist gerade bei den sich weiter verkürzenden Entwicklungszyklen wichtig. Im Fahrzeug hängen verteilte Funktionen voneinander ab, die Koordination dieser gemeinsamen Bereitstellung oder die gleichzeitige Freigabe benötigter Infrastruktur sollten koordiniert und abgeglichen werden (siehe dazu auch den Exkurs bezüglich verteilte Funktionsentwicklung und Integrationsstufen in Abschnitt 2.20).

BP 3: Analysiere die Systemanforderungen. *Analysiere die spezifizierten Systemanforderungen inklusive ihrer Abhängigkeiten, um Korrektheit, technische Machbarkeit und Verifizierbarkeit sicherzustellen und um die Identifikation von Risiken zu unterstützen. Analysiere die Auswirkungen auf Kosten, Termine und technische Auswirkungen.*

Anmerkung 4: *Die Analyse der Auswirkungen auf Kosten und Termine unterstützt die Anpassung der Projektschätzungen (siehe MAN.3 BP 5).*

Die in BP 1 ermittelten Systemanforderungen werden zunächst auf bestehende Abhängigkeiten geprüft. Bei komplexen, verteilten Funktionen bilden einzelne Funktionen die Grundlage für andere. Die Gesamtfunktion hängt somit ggf. von mehreren Teilen ab. Diese müssen identifiziert werden und später beschrieben sein. So bildet z.B. eine CAN-Funktion die Grundlage für die Kommunikation mit anderen Steuergeräten und wird von anderen Funktionen für die Datenübertragung im Fahrzeug genutzt. Eine möglichst umfassende Beschreibung einer Funktion ist anzustreben. So soll verhindert werden, dass einzelne Bestandteile vergessen und nachträglich ergänzt werden müssen. Insbesondere die OEMs legen Wert auf eine ganzheitliche und funktionsorientierte Betrachtung.

Im Zentrum der fachlichen Machbarkeitsanalyse stehen die Systemanforderungen, die auf die Spezifikation des Kunden (meist in Form des/der Lastenhefte(s) zurückgehen. Die an der Entwicklung beteiligten Fachabteilungen bewerten die Machbarkeit des Projekts, d.h., es wird untersucht, inwieweit die Systemanforderungen aus fachlicher Hinsicht, aber auch bezüglich Kosteneinhaltung und (zugesagten) Terminen realisierbar sind. Die Überlegungen zur Machbarkeit umfassen u.a. folgende Fragen:

19. Eine einfache Methode zur Beschreibung von Systemanforderungen mit Fokus auf Kommunikation und Visualisierung (siehe [System Footprint]).
20. In der Releaseplanung wird festgelegt, wann bzw. in welcher Version des Produkts bestimmte Eigenschaften realisiert werden. Auf dieser Basis kann man im Projektmanagement den Entwicklungsablauf strukturieren und die Arbeiten priorisieren (siehe SPL.2).

- Sind die Systemanforderungen und sonstige Annahmen realistisch?
- Welche Beziehungen und Wechselwirkungen bestehen?
- Können Kosten und Termine eingehalten werden?
- Welche fachlichen und technischen Risiken bestehen?

Die Ergebnisse der Machbarkeitsanalyse werden dokumentiert, z.B. als Status einer einzelnen Anforderung (Status »geprüft« = fachlich umsetzbar) oder in einer Abweichungsliste. Ähnlich kann man den Risikostatus für die einzelne Anforderung oder in einer Risikoliste dokumentieren.

Bezüglich Verifizierbarkeit wird untersucht, ob eine Anforderung überhaupt testbar ist bzw. mit welchem Aufwand sie testbar ist. Für die Untersuchung auf Testbarkeit sind die Verifikationskriterien die wesentliche Grundlage. Verifikationskriterien geben an, was erfüllt sein muss, damit eine Anforderung als erfolgreich verifiziert gelten kann. Die Entwicklung der Verifikationskriterien erfolgt im Rahmen von BP 5.

Die Beurteilung der Testbarkeit erfordert bereits eine erste Kenntnis der Systemarchitektur bzw. weiterer Systemeigenschaften und kann nicht alleine anhand von Anforderungen beurteilt werden. Als Ergebnis dieser Untersuchung entstehen wertvolle Hinweise sowohl für die Präzisierung der Systemanforderungen als auch ggf. für ein bezüglich Testbarkeit optimiertes Systemdesign. Die Beurteilung der Testbarkeit zu diesem Zeitpunkt ist daher sehr sinnvoll, denn die Testbarkeit bestimmt den späteren Testaufwand bzw. den Grad, zu dem ein System testbar ist.

Der Testaufwand hängt von weiteren Einflüssen ab wie Qualitätsanforderungen und der einzusetzenden Testumgebung. Außerdem wird der Testaufwand durch folgende Arten von Anforderungen beeinflusst:

- Überflüssige Anforderungen, die überflüssige Tests verursachen
- Unklare Anforderungen, die eine Definition von Testfällen erschweren oder verhindern
- Nicht testbare Anforderungen, denen quantifizierbare Kriterien fehlen
- Fehlende Anforderungen, z.B. weil Schnittstellen nicht adressiert sind

Bei der Bewertung der Testbarkeit ist es sinnvoll, die Anforderungen entsprechend ihrer Testbarkeit zu bewerten (z.B. A = »testbar«, B = »testbar unter gewissen Bedingungen«, C = »nicht testbar«). Diese Bewertung kann im Rahmen von Reviews erfolgen. Sinnvoll ist auch, bei dieser Untersuchung bereits eine erste Version des Testplans[21] zu erzeugen.

Die Ergebnisse der Anforderungsanalyse fließen auch in das Risikomanagement ein. Sie können einen direkten Einfluss auf die Projektplanungen und Abschätzungen haben, wenn nach Durchführung der Analysen festgestellt wird, dass die ursprüngliche Projektplanung nicht wie geplant umsetzbar ist. Die Ergebnisse der Analysen werden bezüglich Aufwand und Terminplanung bewer-

---

21. Siehe Exkurs »Testdokumentation« bei SWE.4 in Abschnitt 2.11.4 auf S. 109.

tet und mit dem entsprechenden Ausschnitt der Projektplanung verglichen. Bestehen hier Abweichungen, muss die Projektplanung angepasst werden – falls nicht, wird die ursprüngliche Planung bestätigt.

BP 4: Bestimme die Auswirkungen auf die Betriebsumgebung. *Bestimme die Schnittstellen zwischen dem spezifizierten System und anderen Elementen der Betriebsumgebung. Analysiere die Auswirkungen, die Systemanforderungen auf diese Schnittstellen und die Betriebsumgebung haben werden.*

Im Rahmen der Systemanforderungsanalyse werden die direkte Betriebsumgebung sowie die Betriebsbedingungen des Systems »nach außen« betrachtet. Die identifizierten Systemanforderungen sowie die Ergebnisse von Machbarkeitsanalyse, Risikoanalyse und Analyse der Testbarkeit haben ggf. Auswirkungen auf andere Systeme oder andere Systemelemente in der direkten Umgebung. Die einzelnen Elemente bilden die direkte Betriebsumgebung des Systems und sind daher zu betrachten, ebenso wie die betreffenden Schnittstellen. Beispiel: Es gibt eine Anforderung, dass das Motorsteuergerät vor Motorstart den Status der Wegfahrsperre prüft. Die Wegfahrsperre muss daher derartige Anfragen beantworten können (=Auswirkung). Ein weiteres Beispiel: Der Kunde wünscht eine geschwindigkeitsabhängige Lautstärkenregelung der Lautsprecher. Die Motor-ECU muss daher Geschwindigkeitsdaten in einer bestimmten Frequenz liefern können (=Auswirkung). Die Bestimmung der Auswirkungen auf die Betriebsumgebung kann z.B. im Rahmen der Risikoanalyse erfolgen (siehe BP 3) oder z.B. in Form einer »Hazard and Operability Study« (HAZOP, siehe Exkurs bei SWE.1 in Abschnitt 2.8.2 auf S. 80) auf Systemebene durchgeführt werden. Die Ergebnisse der HAZOP werden dann bei der weiteren Entwicklung berücksichtigt.

Anforderungen können auch Wechselwirkungen mit den Betriebsbedingungen des Systems besitzen. Hierzu gehören z.B. die klimatischen Bedingungen, Kraftstoffqualität, Einbauorte des Systems oder sogenannte »Rüttel- und Schüttelanforderungen«. Zum Beispiel können bestimmte Technologieanforderungen die Auswirkung haben, dass ein Steuergerät in der Fahrgastzelle untergebracht werden muss.

BP 5: Entwickle Verifikationskriterien. *Entwickle Verifikationskriterien für jede Systemanforderung, die die qualitativen und quantitativen Maße für die Verifikation einer Anforderung definieren.*

Anmerkung 5: *Verifikationskriterien zeigen, dass eine Anforderung unter vereinbarten Rahmenbedingungen verifizierbar ist, und können typischerweise als Input für die Entwicklung der Systemtestfälle oder für andere Verifikationsmaßnahmen genutzt werden, die die Einhaltung der Systemanforderungen sicherstellen.*

Anmerkung 6: *Verifikationen, die nicht mit Tests abgedeckt werden können, sind in SUP.2 enthalten.*

Die hier zu definierenden Verifikationskriterien sind der Input für SYS.5 Systemtest. Der Nutzen von Verifikationskriterien liegt in erster Linie darin, dass

- die Anforderungsingenieure aufgrund ihrer fachlichen Expertise Vorgaben für den Systemtest machen (und zwar zum Zeitpunkt der Anforderungsdefinition) und
- durch die frühzeitige Betrachtung des späteren Tests Unschärfen bei der Formulierung der Anforderungen erkannt werden können.

Sehr vorteilhaft ist es, wenn die Tester zeitnah in Reviews eingebunden werden und direkt ihre Tests und Testfälle entwickeln (die in diesem Fall die Verifikationskriterien darstellen). Ansonsten sind Verifikationskriterien eher »Regieanweisungen« für den Test, wie getestet werden soll, worauf besonders zu achten ist, Vorgaben zur Testumgebung oder den zu verwendenden Testdaten, Vorgaben des Kunden, mit welchen Parametern z.B. Vibrationstests und Temperaturwechseltests durchzuführen sind, etc.

BP 6: Stelle bidirektionale Traceability sicher. *Stelle die bidirektionale Traceability zwischen den Stakeholder-Anforderungen und den Systemanforderungen sicher.*

Anmerkung 7: *Bidirektionale Traceability unterstützt Abdeckungs-, Konsistenz- und Auswirkungsanalysen.*

Die in SYS.1 ermittelten Stakeholder-Anforderungen sind Grundlage der Systemanforderungsanalyse. Es muss bekannt sein, welche Systemanforderung mit welchen Stakeholder-Anforderungen in inhaltlicher Verbindung steht und umgekehrt (= bidirektionale Traceability). Traceability ist sowohl für Kundenanforderungen als auch für die weiteren, z.B. internen oder gesetzlichen Anforderungen (siehe SYS.1) sicherzustellen. Die Traceability muss auch hier während der gesamten Projektdauer – insbesondere auch nach Änderungen – aufrechterhalten werden.

BP 7: Stelle die Konsistenz sicher. *Stelle die Konsistenz zwischen den Stakeholder-Anforderungen und den Systemanforderungen sicher.*

Anmerkung 8: *Konsistenz wird durch bidirektionale Traceability unterstützt und kann durch Reviewaufzeichnungen nachgewiesen werden.*

Traceability kann über eine einfache Verlinkung dargestellt werden. Konsistenz meint in diesem Zusammenhang, dass die Beziehungen zwischen Stakeholder-Anforderungen und Systemanforderungen korrekt modelliert sind. Das bedeutet, dass mit einer Anforderung (auf jeder der beiden Ebenen) die korrekten Anforderungen der anderen Ebene verlinkt sind und dabei keine übersehen wurden. Sie bedeutet auch, dass die verlinkten Inhalte zusammenpassen. Wenn z.B. in einer Stakeholder-Anforderung ein Wertebereich von 10-50 spezifiziert wird und in der verlinkten Systemanforderung der Wertebereich von 0-30 spezifiziert ist, so wäre eine Traceability vorhanden, aber keine Konsistenz. Die Konsistenz lässt sich im

Allgemeinen nur schwer automatisiert überprüfen. Die Konsistenzprüfung erfolgt zweckmäßigerweise durch ein Review. Voraussetzung für die Konsistenzprüfung ist die Identifizierung der zusammengehörenden Elemente – den Input hierzu liefert die bidirektionale Traceability (siehe BP 6).

BP 8: Kommuniziere vereinbarte Systemanforderungen. *Kommuniziere die vereinbarten Systemanforderungen und deren Aktualisierungen an alle relevanten Beteiligten.*

Der geforderte Mechanismus muss sicherstellen, dass die im Projekt beteiligten Personen, die Informationen zu den Anforderungen inklusive der entsprechenden Änderungen, die sie für ihre Arbeit benötigen, auch unaufgefordert erhalten. Dazu muss zuerst einmal ermittelt werden, wer diese Informationen braucht. Bewährt haben sich hier die Durchführung einer Stakeholder-Analyse und die Erstellung eines Kommunikationsplans (siehe Abb. 3–9 in Abschnitt 3.4.3 auf S. 276). Dort wird bestimmt, welche Rollen generell und im Änderungsfall zu informieren sind. Die Verantwortung, dass diese Information auch tatsächlich fließt, muss ebenfalls festgelegt werden. Diese Anforderung ist in den Prozessen SYS.2–SYS.4 in ähnlicher Form enthalten. Realisiert wird dies oft dadurch, dass Anforderungsdokumente und Änderungsmitteilungen an eindeutiger Stelle im Datei-/Dokumenten- oder Konfigurationsmanagementsystem abgelegt werden und für alle Beteiligten zugreifbar sind. Die zweckmäßige Bereitstellung einer geeigneten Infrastruktur zur Veröffentlichung von Informationen, wie z.B. die Systemanforderungen, ist ebenfalls von Bedeutung.

Dazu können auch datenbankbasierte Lösungen mit z.B. HTML-Oberflächen oder Sharepoint, eingebunden ins jeweilige Firmen-Intranet, eingesetzt werden. Änderungen, die in Projektsitzungen durchgesprochen werden, können zusätzlich per E-Mail (z.B. über das Sitzungsprotokoll) verteilt werden.

Moderne Anforderungsmanagementtools enthalten hierzu auch einen intelligenten Benachrichtigungsmechanismus, der entsprechend konfiguriert werden kann.

Hinweise für Assessoren

Nachgewiesen wird das Funktionieren dieser Mechanismen z.B. durch Belege in entsprechenden Tools und Systemen bzw. durch erfolgten Schriftverkehr mit entsprechendem Verteiler.

2.4.3 Ausgewählte Arbeitsprodukte

13-22 Traceability-Aufzeichnung

Mit dieser Aufzeichnung wird die Verbindung (vorwärts und rückwärts) zwischen Anforderungen, Designelementen, Code etc. über die einzelnen Entwicklungsstufen dargestellt. In der Praxis kann Traceability folgendermaßen umgesetzt werden:

- Direkte Verlinkung mittels Anforderungsmanagementtools wie z.B. DOORS oder Polarion
- Referenzen zwischen Dokumenten bzw. Arbeitsprodukten mittels IDs, die durch ein Tool ausgelesen werden, das dann die Verlinkung automatisch aufbaut und grafisch präsentiert
- Mithilfe von Namenskonventionen (z.B. wenn Anforderungsgruppen-IDs identisch sind mit Komponentennamen im Design)

Hinweise für Assessoren

Automotive SPICE beschreibt, dass die Traceability der Anforderungen und deren Umsetzung über verschiedene Phasen des Lebenszyklus in beide Richtungen (vorwärts und rückwärts) erfolgen soll und daher an jeder Stelle des Lebenszyklusmodells und in beide Richtungen möglich sein muss. Im Assessment werden dazu stichprobenartig einzelne Arbeitsprodukte und deren Zusammenhänge mit vorherigen und späteren Arbeitsprodukten über verschiedene Entwicklungsstufen betrachtet. Praktisch kann sich der Assessor beginnend bei der Anforderungserhebung beim Kunden über jeden Prozessschritt die Weiterentwicklung der Artefakte bzw. deren konkrete Ausprägung auf der jeweiligen Prozessstufe vorstellen lassen.

17-08 Schnittstellenanforderungen

Anforderungen an Schnittstellen beziehen sich typischerweise auf Datenformate, Timing, Aufrufhierarchie, Interrupts etc. Dabei wird zwischen internen und externen Schnittstellen unterschieden. Interne Schnittstellen beschreiben die Interaktion zwischen Systemelementen. Externe Schnittstellen bestehen zu anderen Systemen in der Betriebsumgebung und zu Benutzern. Bei komplexen Systemen kann die Erstellung eines Datenmodells sinnvoll sein. Schnittstellen werden in der Praxis oft als eine Mischung von Schnittstellenanforderungen und Schnittstellendesign dargestellt, z.B. in einer »Hardware-Software-Schnittstellenspezifikation«.

17-12 Systemanforderungsspezifikation

Systemanforderungen werden gesammelt oder aus Anforderungsdokumenten des Auftraggebers (z.B. Lastenheft) abgeleitet und in einem Systemanforderungsdokument (z.B. Pflichtenheft) niedergeschrieben. Eine Systemanforderung beschreibt Funktionen und Fähigkeiten eines Systems. Kategorien von Anforderungen sind z.B. Funktionalität, Anforderungen seitens der Organisation, Sicherheitsaspekte, Ergonomie, Schnittstellen, Betriebs- und Wartungsanforderungen sowie Designzwänge. Das Systemanforderungsdokument gibt auch einen Überblick über das Gesamtsystem und über die Beziehungen seiner Bestandteile, insbesondere auch der Systemelemente mit der Software.

Gestaltungshinweise und Qualitätskriterien für solche Dokumente gibt z.B. ISO/IEC/IEEE 29148 »Systems and software engineering – Life cycle processes – Requirements engineering (siehe auch Abb. 2–5).

2.4.4 Besonderheiten Level 2

Zum Management der Prozessausführung

Die Analyse der Systemanforderungen aus den Anforderungen des Auftraggebers muss systematisch erfolgen und bedarf einer entsprechenden Planung. Zur Planung des Prozesses gehört z.B. auch die terminliche Festlegung von Anforderungsbaselines und von Anforderungsreviews. Die Anforderungsbaselines sollten mit den geplanten Releases korrespondieren und einen Anforderungsfreeze für das zugehörige Release enthalten. Die aktive Verhinderung von »späten« Änderungen kennzeichnet ein wirksames Prozessmanagement. Die Aktualisierung der Systemanforderungen nach Änderungen der Anforderungen des Auftraggebers hat meistens asynchronen Charakter. Die beschlossenen Änderungen sind u.a. in der Termin- und Ressourcenplanung zu berücksichtigen.

Zum Management der Arbeitsprodukte

Die Anforderungen von Prozessattribut PA 2.2 gelten insbesondere für die Systemanforderungsdokumentation (z.B. das Pflichtenheft). Dazu gehört beispielsweise, dass die Systemanforderungen ein Review durchlaufen und intern, ggf. auch durch den Auftraggeber, abgenommen bzw. bestätigt werden. Baselines enthalten die jeweils gültigen Anforderungsdokumente sowohl auf Kunden- als auch auf Lieferantenseite.

2.5 SYS.3 Systemarchitekturdesign

2.5.1 Zweck

Zweck des Prozesses ist es, eine Systemarchitektur zu erstellen und zu bestimmen, welche Systemanforderungen welchen Systemelementen zugeordnet werden sollen, und die Systemarchitektur gegen definierte Kriterien zu bewerten.

Die Systemarchitektur beschreibt auf oberster Ebene alle Systemelemente und ihre Beziehungen und Schnittstellen. Für jedes Systemelement muss bekannt sein, welche Systemanforderungen zugeordnet wurden. Im Rahmen der Erstellung der Systemarchitektur wird entschieden, welche Funktionen in Hardware oder Software im Fahrzeug umgesetzt werden. Beispiel: Es ist zu entscheiden, ob eine Anzeigefunktion mittels Softwareansteuerung eines bereits vorhandenen Displays oder mit einer separaten Anzeige realisiert wird.

Bei komplexen Systemen geschieht die Aufteilung des Systems in seine Systemelemente oft in mehreren Schritten bzw. Beschreibungsebenen. Die Beschreibung besteht dann oft aus mehreren zusammenhängenden Dokumenten mit unterschiedlichem Detaillierungsgrad. Durch die weiter voranschreitende Digitalisierung und stärkere Vernetzung des Fahrzeugs mit dem Internet können auch Systemanteile außerhalb des Fahrzeugs liegen, z.B. die IT-Infrastruktur für die Realisierung von Onlinediensten. Eventuelle Schnittstellen vom Fahrzeug zur Außenwelt müssen ebenso beschrieben werden wie Schnittstellen innerhalb des Fahrzeugs (siehe BP 3). Ein Beispiel für eine statische Systemarchitektur im frühen Stadium zeigt Abbildung 2–9. Abbildung 2–10 enthält ein Beispiel einer tiefer liegenden Beschreibungsebene.

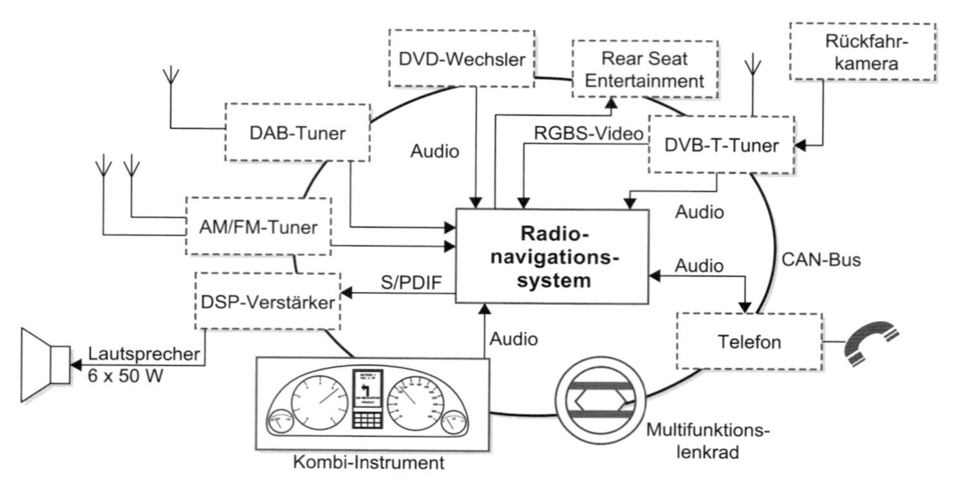

Abb. 2–9 *Beispiel einer statischen Systemarchitektur für ein Radio-Navigationssystem (oberste Ebene)*

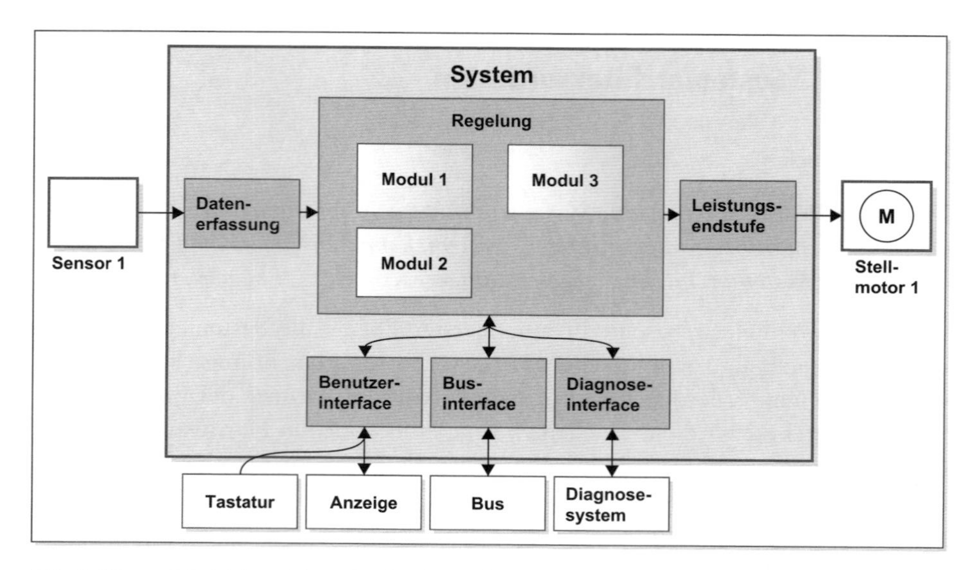

Abb. 2–10 *Beispiel einer tieferen Beschreibungsebene einer statischen Systemarchitektur*

Die Systemarchitektur umfasst mehr als die statische Sicht (siehe dazu den Abschnitt 2.5.3). Insbesondere auch die nicht funktionalen Anforderungen müssen nachweislich berücksichtigt sein. Die Entwicklung der Systemarchitektur erfolgt oft parallel zur Ausarbeitung der Systemanforderung. Man kann so frühzeitig feststellen, ob man die Stakeholder-Anforderungen richtig verstanden hat. Allerdings ist darauf zu achten, dass der Lösungsraum (Architektur – Wie?) sauber vom Anforderungsraum (Was?) zu trennen ist. Bei der Ausarbeitung der Systemarchitektur sollten alle relevanten Expertisen und Sichten vertreten sein, neben den eigentlichen Architekten z.B. Vertreter aus allen Disziplinen (Hardware, Software, Mechanik), Applikations- und Kundensicht, Entwicklung und Test.

2.5.2 Basispraktiken

BP 1: Entwickle die Systemarchitektur. *Entwickle und dokumentiere die Systemarchitektur, die die Systemelemente bezüglich der funktionalen und nicht funktionalen Systemanforderungen spezifiziert.*

Anmerkung 1: *Die Entwicklung der Systemarchitektur beinhaltet typischerweise eine Untergliederung in Elemente auf unterschiedlichen hierarchischen Ebenen.*

Die Systemarchitektur ist die oberste, allgemeinste Beschreibungsebene in Form von Übersichtsbildern, Listen und Beschreibungen von Systemelementen. Sie besteht aus Elementen, die entsprechend den umzusetzenden Systemanforderungen identifiziert wurden, und beschreibt auch deren Interaktion. Aufgrund der steigenden technischen Komplexität und Größe der Systeme ist eine einzige Detaillierungsebene meist nicht ausreichend. Notwendig ist dann eine Zerlegung der Architektur in Ausschnitte (z.B. Systemkomponenten) und die Untergliederung der Ausschnitte in weitere Ebenen, um von oben nach unten mehr Details zeigen zu können. Maßgeblich für die Definition von Architekturausschnitten ist die Handhabbarkeit, die auf den Erfahrungen der Organisation beruht. Aufzeichnungen und Bewertungen zur Größe handhabbarer Architekturelemente können z.B. Gegenstand von Lessons-Learned-Betrachtungen sein.

Was eine Systemarchitektur alles umfasst, ist im Arbeitsprodukt 04-06 Systemarchitektur beschrieben.

BP 2: Ordne Systemanforderungen zu. *Ordne die Systemanforderungen den Elementen der Systemarchitektur zu.*

Die identifizierten funktionalen und nicht funktionalen Systemanforderungen werden – soweit möglich – den Bestandteilen der Systemarchitektur zugeordnet.

Ziel ist es, möglichst alle Anforderungen zuzuordnen, um ein fehlerfreies Zusammenspiel der Systemelemente unter Berücksichtigung aller Randbedingungen zu ermöglichen. Bei komplexen Systemen, die aus vielen zusammenhängenden Subsystemen oder Systemelementen bestehen, ist diese Zuordnung zunächst nicht immer vollständig möglich. Der Grund liegt meistens darin, dass zu diesem frühen Zeitpunkt detaillierte Designentscheidungen noch ausstehen, über die Relevanz der betreffenden Anforderungen noch nicht entschieden werden kann oder das System aufgrund der hohen Komplexität nicht komplett überblickt wird. Die vollständige Zuordnung muss dann zu einem späteren Zeitpunkt abgeschlossen werden.

Diese Zuordnung und Beschreibung kann z.B. dadurch realisiert werden, dass die Systemanforderungsbeschreibung (z.B. das Pflichtenheft) bereits mit Blick auf die Systemarchitektur gegliedert wird. Nach erfolgter Zuordnung kann die Traceability zwischen Systemanforderungen und Systemarchitektur aufgebaut werden (BP 6). Der Unterschied zu BP 6 besteht darin, dass BP 2 eher den iterativen Designvorgang beschreibt, wie aus den Anforderungen parallel zu BP 1 ein Systemdesign entsteht. BP 6 fordert die Dokumentation der resultierenden Traceability in bidirektionaler Form.

Manche Anforderungen, insbesondere nicht funktionale Anforderungen (z.B. Qualitätsanforderungen), gelten für das Gesamtsystem, sodass eine Zuordnung zu einzelnen Systemelementen nicht möglich ist. In der Systemanforderungsbeschreibung sollten diese z.B. durch einen separaten Abschnitt dokumentiert werden, auch um hieraus später Testfälle ableiten zu können.

BP 3: Definiere Schnittstellen der Systemelemente. *Identifiziere, entwerfe und dokumentiere die Schnittstellen jedes Systemelements.*

Auf der obersten Ebene wird festgelegt und beschrieben, wie die Systemelemente »nach innen« interagieren und wie das System im Zusammenspiel mit anderen Systemen »nach außen« funktioniert, um die geforderten Systemfunktionen (ermittelt in SYS.2) zu realisieren. Dabei wird zwischen internen und externen Schnittstellen unterschieden. Schnittstellen nach innen beschreiben die Interaktionen zwischen den einzelnen Systemelementen. Externe Schnittstellen bestehen zu anderen Systemen in der Betriebsumgebung und zu Benutzern z.B. zur Datenübertragung ins Internet, zu Anzeigen und Bedienelementen oder zu Sensoren/Aktuatoren.

Schnittstellen können entweder in der Systemarchitektur selbst oder in separaten Dokumenten (Schnittstellenspezifikationen) dokumentiert werden. Schnittstellen im Rahmen der Systemarchitektur gibt es typischerweise bei Steckern, Software, Hardware, Aktoren und Sensoren. Drücke und Kräfte, Temperaturen und Befestigungspunkte an den Schnittstellen sind zu spezifizieren, außerdem Datenformate, Timing, Aufrufhierarchie, Interrupts etc. Bei den Datenformaten und Datenflüssen sind auch die Einheiten (z.B. km/h, Kraft, mm) sowie minimale, maximale und typische Wertebereiche[22] und Toleranzen zu definieren. Schnittstellenspezifikationen müssen gemäß BP 6 zu den Systemanforderungen an Schnittstellen nachverfolgbar sein.

22. Physikalische, elektrische und logische Wertebereiche.

BP 4: Beschreibe das dynamische Verhalten. *Bewerte und dokumentiere das dynamische Verhalten der Interaktion zwischen den Systemelementen.*

Anmerkung 2: *Dynamisches Verhalten wird durch Betriebsmodi (z.B. Hochfahren, Herunterfahren, Regelbetrieb, Kalibrierung, Diagnose) bestimmt.*

So dynamisch und teils unvorhersehbar wie eine Autofahrt selbst ist auch die Vielzahl der Daten und Informationen, die im Fahrzeug verarbeitet werden müssen. Das Fahrzeug reagiert auf Benutzereingriffe oder Daten von Sensoren, Aktuatoren oder Daten aus dem Internet. Diese Komplexität der Daten und ihr asynchrones Eintreffen erfordert ein dynamisches Systemverhalten. Dieses muss beschrieben werden und muss in späteren Messungen und Tests geprüft werden. Hilfreich sind hier z.B. Sequenzdiagramme, Design des Interrupt-Handlings, Design des Round-Robin Scheduling, Budgetierung von CPU-Zeit für verschiedene Komponenten, Zustandsdiagramme, Datenflussdiagramme, Use Cases, Zeitverhalten/Timing oder Datenflussbeschreibungen etc.

Ein besonderer Aspekt ist die Modellierung von Betriebsmodi wie z.B. das Hochfahren des Systems. Hier muss die Sequenz der nach dem Einschalten nacheinander zu initialisierenden Komponenten modelliert werden und jede Komponente erhält ein Plan-Zeitbudget. In der Summe muss damit die Anforderung des Kunden erfüllt werden, dass das System nach maximal x ms betriebsbereit sein muss. Durch Messungen muss dies später nachgewiesen werden.

BP 5: Bewerte alternative Systemarchitekturen. *Definiere Bewertungskriterien für das Design der Architektur. Bewerte alternative Systemarchitekturen entsprechend den definierten Kriterien. Dokumentiere die Begründung für die gewählte Systemarchitektur.*

Anmerkung 3: *Bewertungskriterien können Qualitätsmerkmale (Modularität, Wartbarkeit, Erweiterbarkeit, Skalierbarkeit, Zuverlässigkeit, Sicherheit und Nutzbarkeit) und Ergebnisse der Make-Buy-Reuse-Analyse enthalten.*

Bei der Neuentwicklung eines Systems ist diese Praktik hoch relevant. Aber auch im Rahmen einer aus einem Vorgängerprojekt übernommenen Systemarchitektur ist es ggf. für Erweiterungen des Systems oder auch für einzelne Systemelemente[23] sinnvoll, mehrere Architekturvorschläge zu erstellen und diese nach definierten Kriterien zu bewerten. Die in der Anmerkung genannten Kriterien sind nicht funktionale Anforderungen. In der genannten Make-Buy-Reuse-Analyse wird bestimmt, welche Teile des Produkts ggf. selbst entwickelt, gekauft oder wiederverwendet werden. Getroffene Architekturentscheidungen sollten dann dokumentiert werden, sodass diese zu einem späteren Zeitpunkt im Projekt nachvollzogen werden können und erneute Änderungen vermieden werden.

Eine geeignete Methode für Architekturentscheidungen ist die Entscheidungsmatrix. Dabei werden in Tabellenform die Bewertungskriterien gewichtet

23. Zum Beispiel Auswahl eines Prozessors oder von Zukaufkomponenten.

und dann die verschiedenen Architekturalternativen gemäß diesen Kriterien bewertet. Im Beispiel in Abbildung 2–11 ist eine Entscheidungsmatrix dargestellt. Dabei werden 5 Architekturalternativen nach 8 definierten Kriterien bewertet. Beispiele für Kriterien sind z.B. Sicherheit, Erweiterbarkeit und Kosten. Die Kriterien wurden gewichtet. Kriterium 5 hat das höchste Gewicht. Bei dieser Methode wird eine Alternative als Referenz genommen (Bewertung immer 0, hier Alternative 1) und die anderen Alternativen werden mit dieser Referenz verglichen. Die Bewertung bezieht sich immer auf die Basis (besser: +, neutral: 0, schlechter: –). Jede Bewertung wird mit der Gewichtung des Kriteriums multipliziert. In dem Beispiel ist Alternative 4 mit acht + und zwei – die beste Lösung.

	Alternativen					
	Alternative 1	Alternative 2	Alternative 3	Alternative 4	Alternative 5	Gewichtung
Kriterium 1	0	+	0	+	0	1
Kriterium 2	0	+	0	+	+	2
Kriterium 1	0	–	–	–	+	1
Kriterium 4	0	–	–	0	0	4
Kriterium 5	0	0	0	+	–	5
Kriterium 6	0	0	–	0	0	2
Kriterium 7	0	0	0	0	+	2
Kriterium 8	0	+	+	–	+	1
Summe +	0	3	1	3	4	
Summe -	0	2	3	2	1	
gewichtete Summe +	0	4	1	8	5	
gewichtete Summe -	0	5	7	2	5	

Abb. 2–11 *Beispiel Entscheidungsmatrix*

BP 6: Stelle bidirektionale Traceability sicher. *Stelle die bidirektionale Traceability der Systemanforderungen zu den Elementen der Systemarchitektur her.*

Anmerkung 4: *Bidirektionale Traceability deckt die Zuordnung der Systemanforderungen zu den Elementen der Systemarchitektur ab.*

Anmerkung 5: *Bidirektionale Traceability unterstützt Abdeckungs-, Konsistenz- und Auswirkungsanalysen.*

Es muss sichergestellt werden, dass jede Systemanforderung (soweit möglich) in der Systemarchitektur berücksichtigt ist und dass für jedes Element der Systemarchitektur die relevanten Systemanforderungen identifiziert und zugeordnet sind. Unterstützt werden dadurch:

- **Abdeckungsanalysen**
  Sind alle Anforderungen (soweit sinnvoll) auf die Architektur abgebildet worden?
- **Prüfung der Konsistenz**
  siehe BP 7
- **Auswirkungsanalyse**
  Wenn sich eine Anforderung ändert, welche Architekturelemente sind betroffen?

Die Traceability muss auch hier während der gesamten Projektdauer – insbesondere auch nach Änderungen – aufrechterhalten werden. Anmerkung 4 weist auf den Zusammenhang mit BP 2 hin.

BP 7: Stelle Konsistenz sicher. *Stelle die Konsistenz zwischen den Systemanforderungen und der Systemarchitektur sicher.*

Anmerkung 6: *Konsistenz wird durch bidirektionale Traceability unterstützt und kann durch Reviewaufzeichnungen nachgewiesen werden.*

Anmerkung 7: *Systemanforderungen beinhalten typischerweise Anforderungen an die Systemarchitektur (siehe BP 5).*

Konsistenz bedeutet in diesem Zusammenhang, dass zwischen den Systemanforderungen und der Systemarchitektur Widerspruchsfreiheit besteht und die Systemarchitektur die Erfüllung der Systemanforderungen sicherstellt. Hierzu müssen die Beziehungen zwischen Systemanforderungen und Systemarchitektur korrekt modelliert sein. Das heißt, dass mit einer Anforderung das korrekte Systemelement verlinkt ist und umgekehrt und dabei keine Verbindungen übersehen wurden. Wenn anforderungsrelevante Änderungen an der Systemarchitektur vorgenommen werden, müssen entsprechende Konsistenzprüfungen erneut durchlaufen werden. Die Konsistenzprüfung mit den Systemanforderungen erfolgt zweckmäßigerweise durch ein Review, Voraussetzung für die Konsistenzprüfung ist die Identifizierung der zusammengehörenden Elemente – den Input hierzu liefert die bidirektionale Traceability (siehe BP 6).

Anmerkung 7 weist darauf hin, dass Systemanforderungen typischerweise auch konkrete Anforderungen an die Systemarchitektur enthalten, was ggf. die in BP 5 beschriebene Bewertung von Architekturalternativen einschränken kann.

BP 8: Kommuniziere die vereinbarte Systemarchitektur. *Kommuniziere die vereinbarte Systemarchitektur und deren Aktualisierungen an alle relevanten Beteiligten.*

Damit soll sichergestellt werden, dass der Personenkreis, der an der Systemarchitektur arbeitet oder von Änderungen betroffen ist, über diese informiert wird, um dann ggf. darauf reagieren und diese bei der eigenen Arbeit berücksichtigen zu können. Die bereits in SYS.2 BP 8 getroffenen Aussagen bezüglich Kommunikationsmechanismen gelten analog auch hier.

2.5.3 Ausgewählte Arbeitsprodukte

04-06 Systemarchitektur

Die Systemarchitektur gibt einen Überblick über die Struktur des Gesamtsystems und beschreibt das Zusammenspiel der Systemkomponenten und ihre interne und externe Kommunikation (z.B. zu Sensoren, anderen Steuergeräten, zum Internet).

Eine Systemarchitektur kann folgende Elemente enthalten:

- **Statische Sicht**
  Aufbaustruktur des Systems (Schichten, Hierarchien, Verteilung, Beschreibung der Systemelemente); hier wird manchmal zwischen einer physischen Sicht (realisierungsgetreue physische Sicht mit Bauteilen, Pins, Leiterbahnen, Steckern etc.) und einer logischen Sicht (abstrahierte Sicht auf das System, die sich nicht genau an physische Grenzen hält) unterschieden.
- **Funktionale Sicht**
  Als Zwischenglied zwischen den Anforderungen und der Aufbaustruktur wird bei größeren Neuentwicklungen oft eine Modellierung der Funktionen des Systems vorgenommen. Durch Clustern von Funktionen kann dann die geeignete Aufbaustruktur abgeleitet werden.
- **Dynamische Sicht**
  Dynamisches Verhalten des Systems (Betriebsmodi, Zustandsdiagramme und Statusübergänge, Nebenläufigkeiten, Aufrufverhalten und zeitliches Verhalten, Fahrprofile und Fahrdynamiksimulation, Use Cases, Datenflussdiagramme , High-Level-Verhalten des Systems etc.)
- Interne und externe Schnittstellen (z.B. HW ⇔ HW, HW ⇔ SW, System ⇔ Benutzer)
- Architekturentscheidungen (z.B. was wird in HW oder SW umgesetzt?)
- Spezifikation, welche Komponenten von anderen Parteien verantwortet und ggf. beigestellt werden
- Festlegungen bezüglich »Middleware«, Betriebssystem, Busse, Protokolle etc.

13-22 Traceability-Aufzeichnung

Siehe bei SYS.2

17-08 Schnittstellenanforderungen

Siehe bei SYS.2

2.5.4 Besonderheiten Level 2

Zum Management der Prozessausführung

Die Erstellung der Systemarchitektur muss systematisch erfolgen. In der Praxis werden die »kleinen« Arbeitsschritte, die sich in vielen Iterationen wiederholen, meist nicht im Detail geplant. Die »größeren« Arbeitsschritte (die z.B. auf Meilensteine hinzielen, an denen verschiedene Versionen der Systemarchitektur vorliegen sollen) sind hingegen sehr wohl zu planen und z.B. in den Projektplänen zu dokumentieren. Sind Aktualisierungen der Systemarchitektur vorhersehbar, z.B. an Meilensteinen, sind diese in der Projektplanung zu berücksichtigen. Projektpläne müssen angepasst werden, wenn »größere« Änderungen eine Anpassung der Systemarchitektur erfordern. Hierzu muss festgelegt sein, nach welchen Kriterien dieses erfolgt bzw. was eine »größere« Änderung ist.

Zum Management der Arbeitsprodukte

Die Anforderungen von Prozessattribut PA 2.2 gelten insbesondere für die Systemarchitektur sowie Schnittstellenspezifikationen. Dazu gehört z.B. auch, dass die Systemarchitektur ein Review durchlaufen hat und ggf. durch den Auftraggeber abgenommen wird. Baselines mit Versionierung im Konfigurationsmanagement enthalten die jeweils gültige Systemarchitektur.

2.6 SYS.4 Systemintegration und Systemintegrationstest

2.6.1 Zweck

Zweck des Prozesses ist es, die Systembestandteile zu integrieren, um so ein integriertes System zu erzeugen, das zur Systemarchitektur konsistent ist. Es muss sichergestellt werden, dass Systembestandteile getestet sind, um die Übereinstimmung der integrierten Systembestandteile mit der Systemarchitektur, inklusive der Schnittstellen zwischen den Systembestandteilen, nachzuweisen.

An dieser Stelle werden die Ergebnisse der beteiligten Entwicklungsdisziplinen, also Software, Hardware und Mechanik[24], zum gesamten System integriert. Jetzt zeigt sich, inwieweit diese Komponenten zusammenpassen und die Schnittstellen funktionieren.

Der Prozess SYS.4 ist methodisch bis auf wenige Besonderheiten identisch zum Prozess Softwareintegration und Softwareintegrationstest SWE.5, bezieht sich jedoch auf andere Objekte. Die nachfolgenden Ausführungen fokussieren im Wesentlichen auf die Unterschiede zu SWE.5.

24. Natürlich sind weitere Disziplinen denkbar wie z.B. Elektromechanik, Sensorik, Hydraulik, Pneumatik.

Die Integration von Hardware, Software und Mechanik zu einem System vollzieht sich im einfachsten Fall (eine Software, eine Hardware, eine Mechanik) in einem einzigen Schritt durch mechanische Integration (z.B. Musterbau) sowie durch Beschreiben eines Speichers (sog. »Flashen«) mit anschließenden Tests. Bei komplexen Produkten (Mehrprozessorarchitekturen, mehrere Hardware- und Mechanikkomponenten, mehrere Softwarekomponenten) erfolgt in der Regel eine schrittweise Integration.

Die genaue Definition und Abgrenzung des Systems im jeweiligen Anwendungs- bzw. Assessmentkontext ist für diesen Prozess eine unabdingbare Grundlage, jedoch nicht trivial (siehe den Exkurs »System« bei SYS.2 in Abschnitt 2.4.1).

In der Praxis sind bei der Systemintegration besonders folgende Faktoren problematisch:

- Der Systemintegrationstest wird nicht als eigenständige Aufgabe verstanden. Niemand hat einen Überblick, welche Tests dieser Art von welchem Team durchgeführt werden, und niemand hat Verantwortung für deren Vollständigkeit. Eine entsprechende Strategie (d.h. ein Gesamtkonzept) und Planung existieren nicht.
- Die Verantwortung für die Integration zwischen Lieferant und weiteren Parteien, zu denen er kein Vertragsverhältnis hat (die z.B. vom OEM beauftragt werden), ist nicht definiert.

2.6.2 Basispraktiken

BP 1: Entwickle eine Strategie für die Systemintegration. *Entwickle eine Strategie, um die Systembestandteile konsistent zum Projektplan und Releaseplan zu integrieren. Identifiziere Systembestandteile entsprechend der Systemarchitektur und lege deren Integrationsreihenfolge fest.*

Die Systemintegrationsstrategie (BP 1) und die Systemintegrationsteststrategie (BP 2) sind so stark voneinander abhängig, dass sie in der Praxis fast immer in einem Dokument dargestellt werden. Wir behandeln sie nur getrennt wegen der Darstellungsweise im Modell. Sinn und Zweck solcher Strategien ist es, dass eine gemeinsame Vorgehensweise für die verschiedenen Teams vereinbart wird, auf die das Projektmanagement die Planung und Verfolgung aufbauen kann. Eine solche Strategie sollte angemessen kompakt, leicht verständlich und dennoch präzise sein.

In diesem Prozess spezifiziert die Strategie die Reihenfolge, in der die Systembestandteile schrittweise unter Berücksichtigung des Projektplans (siehe MAN.3) und des Releaseplans (siehe SPL.2) zum Gesamtsystem zusammengebaut werden.

Zu integrierende bzw. zu testende Objekte umfassen die Ergebnisse aller Entwicklungsdisziplinen, z.B. Software-, Hardware- und Mechanikelemente. Im einfachsten Fall werden nur eine Software und eine Hardware entwickelt und anschließend integriert. Ein komplexerer Fall ist in Abbildung 2–12 dargestellt[25]:

- Im Schritt 1 wird die zuvor bereits vollständig getestete Software (Plattformsoftware sowie Applikationssoftware) auf die Steuergerätehardware gespielt und im Zusammenspiel getestet.
- Im Schritt 2 wird das Steuergerät (ECU) im Zusammenspiel mit der Elektrik und den Sensoren integriert und getestet.
- Im Schritt 3 werden die mechanischen Komponenten hinzugefügt und getestet.

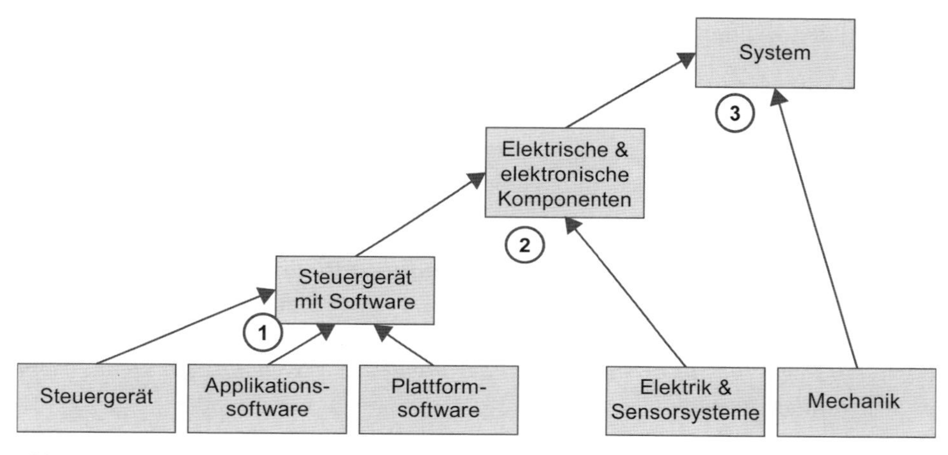

Abb. 2–12 *Schema einer mehrstufigen Systemintegration*

Ziel ist ein funktionsfähiges integriertes System zu den vereinbarten Terminen gemäß Projekt- und Releaseplan. Die Strategie beschreibt, welche Systemkomponenten in welchem Reifegrad an welchen Terminen integriert werden. Dies hängt ab von der Verfügbarkeit der Systemkomponenten gemäß Planung und den Lieferterminen zum Kunden. Die Strategie beschreibt außerdem, in welcher Reihenfolge die Systemkomponenten an diesen Terminen integriert werden. Diese Reihenfolge ist dann nicht erforderlich, wenn

- die Reihenfolge der Integration keine Rolle spielt und
- die Systemintegrationstests nicht durch die Anwesenheit bestimmter Systemkomponenten gestört werden (weswegen diese erst später integriert werden können).

In diesem Fall[26] findet eine Vollintegration statt und die Tests werden in beliebiger Reihenfolge durchgeführt. Gründe für die Festlegung einer Reihenfolge sind:

- Bestimmte Komponenten stehen erst später im erforderlichen Reifegrad zur Verfügung und werden so lange simuliert.

25. In Anlehnung an die VW SQIL-Schulungsunterlagen
26. Typisches Beispiel: Das System besteht aus einem Standardsteuergerät, an dem lediglich externe Stecker geändert wurden und auf das die Software geflasht wird.

- Bestimmte Komponenten würden Tests stören (z.B. weil sie störende Interrupts erzeugen).
- Bestimmte Komponenten sind für den Test nicht erforderlich[27] und werden daher erst später integriert.
- Die Systemintegrationstests finden in mehreren aufeinanderfolgenden Teststufen statt, die durch unterschiedliche Teams durchgeführt werden, die mit unterschiedlichen Testumgebungen und Integrationsständen arbeiten[28].
- Bestimmte Komponenten werden durch Software simuliert, weil sich so die Testdaten leichter erzeugen lassen.[29]

Erhöhte Anforderungen an die Strategie und die darauf beruhende Planung bestehen insbesondere, wenn die Systembestandteile von verschiedenen Entwicklungspartnern stammen. Die Integrationsstrategie sollte alle zugehörigen Systembestandteile umfassen, logisch und nachvollziehbar aufgebaut sein und mit den Beteiligten abgestimmt sein.

BP 2: Entwickle eine Strategie für den Systemintegrationstest inklusive Regressionsteststrategie. *Entwickle eine Strategie, um die integrierten Systembestandteile basierend auf der Integrationsstrategie zu testen. Dieses beinhaltet eine Regressionsteststrategie für das erneute Testen der integrierten Systembestandteile, wenn diese verändert wurden.*

Bezugnehmend auf die Integrationsstrategie aus BP 1 wird beschrieben, welche Tests (und ggf. Testmethoden) bei jedem Integrationsansatz anzuwenden sind. Bei den Tests werden das Zusammenspiel bzw. die Schnittstellen zwischen Systembestandteilen getestet, wie z.B. ein Steuergerät (Hardware und Software) im Zusammenspiel mit mechanischen Komponenten, Sensoren und Aktoren.

Die Systemintegrationsteststrategie sollte frühzeitig schon während der Systemanforderungsanalyse/-architektur begonnen werden. Sie ist die Grundlage für die Testspezifikation (BP 3).

Zur Integrationsteststrategie allgemein und zur Regressionsteststrategie siehe auch die Ausführungen bei SWE.5 BP 2. Regressionstests stellen sicher, dass bereits erfolgreich getestete Systemeigenschaften nach zwischenzeitlich erfolgten Änderungen immer noch gewährleistet sind.

---

27. Beispiel: Für den Memory-Test eines Steuergeräts (= Software-Hardware-Integrationstest) ist eine anzusteuernde Mechanikkomponente nicht erforderlich und kann später integriert werden.
28. Beispiel: Das Hardwareteam testet zuerst die grundlegende Hardware-Software-Integration mit einer eigenen Testsoftware. Danach testet das Systemteam die gleichen Schnittstellen erneut, nun aber mit der echten Basissoftware und mit umfangreichen Testdaten.
29. Beispiel: Die Verkehrszeichenerkennung wird zuerst ohne angeschlossene Kamera anhand von gestreamten Videodaten getestet.

BP 3: Entwickle eine Spezifikation für die Systemintegrationstests. *Entwickle eine Testspezifikation für den Systemintegrationstest inklusive der Testfälle für jeden Integrationsschritt eines Systembestandteils entsprechend der Systemintegrationsteststrategie. Die Testspezifikation muss geeignet sein, um die Konformität der integrierten Systembestandteile zur Systemarchitektur zu zeigen.*

Anmerkung 1: *Die Schnittstellenspezifikationen zwischen Systembestandteilen dienen als Input für die Testfälle der Systemintegrationstests.*

Anmerkung 2: *Übereinstimmung mit der Systemarchitektur bedeutet, dass die spezifizierten Integrationstests geeignet sind, nachzuweisen, dass die Schnittstellen zwischen den Systembestandteilen die von der Systemarchitektur vorgegebene Spezifikation erfüllen.*

Anmerkung 3: *Die Systemintegrationstests sollten fokussieren auf:*

- *Den korrekten Signalfluss zwischen Systembestandteilen*
- *Die Rechtzeitigkeit und die zeitlichen Abhängigkeiten des Signalflusses zwischen Systembestandteilen*
- *Die korrekte Interpretation der Signale aller Systembestandteile, die eine Schnittstelle nutzen*
- *Das dynamische Zusammenspiel zwischen Systembestandteilen*

Anmerkung 4: *Der Systemintegrationstest kann durch die Verwendung von Umgebungssimulationen (Hardware-in-the-Loop-Simulation, Fahrzeugnetzwerksimulation, digitale Mockups) unterstützt werden.*

Für jeden zu integrierenden Systembestandteil muss spezifiziert sein, welche Tests auf welche Weise durchgeführt werden[30] (siehe dazu auch die analogen Ausführungen bei SWE.5 BP 3).

Dabei sollte auch spezifiziert werden, welche anderen Systembestandteile in Hard- und/oder Software und welche Schnittstellen vorhanden sein müssen, um einen bestimmten Systembestandteil oder die Interaktion mehrerer integrierter Systembestandteile testen zu können.

Anmerkung 1 und 2 weisen darauf hin, dass die Testspezifikationen unter anderem aus den internen Schnittstellenspezifikationen abgeleitet werden. Die zu beachtenden Aspekte sind insbesondere in Anmerkung 3 und 4 beschrieben. Nachfolgend sind einige Beispiele von Tests, die typischerweise in Assessments untersucht werden, aufgeführt:

- Hardware-Software-Integration, z. B. Schreiben und Lesen einer Speichereinheit, Ansteuerung eines Displays
- Integration eines Steuergeräts mit Sensoren, Motoren, mechanischen Teilen, z. B. Ansteuerung von Ventilen in der Fahrwerkssteuerung, Ansteuerung eines Getriebes, Ansteuerung eines Klappenauspuffs

---

30. Inhaltlich entspricht dies den ISO-29119-Begriffen Testdesign, Testprozedur und Testfall (siehe Exkurs »Testdokumentation« bei SWE.4 in Abschnitt 2.11.4 auf S. 109).

- Tests des dynamischen Verhaltens, z.B. zeitgerechte Interaktion von Tasks
- Tests des dynamischen Verhaltens, z.B. Betriebsmodi wie Hochfahren, Herunterfahren, Fehlerbehandlung etc.

BP 4: Integriere die Systembestandteile. *Integriere die Systembestandteile entsprechend der Systemintegrationsstrategie zu einem integrierten System.*

Anmerkung 5: *Die Systemintegration kann schrittweise durchgeführt werden, indem die Systembestandteile (z.B. Hardwarebestandteile wie Prototypenhardware, Peripheriegeräte (Sensoren und Aktoren), mechanische Elemente und integrierte Software) integriert werden, um ein System in Übereinstimmung mit der Systemarchitektur zu erstellen.*

Die Integration wird entsprechend der Systemintegrationsstrategie, dem Projektplan und dem Releaseplan (siehe SPL.2) durchgeführt.

BP 5: Wähle Testfälle aus. *Wähle Testfälle aus der Systemintegrationstestspezifikation aus. Die Auswahl der Testfälle muss zu einer ausreichenden Testabdeckung entsprechend der Systemteststrategie und dem Releaseplan führen.*

In der Praxis werden oft Testfall-Repositories angewendet, die bei entsprechend modularem Systemaufbau und unter Beachtung der Regeln der Wiederverwendung der Testfälle in mehreren Projekten Anwendung finden. Aus diesen Testfall-Repositories werden Testfälle für jeden Test entsprechend der Systemteststrategie ausgewählt, um die geplante Testabdeckung zu erreichen.

Reichen die vorhandenen Testfälle nicht aus, z.B. weil die geforderte Testabdeckung nicht erreicht wird oder einzelne Funktionen nicht getestet werden können, müssen neue Testfälle erstellt werden.

BP 6: Führe Systemintegrationstests durch. *Führe Systemintegrationstests anhand der gewählten Testfälle durch. Zeichne die Ergebnisse des Integrationstests und die Testprotokolle*[31] *auf.*

Anmerkung 6: *Siehe SUP.9 für den Umgang mit Abweichungen*

Die Tests werden entsprechend der Integrations- und Regressionsteststrategie durchgeführt und deren Ergebnisse in Form von Testprotokollen und etwaigen Problemberichten dokumentiert (siehe hierzu auch den Exkurs »Testdokumentation« bei SWE.4 in Abschnitt 2.11.4). Die in der Automobilbranche üblichen Vorgehensweisen für den Systemintegrationstest nutzen Simulationen wie den Teilaufbau des Fahrzeugs an einem oder mehreren Hardware-in-the-Loop-Testständen (HIL) oder Restbussimulationen, bei denen die nicht verfügbaren Komponenten softwaremäßig simuliert werden.

Daneben kommen auch Systemintegrationstests in Versuchsfahrzeugen infrage, z.B. mit dem Fokus auf externe Schnittstellen und Kommunikation.

31. In Automotive SPICE »Test Logs«.

BP 7: Stelle bidirektionale Traceability sicher. *Stelle die bidirektionale Traceability zwischen den Elementen der Systemarchitektur und den Testfällen aus der Systemintegrationstestspezifikation sicher. Stelle die bidirektionale Traceability zwischen den Testfällen der Systemintegrationstestspezifikation und den Systemintegrationstestergebnissen sicher.*

Anmerkung 7: *Bidirektionale Traceability unterstützt Abdeckungs-, Konsistenz- und Auswirkungsanalysen.*

Die geforderte Traceability zwischen den Elementen der Systemarchitektur und den Testfällen und -ergebnissen soll sicherstellen, dass jedes Element getestet und die geplante Testabdeckung erreicht wird. Es ist nachzuweisen, was womit getestet wurde und mit welchem Ergebnis. Die Traceability muss auch hier während der gesamten Projektdauer – insbesondere auch nach Änderungen – aufrechterhalten werden.

BP 8: Stelle Konsistenz sicher. *Stelle Konsistenz zwischen den Elementen der Systemarchitektur und den Testfällen der Systemintegrationstestspezifikation sicher.*

Anmerkung 8: *Konsistenz wird durch bidirektionale Traceability unterstützt und kann durch Reviewaufzeichnungen nachgewiesen werden.*

Die Verbindungen, die hier infrage kommen, ergeben sich zwischen Schnittstellen und Schnittstellentests sowie zwischen Spezifikationen von dynamischem Verhalten und den korrespondierenden Tests. Diese Traceability alleine gewährleistet aber noch keine Konsistenz. Konsistenz besteht, wenn die **richtigen** Verbindungen hergestellt wurden und keine Verbindungen fehlen. Konsistenz bedeutet außerdem, dass die Tests die Architekturelemente korrekt interpretieren. Das kann nur bis zu einem gewissen Grad durch automatische Abfragen in den Tools geprüft werden (»Finde alle Schnittstellen, die keine Verbindung zu mindestens einem Test haben«), in vollem Umfang aber nur durch ein Review.

BP 9: Fasse Ergebnisse zusammen und kommuniziere sie. *Fasse die Ergebnisse der Systemintegrationstests zusammen und kommuniziere sie an alle relevanten Beteiligten.*

Anmerkung 9: *Die Bereitstellung aller notwendigen Informationen der Testdurchführung als Zusammenfassung ermöglicht es anderen Beteiligten, die Folgen zu beurteilen.*

Dem Personenkreis, der die Testergebnisse benötigt (z.B. Projektmanagement, Linienmanagement, QS), werden sie zur Verfügung gestellt. Aufgrund der Komplexität und der steigenden Menge an Testdokumentation ist eine Zusammenfassung sinnvoll, Details können dann bei Bedarf explizit beim Projekt abgefragt werden. Die bereits in SYS.2 BP 8 bezüglich Kommunikationsmechanismen getroffenen Aussagen gelten analog auch hier.

2.6.3 Ausgewählte Arbeitsprodukte

08-50 Testspezifikation

Siehe bei SWE.4

08-52 Testplan

Siehe bei SWE.4

11-06 System

Siehe den Exkurs »System« bei SYS.2 in Abschnitt 2.4.1 und Abbildung 2–6

13-22 Traceability-Aufzeichnung

Siehe bei SYS.2

13-50 Testergebnis

Siehe bei SWE.4

2.6.4 Besonderheiten Level 2

Zum Management der Prozessausführung

Die auf Level 2 geforderten Ziele der Prozessausführung werden durch BP 1 und BP 2 schon teilweise abgedeckt. Die Definition der Strategie beinhaltet bereits die Beschreibung des Zielzustands und die Ableitung von Regeln bzw. Handlungsanweisungen zu deren Erreichen.

Systemintegration ist eine interdisziplinäre Tätigkeit und erfordert das Zusammenwirken verschiedener Teams/Teilprojekte (z.B. Softwareentwicklung, Elektronikentwicklung, Leiterplattenlayout, mechanische Konstruktion und inzwischen auch IT) innerhalb des Gesamtprojekts. Meistens folgen die Teilprojekte eigenen Teilprojektplänen, die auf der Gesamtprojektebene koordiniert und abgestimmt werden. Dies ist erfahrungsgemäß nicht unproblematisch und bedarf besonderer Anstrengungen, insbesondere wenn die Teilprojekte auf verschiedene Entwicklungsstandorte verteilt sind. Die Projektverfolgung ist entsprechend anspruchsvoll. In der Praxis bewährt haben sich Projektleitungsteams, in denen Vertreter bzw. Teilprojektleiter aus allen Disziplinen eng zusammenarbeiten und zu regelmäßigen Sitzungen zusammenkommen.

Zum Management der Arbeitsprodukte

Die Anforderungen von Prozessattribut PA 2.2 gelten insbesondere für die Integrationsstrategie und die Testpläne, die Testspezifikationen und die Testergebnisse. Baselines werden entsprechend der Planung erzeugt.

Die Anforderungen an die o.g. Arbeitsprodukte werden durch Reviews sichergestellt.

2.7 SYS.5 Systemtest

2.7.1 Zweck

Zweck des Prozesses ist es, die Übereinstimmung mit den Systemanforderungen durch Tests nachzuweisen und sicherzustellen, dass das System zur Auslieferung bereit ist.

Automotive SPICE versteht darunter die Summe aller Tests, die die Erfüllung der Systemanforderungen nachweisen. Das Gesamtsystem, bestehend aus z.B. Hardware, Software und Mechanik, wird getestet. Der Systemtestprozess SYS.5 ist bis auf wenige Einzelheiten methodisch identisch zum Softwaretestprozess SWE.6. Die nachfolgenden Ausführungen fokussieren daher im Wesentlichen auf die Unterschiede zu SWE.6.

Implementierungen dieses Prozesses gehen häufig über die Forderung von Automotive SPICE hinaus, nur die Systemanforderungen zu testen. Ein Grund dafür kann sein, dass in der Praxis Systemanforderungen nicht immer die wünschenswerte Qualität und Vollständigkeit haben. Außerdem entziehen sich in manchen Domänen die Systemanforderungen einer exakten Beschreibbarkeit. Dies trifft in der Automobilentwicklung z.B. bei der Feinabstimmung der Fahrwerks- und Antriebselektronik zu. Hier finden langwierige Erprobungen mit Testfahrern in Zusammenarbeit mit Entwicklungsingenieuren statt, die die Fahrwerksparameter so lange feinjustieren bzw. applizieren, bis alle Seiten zufrieden sind. Des Weiteren findet noch eine Vielzahl von erfahrungsbasierten Tests statt, die nicht explizit mit Systemanforderungen verbunden sind[32].

2.7.2 Basispraktiken

BP 1: Entwickle eine Systemteststrategie inklusive Regressionsteststrategie. *Entwickle eine Strategie für die Systemtests, die konsistent mit dem Projektplan und dem Releaseplan ist. Diese beinhaltet eine Regressionsteststrategie für erneutes Testen des integrierten Systems, falls sich ein Systembestandteil ändert.*

Siehe hierzu auch die Ausführungen zum Testplan bei SWE.4. Da hier aufgrund der verschiedenen beteiligten Disziplinen eine Vielzahl von Tests durchgeführt werden, besteht der Systemtestplan meist aus mehreren Dokumenten der verschiedenen Teams. Diese müssen in Summe sicherstellen, dass alle Systemanforderungen zu 100 % wie spezifiziert umgesetzt sind. Eine Gesamtstrategie über alle Tests ist erforderlich (siehe dazu auch den Exkurs »Einheitliche Verifikations- und Teststrategie« bei SWE.4 in Abschnitt 2.11.1 auf S. 100). Der Releaseplan mit den in

32. Hier muss allerdings geprüft werden, ob nicht eine Spezifikationslücke bei den Systemanforderungen vorliegt, d.h., dass hier Systemanforderungen fehlen, die mit diesen zusätzlichen Tests korrespondieren.

der Automobilindustrie üblichen Musterphasen und Integrationsstufen (siehe Erläuterungen bei SPL.2 und MAN.3) ist Grundlage der Systemteststrategie und gibt vor, wann welche Tests durchgeführt werden können und müssen.

Die Ausführungen aus SWE.5.BP 2 zum Thema Regressionstest gelten hier analog.

BP 2: Entwickle eine Testspezifikation für den Systemtest. *Entwickle die Spezifikation für den Systemtest inklusive der Testfälle basierend auf den Verifikationskriterien und gemäß der Systemteststrategie. Die Testspezifikation muss geeignet sein, um die Übereinstimmung des integrierten Systems mit den Systemanforderungen nachzuweisen.*

Die Ausführungen von SWE.6 BP 2 gelten hier analog. Die Verifikationskriterien der Systemanforderungen beschreiben, wann der betreffende Test als bestanden gilt. Die Verifikationskriterien sollen zeitnah zur Anforderungsanalyse entwickelt werden. Sie transportieren die Expertise der Anforderungsingenieure und dienen als Grundlage für die spätere Entwicklung der Testfälle (siehe SYS.2).

BP 3: Wähle Testfälle aus. *Wähle Testfälle aus der Systemtestspezifikation aus. Die Auswahl der Testfälle muss zu einer ausreichenden Testabdeckung gemäß der Systemteststrategie und dem Releaseplan führen.*

Aus der Summe der vorhandenen Testfälle werden die auszuführenden Testfälle je nach Umsetzungsgrad der Funktionalität gemäß Releaseplanung ausgewählt, um die geplante Testabdeckung zu erreichen. Dies umfasst auch Testfälle im Rahmen der Regressionstests. Weiterhin gelten die Ausführungen zu SWE.5 BP 5 hier analog.

BP 4: Teste das integrierte System. *Teste das integrierte System anhand der ausgewählten Testfälle. Zeichne die Ergebnisse des Systemtests und die Testprotokolle auf.*

Anmerkung 1: *Siehe SUP.9 für den Umgang mit Abweichungen*

Die Tests werden durchgeführt und deren Ergebnisse aufgezeichnet, z.B. im verwendeten Testtool. Außerdem werden die Testprotokolle angefertigt. Entdeckte Fehler werden in Problemberichten dokumentiert, um sie dann mithilfe des Problemmanagementprozesses SUP.9 zu beheben. Zur Dokumentation der Testergebnisse siehe den Exkurs »Testdokumentation« bei SWE.4 in Abschnitt 2.11.4.

BP 5: Stelle bidirektionale Traceability sicher. *Stelle bidirektionale Traceability zwischen den Systemanforderungen und den Testfällen der Systemtestspezifikation sicher. Stelle bidirektionale Traceability zwischen den Testfällen der Systemtestspezifikation und den Ergebnissen des Systemtests sicher.*

Anmerkung 2: *Bidirektionale Traceability unterstützt Testabdeckungs-, Konsistenz- und Auswirkungsanalysen.*

Die Traceability zwischen Systemanforderungen und den Tests benötigt eine toolgestützte Lösung, die in beiden Richtungen funktioniert. Diese muss auch eine Analysefunktionalität besitzen, um die Testabdeckung darstellen zu können. Idealerweise funktioniert diese Lösung mit einer Direktverbindung zwischen Systemanforderungen und Tests. Eine indirekte Verbindung (z.B. wenn Anforderungs-IDs textuell in einem Testtool referenziert werden) hat ein Konsistenzrisiko und ist bestenfalls in kleineren Projekten bei geringer Änderungshäufigkeit akzeptabel. Die in der Anmerkung erwähnte Auswirkungsanalyse soll sicherstellen, dass nach Änderungen an den Systemanforderungen die betroffenen Tests leicht ermittelt werden können.

Die Traceability muss auch hier während der gesamten Projektdauer – insbesondere auch nach Änderungen – aufrechterhalten werden.

BP 6: Stelle Konsistenz sicher. *Stelle Konsistenz zwischen den Systemanforderungen und den Testfällen der Systemtestspezifikation sicher.*

Anmerkung 3: *Konsistenz wird durch bidirektionale Traceability unterstützt und kann durch Reviewaufzeichnungen nachgewiesen werden.*

Die Konsistenzprüfung der Systemanforderungen zur Spezifikation des Systemtests und der Ergebnisse wird durch die »horizontale« Traceability (siehe auch Abschnitt 2.25) unterstützt. Konsistenz bedeutet, es muss zu jeder Anforderung des Systems korrekt und vollständig spezifiziert sein, durch welche Systemtests diese abgedeckt wird. Der jeweilige Systemtest muss die Anforderung korrekt abdecken. Der Nachweis der Konsistenz kann durch Reviews und entsprechende Reviewprotokolle geführt werden.

BP 7: Fasse Ergebnisse zusammen und kommuniziere sie. *Fasse die Ergebnisse der Systemtests zusammen und kommuniziere sie an alle betroffenen Parteien.*

Anmerkung 4: *Die Bereitstellung aller notwendigen Informationen der Testdurchführung als Zusammenfassung ermöglicht es anderen Beteiligten, die Folgen zu beurteilen.*

Siehe hierzu die Ausführungen bei SYS.2 BP 8.

Anhand der Testergebnisse kann entschieden werden, ob die Qualität des Systems ausreichend ist, um an den Kunden ausgeliefert zu werden.

2.7.3 Ausgewählte Arbeitsprodukte

08-50 Testspezifikation

Siehe bei SWE.4

08-52 Testplan

Siehe bei SWE.4

13-50 Testergebnis

Siehe bei SWE.4

2.7.4 Besonderheiten Level 2

Siehe hierzu die analogen Ausführungen bei SWE.6.

2.8 SWE.1 Softwareanforderungsanalyse

2.8.1 Zweck

Zweck des Prozesses ist es, die softwarerelevanten Teile der Systemanforderungen in entsprechende Softwareanforderungen umzuwandeln.

Nachdem bei den Systemprozessen das Engineering des Gesamtsystems, bestehend aus Hardware, Software, Mechanik und weiteren Komponenten, behandelt wurde, werden bei den Softwareprozessen ausschließlich die Softwareanteile in Form der Softwareelemente des Systems betrachtet. Die beiden Prozessgruppen SYS und SWE bauen aufeinander auf, können aber unabhängig voneinander assessiert werden. Dementsprechend ist die Softwareanforderungsanalyse der Zwischenschritt zwischen SYS.2 Systemanforderungsanalyse, SYS.3 Systemarchitekturdesign und SWE.2 Softwarearchitekturdesign. In SWE.1 werden die Anforderungen an die Softwareelemente ermittelt und priorisiert. Softwareanforderungen werden in funktionale und nicht funktionale Anforderungen unterschieden.

In der Praxis verlaufen die Übergänge der Prozesse SYS.2, SYS.3, SWE.1 und SWE.2 meist fließend und sind iterativer und rekursiver Natur. Wie das System muss auch der Code neben den funktionalen Anforderungen weiteren, nicht funktionalen Anforderungen genügen, die im Rahmen der Softwareanforderungsanalyse ermittelt werden. Neben der Einhaltung von Codierrichtlinien, wie z.B. MISRA Rules [MISRA], werden weitere Qualitätsanforderungen für den Sourcecode festgelegt, die Qualitätseigenschaften der Software wie z.B. Analysierbarkeit, Änderbarkeit, Stabilität und Testbarkeit positiv beeinflussen und durch Metriken messbar sind.

Zunehmend werden hier Methoden wie z.B. Use-Case-Diagramme verwendet. Diese sind eine grafische und textliche Darstellung der abzubildenden Funktionalität. Als Beschreibungssprache wird z.B. UML[33] eingesetzt. Diese formale Vorgehensweise bietet Vorteile bezüglich Eindeutigkeit, Verständlichkeit, Kommunikation von Inhalten, Unabhängigkeit von der Implementierung, Nachvollziehbarkeit, Wiederverwendbarkeit, Fehlererkennung und des Nachweises der

33. Unified Modeling Language; UML™ ist eine durch die Object Management Group (OMG) standardisierte grafische Beschreibungsform für objektorientierte Modelle.

Korrektheit. Im agilen Umfeld werden sogenannte User Stories zur Beschreibung eingesetzt. Bei Verwendung solcher Methoden müssen sowohl Use Cases als auch User Stories auf die Softwareanforderungen referenzieren (Traceability).

2.8.2 Basispraktiken

BP 1: Spezifiziere Softwareanforderungen. *Nutze die Systemanforderungen und die Systemarchitektur und die Änderungen der Systemanforderungen und der Systemarchitektur, um die geforderten Funktionen und Fähigkeiten der Software zu identifizieren. Spezifiziere funktionale und nicht funktionale Softwareanforderungen in einer Softwareanforderungsspezifikation.*

Anmerkung 1: *Applikationsparameter, die Funktionen und Fähigkeiten beeinflussen, sind Bestandteil der Systemanforderungen.*

Anmerkung 2: *Im Falle einer reinen Softwareentwicklung beziehen sich die Systemanforderungen und die Systemarchitektur auf eine bestehende Betriebsumgebung (siehe auch Anmerkung 5). In diesem Fall sollten die Stakeholder-Anforderungen als Grundlage für die Ermittlung der geforderten Funktionen und Fähigkeiten der Software sowie für die Ermittlung der Applikationsparameter, die die Funktionen und Fähigkeiten der Software beeinflussen, genutzt werden.*

Funktionale und nicht funktionale Anforderungen an die Software werden ermittelt. Diese bedürfen in der Regel einer inhaltlichen Transformation bzw. Verfeinerung. Da häufig fast alle Funktionalität des Systems durch Software realisiert wird, gibt es eine große Überlappung der drei Anforderungsebenen Kundenanforderungen/Systemanforderungen/Softwareanforderungen. Das bedeutet, dass Anforderungen auf Kundenebene mit detaillierteren Anforderungen der Systemebene und diese mit detaillierteren Softwareanforderungen verlinkt sind. Erfahrene Assessoren versuchen häufig, Anzeichen wie die z.B. folgenden für »Unterspezifikation« zu entdecken:

- Der Kunden hat hauptsächlich detaillierte Anforderungen mit klarem Softwarebezug spezifiziert. Das Team übernimmt diese 1:1 auf Softwareebene und ignoriert diese komplett auf Systemebene. Auf Systemebene gibt es dann z.B. nur Hardware- und Mechanikanforderungen. Da die fehlenden Anforderungen aber auch auf Systemebene getestet werden müssen, laufen die Systemtests (wenn sie überhaupt existieren) ins Leere. Resultat: SYS.2 erhält Level 0 und SYS.3 und SYS.5 ebenfalls, des Weiteren SWE.1 und ggf. alle weiteren Engineering-Prozesse.
- Anforderungen werden von der oberen Ebene kopiert und selten modifiziert/detailliert. Der Verzicht auf Modifikation/Detaillierung mag in manchen Fällen gerechtfertigt sein. Geschieht dies flächendeckend, stellt dies eine Unterspezifikation dar, die zu einem Level 0 führen kann mit resultierenden Abwertungen von damit verbundenen Prozessen. In Assessments kann dies

durch ein paar Stichproben und einfache Abfragen der Mengengerüste in DOORS (wie viele Kundenanforderungen, Systemanforderungen, Softwareanforderungen?) geprüft werden.
- Nicht funktionale Anforderungen sind zu schwach ausgeprägt oder fehlen ganz.
- Es gibt keine Softwareanforderungen, die aus der Systemarchitektur abgeleitet wurden.

Automotive SPICE fordert explizit, dass eine Softwareanforderungsspezifikation erstellt wird. Die nicht funktionalen Anforderungen an das System (siehe SYS.2 BP 1) werden bei der Softwareanforderungsanalyse den relevanten Softwareanteilen zugeordnet[34]. Auch Anforderungen an Applikationsparameter (siehe Abschnitt 2.26) sind im Rahmen der Anforderungsanalyse zu betrachten und zu spezifizieren.

Die Anmerkung 2 weist auf den Fall hin, dass eine »reine« Softwareentwicklung stattfindet (z.B. eine verteilte Softwarefunktion oder Infotainmentanwendungen). In diesem Fall sind die Softwareanforderungen direkt aus den Stakeholder-Anforderungen (aus SYS.1) abzuleiten. Dies gilt sinngemäß auch für die Traceability (BP 6) und Konsistenz (BP 7).

Hinweise für Assessoren

Die Art und Weise, wie die Softwareanforderungen dokumentiert sind, ob in einem oder mehreren Dokumenten, ob in einem Dokument zusammen mit den Systemanforderungen oder getrennt, ist nicht entscheidend. Zur vollständigen Erfüllung sollte nachgewiesen werden, dass die funktionalen und nicht funktionalen Anforderungen für Software eindeutig spezifiziert wurden und für den Funktionsumfang angemessen sind. Außerdem muss die Organisationsform die Forderungen nach Traceability und Konsistenz unterstützen.

Es gilt zu beachten, dass Änderungen an Kundenanforderungen, Systemanforderungen und Systemarchitektur Evaluierungs- und ggf. Änderungsbedarf bei den Softwareanforderungen verursachen können.

BP 2: Strukturiere Softwareanforderungen. *Strukturiere die Softwareanforderungen in der Softwareanforderungsspezifikation z.B. durch:*

- *Gruppierung in projektrelevante Cluster*
- *Sortierung in einer logischen Reihenfolge für das Projekt*
- *Kategorisierung auf der Basis der für das Projekt relevanten Kriterien*
- *Priorisierung gemäß den Stakeholder-Anforderungen*

Anmerkung 3: *Die Priorisierung umfasst typischerweise die Zuweisung von Inhalten der Software zu geplanten Releases (siehe auch SPL.2 BP 1).*

34. Ausnahme: Viele nicht funktionale Systemanforderungen gelten für das komplette System inklusive aller Softwareanteile.

Die Ausführungen bei SYS.2 BP 2 gelten hier analog. Aus der Releaseplanung ist ersichtlich, welche Softwareanforderungen wann bzw. zu welcher Auslieferung umgesetzt werden. Dabei fließen bereits Softwarearchitekturfragen in die Releaseplanung ein, da es neben der funktionalen Priorisierung auch eine technisch sinnvolle Reihenfolge bei der Umsetzung der Anforderungen gibt. So werden typischerweise Anforderungen, die system- oder hardwarenahe Schichten betreffen, früher umgesetzt, da diese Grundlage für weitere Funktionen sind. Für die Kategorisierung kommt in erster Linie die Einteilung nach Komponenten der Softwarearchitektur oder nach Softwareteilprojekten infrage.

BP 3: Analysiere die Softwareanforderungen. *Analysiere die spezifizierten Softwareanforderungen inklusive ihrer Abhängigkeiten, um Korrektheit, technische Machbarkeit und Verifizierbarkeit sicherzustellen und um die Identifikation von Risiken zu unterstützen. Analysiere die Auswirkungen auf Kosten, Termine und technische Auswirkungen.*

Anmerkung 4: *Die Analyse der Auswirkungen auf Kosten und Termine unterstützt die Anpassung der Projektschätzungen (siehe MAN.3 BP 5).*

Für die Analyse der Softwareanforderungen gelten die Ausführungen bei SYS.2 BP 3 analog. Softwarespezifische Risiken können z.B. sein:

- Verwendung nicht ausreichend erprobter technischer Lösungen oder Tools, z.B. zur automatischen Codegenerierung
- Die Entwicklungstoolkette und Testwerkzeuge sind lückenhaft.
- Nicht funktionale Softwareanforderungen können aufgrund vom geforderten Tooleinsatz nicht eingehalten werden (z.B. bei autogeneriertem Code passt der Code nicht in das EEPROM).
- Erhöhter Testaufwand bei autogeneriertem Code
- Nichteinhaltung nicht funktionaler Anforderungen z.B. bezüglich Komplexität bei autogeneriertem Code

BP 4: Bestimme die Auswirkungen auf die Betriebsumgebung. *Analysiere die Auswirkungen, die Softwareanforderungen auf die Schnittstellen der Systemelemente und die Betriebsumgebung haben werden.*

Anmerkung 5: *Die Betriebsumgebung ist als das System definiert, auf dem die Software ausgeführt wird (Hardware, Betriebssystem usw.).*

Für diese Basispraktik gelten die Ausführungen bei SYS.2 BP 4 analog, jedoch eingeschränkt auf die direkte Betriebsumgebung der Software, also auf die Systemkomponente(n), auf denen die Software läuft. Softwareanforderungen haben Auswirkungen auf andere Softwareteile (z.B. das Betriebssystem) oder die Hardware in der direkten Umgebung, z.B. den Controller und den Speicher. Eine wichtige Frage dabei ist, welches (Fehl-)Verhalten die Software unter bestimmten Betriebsbedingungen zeigt. Dazu kann z.B. eine Situationsanalyse in Form einer

»Hazard and Operability Study« (HAZOP) durchgeführt werden (siehe nachfolgenden Exkurs)[35]. Die Ergebnisse der Situationsanalyse werden dann bei der weiteren Entwicklung berücksichtigt.

Exkurs: Beispielmethode Hazard and Operability Study (HAZOP)

Die HAZOP wurde in den 70er-Jahren in der chemischen Industrie entwickelt und erst in den 90er-Jahren für die Softwareentwicklung erweitert. Ziel ist es, das Verhalten einer Softwarefunktion in einer qualitativen Analyse (in einer virtuellen Umgebung) unter verschiedenen Betriebsbedingungen zu analysieren und die Abweichungen vom Sollzustand zu ermitteln. Damit sollen Gefahren und schwerwiegende Fehler, die z.B. durch ein unvorhergesehenes Ereignis auftreten können, erkannt und vermieden werden. Als Ergebnis der HAZOP können Softwareanforderungen oder die Architektur akzeptiert oder zurückgewiesen werden, was zu einer Überarbeitung des Entwurfs führt.

Eine HAZOP wird im Team durchgeführt. Eine Softwarefunktion wird mit sogenannten Leitwörtern versehen. Beispiel: Die Softwarefunktion »Sende Message« erhält die Leitwörter: zu oft, zu früh, zu spät, zu wenig usw. Die Erkenntnisse werden in einer Tabelle (siehe Abb. 2–13) zusammengetragen. Ein Leitwort beschreibt dabei eine hypothetische Abweichung von normalerweise erwarteten Eigenschaften. Anhand dieser Leitwörter werden Fehlerursachen und ihre Auswirkungen aufgelistet. Die so aufgelisteten Abweichungen werden diskutiert und es werden Maßnahmen vorgeschlagen, um die Wahrscheinlichkeit des Auftretens der Fehlerursache zu verringern oder ihre Auswirkungen zu minimieren.

Leitwort	Abweichung	Mögliche Ursache	Folgen	Maßnahmen
Zu oft	Hohe Buslast	Nichteinhaltung der Bus-Spec, Teilnehmer sendet auch, wenn niemand hört	Kommunikationsabriss, Messages gehen verloren	1. Sicherstellen, dass die Bus-Spec bekannt ist 2. Sicherstellen, dass die Bus-Spec verstanden wird 3. Überprüfung der Programmierung durch Designreview 4. Implementierung von speziellen Buslasttests
Zu selten	Gestörte Kommunikation	Nichteinhaltung der Bus-Spec, Teilnehmer sendet nicht, wenn jemand hört	Kommunikationsabriss, Messages fehlen	Siehe oben

Abb. 2–13 *Beispiel einer HAZOP-Tabelle*

35. HAZOP ist hier nur beispielhaft angegeben und wird von Automotive SPICE nicht gefordert.

BP 5: Entwickle Verifikationskriterien. *Entwickle die Verifikationskriterien für jede Softwareanforderung, die die qualitativen und quantitativen Messgrößen für die Verifikation einer Anforderung definieren.*

Anmerkung 6: *Verifikationskriterien zeigen, dass eine Anforderung unter vereinbarten Rahmenbedingungen verifizierbar ist, und können typischerweise als Beitrag für die Entwicklung der Softwaretestfälle oder für andere Verifikationsmaßnahmen genutzt werden, die die Einhaltung der Softwareanforderungen sicherstellen.*

Anmerkung 7: *Verifikationen, die nicht mit Tests abgedeckt werden können, sind in SUP.2 enthalten.*

Für diese Basispraktik gelten die Ausführungen bei SYS.2 BP 5 analog. Verifikationskriterien für die Softwaremodulverifikation werden bei SWE.4 BP 2 beschrieben.

BP 6: Stelle bidirektionale Traceability sicher. *Stelle die bidirektionale Traceability zwischen den Systemanforderungen und den Softwareanforderungen sicher. Stelle bidirektionale Traceability zwischen der Systemarchitektur und den Softwareanforderungen sicher.*

Anmerkung 8: *Bidirektionale Traceability unterstützt Abdeckungs-, Konsistenz- und Auswirkungsanalysen.*

Die Ausführungen bei SYS.2 BP 6 gelten hier analog. Die Traceability ist zwischen den Systemanforderungen und den Softwareanforderungen herzustellen und zu erhalten. Zudem muss klar sein, welche Softwareanforderung welche Systemkomponente betrifft und umgekehrt. Beispiele dazu:

- Softwareanforderungen hängen mit Hardwarekomponenten zusammen (z.B. Pinbelegung, Signale).
- Aus der Systemarchitektur wurden Softwareanforderungen (z.B. an Treiberfunktionalität) abgeleitet.

Die Traceability muss auch hier während der gesamten Projektdauer – insbesondere auch nach Änderungen – aufrechterhalten werden.

BP 7: Stelle Konsistenz sicher. *Stelle Konsistenz zwischen den Systemanforderungen und den Softwareanforderungen sicher. Stelle Konsistenz zwischen der Systemarchitektur und den Softwareanforderungen sicher.*

Anmerkung 9: *Konsistenz wird unterstützt durch bidirektionale Traceability und kann durch Reviewaufzeichnungen nachgewiesen werden.*

Anmerkung 10: *Im Falle einer reinen Softwareentwicklung beziehen sich Systemanforderungen und Systemarchitektur auf eine vorhandene Betriebsumgebung (siehe Anmerkung 2). In diesem Fall müssen Konsistenz und Traceability zwi-*

schen den Stakeholder-Anforderungen und Softwareanforderungen hergestellt werden.

Die Ausführungen bei SYS.2 BP 7 gelten hier analog. Im Falle einer reinen Softwareentwicklung ist die Konsistenz der Softwareanforderungen zu den Stakeholder-Anforderungen (aus SYS.1) sicherzustellen.

BP 8: Kommuniziere vereinbarte Softwareanforderungen. *Kommuniziere die vereinbarten Softwareanforderungen und deren Aktualisierungen an alle relevanten Beteiligten.*

Die Ausführungen zu SYS.2 BP 8 gelten hier analog.

2.8.3 Ausgewählte Arbeitsprodukte

13-22 Traceability-Aufzeichnung

Siehe bei SYS.2

17-08 Schnittstellenanforderungen

Siehe bei SYS.2

17-11 Softwareanforderungsspezifikation

Softwareanforderungen sind Vorgaben für die Softwareerstellung, die die Qualität und Brauchbarkeit der Software wesentlich beeinflussen. Diese sind in einem Softwareanforderungsdokument zu beschreiben.

Dabei werden u.a. berücksichtigt: Kundenanforderungen, Systemanforderungen, Systemarchitektur, zu beachtende Normen, Einschränkungen, Beziehungen der Softwareelemente zueinander, Performanzcharakteristiken, erforderliche Softwareschnittstellen, Sicherheitscharakteristiken sowie das Verhalten in Fehlerfällen und die Wiederherstellung nach Fehlerfällen. Die Struktur eines Anforderungsdokuments in Anlehnung an [ISO/IEC/IEEE 29148] ist in Abbildung 2–5 angegeben.

2.8.4 Besonderheiten Level 2

Die Aussagen im korrespondierenden Abschnitt bei SYS.2 gelten hier analog.

2.9 SWE.2 Softwarearchitekturdesign

2.9.1 Zweck

Zweck des Prozesses ist es, eine Softwarearchitektur zu erstellen und festzulegen, welche Softwareanforderungen zu welchen Elementen der Software zugeordnet werden sollen, und die Softwarearchitektur gegen definierte Kriterien zu bewerten.

Die Softwareanforderungen werden über die Softwarearchitektur und den Softwarefeinentwurf im Code realisiert. Es wird festgelegt, aus welchen Komponenten die Software besteht. Funktion, Wirkungsweise und Interaktion der Komponenten werden beschrieben. Die Softwarearchitektur setzt auf den Softwareanforderungen und der Systemarchitektur auf und liefert die Vorgaben für den Softwarefeinentwurf und die Codierung. Der Designprozess verläuft oft in mehreren Iterationsschritten, in denen das Design von der Softwarearchitektur ausgehend bis hin zum Softwarefeinentwurf mehrfach detailliert und weiter ausgearbeitet wird. Zwischen Systemarchitektur und Softwarearchitektur gibt es einen Überlappungsbereich, da z.B. Bestandteile der Softwarearchitektur in der Systemarchitektur aufgeführt werden und umgekehrt.

Aussagen zur Robustheit der Softwarearchitektur können spätere Stresstests liefern wie z.B. hinsichtlich Sensorausfällen, Kabelbrüchen oder dem sprunghaften Anstieg der Interrupts.

Die Softwareentwicklung in der Automobilindustrie erfolgt oft sehr hardwarenah, d.h., es müssen auch weitere, über die reine Funktionsentwicklung hinausgehende Punkte in der Softwarearchitektur berücksichtigt werden, z.B. das Zeitverhalten (Interrupts und Zeitscheiben) und Kommunikationsprotokolle. Beim Zeitverhalten sind u.a. die Reaktionen und das Zusammenspiel der beteiligten Komponenten wie z.B. der Prozessoren, Speicherbausteine und Buscontroller zu beachten. Dabei werden mögliche Zustände beschrieben (z.B. von der Initialisierung über den Betrieb bis hin zum Erreichen des Sleep-Modus) und bei Bedarf auch Fehlerszenarien[36]. Beim Kommunikationsverhalten werden im Wesentlichen die Abfolge und Inhalte von Kommunikationsbotschaften festgelegt und in Abhängigkeit von Ereignissen beschrieben.

Häufig wird im Automobilumfeld der Einsatz von AUTOSAR (AUTomotive Open System ARchitecture) vorgeschrieben. AUTOSAR ist eine 2003 gegründete weltweite Entwicklungspartnerschaft, die sich aus Partnern der Automobilindustrie zusammensetzt. Ziel ist es, für Steuergeräte der Automobilindustrie eine offene, standardisierte und skalierbare Softwarearchitektur zu schaffen.

---

36. Design-FMEAs liefern typischerweise einen Input für Fehlerszenarien, dabei wird die Auftrittswahrscheinlichkeit von Fehlern unter den zugehörigen Randbedingungen betrachtet und bewertet.

Hinweise für Assessoren

Bei der Verwendung von AUTOSAR sind u.a. folgende Aspekte zu beachten:

- Die AUTOSAR-Architektur ist nur ein Teil der Dokumentation der Softwarearchitektur im Sinne von Automotive SPICE. So enthält AUTOSAR z.B. keine Vorgaben hinsichtlich der Größe einer Komponente. Schnittstellen sind nur vordefiniert und müssen ausgewählt und ggf. angepasst werden, dies muss aus den funktionalen und nicht funktionalen Anforderungen abgeleitet werden.
- Bei der Generierung von Schnittstellen und Code aus der AUTOSAR-Beschreibung sind die Hinweise hinsichtlich modellbasierter Softwareentwicklung (siehe Hinweise für Assessoren bei SWE.3) zu beachten.
- Die Ziele bezüglich Laufzeit und Ressourcenverbrauch (siehe BP 5) müssen eingehalten werden.

2.9.2 Basispraktiken

BP 1: Entwickle die Softwarearchitektur. *Entwickle und dokumentiere die Softwarearchitektur, die die Elemente der Software hinsichtlich funktionaler und nicht funktionaler Softwareanforderungen spezifiziert.*

Anmerkung 1: *Die Software wird über angemessene Hierarchieebenen in Elemente bis hin zu Softwarekomponenten zerlegt. Diese sind die unterste Ebene der Softwarearchitektur und sind im Softwarefeinentwurf beschrieben.*

Basierend auf den in SWE.1 ermittelten Softwareanforderungen wird eine Softwarearchitektur (auch Grobdesign genannt) als Beschreibung auf oberster Ebene entwickelt. Hier werden die notwendigen zentralen Entwurfsentscheidungen vorgenommen. Idealerweise sind die Elemente der Softwarearchitektur bis hin zu den Softwarekomponenten stabil über den Entwicklungsverlauf, sodass sie bzw. ihre Schnittstellen im Verlauf der weiteren Entwicklung nicht mehr geändert werden müssen. Dieser Schritt ist die Vorstufe zum Softwarefeinentwurf (SWE.3).

Die Softwarearchitektur muss mindestens die Aufbaustruktur der Software (statische Sicht) enthalten, die Modellierung des dynamischen Verhaltens (dynamische Sicht) und die Modellierung der Ressourcen (Speicher, CPU-Auslastung etc.). Siehe dazu auch analog die Erläuterungen bei SYS.3, Arbeitsprodukt 04-06 Systemarchitektur. Weitere Aspekte der Modellierung:

- **Bei der Struktursicht**
  verwendete Architektur-Pattern z.B. auch basierend auf dem ISO/OSI-7-Schichtenmodell[37], über mehrere Hierarchieebenen weiter detailliert
- **Verhaltens-/Zustandssicht** (Sleep-Modus, Startup, Shutdown, Beschreibung Bootblock, Monitoring-Techniken usw.)
- **Use-Case-Sicht** (Umsetzung der Use Cases in der Architektur)

---

37. Siehe z.B. *https://de.wikipedia.org/wiki/OSI-Modell.*

- **Prozesssicht** (Taskdesign, Timing, Speicherlayout)
- **BIOS- und Services-Sicht** (CAN- und LIN-Treiber, Hardware Abstraction Layer, Watchdog, Betriebssystemintegration, Interrupt-Verhalten usw.)
- **Aufrufhierarchie** z.B. als Blockschaltbild
- **Schnittstellensicht** (interne und externe Schnittstellen, z.B. SW ⇔ HW, SW ⇔ Mensch
- **Ressourcensicht** (geplanter RAM/ROM-Verbrauch etc.)

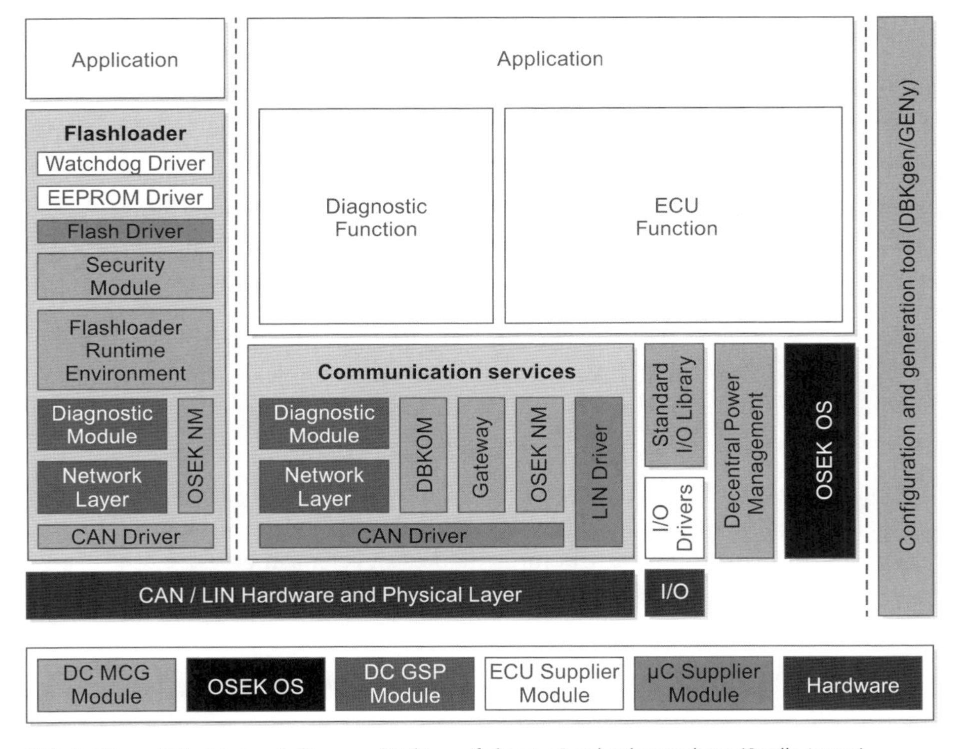

Abb. 2–14 *Beispiel einer Softwarearchitektur auf oberster Beschreibungsebene (Quelle: intacs)*

Sollte sich zeigen, dass durch Designentscheidungen neue Softwareanforderungen benötigt werden, so sind diese natürlich zu dokumentieren, d.h., auch in diesem Schritt können noch neue Softwareanforderungen entstehen.

BP 2: Ordne Softwareanforderungen zu. *Ordne die Softwareanforderungen den Elementen der Softwarearchitektur zu.*

Alle für die Softwarearchitektur relevanten Softwareanforderungen werden den Elementen der Softwarearchitektur zugewiesen, z.B. Anforderungen bezüglich Bedatung, der Forderung nach einem Startup-Task, Schnittstellenanforderungen. Dazu gehören auch Funktionsanforderungen, die innerhalb von Softwarekomponenten zu realisieren sind. Manche Anforderungen, insbesondere nicht funktionale Anforderungen gelten für die Gesamtsoftware, sodass eine Zuordnung zu einzelnen Softwarearchitekturelementen nicht sinnvoll ist.

Diese Zuordnung und Beschreibung kann z.B. dadurch realisiert werden, dass die Softwareanforderungsbeschreibung bereits mit Blick auf die Softwarearchitektur gegliedert wird. Nach erfolgter Zuordnung kann die Traceability zwischen Softwareanforderungen und Softwarearchitektur aufgebaut werden (BP 7). Der Unterschied zu BP 7 besteht darin, dass BP 2 eher den iterativen Designvorgang beschreibt, wie aus den Anforderungen parallel zu BP 1 eine Softwarearchitektur entsteht. BP 7 fordert die Dokumentation der resultierenden Traceability in bidirektionaler Form.

BP 3: Definiere Schnittstellen der Softwareelemente. *Identifiziere, entwickle und dokumentiere Schnittstellen jedes Softwareelements.*

Die Schnittstellenbeschreibung besteht aus der Definition der auszutauschenden Informationen nach außen (z.B. zu anderen Systemen, Peripherie, Benutzern) und nach innen (zwischen einzelnen Softwareelementen bis hin zu den Softwarekomponenten). Meist wird hier auch die BIOS- und Services-Sicht inklusive des Hardware Abstraction Layer und der Integration des Betriebssystems spezifiziert. Das Zeitverhalten der Interaktionen der Schnittstelle ist in BP 4 beschrieben. Idealerweise sollten die Schnittstellenbeschreibungen für komplexe Abläufe in einem entsprechenden Datenmodell abgebildet werden. Die Schnittstellenbeschreibung sollte mindestens die folgenden Punkte beinhalten:

- Übersichtsdarstellung der betrachteten Schnittstelle bis zur Ebene der beteiligten Softwarekomponenten inklusive BIOS- und Services-Sicht im Sinne der Definition eines Interprozesskommunikationsmechanismus
- Auflistung der über die Schnittstelle ausgetauschten Daten und deren Spezifikation (z.B. Name, Wertebereich, Kommunikationsprotokoll) im Sinne eines Buskommunikationsmechanismus

BP 4: Beschreibe das dynamische Verhalten. *Bewerte und dokumentiere das Zeitverhalten und die dynamische Interaktion zwischen den Softwareelementen, um das erforderliche dynamische Verhalten des Systems zu erfüllen.*

Anmerkung 2: *Dynamisches Verhalten wird durch Betriebsmodi (z.B. Hochfahren, Herunterfahren, Normalbetrieb, Kalibrierung, Diagnose), Prozesse und Interprozesskommunikation, Tasks, Threads, Zeitscheiben, Interrupts usw. bestimmt.*

Anmerkung 3: *Während der Auswertung des dynamischen Verhaltens sollte die Zielplattform und mögliche Auslastungen des Ziels berücksichtigt werden.*

Eine Realzeit-Software wird insbesondere durch das dynamische Verhalten charakterisiert. Das Zeitverhalten und die Interaktionen der Softwareelemente sind somit ein wesentlicher Bestandteil der Softwarearchitektur. Beschreibungsformen sind:

- Übersichtsdarstellung einer Schnittstelle (z.B. mittels Interaktionsdiagramm) und der beteiligten Softwarekomponenten
- Darstellung der verschiedenen Betriebsarten (z.B. Hochfahren, Herunterfahren, normaler Betrieb, Kalibrierungsmodus, Diagnosemodus, Monitoring-Techniken) inklusive der Reihenfolge der beteiligten Prozesse. Für die betreffenden Abläufe (z.B. Hochfahren) gibt es in der Regel zeitliche Anforderungen der OEMs. Hier wird in Assessments regelmäßig geprüft, ob für die beteiligten Prozesse Planwerte für die Zeitscheiben vorliegen und diese durch Messungen verifiziert und ggf. angepasst werden.
- Darstellung der Interaktion, z.B. Zeitverhalten, Aufrufhierarchie, Interrupts
- Darstellung zur Systemauslastung: Die Betrachtung der Systemauslastung ist z.B. bei Softwareelementen relevant, die große Datenmengen verarbeiten müssen (z.B. Grafikdaten oder Kommunikationsdaten, die in Echtzeit verarbeitet werden müssen). Ein weiteres Beispiel ist die Prozessorauslastung bei engen Realzeitbedingungen. Ziel ist hier, die Auslastung der Hardware realistisch zu planen und zu verfolgen, um die Hardware geeignet auszulegen und Änderungen im laufenden Projekt zu vermeiden.

Die Beschreibung des dynamischen Verhaltens der Software kann z.B. auch mithilfe eines dynamischen Modells erfolgen. Dabei werden die Änderungen der Elemente und ihrer Beziehungen untereinander über die Zeit betrachtet. Wesentliche Bestandteile sind:

- Kontrollfluss
- Interaktionen von Elementen
- Steuerung von Abläufen der gleichzeitig aktiven Elemente der Software

Während des Programmablaufs reagieren einzelne Elemente auf Ereignisse, führen entsprechende Aktionen aus und verändern ihren Zustand. Die Beschreibung eines dynamisch arbeitenden Elements erfolgt durch die Begriffe »Zustand – Ereignis – Bedingung – Aktion – Folgezustand«. Das gesamte dynamische Modell des Softwaresystems besteht aus beliebig vielen solchen Elementen. Das Modell zeigt dabei die Summe der Aktivitäten für ein ganzes System. Alle dynamischen Elemente arbeiten parallel und können unabhängig voneinander ihre Zustände ändern. Diese dynamische Modellierung erfolgt unabhängig von der Implementierung auf dem Zielsystem.

Auf dem Markt verfügbar sind Tools, die diesen Ansatz unterstützen. Sie decken die Gebiete Entwurf, Codierung, Test und Dokumentation ab. Dynamische Elemente werden als Zustandsautomaten dargestellt, Zustände, Ereignisse und Aktionen können beliebig erstellt und für nachfolgende Arbeitsschritte (z.B. Simulationen) weiterbearbeitet werden. Für die so entstehenden Elemente bzw. Zustände bestehen immer aktuell verschiedene Darstellungsmöglichkeiten (z.B. als Zustandsdiagramm). Mithilfe eines (ggf. integrierten) Simulators kann man bereits im Entwurfsstadium Sequenzdiagramme des dynamischen Verhaltens erzeugen.

BP 5: Definiere die Ziele für den Ressourcenverbrauch. *Bestimme und dokumentiere die Ziele für den Ressourcenverbrauch für alle relevanten Elemente der Softwarearchitektur auf der entsprechenden Hierarchieebene.*

Anmerkung 4: *Ressourcenverbrauch wird typischerweise für Ressourcen wie Speicher (ROM, RAM, externes/internes EEPROM, Flash-Speicher), CPU-Auslastung usw. bestimmt.*

In der Automobilindustrie sind die Hardwareressourcen der Steuergeräte meist knapp bemessen und ein relevanter Kostenfaktor. Es ist deshalb unerlässlich, frühzeitig zu planen, zu messen und zu dokumentieren, wie sich die Ziele für den Ressourcenverbrauch wie z.B. Auslastung für ROM, RAM, externes/internes EEPROM, Flash-Speicher und ggf. CPU-Auslastung[38] im Verlauf der Entwicklung verändern. Zu empfehlen (und von den Herstellern gefordert) ist trotz Kostendruck ein gewisser Vorhalt an Ressourcen, meist 5 %–20 %, um Reserven für spätere Änderungen zu haben. Hier ist für die relevanten Ressourcen erforderlich, dass die Planwerte für die Verbraucher (=statische oder dynamische Elemente der Softwarearchitektur) regelmäßig dargestellt und durch Messungen verfolgt werden.

BP 6: Bewerte alternative Softwarearchitekturen. *Definiere Bewertungskriterien für Softwarearchitekturen. Bewerte alternative Softwarearchitekturen entsprechend den definierten Kriterien. Dokumentiere die Begründung für die gewählte Softwarearchitektur.*

Anmerkung 5: *Bewertungskriterien können Qualitätsmerkmale (Modularität, Wartbarkeit, Erweiterbarkeit, Skalierbarkeit, Zuverlässigkeit, Sicherheit und Nutzbarkeit) und die Ergebnisse der Make-Buy-Reuse-Analyse enthalten.*

Die Ausführungen bei SYS.3 BP 5 gelten hier analog. Zunehmend an Bedeutung gewinnende Kriterien sind der Wiederverwendungsanteil von Software sowie die Eignung zur Wiederverwendung für künftige Projekte. Die zunehmende »Modularität« der Softwarearchitektur bietet Kostenvorteile bei der Weiterverwendung bereits erprobter Softwareteile und ermöglicht andererseits den unproblematischen Austausch einzelner Module bei nötigen Erweiterungen oder Innovationsstufen. Bewährte Module werden wiederverwendet oder eingekauft, das eigene Know-how wird in wiederverwendbaren Softwaremodulen konserviert.

BP 7: Stelle bidirektionale Traceability sicher. *Stelle bidirektionale Traceability zwischen den Softwareanforderungen und den Elementen der Softwarearchitektur sicher.*

Anmerkung 6: *Bidirektionale Traceability deckt die Zuordnung von Softwareanforderungen an die Elemente der Softwarearchitektur ab.*

38. Im Umfeld der Telematik ist eine CPU-Auslastung von 100 % nicht ungewöhnlich. Hier werden dann meist Antwortzeiten und eine prozentuale Zielerreichung definiert.

***Anmerkung** 7: Bidirektionale Traceability unterstützt Abdeckungs-, Konsistenz- und Auswirkungsanalysen.*

Bidirektionale Traceability erfordert eine vollständige Verlinkung der Softwareanforderungen zu den Elementen der Softwarearchitektur und umgekehrt. Unterstützt werden dadurch:

- **Abdeckungsanalysen**
  Sind alle Anforderungen (soweit sinnvoll) auf die Architektur abgebildet worden?
- **Prüfung der Konsistenz**
  siehe BP 8
- **Auswirkungsanalyse**
  Wenn sich eine Anforderung ändert, welche Architekturelemente sind betroffen?

Die Traceability muss auch hier während der gesamten Projektdauer – insbesondere auch nach Änderungen – aufrechterhalten werden. Anmerkung 6 weist auf den Zusammenhang mit BP 2 hin.

***BP 8: Stelle Konsistenz sicher.** Stelle Konsistenz zwischen den Softwareanforderungen und der Softwarearchitektur sicher.*

***Anmerkung** 8: Die Konsistenz wird unterstützt durch bidirektionale Traceability und kann durch Reviewaufzeichnungen nachgewiesen werden.*

***Anmerkung** 9: Softwareanforderungen beinhalten typischerweise Anforderungen an die Softwarearchitektur (siehe BP 6).*

Konsistenz bedeutet in diesem Zusammenhang, dass zwischen den Softwareanforderungen und der Softwarearchitektur keine Widersprüche bestehen. Dazu gehört, dass die Softwareanforderungen korrekt in die Softwarearchitektur umgesetzt wurden und dass die Verlinkung zwischen Softwareanforderungen und Softwarearchitekturelementen vollständig und korrekt ist.

Um die Konsistenz beurteilen zu können, muss bekannt sein, welche Softwareanforderungen in die jeweiligen Architekturelemente eingeflossen sind. Die Konsistenzprüfung kann z.T. im Rahmen des Erstellens von Traceability erfolgen, das primäre Mittel ist jedoch ein Architekturreview. Insgesamt wird hier ein Teil der »vertikalen« Traceability erzeugt. Es gelten analog die Aussagen aus dem Abschnitt 2.25.

Die Forderungen gelten natürlich ebenfalls für Softwareanforderungen an die Softwarearchitektur (Anmerkung 9).

***BP 8: Kommuniziere die vereinbarte Softwarearchitektur.** Kommuniziere die vereinbarte Softwarearchitektur und deren Aktualisierungen an alle relevanten Beteiligten.*

Die Ausführungen zu SYS.2 BP 8 gelten hier analog.

2.9.3 Ausgewählte Arbeitsprodukte

04-04 Softwarearchitektur

Die Softwarearchitektur gibt einen Überblick über die Struktur der Software und beschreibt das dynamische Zusammenspiel der verschiedenen Elemente. Zu den Inhalten siehe BP 1 und BP 25 sowie auch das Arbeitsprodukt »04-06 Systemarchitektur« bei SYS.3. Die Beschreibung besteht in der Regel aus mehreren Darstellungen in verschiedenen Dokumenten/Tools.

13-22 Traceability-Aufzeichnung

Siehe bei SYS.2

17-08 Schnittstellenanforderungen

Zusätzlich zu der Definition bei SYS.2 werden hier die softwarespezifischen Schnittstellen zwischen den Softwarekomponenten im Sinne von

- Interprozesskommunikationsmechanismen und
- Buskommunikationsmechanismen

ergänzt.

2.9.4 Besonderheiten Level 2

Zum Management der Prozessausführung

Die Erstellung der Softwarearchitektur muss systematisch erfolgen. In der Praxis werden die »kleinen« Arbeitsschritte, die sich in vielen Iterationen wiederholen, normalerweise nicht im Detail geplant. Die »größeren« Arbeitsschritte (z.B. Designreview sowie Meilensteine, an denen verschiedene Versionen der Softwarearchitektur vorliegen sollen) hingegen sind sehr wohl zu planen und in Dokumenten, wie z.B. dem Projektplan, zu dokumentieren. Sind größere Aktualisierungen der Softwarearchitektur vorhersehbar, z.B. an Meilensteinen, sind diese in der Projektplanung zu berücksichtigen.

Zum Management der Arbeitsprodukte

Die Anforderungen von Prozessattribut PA 2.2 gelten insbesondere für die Dokumente der Softwarearchitektur inklusive der Entscheidungen, die zur betreffenden Architektur geführt haben, sowie für die Schnittstellenspezifikationen. Dazu gehört z.B. auch die Durchführung eines Designreviews. Baselines enthalten die jeweils gültigen Designdokumente.

2.10 SWE.3 Softwarefeinentwurf und Softwaremodulerstellung

2.10.1 Zweck

Zweck des Prozesses ist es, einen evaluierten Softwarefeinentwurf für die Softwaremodule bereitzustellen und die Softwaremodule zu erstellen.

Basierend auf den in SWE.1 spezifizierten Softwareanforderungen und aus der in SWE.2 erstellten Softwarearchitektur wird meist iterativ der Softwarefeinentwurf durchgeführt und die Software entwickelt.

In vielen Fällen ist die zu erstellende Software eine Kombination aus Plattformelementen (wiederverwendetem Code) und neuem Code. Häufig wiederverwendete Design- und Codemodule müssen erhöhte Anforderungen erfüllen, was durch Designreviews und durch Tests in den jeweiligen Projekten sichergestellt werden kann. In Designreviews können auch designrelevante Fragen zur Fehlertoleranz betrachtet und beantwortet werden:

- Werden Fehlerzustände erkannt und wie?
- Wie werden Fehlerzustände klassifiziert?
- Wie verhält sich das System im Fehlerfall?

In der Praxis verläuft der Vorgang der Codeerstellung ebenfalls iterativ in mehreren aufeinanderfolgenden Zyklen von Codierung, Fehlersuche und Fehlerbehebung und ist daher stark verzahnt mit dem Softwarefeinentwurf und dem Modultest[39]. Eine weitere Möglichkeit ist die sogenannte testgetriebene Entwicklung. Dabei wird zuerst der Test und danach erst der Code entwickelt.

Designbeschreibung und -modellierung (z.B. mittels Zustandsdiagrammen) erfolgt immer häufiger toolbasiert. Bei modellbasierter Softwareentwicklung wird darüber hinaus automatisiert aus Modellen lauffähige Software erzeugt. Eingesetzte Tools sind z.B. Ascet, Matlab Simulink, Rhapsody und Targetlink. Zum Beispiel können formale Kriterien (wie z.B. Konsistenz des Designs) sichergestellt werden oder Funktionen und Zustände können bereits vor der Codegenerierung am PC simuliert und bewertet werden.

Die Codierung hängt häufig stark von der Hardware ab. Bei hardwarenahen Schichten, wie Betriebssystem oder Gerätetreiber, ist der erzeugte Code oft nur für einen Microcontroller oder bestenfalls eine Controllerfamilie verwendbar. Ähnlich sieht es für die Werkzeuge zur Codeerzeugung aus (z.B. bei Compilern), die nicht universell einsetzbar sind. Gängige Programmiersprachen sind C, Assembler oder für nicht hardwarenahe Schichten auch C++. Werden Modellierung, Simulation und Designbeschreibung der Software mithilfe von Tools durchgeführt, geschieht die Codeerzeugung meistens per Knopfdruck im nachfolgenden Arbeits-

39. Der Modultest (SWE.4) ist nicht zu verwechseln mit der entwicklungsbegleitenden Fehlersuche (engl. debugging), siehe BP 8.

schritt. Dieser automatisch erzeugte Code genügt den Anforderungen des Projekts aber nicht immer. Manchmal sind die Ausführungszeiten nicht optimal und der Speicherbedarf des Autocodes übersteigt die zur Verfügung stehende Speicherkapazität. Die Kosten für den Speicher sind meist nicht zu vernachlässigen, daher folgen in der Praxis weitere manuelle Optimierungsarbeiten zur Speicherbedarfsreduzierung. Die Toolumgebung ist in vielen Unternehmen unterschiedlich und reicht von kompletten Toolketten, die die gesamte Softwareentwicklung von der Anforderungsdefinition bis zum Softwaretest und unterstützende Aktivitäten (z.B. Konfigurationsmanagement) beinhalten, bis hin zur völlig heterogenen Struktur mit teilweise selbst entwickelten Tools und größeren Lücken in der Toolkette. Der Trend geht allerdings stark zu integrierten Toolketten, da diese die Automotive SPICE-Anforderungen deutlich effizienter abdecken als heterogene Tools.

Hinweise für Assessoren

Tools an sich sind im Assessment nicht bewertungsrelevant (d.h., wie gut diese sind), da Automotive SPICE hierzu keine Forderungen stellt. Bewertungsrelevant ist jedoch sehr wohl, ob durch Tools bzw. deren Handhabung Beeinträchtigungen bei Praktiken entstehen. Typische Beispiele:

- Traceability erfordert das Kopieren von IDs aus einem Dokument und Suchen in einem anderen Tool. Die dort gefundene ID muss wieder kopiert und in einem weiteren Tool gesucht werden. Diese Vorgehensweise ist zu langsam, umständlich und fehleranfällig für regelmäßiges Anwenden.
- Traceability besteht nur durch Namensgleichheit in verschiedenen Tools/Dokumenten, eine geforderte Abdeckungsanalyse ist nicht möglich (z.B. »Existiert zu jeder Anforderung mindestens ein Testfall?«).
- Das Konfigurationsmanagementtool erlaubt kein adäquates Baselining.
- Das Anforderungsmanagementtool erlaubt keine Versionierung von Anforderungen.

Hinweise für Assessoren

Bei modellbasierter Softwareentwicklung sind folgende Aspekte zu beachten:

- Von vielen Assessoren (insbesondere OEM-Assessoren) wird die Modellierung im Designtool nicht als Design, sondern als Codierung angesehen. Der Grund ist, dass diese Tools erfahrungsgemäß nicht alle erforderlichen Aspekte des Feinentwurfs abdecken. Dann müssen ggf. zusätzliche Entwurfsdokumente erstellt werden. Im Assessment sollte überprüft werden, ob Architekturmodellierung, Verhaltensaspekte (z.B. Verhalten von Reglern oder Filtern im Dauerbetrieb) und Schnittstellen ausreichend modelliert sind. Auch die Modellerstellung erfordert Architektur- und Designrichtlinien. Deren Einhaltung muss überprüft werden (BP 4).
- Häufig sind nicht alle Softwarekomponenten modellbasiert erstellt. Im Assessment ist zu überprüfen, ob auch für diese Komponenten (insbesondere Algorithmen) eine ausreichende Designdokumentation existiert.

→

- Auch bei modellbasierter Codegenerierung fordern einige OEMs die Einhaltung von MISRA-Richtlinien.
- Die Ziele bezüglich Laufzeit und Ressourcenverbrauch (siehe SWE.2 BP 5) müssen eingehalten werden.

2.10.2 Basispraktiken

BP 1: Entwickle den Softwarefeinentwurf. Entwickle einen Feinentwurf für jede in der Softwarearchitektur definierte Softwarekomponente, der alle Softwaremodule unter Berücksichtigung der funktionalen und nicht funktionalen Softwareanforderungen spezifiziert.

Basierend auf der Softwarearchitektur wird der Feinentwurf entwickelt, oft in einem iterativen Prozess. Bei komplexen Systemen entstehen dabei meist mehrere Beschreibungsebenen. Ziel ist es, ein genügend präzises und gut spezifiziertes Design zu erhalten, das in der nachfolgenden Implementierungsphase programmiert bzw. mithilfe eines Codegenerators umgesetzt werden kann. Im Detail bedeutet das, dass die Softwarekomponenten (= unterste Ebene der Softwarearchitektur) nun in Softwaremodule heruntergebrochen werden. Eine Softwarekomponente enthält mindestens ein, meist aber mehrere Softwaremodule.

Im Softwarefeinentwurf enthalten sind die detaillierten Funktionen, zu implementierende Algorithmen, Eingangs- und Ausgangsgrößen, verwendete Datenstrukturen und ggf. der Ressourcenverbrauch (z.B. Speicherbelegung). Bei der Erstellung des Softwaredesigns entsteht oft Klärungs- und Präzisierungsbedarf bei den Anforderungen bzw. es werden Schwächen, Inkonsistenzen oder Widersprüche bei den Anforderungen erkannt. Gängige Notationsformen sind z.B.:

- Datenflussdiagramme
- Sequenzdiagramme
- Flussdiagramme
- SADT (Structured Analysis and Design Technique)-Diagramme
- Objektorientierte Designbeschreibungen, z.B. UML
- Entscheidungstabellen
- Zustandsübergangstabellen und -diagramme
- Pseudocode

Hinweise für Assessoren

Eine häufig strittige Frage in Assessments ist die Größe der Softwaremodule (»software units«). Manche OEMs fordern sehr kleine Softwaremodule und haben sehr detaillierte Vorstellungen (z.B. »zyklomatische Komplexität kleiner oder gleich 10«). Dahinter steht die Absicht, das Design und die Traceability zu den Anforderungen möglichst präzise zu machen. Bei den Lieferanten führt dies oft zu erheblichem Mehraufwand, dessen Sinn häufig nicht gesehen wird. Sinnvolle Fragen zur Beurteilung der richtigen Modulgröße sind:

→

- Unter der Annahme, dass die Anforderungen detailliert genug ausgeführt sind, was ist eine richtige Modulgröße, die eine sinnvolle Verlinkung zu Anforderungen erlaubt?
- Unter der Annahme, dass die Modultests korrekt und detailliert genug umgesetzt sind, entsprechen die dort getesteten Objekte den Modulen im Design?

Hinweise für Assessoren

Ein weiteres Reizthema in Assessments sind Tools, die aus im Code enthaltenen Steuerbefehlen, Kommentaren, Texten (und evtl. sogar Skripten, aus denen Grafiken erzeugt werden können) gutaussehende Feinentwurfsdokumente erzeugen (z.B. das Tool »Doxygen«). Der im Raum stehende Vorwurf ist, dass experimentell codiert wurde ohne vorangegangenes Design und das Design zum Schluss nachdokumentiert wurde. Das ist sicher in vielen Fällen so und führt in der Regel zu einem Level 0. Es gibt jedoch auch Ausnahmen: Es wird zunächst ein Coderahmen erzeugt mit Schwerpunkt auf der Designbeschreibung und diese wird auch reviewt. Dann erst beginnt der Codiervorgang. Der große Vorteil besteht in dem Single-Source-Prinzip zwischen Design und Code und der inhärenten Traceability. Hier muss natürlich im Assessment über entsprechende Historien im Konfigurationsmanagementsystem ein sauberer Nachweis geführt werden.

Bei der modellbasierten Entwicklung wird die Qualität des erzeugten Codes im Wesentlichen durch das verwendete Werkzeug vorgegeben. Hier liegt die Priorität in der Qualität, Verständlichkeit und Dokumentation der erzeugten Arbeitsergebnisse.

BP 2: Definiere die Schnittstellen der Softwaremodule. *Identifiziere, spezifiziere und dokumentiere die Schnittstellen jedes Softwaremoduls.*

Passend zu den Schnittstellen der Softwareelemente aus SWE.2 BP 3 werden hier die Schnittstellen der in den Softwarekomponenten enthaltenen Softwaremodule festgelegt. Die Schnittstellenspezifikation der Softwaremodule besteht zum einen aus der Definition der auszutauschenden Informationen nach außen bezogen auf das Softwaremodul, d.h. in Richtung anderer in der Softwarekomponente enthaltener Softwaremodule oder in Richtung der Außenschnittstelle der Softwarekomponente. Zum anderen sind Schnittstellen nach innen gerichtet, und zwar für alle Informationen von der Außenschnittstelle der Softwarekomponente oder von anderen Softwaremodulen innerhalb der Softwarekomponente. Wird dafür gesorgt, dass von außen nur Zugriffe über die Schnittstelle erfolgen können, wird eine Datenkapselung erreicht. Eine MMU (Memory Management Unit, deutsch: Speicherverwaltungseinheit) besitzen zurzeit nur wenige Steuergeräte in der Automobilindustrie.

Die Informationen, die ausgetauscht werden, sind beispielsweise Signal- und Parameternamen, Wertebereiche, Auflösungen der Signale und Datentypen.

BP 3: Beschreibe das dynamische Verhalten. *Evaluiere und dokumentiere das dynamische Verhalten der relevanten Softwaremodule und ihre Interaktion.*

Anmerkung 1: *Nicht alle Softwaremodule haben ein zu beschreibendes dynamisches Verhalten.*

Für jedes Softwaremodul wird passend zu den Definitionen aus SWE.2 BP 4 beispielsweise festgelegt, in welchem Zeitraster es laufen und wie die Aufrufreihenfolge des Softwaremoduls sein soll. Der zeitliche Ablauf zwischen den einzelnen Softwaremodulen wird definiert, d.h., es wird letztendlich festgelegt, wann welche Informationen an den Schnittstellen zur Verfügung stehen. Da einige Softwaremodule keine dynamischen Eigenschaften haben, wird dort zumindest die Initialisierung der Ausgangssignale festgelegt. Insbesondere bei Verwendung von Multi-/Many-Core-Prozessoren, die in letzter Zeit Einzug in die Automobilindustrie halten, ist auf die Auslastung der jeweiligen Tasks pro Prozessor und auf die funktionale und zeitliche Abhängigkeit der Signale zueinander zu achten. Falls Interrupt-Sperren eingesetzt werden, ist zu untersuchen, dass es zu keinen Verklemmungen (»Deadlocks«) kommt.

BP 4: Evaluiere den Softwarefeinentwurf. *Evaluiere den Softwarefeinentwurf in Bezug auf Interoperabilität, Interaktion, Kritikalität, technische Komplexität, Risiken und Testbarkeit.*

Anmerkung 2: *Die Ergebnisse der Evaluierung können als Input für die Softwaremodulverifikation verwendet werden.*

Auch der Softwarefeinentwurf sollte, wie auch schon die Softwarearchitektur, im Hinblick auf verschiedene Kriterien wie Interoperabilität, Interaktion, Kritikalität, technische Komplexität, Risiken und Testbarkeit evaluiert werden, um die optimale Lösung gemäß den gewählten Kriterien zu finden. Die relevanten Kriterien werden meist in entsprechenden (Fein-)Designrichtlinien dokumentiert. Üblicherweise werden die (Fein-)Designrichtlinien in Reviews des Softwarefeinentwurfs überprüft (siehe SUP.4).

Sollten verschiedene Alternativen für den Softwarefeinentwurf zur Auswahl stehen, so sind die Alternativen ähnlich wie bei SWE.2 BP 6 zu analysieren und die Bewertungsergebnisse für die spätere Nachvollziehbarkeit zu dokumentieren. Interessant ist beispielsweise bei geplanter Wiederverwendung von Softwaremodulen ein geringer Grad an Interaktion zu anderen Softwaremodulen. Besonders kritische Teile einer Funktionalität können z.B. in ein eigenes Softwaremodul ausgelagert werden, um die Komplexität zu reduzieren oder um die Testbarkeit zu erhöhen.

BP 5: Stelle bidirektionale Traceability sicher. *Stelle bidirektionale Traceability zwischen den Softwareanforderungen und den Softwaremodulen sicher. Stelle bidirektionale Traceability zwischen der Softwarearchitektur und dem Software-*

feinentwurf sicher. Stelle bidirektionale Traceability zwischen dem Softwarefeinentwurf und den Softwaremodulen sicher.

Anmerkung 3: *Redundanz sollte durch die Verwendung einer Kombination dieser Ansätze, die den projektspezifischen und den organisatorischen Anforderungen entspricht, vermieden werden.*

Anmerkung 4: *Bidirektionale Traceability unterstützt Abdeckungs-, Konsistenz- und Auswirkungsanalysen.*

Bei der bidirektionalen Traceability zwischen Softwareanforderungen und Softwaremodulen kommt das in den Hinweisen für Assessoren bei BP 1 beschriebene Größenproblem der Softwaremodule zum Tragen. Bei mehreren Tausend Softwareanforderungen in vielen Projekten und entsprechend kleinen Modulen entsteht erheblicher Aufwand.

Die Traceability zwischen Softwarearchitektur, Softwarefeinentwurf und Softwaremodulen wird häufig einfach durch Verlinkung in einem Designtool implementiert. Die Korrespondenz zwischen dem Design eines Moduls und dem Code wird häufig durch Namensgleichheit erreicht.

Die Traceability zwischen Softwareanforderungen und Softwaremodulen, zwischen Softwarearchitektur und Softwarefeinentwurf und zwischen dem Softwarefeinentwurf und den Softwaremodulen kann auf verschiedene Weise realisiert werden. Zum Beispiel könnte die Traceability zwischen Softwareanforderungen und Softwaremodulen direkt oder aber auf dem Umweg über die Architektur implementiert werden. Anmerkung 3 weist daraufhin, hier eine bedarfsgerechte und ökonomische Lösung anzustreben. Zu Anmerkung 4 siehe die analogen Ausführungen bei SWE.2 BP 7.

Die Traceability muss auch hier während der gesamten Projektdauer – insbesondere auch nach Änderungen – aufrechterhalten werden.

BP 6: Stelle Konsistenz sicher. *Stelle Konsistenz zwischen den Softwareanforderungen und den Softwaremodulen sicher. Stelle Konsistenz zwischen der Softwarearchitektur, dem Softwarefeinentwurf und den Softwaremodulen sicher.*

Anmerkung 5: *Die Konsistenz wird durch bidirektionale Traceability unterstützt und kann durch Reviewaufzeichnungen nachgewiesen werden.*

Es muss sichergestellt werden, dass jedes erstellte Softwaremodul zum Softwarefeinentwurf und zur Softwarearchitektur konsistent (d.h. widerspruchsfrei) ist. Durch eine Konsistenzprüfung muss sichergestellt werden, dass z.B.

- die Verlinkung von Softwareanforderungen zu Softwaremodulen korrekt ist und keine Links fehlen,
- bei nicht toolbasierten Designbeschreibungen keine Inkonsistenzen in der Benennung von Komponenten und Modulen in verschiedenen Dokumenten bestehen,

- zum Design eines Moduls auch korrespondierender Code existiert und der Code nicht anders benannt wurde.

Ein geeignetes Hilfsmittel zur Konsistenzprüfung sind Design- und Codereviews.

BP 7: Kommuniziere den vereinbarten Softwarefeinentwurf. *Kommuniziere den vereinbarten Softwarefeinentwurf und dessen Aktualisierungen an alle relevanten Beteiligten.*

Der Softwarefeinentwurf selbst und das Zusammenspiel des Softwarefeinentwurfs mit der SW-Architektur werden abgestimmt und an die relevanten Beteiligten kommuniziert (siehe Prozessergebnis 5 im PAM).

Die bereits in SYS.2 BP 8 getroffenen Aussagen bezüglich Kommunikationsmechanismen gelten analog auch hier.

BP 8: Entwickle die Softwaremodule. *Entwickle und dokumentiere den ausführbaren Code der einzelnen Softwaremodule gemäß dem Softwarefeinentwurf.*

Die Softwaremodule werden programmiert, Fehler werden gesucht[40] und beseitigt, bis der Code aus Sicht des Entwicklers die geforderten Leistungsmerkmale erfüllt. Wird der Funktionsumfang schrittweise iterativ erweitert, wird auch der Zyklus von Feinentwurf, Codierung, Fehlersuche und Fehlerbeseitigung mehrfach durchlaufen.

Wichtig ist, dass bei der Programmierung die vorliegenden Regelungen, wie z.B. Programmierrichtlinien, oder andere nicht funktionale Anforderungen eingehalten werden und dies im Entwicklungsablauf regelmäßig überprüft wird. Von der Einhaltung dieser Vorgaben hängen später nicht nur die Lesbarkeit, Verständlichkeit und ggf. Wiederverwendbarkeit des Codes ab, sondern auch Stabilität, Testbarkeit, Änderbarkeit und Wartbarkeit. Dieses kann im Rahmen von entwicklungsbegleitenden Codereviews oder Codeanalysen erfolgen (siehe SWE.4).

Die Dokumentation geschieht zumindest im Code selbst (Kommentare, Erläuterungen, Änderungshistorie) und ggf. in weiteren Dokumenten (z.B. »Release Notes«). In einem erweiterten Sinne kann hierzu auch die Designdokumentation gerechnet werden sowie die Benutzerdokumentation (Installations-, Betriebs- und Wartungsdokumentation).

40. Meist als »Debugging« bezeichnet und durch Entwicklungswerkzeuge unterstützt, die es erlauben, die Ausführung an Haltepunkten zu unterbrechen und sich z.B. Variablenwerte anzuschauen.

Hinweise für Assessoren

Wichtig für die Qualität des Codes sind die Qualität und Verständlichkeit der Arbeitsergebnisse der vorangegangenen Entwicklungsphasen, d.h. der Anforderungs- und Designdokumente. Günstig ist hier, wenn die Entwickler bereits in die Anforderungs- und Designphase mit einbezogen waren. Andernfalls muss der Informationsfluss bzw. Know-how-Transfer auf andere Weise sichergestellt werden, z.B. durch eine Übergabe der Softwareanforderungen und der Architektur an die Programmierer oder entsprechende Absprachen bei Bedarf. Wie dies erfolgt ist, sollte im Assessment hinterfragt werden. Das Commitment der Programmierer ist wichtig und setzt voraus, dass verstanden wurde, was zu tun ist. Des Weiteren sollte geprüft werden, ob die Entwicklungsorganisation geeignete technische Voraussetzungen für eine zweckmäßige und wirtschaftliche Codeerzeugung geschaffen hat (Infrastruktur, Tooleinsatz etc.).

Bei der modellbasierten Entwicklung wird die Qualität des erzeugten Codes im Wesentlichen durch das verwendete Werkzeug vorgegeben. Hier liegt die Priorität in der Qualität, Verständlichkeit und Dokumentation der erzeugten Arbeitsergebnisse.

2.10.3 Ausgewählte Arbeitsprodukte

04-05 Softwarefeinentwurf

Der Softwarefeinentwurf beinhaltet laut Anhang B von Automotive SPICE folgende Punkte:

- Die detaillierte Spezifikation der Softwareelemente
- Definition von Namenskonventionen
- Die Interaktion der Softwareelemente
- Interrupts und ihre Prioritäten
- Beschreibung der Taskstruktur inklusive Zeitraster und Prioritäten
- Schnittstellenbeschreibungen (Eingangs- und Ausgangsdaten)
- Algorithmen
- Speicherbelegung (CPU, ROM, RAM, EEPROM und Flash etc.)
- Formate von erforderlichen Datenstrukturen und Datenfeldern
- Spezifikationen zur Programmstruktur

Neben Beschreibungen in natürlicher Sprache sind verschiedene weitere Formen gebräuchlich, z.B. Flussdiagramme, symbolische Programmiersprachen, Zustandsautomaten, Zustandsdiagramme, Message Sequence Charts oder Datenbeziehungsmodelle.

In der Praxis wird der Softwarefeinentwurf oft toolbasiert erstellt, mit dem späteren Ziel, Sourcecode automatisch zu generieren. Die Modellierung und Simulation einzelner Funktionen erfolgen dabei am PC. So werden z.B. Zustandsautomaten mit einem grafischen Editor dargestellt und bearbeitet. Erlaubte Zustandsübergänge werden durch Ereignisse und Bedingungen spezifiziert. Die erzeugten Modelle können in Hardware-in-the-Loop- oder Rapid-Control-Prototyping-Systeme integriert werden, um weitere Arbeiten durchzuführen.

11-05 Softwaremodul

Ein Softwaremodul ist ein abgeschlossenes Stück Code, in dem Operationen und Daten zur Realisierung einer weitgehend abgeschlossenen Aufgabe enthalten sind. Ein Softwaremodul ist abhängig vom Softwaredesign, von der Programmiersprache und der Applikation. Die Kommunikation mit der Außenwelt erfolgt nur über definierte und eindeutig spezifizierte Schnittstellen. Das Softwaremodul ist in Automotive SPICE der kleinste Baustein der Software.

In der Regel gibt es Codemetriken als Vorgaben für Softwaremodule[41], die einzuhalten sind. Beispiele für Codemetriken sind z.B. Vorgaben bezüglich:

- Zyklomatische Komplexität
- Verhältnis Anzahl der Kommentare zur Anzahl der Statements im Quellcode
- Anzahl der aufgerufenen Funktionen in einem Modul, Anzahl Funktionsparameter

13-22 Traceability-Aufzeichnung

Siehe bei SYS.2

2.10.4 Besonderheiten Level 2

Zum Management der Prozessausführung

Die Erstellung eines einzelnen Softwaremoduls erfolgt auf Basis des Softwareentwurfs und besteht in der Regel aus einer Vielzahl von kleinen, iterativen Arbeitsschritten, sodass eine Prozessplanung im Detail nicht sinnvoll ist. Oft werden daher nur Start und Ende der Implementierung pro Softwaremodul geplant. Hat ein Entwickler mehrere kleinere Softwaremodule (z.B. mit einem Aufwand von jeweils wenigen Tagen) zu erstellen, genügt auch eine gröbere Planung auf Projektebene. Zu empfehlen ist auf jeden Fall, dass eine detaillierte Planung »im Kleinen«, z.B. auf Ebene des Implementierungsteams erfolgt. Zur Steuerung des Prozesses gehören die Planung und Verfolgung der eingesetzten Ressourcen und der Termine.

Zum Management der Arbeitsprodukte

Die Anforderungen von Prozessattribut PA 2.2 gelten insbesondere für die Hauptarbeitsprodukte des Prozesses, den erstellten Softwarefeinentwurf und den Code. Die Verifikation erfolgt bereits durch die Basispraktiken in SWE.4. Die Arbeitsprodukte, insbesondere der Softwarefeinentwurf und der Code und die dazugehörige Dokumentation, stehen unter Konfigurationskontrolle und für jede Baseline sind die zugehörigen Arbeitsprodukte festgelegt.

---

41. Wie z.B. die ehemaligen HIS-Sourcecode-Metriken.

2.11 SWE.4 Softwaremodulverifikation

2.11.1 Zweck

Zweck des Prozesses ist es, die Softwaremodule zu verifizieren, um die Konformität der Softwaremodule mit dem Softwarefeinentwurf und den nicht funktionalen Softwareanforderungen nachzuweisen.

Alle Softwaremodule müssen verifiziert werden. Hierzu wird eine Softwaremodul-Verifikationsstrategie gefordert. Diese enthält auch die Regressionsstrategie, die die Re-Verifikation bei Änderungen an den Softwaremodulen regelt. Außerdem werden Verifikations- und Testkriterien entwickelt.

Die Verifikationstechniken für die Softwaremodule bestehen üblicherweise aus statischen und/oder dynamischen Analyseverfahren, aus Codereviews und den Softwaremodultests[42].

Exkurs: Einheitliche Verifikations- und Teststrategie – Korrespondenz der realen Prozesse zu Automotive SPICE-Prozessen

In den Prozessen SWE.4 bis SWE.6 sowie SYS.4 bis SYS.5 wird für jeden Prozess eine Strategie für die Durchführung der Verifikations- und Testmaßnahmen gefordert. Diese sind idealerweise Teil einer gesamtheitlichen Verifikationsstrategie (vergleiche auch SUP.2 BP 1 und Arbeitsprodukt 19-10 »Verifikationsstrategie«). Diese muss insbesondere die Abstimmung und Koordinierung der verschiedenen Methoden (Reviews, statische und dynamische Verifikation sowie die verschiedenen Teststufen) in den Software- und Systemprozessen leisten. Grund für diesen Abstimmungsbedarf ist, dass die verschiedenen Methoden sich sowohl überschneiden als auch ergänzen. Dieses beinhaltet auch eine über alle Teststufen abgestimmte Regressionsteststrategie, die die Re-Verifikation nach Veränderungen beschreibt.

Die klassische Arbeitsteilung zwischen Modultest, Integrationstest und Softwaretest ist z. B., dass der Modultest auf die Sicherstellung der Funktionsfähigkeit des einzelnen Moduls gegenüber dem Softwarefeinentwurf abzielt, der Integrationstest auf die Schnittstellen und Interaktionen gegenüber der Softwarearchitektur und der Softwaretest auf die Gesamtfunktionalität gegenüber den Softwareanforderungen. Diese klassische Arbeitsteilung wird in der Automobilindustrie gerade bei kleineren Softwareumfängen oft durchbrochen, indem diese Tests aus Aufwands- und Praktikabilitätsgründen zu einem gemeinsamen Test zusammengefasst werden. Dagegen ist aus Sicht von Automotive SPICE nichts einzuwenden, solange die einzelnen Stufen bzw. deren Ergebnisse erkennbar sind und Intentionen der jeweiligen Prozesse erfüllt werden.

42. Der Modultest ist nicht zu verwechseln mit der entwicklungsbegleitenden Fehlersuche aus SWE.3 (engl. debugging).

Hinweise für Assessoren

Die in der Praxis vorhandenen Testprozesse, Teststufen und die Testorganisation entsprechen in der Regel nicht 1:1 den Automotive SPICE-Prozessen. Vielmehr sollte die Organisation eine für ihre Verhältnisse und im Projektkontext sinnvolle Prozessgestaltung vornehmen. Aufgabe eines Assessmentteams ist es, die Korrespondenz zwischen den Prozessen der Organisation und den Forderungen von Automotive SPICE herzustellen und deren Erfüllung zu beurteilen.

In der Assessmentpraxis findet man häufiger folgende Zuordnung der Tests zu den Automotive SPICE-Prozessen:

- **SWE.4**
  Modultests: Sicherstellung der Funktionsfähigkeit des einzelnen Moduls entsprechend dem Softwarefeinentwurf und Schnittstellentest gegen den Feinentwurf durch die Entwicklung
- **SWE.5**
  Begleitende Tests während der Softwareintegration, Test der Schnittstellen und Interaktionen gegen die Softwarearchitektur, Smoketests nach jeder Integration, Test durch ein Integrations- und Testteam
- **SWE.6**
  Tests der Funktionalität des fertigen Softwareprodukts gegen die Softwareanforderungen, Test vor Integration mit der Hardware, wobei die Zielhardware durch Software und/oder Hardware-Laboraufbauten simuliert wird. Der Laboraufbau kann z.B. auch das fertige Steuergerät umfassen. Test erfolgt durch ein separates Testteam.
- **SYS.4**
  Systemintegrationsbegleitende Tests von Software- und Hardwarekomponenten, oft durch verschiedene Teams (u.a. das Hardwareteam)
- **SYS.5**
  Eine Reihe verschiedener Tests des integrierten Systems durch verschiedene Teams (funktionale Tests, EMV-Test, Vibrations- und Schocktests, Temperaturwechseltests etc.)

Es kommt auch häufig folgende Konstellation vor: Die Zielhardware liegt bereits fertig vor, und alle Tests werden direkt durch das gleiche Testteam auf der Zielhardware durchgeführt. SWE.6 und SYS.5 sind dann bezüglich der funktionalen Tests größtenteils redundant[a] und können identisch bewertet werden. Zu beachten ist dabei, dass der formale Nachweis der Erfüllung von System- und Softwareanforderungen geführt werden muss. Bei zusammengefassten Teststufen sind also sehr wohl die unterschiedlichen Aspekte der verschiedenen Teststufen zu beachten. Bei SWE.5 (Test der Interaktion der Softwarekomponenten) und SYS.4 (Test der Interaktion von Hardware, Software, Mechanik etc.) gibt es normalerweise wenig Gemeinsamkeiten.

a. Weil sich die auf System- und Softwareanforderungsebene beschriebene Funktionalität zum Teil gleicht und es ökonomischer ist, eine Teststufe mit Tests gegen System- und Softwareanforderungen gemeinsam durchzuführen.

Hinweise für Assessoren

Es existiert in der Zwischenzeit eine große Anzahl von Testwerkzeugen, die jeweils unterschiedliche Aspekte abdecken. Interessant im Assessment sind folgende Fragestellungen:

- Was wird mit welchem Werkzeug getestet und in welcher Reihenfolge?
- Wie ist die Abhängigkeit von Testergebnissen untereinander? Muss z.B. Test A aufgrund von Fehlerkorrekturen infolge von bei Test B gefundenen Fehlern wiederholt werden?[a]
- Werden alle Tests erneut durchgeführt?
- Wie hoch ist der Automatisierungsgrad der Werkzeugkette? Werden ausschließlich automatisierte Tests durchgeführt?
- Wie wird die ggf. manuelle Testdurchführung nachvollziehbar dokumentiert?

a. Dies zu regeln ist Aufgabe einer Regressionsteststrategie.

Hinweise für Assessoren

Bei modellbasierter Softwareentwicklung sind folgende Aspekte zu beachten:

- Simulationen im Modell können als ein Teil der Modulverifikation betrachtet werden. In diesem Fall sollten Simulationen gemäß der Verifikationsstrategie (siehe BP 1) erstellt werden.
- Modultests erfolgen in der Regel automatisiert mittels aus dem Modell generierter Testpattern.
- Reviews des Modells können als Codereviews (gemäß BP 1) angesehen werden. In diesem Fall müssen entsprechende Nachweise gemäß der Verifikationsstrategie (BP 1) erstellt werden. Für manuelle Codeanteile ist weiterhin der Code im Review zu untersuchen.
- Auch bei modellbasierter Codegenerierung fordern einige OEMs die Einhaltung von MISRA-Richtlinien.

2.11.2 Basispraktiken

BP 1: Entwickle eine Strategie zur Verifikation der Softwaremodule inklusive Regressionsstrategie. *Entwickle eine Strategie, um Softwaremodule zu verifizieren einschließlich Regressionsstrategie für die Re-Verifikation, falls Softwaremodule geändert werden. Die Verifikationsstrategie definiert, wie die Konformität der Softwaremodule mit dem Softwarefeinentwurf und mit den nicht funktionalen Softwareanforderungen nachgewiesen wird.*

Anmerkung 1: *Mögliche Techniken sind statische/dynamische Analysen, Codereviews, Modultests etc.*

Die angesprochene Verifikationsstrategie muss insbesondere die Abstimmung und Koordinierung der verschiedenen Methoden (Reviews, statische und dynamische Analysen, Modultests etc.) leisten. Grund für diesen Abstimmungsbedarf ist, dass die verschiedenen Verifikationsmethoden sich sowohl überschneiden als auch ergänzen. So können z.B. in Modultests Defekte gefunden werden, die in

Codereviews nicht gefunden werden und umgekehrt. Daneben gibt es zwischen beiden Methoden einen Überschneidungsbereich. Es muss also festgelegt werden, welche der im Prozess eingesetzten Prüfmethoden in welchen Fällen angewendet werden muss, d.h. abhängig von z.B.

- internem Release oder Kundenrelease,
- neuem Modul bzw. neuer Funktionalität oder Änderungen,
- bei Änderungen: Trivialänderung oder komplexe Änderung, Änderung an kritischer Komponente oder an sonstiger Komponente.

Im Prinzip wird dadurch eine Risikoanalyse durchgeführt. Der Vorteil für das Entwicklungsteam ist, dass die eigenen knappen Ressourcen optimal genutzt werden und nicht bei jeder kleinen Änderung alle Methoden mit 100% Abdeckung eingesetzt werden.

Eine Verifikation erfolgt immer gegen Vorgaben, typischerweise aus der vorangegangenen Entwicklungsphase. Automotive SPICE fordert im Prozesszweck Verifikation gegen den Feinentwurf. In der Praxis spielen für den Code weitere Vorgaben eine Rolle, insbesondere Dokumentations- und Programmierrichtlinien (z.B. MISRA-Regeln[43]). Weitere Vorgaben entstehen aus der oben angeführten Strategie.

In BP 1 bietet es sich an, verschiedene Qualitätsstufen für die verschiedenen Arten von Lieferungen an den Auftraggeber zu vereinbaren. Manche OEMs fordern beispielsweise die Lieferung von Softwareständen in kürzesten Zeitabständen (z.B. in wöchentlichen Inkrementen). Es ist klar, dass diese Inkremente nicht die gleiche Qualität haben können wie z.B. spätere, seriennahe Ablieferungsstände. Weitere mögliche Qualitätsvorgaben (nicht notwendigerweise auf der Ebene des einzelnen Softwaremoduls) sind:

- Software Integrity Levels gemäß [IEEE 1012] zur Spezifikation der Kritikalität eines Systemteils im Hinblick auf das Gesamtsystem; derartige Stufen können einen wichtigen Beitrag zur Aufwandsoptimierung der Verifikationsaktivitäten liefern, indem kritische Systemteile intensiver verifiziert werden als weniger kritische.
- Automotive Safety Integrity Levels gemäß ISO 26262 (siehe Kap. 5), die ebenfalls die Art und Weise und Intensität der Verifikation beeinflussen.

Als mögliche Verifikationsmethoden werden in Anmerkung 1 folgende genannt (siehe auch Exkurs »Kurzer Überblick über Testmethoden« bei SWE.6 in Abschnitt 2.13.2 auf S. 124):

- **Statische Analysen**
  Bei einer statischen Codeanalyse wird der erzeugte Code nicht ausgeführt, sondern mithilfe eines Tools untersucht, z.B. bezüglich der Einhaltung von

43. Auch wenn in Automotive SPICE nur als Möglichkeit angeführt, wird die Beachtung der MISRA-Regeln von den meisten OEMs gefordert.

Programmierrichtlinien, Erfüllung von nicht funktionalen Anforderungen, Erkennung von unerreichbarem Code oder der Erkennung von Überläufen.

- **Dynamische Analysen** (auch als »dynamische Tests« bezeichnet)
  Bei der dynamischen Analyse wird der Code ausgeführt. Bezüglich Testmethoden unterscheidet man hauptsächlich Whitebox-Tests und Blackbox-Tests. Modultests werden typischerweise in Form von Whitebox-Tests durchgeführt. Blackbox-Tests dienen zur Überprüfung funktionaler Softwareanforderungen. Daraus kann auch die Abdeckung der Anforderungen durch den Code berechnet werden (siehe Exkurs »Kurzer Überblick über Testmethoden« bei SWE.6 in Abschnitt 2.13.2). Blackbox-Tests sind auf Modultestebene zwar möglich, sind aber nicht ausreichend, um den Prozesszweck zu erfüllen (»... um die Konformität der Softwaremodule mit dem Softwarefeinentwurf ... nachzuweisen«). Hierzu werden Whitebox-Tests eingesetzt, die gegen den Feinentwurf testen[44]. Die Tests werden auch zur Berechnung der tatsächlichen Speicher- und Laufzeitbedarfe, aber auch (soweit im Modultest möglich) für den Test von Zeitverhalten, Kommunikation und nicht funktionalen Anforderungen genutzt.
- **Codeinspektion und Codereview** (siehe auch Glossar)
  Diese Prüftechniken existieren in vielen verschiedenen Varianten. Typischerweise wird dabei der Code durch einen oder mehrere fachkundige Kollegen im Vorfeld analysiert, und in einer Reviewsitzung werden deren Befunde durchgesprochen. Typische Prüfpunkte sind z.B. die Programmlogik und die Übereinstimmung mit den Programmierrichtlinien. Häufig werden Checklisten eingesetzt, die heikle Punkte enthalten und aus Fehlerschwerpunkten früherer Projekte gewonnen wurden.

BP 2: Entwickle Kriterien für die Softwaremodulverifikation. *Entwickle Kriterien für die Softwaremodulverifikation, die geeignet sind, um die Konsistenz der Softwaremodule mit dem Softwarefeinentwurf und mit den nicht funktionalen Softwareanforderungen gemäß der Verifikationsstrategie nachzuweisen. Für Softwaremodultests sollten die Kriterien in einer Softwaremodultestspezifikation definiert werden.*

Anmerkung 2: *Mögliche Kriterien für die Softwaremodulverifikation enthalten Modultestfälle, Modultestdaten, statische Verifikation, Testabdeckungsziele und Programmierrichtlinien wie die MISRA-Regeln.*

Anmerkung 3: *Die Softwaremodultestspezifikation kann z.B. als Skript in einem automatisierten Prüfstand implementiert werden.*

Verifikationskriterien spezifizieren, was erfüllt sein muss, damit das Softwaremodul als erfolgreich verifiziert gilt. BP 2 spezifiziert in den Anmerkungen einige typische Verifikationskriterien:

---

44. Jedoch nicht gegen den Code (ein gelegentlich anzutreffender Fehler)!

- Modultestfälle, die erfolgreich absolviert werden sollen; siehe hierzu die Definition von »Testfall« im Exkurs »Testdokumentation« am Ende dieses Abschnitts.
- **Modultestdaten**
  Gemeint sind die Eingabewerte für ein Testobjekt und die erwarteten Ergebniswerte und deren Beziehungen, wie Toleranzen, Antwortzeit etc. Diese Daten sind Teil der Beschreibung eines Testfalls (siehe oben).
- **Statische Verifikation in Form von statischer Analyse**
  Hier kann z.B. die Prüfung der MISRA-Compliance gefordert werden. Meistens gibt es auch Festlegungen, welche Warnungen und Fehler toleriert werden können und welche auf jeden Fall zu beseitigen sind.
- **Abdeckungsziele**
  bei Whitebox-Tests z.B. bezüglich Anweisungsüberdeckung (C0), Zweigüberdeckung (C1), Pfadüberdeckung (C2)
- **Programmierrichtlinien**
  Diese definieren typischerweise Festlegungen wie Dateinamenskonventionen, Dateiorganisation, Kommentierung, Layout, Namenskonventionen, Deklarationen.

Die Verifikationskriterien können z.T. generisch in der Strategie oder modulspezifisch in einer Softwaremodultestspezifikation dokumentiert werden. Der Begriff »Testspezifikation« (siehe Arbeitsprodukt 08-50) bezeichnet eine ganze Reihe von Inhalten. Dazu gehören, verkürzt ausgedrückt, das Konzept, wie ein Softwaremodul zu testen ist, wie Testfälle auszuführen sind, und die einzelnen Testfälle inklusive der Regressionstestfälle. Dies kann auch als Skript in einem Testtool dokumentiert sein (Anmerkung 3).

Hinweise für Assessoren

Bei der automatischen Codegenerierung ist speziell auf die Aspekte der Laufzeit, des Ressourcenverbrauchs und auf die Effizienz des Codes (z.B. unnötige Casts) zu achten.

BP 3: Führe eine statische Verifikation der Softwaremodule durch. *Verifiziere die Softwaremodule mit den festgelegten Verifikationskriterien auf Korrektheit. Zeichne die Ergebnisse der statischen Verifikation auf.*

Anmerkung 4: *Statische Verifikation kann statische Analysen, Codereviews, Prüfungen gegen Programmierrichtlinien und Guidelines und andere Techniken umfassen.*

Anmerkung 5: *Siehe SUP.9 für die Handhabung von Abweichungen*

Die statische Verifikation kann zum Teil automatisiert durchgeführt werden, zum Teil sind Prüfer erforderlich (z.B. Codereviews). Treten bei den Analysen Abweichungen auf, so können diese gemäß den Vorgaben aus SUP.9 Problemmanagement gehandhabt werden.

BP 4: Teste die Softwaremodule. *Teste die Softwaremodule aufgrund der Softwaremodultestspezifikation gemäß der Softwaremodulverifikationsstrategie. Zeichne die Testergebnisse und die Testprotokolle auf.*

Anmerkung 6: *Siehe SUP.9 für den Umgang mit Abweichungen*

Der erzeugte Code wird gemäß der Verifikationsstrategie geprüft und die gefundenen Fehler werden entweder direkt beseitigt oder an das Problemmanagement (SUP.9) übergeben. Ziel der Verifikation ist es, mit vertretbarem Aufwand nachzuweisen, dass die Software ihren Vorgaben entspricht und sich die Risiken in Bezug auf die korrekte Funktion der Softwaremodule in sinnvollen Grenzen halten.[45] Das geplante Ende der Verifikationsaktivitäten wird mit dem Erreichen des Testendekriteriums definiert und dokumentiert. Als Dokumentation ist hier zumindest ein Testprotokoll sowie Problemberichte zu erwarten (siehe Exkurs »Testdokumentation« am Ende des Abschnitts).

BP 5: Stelle bidirektionale Traceability sicher. *Stelle die bidirektionale Traceability zwischen den Softwaremodulen und den Ergebnissen der statischen Verifikation sicher. Stelle bidirektionale Traceability zwischen dem Softwarefeinentwurf und der Softwaremodultestspezifikation sicher. Stelle bidirektionale Traceability zwischen der Softwaremodultestspezifikation und den Ergebnissen des Softwaremodultests sicher.*

Anmerkung 7: *Bidirektionale Traceability unterstützt Abdeckungs-, Konsistenz- und Auswirkungsanalysen.*

Die bidirektionale Traceability zwischen den Softwaremodulen und den Ergebnissen der statischen Verifikation kann z.B. durch gemeinsames Ablegen der Module, der Reviewprotokolle und der Protokolle des Codeanalysetools erfolgen. Die Traceability zwischen dem Softwarefeinentwurf, der Softwaremodultestspezifikation und den Testergebnissen geschieht idealerweise durch Verlinkung in einer durchgehenden Toolkette. Die Traceability muss auch hier während der gesamten Projektdauer – insbesondere auch nach Änderungen – aufrechterhalten werden.

---

45. In der Praxis gibt es keine fehlerfreie Software und man kann durch Prüfmethoden auch keine Fehlerfreiheit nachweisen, sondern lediglich Risiken verringern. Die einzige Möglichkeit, die Fehlerfreiheit wirklich zu beweisen, ist die formale Verifikation der Software. Leider ist das Kosten-Nutzen-Verhältnis dieser sehr aufwendigen Methode schlecht, und selbst wenn die Software formal verifiziert wäre, so müssten der Compiler, das Betriebssystem und die Hardware etc. auf die gleiche Art untersucht werden, um Fehlerfreiheit wirklich zu garantieren. Aus diesen Gründen wird die formale Verifikation in der Automobilindustrie nur sehr selten bei zentralen, sicherheitskritischen Algorithmen angewendet.

BP 6: Stelle Konsistenz sicher. *Stelle Konsistenz zwischen dem Softwarefeinentwurf und der Softwaremodultestspezifikation sicher.*

Anmerkung 8: *Die Konsistenz wird durch bidirektionale Traceability unterstützt und kann durch Reviewaufzeichnungen nachgewiesen werden.*

Es muss sichergestellt werden, dass für jedes Softwaremodul und dessen Softwarefeinentwurf eine Modultestspezifikation existiert und diese auch die Verifikationskriterien und die Verifikationsstrategie erfüllt.

Ein geeignetes Hilfsmittel zur Konsistenzprüfung ist das Review der Modultestspezifikation gegen den Softwarefeinentwurf. Durch das Aufstellen von bidirektionaler Traceability wird diese Konsistenzprüfung erleichtert, da dadurch die für das jeweilige Softwaremodul gültigen Verifikationskriterien vollständig bekannt sind. Die Existenz der Traceability hat auch weitere Vorteile:

- Die Verifikationskriterien können bei der Erzeugung von Modultestspezifikationen zurate gezogen werden.
- Die für das jeweilige Softwaremodul gültigen Testfälle (als Bestandteil der Modultestspezifikation) sind vollständig bekannt.

Enthält ein Softwaremodul mehrere Funktionen, wird die Traceability zweistufig (Softwaremodul – Funktion – Testfälle). Ein weiteres wichtiges Hilfsmittel zur Konsistenzprüfung ist die Testabdeckungsanalyse (siehe Glossar), um die Einhaltung der Ziele hinsichtlich Testabdeckungsmaße zu prüfen.

BP 7: Fasse Ergebnisse zusammen und kommuniziere sie. *Fasse die Ergebnisse der Softwaremodultests und der statischen Verifikation zusammen und kommuniziere sie an alle relevanten Beteiligten.*

Anmerkung 9: *Die Bereitstellung aller notwendigen Informationen aus der Ausführung der Testfälle in einer Zusammenfassung ermöglicht es anderen Beteiligten, die Folgen zu beurteilen.*

Die Ergebnisse werden typischerweise innerhalb des Teams kommuniziert, z.B. an die Personen, die Defekte beseitigen sollen, an Integrationsverantwortliche und an den (Teil-)Projektleiter. Es gelten analog die Ausführungen bei SYS.2 BP 8.

2.11.3 Ausgewählte Arbeitsprodukte

Wir fassen hier, der besseren Übersichtlichkeit halber, die für Tests relevanten Arbeitsprodukte zusammen und ordnen diesen die bewährten Testdokumente der Norm ISO/IEC/IEEE Software Testing [ISO 29119] zu:

08-50 Testspezifikation

Die Testspezifikation von Automotive SPICE beinhaltet Folgendes:

- Das Testdesign (ISO 29119 Test Design Specification)
- Die Testprozeduren (ISO 29119 Test Procedure Specification)
- Die Testfälle (ISO 29119 Test Case Specification)
- Eine Kennzeichnung der Regressionstestfälle gemäß ISO 29119
- Und zusätzlich für Integrationstests: die Identifikation der zu integrierenden Elemente
- Die Integrationsreihenfolge

Siehe auch nachfolgenden Exkurs.

08-52 Testplan

Der Automotive SPICE-Testplan setzt sich aus folgenden Bestandteilen zusammen:

- Dem Testplan (ISO 29119 Testplan)
- Beschreibung der Testprozesse inklusive Unterprozesse, Aktivitäten und deren Abschätzungen
- Dem Kontext, z.B. Projekt, Scope, Stakeholder, Einschränkungen und Annahmen
- Der Teststrategie, z.B. Einsatz von Testmethoden wie Blackbox-/Whitebox-Tests, Äquivalenzklassentests sowie Regressionsteststrategien
- Anforderungen an Testdaten und Testumgebung

Siehe auch nachfolgenden Exkurs

13-50 Testergebnis

Das Automotive SPICE-Testergebnis beinhaltet Folgendes:

- Die Testprotokolle (ISO 29119 Test Logs)
- Die Problemberichte (ISO 29119 Test Incident Report)
- Die Testabschlussberichte (ISO 29119 Test Summery Report)

Siehe auch nachfolgenden Exkurs

13-22 Traceability-Aufzeichnung

Siehe bei SYS.2

13-25 Verifikationsergebnisse

Siehe bei SUP.2

2.11.4 Besonderheiten Level 2

Zum Management der Prozessausführung

Die Erstellung einer passenden Softwaremodultestspezifikation für ein Softwaremodul erfolgt auf Basis des Softwarefeinentwurfs und besteht in der Regel auch hier aus einer Vielzahl von kleinen, iterativen Arbeitsschritten, sodass eine Prozessplanung im Detail schwierig ist. Oft werden daher nur Start und Ende pro Softwaremodul geplant. Außerdem muss auch die Planung von Reviews, Tests und statischen Analysen erfolgen. Zur Steuerung des Prozesses gehören die Planung und Verfolgung der eingesetzten Ressourcen und der Termine.

Zum Management der Arbeitsprodukte

Die Anforderungen von Prozessattribut PA 2.2 gelten insbesondere für die Softwaremodultestspezifikationen und die Verifikationsstrategie. Die Verifikation erfolgt im Allgemeinen durch Reviews. Alle Arbeitsprodukte stehen unter Konfigurationskontrolle und für jede Baseline sind die zugehörigen Arbeitsprodukte festgelegt.

Exkurs: Testdokumentation nach ISO/IEC/IEEE 29119-3

Der ISO/IEC/IEEE-Standard 29119 [ISO 29119] definiert in seinem Teil 3 die Begriffe für den Softwaretest. Wir geben nachfolgend einen kurzen Überblick über diese Begriffe. Die Klammern enthalten den IEEE-Originalbegriff und die korrespondierende WP-ID aus Automotive SPICE.

- **Testplan**[46] (Test Plan, entspricht WP-ID 08-52)
  Planung der Testtätigkeiten insgesamt; der Testplan enthält u.a. zu testende Komponenten, zu testende Funktionen, nicht zu testende Funktionen, Vorgehensweise, Kriterien zum Bestehen der Tests und Testendekriterien, Testabbruchkriterien, Produkte, Testtätigkeiten, Testumgebung, Zuständigkeiten, Personal und Zeitplan.
- **Testdesign** (Test Design Specification, ist Teil von WP-ID 08-50)
  Konzept, wie eine Komponente getestet werden soll; die Testspezifikation enthält u.a. zu testende Funktionen, Testverfahren, Kriterien zum Bestehen der Tests, Überblick über die zugehörigen Testabläufe und Testfälle.
- **Testprozedur** (Test Procedure Specification, ist Teil von WP ID 08-50)
  Beschreibung, wie Testfälle auszuführen sind; die Testprozedur enthält u.a. Zweck und Auflistung der zugehörigen Testfälle, Voraussetzungen und vorbereitende Schritte sowie Anleitung zur Durchführung der Testfälle (z.B. auch Reihenfolge).
- **Testfall** (Test Case Specification, ist Teil von WP-ID 08-50)
  Beschreibung, wie ein einzelnes Testobjekt (z.B. zu testende Funktion) getestet werden soll; der Testfall enthält u.a. die Angabe des Testobjekts, Bedingungen/Umgebung, Stimuli, Eingabedaten, erwartetes resultierendes Verhalten und Ausgabedaten.

46. Verschiedene Elemente des Testplans nach [ISO 29119] werden von Automotive SPICE erst auf Level 2 durch die generischen Praktiken von PA 2.1 adressiert.

- **Lieferdokumentation**[47] (Test Item Transmittal Report, in Teilen in WP-ID 11-03 enthalten)
  Beschreibung der (z.B. an das Testteam oder den Kunden) gelieferten Software; die Lieferdokumentation enthält u.a. den genauen Inhalt der Lieferung mit Versionen der einzelnen Bestandteile, zugehörige Dokumentation, zuständige Ansprechpartner, Übergabeform der Software, Änderungen gegenüber der letzten Lieferung, bekannte Fehler und Genehmigung.
- **Testprotokoll** (Test Log, ist Teil von WP-ID 13-50)
  Enthält getestete Version, Testumgebung, Auflistung der Testfälle (Tester, Datum, Ergebnis, evtl. unerwartete Ereignisse).
- **Problembericht** (Test Incident Report, ist Teil von WP-ID 13-50)
  Beschreibung eines beim Testen gefundenen Problems[48]; der Problembericht enthält die gleichen Daten wie das Testprotokoll, jedoch detaillierter, um die Ursachenanalyse zu unterstützen. Er kann mittels des Problemmanagementprozesses (SUP.9) weiterbearbeitet werden.
- **Testabschlussbericht** (Test Summary Report, ist Teil von WP-ID 13-50)
  Gibt dem Projekt und dem Management einen Überblick über die Testergebnisse; enthält u.a. was und wie getestet wurde, Zusammenfassung der Ergebnisse und deren Bewertung (bestanden/nicht bestanden, Fehlerrisiken etc.).

Das Zusammenspiel von Testprotokoll, Problembericht und Testabschlussbericht stellt sich in der Praxis wie folgt dar. Zu einem ordentlichen Testprotokoll gehört zumindest Folgendes:

- Wer hat wann welche Softwareversion in welcher Testumgebung getestet.
- Welche Testfälle wurden in welcher Reihenfolge durchgeführt und was war das jeweilige Ergebnis (z.B. positiv, negativ oder evtl. unerwartet).
- Bei gefundenen Fehlern, d.h. bei nicht bestandenen Tests: Erstellung eines Problemberichts mit Angabe der Fehler-ID, unter der dieser im Fehlermanagement (SUP.9) verfolgt wird.

Basierend auf den Testprotokollen werden für Testfälle mit negativem Ergebnis Problemberichte (Teil von WP-ID 13-50) und für den Gesamttest ein Testabschlussbericht (Teil von WP-ID 13-50) erstellt. Ein Problembericht umfasst zumindest die folgenden Informationen (siehe auch SUP.9):

---

47. Auch als »Release Notes« geläufig. Automotive SPICE besitzt eine eigene Definition in SPL.2 BP 12 und WP-ID 11-03.
48. Ein Problem muss nicht notwendigerweise auf einen Fehler der Software zurückzuführen sein. Ursachen können z.B. sein: unterschiedliche Interpretation von Vorgaben bei Entwickler und Tester, unterschiedliche System- und Testumgebung bei Entwickler und Tester, Fehler im Testfall.

- Alle verfügbaren Details, d.h. das zugrunde liegende Testprotokoll inklusive erwarteten Werten und Istwerten
- Angabe einer Fehler-ID
- Wenn möglich, eine Analyse der Auswirkungen des Problemfalls auf andere Testfälle
- Zusätzliche Informationen, die bei der Ursachenanalyse helfen

Es besteht keine 1:1-Beziehung zwischen den Testprotokollen und den Problemberichten. Ein negativer Test kann mehrere Ursachen haben und insofern auch mehrere Problemberichte nach sich ziehen. Andererseits können mehrere negative Tests auch auf eine Ursache zurückzuführen sein. In diesem Fall ist es wichtig, die Problemberichte getrennt nach betroffenen Funktionen zu erstellen, da in einem Projekt meist Verantwortliche für Funktionen existieren. Nur so können die betroffenen Fehler konsistent verfolgt und behoben werden. Im Testabschlussbericht werden alle wichtigen Informationen über die Tests zusammengefasst. Zu einem ordentlichen Testabschlussbericht gehört zumindest:

- Datum, Dauer und Umfang bzw. Aufwand des Tests
- Die Anzahl der bestandenen und nicht bestandenen Testfälle inklusive der Anzahl und Priorität der beim Test identifizierten Problemfälle
- Die Anzahl der geplanten und durchgeführten Tests (z.B. Anzahl Iterationen und notwendige Regressionstests)
- Eine Einschätzung, wie gut der Test durchgeführt wurde und wie die Qualität der Software ist
- Zusammenfassung und Bewertung der Ergebnisse und ob der Test insgesamt als bestanden gilt oder nicht

2.12 SWE.5 Softwareintegration und Softwareintegrationstest

2.12.1 Zweck

Zweck des Prozesses ist es, Softwaremodule zu größeren Softwarebestandteilen bis hin zur vollständig integrierten Software, die konsistent mit der Softwarearchitektur ist, zu integrieren. Es ist sicherzustellen, dass die integrierten Softwarebestandteile auf Übereinstimmung mit der Softwarearchitektur getestet sind inklusive der Schnittstellen zwischen Softwaremodulen und zwischen Softwarebestandteilen.

Der Zusammenbau der Software sollte schrittweise und mit begleitenden Tests erfolgen. Dieses schrittweise Vorgehen bei der Integration hilft, besonders bei komplexer Software, Fehler so früh wie möglich zu identifizieren und abzustellen. So wird der »Baufortschritt« der Software abgesichert und das funktionelle Wachstum während der Integration bleibt beherrschbar.

In Automotive SPICE werden Integrationsaspekte außer in SWE.5 auch noch in SYS.4 (Systemintegration) beschrieben. Wird in dem Projekt ein integriertes System entwickelt, so wird die reine Softwareintegration in SWE.5 und die Software-Hardware-Mechanik-Integration in SYS.4 beschrieben (siehe auch Exkurs »Einheitliche Verifikations- und Teststrategie – Korrespondenz der realen Prozesse zu Automotive SPICE-Prozessen« bei SWE.4 in Abschnitt 2.11.1).

Viele Unternehmen arbeiten mit einer hohen Wiederverwendungsrate von Software, z.B. indem eine vorhandene Plattformsoftware im Projekt zugrunde gelegt wird und nach den Projektbedürfnissen angepasst und erweitert wird. Bei der Weiterentwicklung der Plattformsoftware selbst bestehen – im Vergleich zu einer rein projektspezifischen Entwicklung – erhöhte Sorgfaltspflichten hinsichtlich der Qualitätssicherung. Diese gelten für den SWE.5-Prozess wie auch für alle anderen Engineering-Prozesse.

In den letzten Jahren setzt sich mehr und mehr ein Continuous-Integration-Ansatz durch. Dabei wird nach jedem Commit[49] die Integration inklusive automatisierter Tests angestoßen und ein neuer Gesamtsoftwarestand erzeugt. Man hat zu jeder Zeit eine lauffähige Software. Die Integrationszeit liegt im Minutenbereich. Dies hat natürlich einen starken Einfluss auf die Integrations- und Integrationsteststrategie und muss sich dort entsprechend widerspiegeln. Dieser Ansatz wird in Automotive SPICE nicht explizit erwähnt. Dort ist eine generische Vorgehensweise beschrieben. Continuous Integration ist auch im Exkurs in Abschnitt 6.2.3 auf S. 340 beschrieben.

2.12.2 Basispraktiken

BP 1: Entwickle eine Softwareintegrationsstrategie. *Entwickle eine Strategie, um die Softwarebestandteile konsistent zum Projektplan und zum Releaseplan zu integrieren. Identifiziere Softwarebestandteile entsprechend der Softwarearchitektur und lege deren Integrationsreihenfolge fest.*

Eine solche Strategie spezifiziert die Reihenfolge, in der die Softwaremodule schrittweise unter Berücksichtigung des Projektplans (siehe MAN.3) und der Releaseplanung zu immer größeren integrierten Softwarebestandteilen zusammengebaut werden. Die Integrationsstrategie muss daher mit dem Softwarefeinentwurf und der Softwarearchitektur kompatibel bzw. aus diesen abgeleitet sein.

Wenn Teile eines Produkts getrennt in mehreren Teams entwickelt und erst danach integriert werden[50], sind verschiedene Strategien zur Integration sinnvoll:

- Bottom-up, beginnend mit hardwarenaher Software (siehe auch Abb. 2–15)
- Top-down, beginnend mit der Benutzerschnittstelle

---

49. Einchecken eines neuen Softwarestands oder einer Änderung durch den Entwickler.
50. Im Gegensatz zu Continuous Integration.

- Beginnend mit einer Rumpfsoftware, dann Integration kritischer Module/ Komponenten
- Integration in beliebiger Reihenfolge, z. B. nach Verfügbarkeit oder nach Position in der Lieferkette (z. B. zuerst Tier-3-Software, dann Tier 3 und Tier 2 etc.)
- Integration aller Teile in einem Schritt

Es wird dann die Reihenfolge spezifiziert, in der die Softwarebestandteile integriert werden (und getestet werden, siehe BP 2). Abbildung 2–15 zeigt die Stufen einer Bottom-up-Integration mit den in Automotive SPICE verwendeten Begriffen. Die Integrationsschritte sollten anhand der Softwarearchitektur nachvollziehbar sein. Dieses bedeutet, dass nach dem jeweiligen Integrationsschritt erkennbar sein muss, welches Architekturelement integriert wurde. Die Integrationsstrategie muss daher auch mit Prioritäten bezüglich der Softwareanforderungen verträglich sein, z. B. mit einer Releaseplanung, die angibt, welche Anforderungen in welchen Releases realisiert werden sollen. Mit dem Funktionszuwachs und eventuellen strukturellen Änderungen im Laufe des Projekts muss die Integrationsreihenfolge möglicherweise angepasst werden.

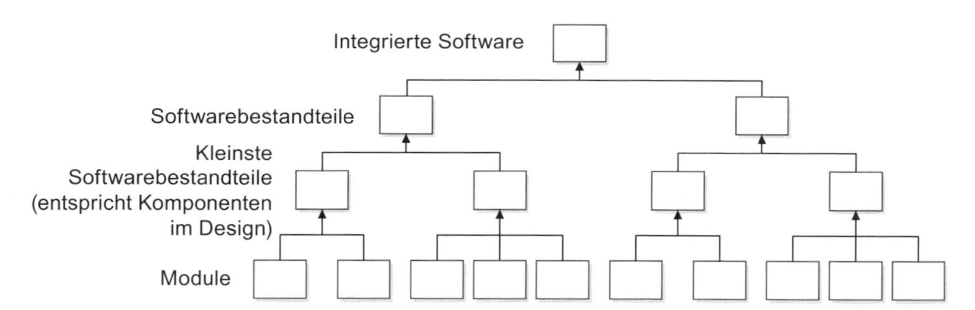

Abb. 2–15 *Integrationsreihenfolge bei einer Bottom-up-Strategie*

Diese Integrationsreihenfolge kann in verschiedenen Formen beschrieben werden, typischerweise als Bestandteil der Integrationsstrategie (auch aus Nachweisgründen im Assessment).

BP 2: Entwickle eine Softwareintegrationsteststrategie inklusive Regressionsteststrategie. *Entwickle eine Strategie, um die integrierten Softwarebestandteile entsprechend der Integrationsstrategie zu testen. Dies beinhaltet eine Regressionsteststrategie für das erneute Testen der integrierten Softwarebestandteile, wenn diese verändert wurden.*

Es ist sinnvoll und empfehlenswert, die Strategien gemäß BP 1 und BP 2 integriert im Rahmen einer gemeinsamen Strategie darzustellen. Der Grund dafür ist, dass beide stark voneinander abhängen, da eine physische Integrationsstufe in der Regel einer Teststufe oder zumindest einer Menge zusammengehöriger Tests entspricht, z. B. wenn eine Treiberschicht mit einer Basissoftware integriert wird und danach die Applikationssoftware integriert wird.

Wird alles in einem Schritt integriert, wird etwas abfällig von »Big Bang« gesprochen. Big Bang bedeutet, alles wird in einem Schritt integriert und die Integrationstests werden in beliebiger Reihenfolge durchgeführt. Das Risiko hierbei besteht darin, dass Fehler zu Beginn einer Verarbeitungskette spätere Fehler maskieren können, was ineffizient ist. Wird alles in einem Schritt integriert, jedoch die Integrationstests in genau definierter Reihenfolge durchgeführt, tritt dieses Risiko nicht auf, es handelt sich also nicht um einen Big Bang.

Bei Continuous Integration müssen daher in der Strategie folgende Fälle behandelt werden:

- Wie werden Abhängigkeiten zwischen den Commits verschiedener Entwickler bzw. Teams erkannt und aufgelöst?
- Müssen Integrationstests in einer bestimmten Reihenfolge durchgeführt werden? Wie wird dies erkannt und gelöst?

Die Strategie beschreibt hier also, wie dies erkannt und gelöst wird, beschreibt also nicht eine statische Reihenfolge wie im Beispiel mit Treiberschicht – Basissoftware – Applikationssoftware.

Integrationstests werden gegen die Vorgaben der Softwarearchitektur durchgeführt. Der Schwerpunkt des Integrationstests sind die Schnittstellen zwischen den Softwarekomponenten, der Datenfluss dazwischen und das dynamische Verhalten. Die Funktionalität der darin enthaltenen Softwaremodule wird bereits im Modultest (SWE.4), die Funktionalität der integrierten Software im Softwaretest (SWE.6) getestet.

Integrationstests müssen nicht in einer eigenen Teststufe durchgeführt werden. Sie können z.B. mit anderen Tests gemeinsam durchgeführt werden, soweit ihr Charakter dadurch nicht verloren geht.

Die Integrationsteststrategie sollte bereits bei der Softwarearchitektur (SWE.2) und dem Softwarefeinentwurf (SWE.3) berücksichtigt werden, da Testbarkeit ein wichtiges Kriterium beim Design darstellt.

Die Teststrategie wird in Automotive SPICE im Rahmen des Testplans beschrieben. In diesem (siehe Exkurs »Testdokumentation« bei SWE.4 in Abschnitt 2.11.4) sollten u.a. folgende Punkte enthalten sein:

- Was muss wie getestet werden? Dazu gehören z.B. Arten von Tests, Teststufen, Testmethoden, Testreihenfolgen, Regressionstests
- Eventuell Verwendung verschiedener Testabdeckungen für verschiedene Releases gemäß Releaseplan, z.B. interne Releases, Kundenreleases
- Methoden zur Bestimmung der Testdaten (z.B. Äquivalenzklassen von Schnittstellenparametern)
- Definition von Testendekriterien
- Performance-Messungen bei dynamischen Tests
- Wie viel Zeit und Personal wird benötigt bzw. steht zur Verfügung?

- Welche Hilfsmittel stehen zum Testen zur Verfügung?
- Testdokumentation
- Welche Risiken und welche Gegenmaßnahmen gibt es?
- Wie werden neue Testfälle in die Regressionstestsammlung übernommen und wie erfolgt die Entscheidung und Bewertung?

Regressionstests sind notwendig, um nach Änderungen am Code (z. B. infolge von Fehlerbeseitigung oder Funktionserweiterungen) abzusichern, dass bereits durch vorangegangene Tests abgesicherte Eigenschaften weiterhin gewährleistet sind.[51]

Im trivialsten Fall besteht die Regressionsteststrategie darin, eine Sammlung aller Testfälle zu pflegen und diese standardmäßig nach Änderungen am Code erneut auszuführen, und zwar zusätzlich zu den neu entwickelten Tests, die auf die erfolgten Änderungen abzielen. Derartige Testfallsammlungen sind meistens sehr umfangreich, und ihre Abarbeitung ist mit viel Aufwand verbunden, falls keine Testautomatisierung betrieben wird. Bei iterativen Entwicklungsmodellen gehören Änderungen und insbesondere funktionale Erweiterungen zum Alltag, daher sind intelligentere Strategien notwendig, z. B.:

- Tests werden in Abhängigkeit vom mit der Änderung verbundenen Risiko durchgeführt. Das kann von einer Auswahl von Testfällen im Sinne eines »Smoketests[52]« bis hin zu einer intelligent ausgewählten Menge von Testfällen reichen, z. B.:
  - Es werden nur definierte Untermengen der Testfallsammlung getestet, in Abhängigkeit davon, wo die Änderung/Erweiterung vorgenommen wurde.
  - Es werden nur definierte Untermengen der Testfallsammlung getestet, in Abhängigkeit davon, um welche Art von Auslieferung es sich handelt.

Hinweise für Assessoren

Im Assessment ist beurteilungsrelevant, ob im erforderlichen Umfang Regressionstests durchgeführt werden, und nicht, wie intelligent bzw. arbeitssparend die zugrunde liegende Strategie ist.

Die Regressionsteststrategie sollte normalerweise schriftlich im Testplan fixiert sein, auch in Trivialfällen, wenn z. B. immer ein erneuter vollautomatisierter 100%-Test durchgeführt wird.

Da die Regressionstests in verschiedenen Prozessen (SWE.4, SWE.5, SWE.6, SYS.4 und SYS.5) gefordert sind, ist es sinnvoll, eine gemeinsame Regressionsteststrategie für alle Engineering-Prozesse aufzustellen.

---

51. Mit anderen Worten: Funktioniert das, was vor der Änderung schon nachweislich funktionierte, heute immer noch?
52. Funktionieren die Grundfunktionalitäten des Systems noch?

BP 3: Entwickle eine Spezifikation für die Softwareintegrationstests. *Entwickle die Testspezifikation für den Softwareintegrationstest inklusive der Testfälle für jeden integrierten Softwarebestandteil gemäß der Softwareintegrationsteststrategie. Die Testspezifikation muss geeignet sein, um die Konformität der integrierten Softwarebestandteile mit der Softwarearchitektur zu zeigen.*

Anmerkung 1: *Übereinstimmung mit der Softwarearchitektur bedeutet, dass die spezifizierten Integrationstests dazu geeignet sind, nachzuweisen, dass die Schnittstellen zwischen den Softwaremodulen und zwischen den Softwarebestandteilen die von der Softwarearchitektur vorgegebene Spezifikation erfüllen.*

Anmerkung 2: *Die Softwareintegrationstests können fokussieren auf*

- *den korrekten Datenfluss zwischen den Softwarebestandteilen,*
- *Rechtzeitigkeit und Zeitabhängigkeiten des Datenflusses zwischen Softwarebestandteilen,*
- *die korrekte Interpretation aller Daten einer Schnittstelle durch die Softwarebestandteile, die diese verwenden,*
- *das dynamische Zusammenspiel zwischen den Softwarebestandteilen sowie*
- *die Einhaltung der Ressourcenverbrauchsziele an den Schnittstellen.*

Die in Anmerkung 2 genannten Arten müssen spezifiziert werden, damit der Tester eindeutig verstehen kann, wie der Test durchzuführen ist, also z.B. Umgebungskonstellation, Bedienvorgänge und einzugebende oder zu verwendende Daten sowie eine Beschreibung der zu erwartenden Ergebnisse bzw. des zu erwartenden Verhaltens. Dieses erfolgt z.B. gemäß der ISO-29119-Begriffe Testdesign, Testprozedur und Testfall (siehe Exkurs »Testdokumentation« bei SWE.4 in Abschnitt 2.11.4). Hier werden die Vorarbeiten, z.B. die Schnittstellendefinitionen aus den Prozessen SWE.2 und SWE.3, verwendet. Der Schwerpunkt der Integrationstests liegt auf dem Testen des Zusammenspiels der Softwarekomponenten. Getestet werden also hauptsächlich modulübergreifende Funktionen, Schnittstellen, Datenflüsse, Timing etc., um nachzuweisen, dass die Designanforderungen erfüllt wurden. Diese Tests finden typischerweise in einer Laborumgebung statt. Da diese Tests gute Kenntnisse der inneren Struktur der Software voraussetzen, werden hier hauptsächlich sogenannte Whitebox-Tests[53] und Greybox-Tests eingesetzt.

Die Tests werden meistens von den Entwicklern der jeweiligen Softwaremodule/-bausteine im integrierten Zustand durchgeführt. Ab einer bestimmten Größenordnung des Projekts, insbesondere aber, wenn an mehreren Standorten verteilt entwickelt wird, gibt es die Rolle eines »Integrators« oder eines »Integrationsverantwortlichen«. Häufig steht dann auch zusätzliches Testpersonal für eine Integrationstestgruppe zur Verfügung.

53. Siehe Exkurs »Kurzer Überblick über Testmethoden« bei SWE.6 in Abschnitt 2.13.2.

BP 4: Integriere die Softwaremodule und Softwarebestandteile. *Integriere die Softwaremodule zu Softwarebestandteilen und die Softwarebestandteile zur integrierten Software entsprechend der Softwareintegrationsstrategie.*

Die Integration wird entsprechend der Integrationsstrategie und dem Projektplan durchgeführt. Dazu gehört auch die Integration der zugehörigen Applikations- und Variantencodierungsparameter (siehe Glossar). Insbesondere die Applikationsparameter entstehen bzw. reifen erst während der Projektlaufzeit im Rahmen der Fahrzeugerprobung, in manchen Projekten werden sie auch ganz oder teilweise durch den OEM erstellt.

Hinweise für Assessoren

Die Integration von Applikationsparameter in die Software ist ein integraler Bestandteil des Integrationsprozesses. Sie muss somit untersucht werden und ist bewertungsrelevant.

BP 5: Wähle Testfälle aus. *Wähle Testfälle aus der Softwareintegrationstestspezifikation aus. Die Auswahl der Testfälle muss zu einer ausreichenden Testabdeckung entsprechend der Softwareintegrationsteststrategie und des Releaseplans führen.*

In der Praxis werden oft Testfallsammlungen[54] angewendet, aus denen Testfälle je nach Fortschrittsgrad der Funktionalität gemäß Releaseplanung ausgewählt werden, um die geplante Testabdeckung zu erreichen. Oft wird auch mit unterschiedlichen Testabdeckungen für verschiedene Releases (z.B. interne Releases, Kundenreleases) zu verschiedenen Zeitpunkten gemäß Releaseplan gearbeitet. Dabei zu beachten sind insbesondere auch Regressionstestfälle. Im Allgemeinen wächst der Umfang der Testfälle und damit der Testaufwand mit steigendem Umsetzungsgrad der Funktionalität.

BP 6: Führe Softwareintegrationstests durch. *Führe Softwareintegrationstests anhand der gewählten Testfälle durch. Zeichne die Ergebnisse der Integrationstests und die Testprotokolle auf.*

Anmerkung 3: *Siehe SUP.9 für die Handhabung von Abweichungen*

Anmerkung 4: *Der Softwareintegrationstest kann durch Benutzung von Hardware-Debug-Schnittstellen oder durch Simulationsumgebungen (z.B. Software-in-the-Loop-Simulationen) unterstützt werden.*

Die Tests werden entsprechend der Integrationsteststrategie durchgeführt und deren Ergebnis in Form von Testprotokollen dokumentiert. Ein positives Testergebnis wird erreicht, wenn die erzielten und die erwarteten (geplanten) Ergebnisse

---

54. Diese können bei entsprechend modularem Softwareaufbau und unter Beachtung der Regeln der Wiederverwendung der Testfälle auch in mehreren Projekten Anwendung finden.

identisch sind. Bei Abweichungen von den erwarteten Ergebnissen oder komplett anderen Ergebnissen gilt der Testfall als negativ bzw. als nicht bestanden. Zu den entstehenden Testprotokollen und weiterer Testdokumentation (Teil von WP-ID 13-50) siehe Exkurs »Testdokumentation« bei SWE.4 in Abschnitt 2.11.4.

BP 7: Stelle bidirektionale Traceability sicher. *Stelle bidirektionale Traceability zwischen den Softwarearchitekturelementen und den Testfällen der Softwareintegrationstestspezifikation sicher. Stelle bidirektionale Traceability zwischen den Testfällen der Softwareintegrationstestspezifikation und den Softwareintegrationstestergebnissen sicher.*

Anmerkung 5: *Bidirektionale Traceability unterstützt Abdeckungs-, Konsistenz- und Auswirkungsanalysen.*

Diese Traceability wird idealerweise durch Verlinkungen zwischen Designtool und Testtool bzw. innerhalb des Testtools erreicht. Die Traceability muss auch hier während der gesamten Projektdauer – insbesondere auch nach Änderungen – aufrechterhalten werden.

BP 8: Stelle Konsistenz sicher. *Stelle Konsistenz zwischen den Softwarearchitekturelementen und den Testfällen der Softwareintegrationstestspezifikation sicher.*

Anmerkung 6: *Konsistenz wird durch bidirektionale Traceability unterstützt und kann durch Reviewaufzeichnungen nachgewiesen werden.*

Konsistenz bedeutet hier, dass für jedes zu testende Architekturelement alle zugehörigen Testfälle der Softwareintegrationstests korrekt verlinkt sind und umgekehrt. Die Testfälle müssen außerdem korrekt sein in Bezug auf das Architekturelement. Dies wird durch entsprechende Reviews gewährleistet.

BP 9: Fasse Ergebnisse zusammen und kommuniziere sie. *Fasse die Ergebnisse der Softwareintegrationstests zusammen und kommuniziere sie an alle relevanten Beteiligten.*

Anmerkung 7: *Die Bereitstellung aller notwendigen Informationen der Testdurchführung als Zusammenfassung ermöglicht es anderen Beteiligten, die Folgen zu beurteilen.*

Anhand des Testabschlussberichts wird letztendlich entschieden, ob die Qualität der integrierten Software ausreichend ist, um mit dem nächsten Prozessschritt SWE.6 (Softwaretest) fortzufahren. Aufzeichnungen zu den Testergebnissen werden oft auch vom Kunden gefordert, weil sie z.B. im Rahmen der Fehlernachverfolgung betrachtet oder für gemeinsame Projektmeetings verwendet werden. Außerdem sind Testaufzeichnungen ein Tätigkeitsnachweis – diese dienen zur Fortschrittskontrolle und werden im Allgemeinen als Nachweis während der Entwicklung von sicherheitsrelevanten Systemen gefordert. Zudem sind sie die Grundlage für noch anstehende Reparaturarbeiten und Überarbeitungen.

Weiterhin gelten die Ausführungen zu SYS.2 BP 8 hier analog.

Fallbeispiel: Softwareintegration eines Projekts bei der XY AG

Zum besseren Verständnis der Zusammenhänge dieses Prozesses stellen wir im Folgenden eine typische Vorgehensweise für Softwareintegration, Integrationstest und Regressionstest in Form eines einfachen Fallbeispiels exemplarisch dar:

Die Integrationsstrategie bei der XY AG ist zweistufig: An jedem Entwicklungsstandort (Stufe 1) sowie bei der Entwicklungszentrale (Stufe 2) gibt es eine exakt schriftlich festgelegte Reihenfolge der Integration sowie eine Beschreibung der für jede Integrationsstufe durchzuführenden Tests, die sogenannte »Test-Spec«. Diese enthält die jeweilige Testmethode und eine Sammlung von Testfällen. Die Test-Spec hat eine Spalte für die Beschreibung des Testergebnisses, in der die Testergebnisse festgehalten und im Konfigurationsmanagementsystem abgelegt werden. Zusätzlich wird eine »Test summary documentation« mit einer quantitativen Auswertung der Ergebnisse erstellt (wie viele Tests, wie viele bestanden/nicht bestanden, kurze verbale Zusammenfassung) und ebenfalls im KM-System abgelegt. In den Designdokumenten werden die Codefiles namentlich referenziert und in den Codefiles die Designelemente. Für Regressionstests gibt es eine weitere Spalte in der Test-Spec, dort kann die Zugehörigkeit des Testfalls zu entweder einem Kurztest oder einem Langtest spezifiziert werden. In der Regressionsteststrategie (zentrales Dokument gültig für alle Standorte) ist festgelegt, dass für die wöchentlichen Releases ein Kurztest und für die monatlichen Releases sowie für Kundenauslieferungen ein Langtest durchzuführen ist. Die Test-Specs werden laufend ergänzt, um erweiterte oder neue Funktionalitäten abzudecken.

An jedem Standort sowie in der Zentrale gibt es einen Integrationsmanager. Für jeden Standort sind die Dauer sowie der Personalaufwand für die Integration genau geplant. Alle Testfälle der Test-Spec müssen jeweils bestanden sein. Die Zeitpunkte der Tests der Integrationsstufen an den Standorten und die Zieltermine für die Zulieferungen an die Zentrale sind in einem gemeinsamen MS-Project-Plan spezifiziert und werden vom lokalen bzw. zentralen Integrationsmanager überwacht. Außerdem finden tägliche Telefonkonferenzen statt. Verantwortlich sind die Integrationsmanager sowie weitere Mitarbeiter, alle Verantwortlichkeiten sind im MS-Project-Plan dokumentiert. Außerdem sind externe Firmen eingebunden. Diese werden jeweils über einen fest zugeordneten Mitarbeiter (»Subcontract Manager«) in der Zentrale gesteuert, der im engen Kontakt mit der jeweiligen Firma steht. Deren Zulieferungen gehen nur zu festgelegten Meilensteinen in die Releases ein. Die Subcontract Manager werden ansonsten wie die Integrationsmanager der Entwicklungsstandorte behandelt.

Ein Beispiel für ein agiles Projekt mit Continuous Integration ist in Kapitel 6 aufgeführt.

2.12.3 Ausgewählte Arbeitsprodukte

01-03 Softwarebestandteil

Ein Softwarebestandteil besteht auf unterster Ebene aus integrierten Softwaremodulen, Konfigurationsdateien, Daten und der zugehörigen Dokumentation. Softwarebestandteile können mit anderen Softwarebestandteilen stufenweise integriert werden, bis man bei der integrierten Software angekommen ist.

01-50 Integrierte Software

Unter integrierter Software wird die höchste Aggregationsebene der Softwarebestandteile, die Menge von ausführbaren Dateien für eine spezielle Steuergerätekonfiguration und etwaige damit verbundene Dokumentation und Daten verstanden.

08-50 Testspezifikation

Siehe bei SWE.4

08-52 Testplan

Siehe bei SWE.4

13-22 Traceability-Aufzeichnung

Siehe bei SYS.2

13-50 Testergebnis

Siehe bei SWE.4

17-02 Build-Liste

Die Build-Liste dient primär zur Identifikation von Softwarebestandteilen sowie Parametereinstellungen, Makrobibliotheken, Datenbanken, Input- und Output-Softwarebibliotheken etc. Des Weiteren wird die zur Zusammenstellung der Software erforderliche Reihenfolge der Aktionen bzw. Aktivitäten dokumentiert.

2.12.4 Besonderheiten Level 2

Zum Management der Prozessausführung

Planung und Verfolgung der Softwareintegration werden mit den im Projekt praktizierten Projektmanagementmethoden durchgeführt. Bei kleineren Projekten sollten zumindest die Integrationsphasen zeitlich und kapazitätsmäßig eingeplant sein. Bei großen Projekten ist es darüber hinaus erforderlich, die einzelnen Integrationsschritte detailliert zu planen.

Zum Management der Arbeitsprodukte

Die Anforderungen von Prozessattribut PA 2.2 gelten insbesondere für die Integrationsstrategie und die Testpläne, die Testspezifikationen und die Testergebnisse. Baselines werden entsprechend der Planung erzeugt. Die Softwarebestandteile müssen die Korrespondenz zur Architektur durch Tests nachweisen.

2.13 SWE.6 Softwaretest

2.13.1 Zweck

Zweck des Prozesses ist es, sicherzustellen, dass die integrierte Software getestet ist, um die Übereinstimmung mit den Softwareanforderungen nachzuweisen.

Durch Tests wird sichergestellt, dass die integrierte Software[55] den Softwareanforderungen entspricht. Es kann durchaus mehrere parallele Softwareteile geben, die auf unterschiedlichen Prozessoren laufen und die später im Rahmen der Systemintegration (SYS.4) mit anderen Systemkomponenten (d.h. auch Hardware, Mechanik) zusammengeführt werden.

In der Regel wird in der Automobilindustrie ein integriertes System entwickelt, bestehend aus Hardware-, Software- und Mechanikkomponenten[56]. Bei einem Assessment stellt sich dann die Frage, wie die diversen im Projekt durchgeführten Tests den infrage kommenden Prozessen (SWE.4, SWE.5, SWE.6, SYS.4, SYS.5) zugeordnet werden. Diese Zuordnung ist nicht trivial, weil

- die real durchgeführten Teststufen oft auf mehrere Automotive SPICE-Testprozesse mappen, z.B. Mischformen von SWE.4/5/6, oder
- bei funktionalen Tests Überlappungen vorkommen, z.B. wenn Systemfunktionalität weitgehend durch Software bestimmt wird und daher ähnliche System- und Softwareanforderungen existieren.

Weiteres zum Thema Korrespondenz der realen Testprozesse zu Automotive SPICE-Prozessen ist im Exkurs »Einheitliche Verifikations- und Teststrategie« bei SWE.4 in Abschnitt 2.11.1 beschrieben.

55. Gemeint ist das integrierte Softwareprodukt als Ergebnis der Integration (SWE.5).
56. Es gibt allerdings auch Projekte, die ein reines Softwareprodukt liefern, das dann z.B. erst in einem anderen Unternehmen (z.B. beim Kunden) in ein Komplettsystem aus Hardware, Software und Mechanik integriert wird.

2.13.2 Basispraktiken

BP 1: Entwickle eine Softwareteststrategie inklusive Regressionsteststrategie. *Entwickle eine Strategie, um die Softwaretests konsistent mit dem Projektplan und dem Releaseplan durchzuführen. Diese beinhaltet eine Regressionsteststrategie für erneutes Testen der integrierten Software, falls sich ein Softwarebestandteil ändert.*

Vor dem Test der Gesamtsoftware müssen zuerst die Ziele und Rahmenbedingungen für den Softwaretest in einem Testplan (siehe Exkurs »Testdokumentation« bei SWE.4 in Abschnitt 2.11.4) dokumentiert werden. Der Testplan ist konsistent zum Projektplan bzw. zum Releaseplan. Dort ist definiert, wann welche Funktionalität zur Verfügung steht, und damit wann welche Tests durchgeführt werden müssen.

Die Ausführungen aus SWE.5 BP 2 zum Thema Regressionstest gelten hier analog.

BP 2: Entwickle eine Testspezifikation für den Softwaretest. *Entwickle die Softwaretestspezifikation inklusive der Testfälle, basierend auf den Verifikationskriterien und gemäß der Softwareteststrategie. Die Testspezifikation muss geeignet sein, um die Übereinstimmung der integrierten Software mit den Softwareanforderungen nachzuweisen.*

Die durchzuführenden Tests müssen spezifiziert sein. Dies entspricht dem Informationsgehalt der Dokumente Testdesign, Testprozedur und Testfall (Bestandteile der Testspezifikation, WP-ID 08-50). Ebenso können Teile des Testplans aus BP 1 ergänzt werden. Erforderlich ist insgesamt also Folgendes:

- Wie wird getestet? (Methoden, Gruppen von Tests, Anleitung zur Durchführung der Tests, Testreihenfolge, Testendekriterien usw.)
- Welche Umgebung/Bedingungen, Aktionen und Eingangsdaten verwendet der jeweilige Test?
- Welche Anforderungen werden durch den jeweiligen Test geprüft?
- Welches Verhalten (z.B. in Form von Ausgangsdaten, gezeigtem Verhalten) wird von dem integrierten Softwareprodukt erwartet, damit der jeweilige Test als bestanden gilt?

Insgesamt muss die Gesamtheit der Tests geeignet sein, um nachzuweisen, dass die Gesamtheit der Softwareanforderungen umgesetzt wurde. Die übliche Methode ist der Blackbox-Test. Der Softwaretestprozess entsprechend der Teststrategie kann schon relativ früh im Projekt starten und mit der Reifung der Anforderungen kontinuierlich weiterentwickelt werden. Die für den Softwaretest geeigneten Verifikationskriterien müssen allerdings jeweils während der Entwicklung der Anforderungen erstellt werden.[57]

BP 3: Wähle Testfälle aus. *Wähle Testfälle aus der Softwaretestspezifikation aus. Die Auswahl der Testfälle muss zu einer ausreichenden Testabdeckung gemäß der Softwareteststrategie und des Releaseplans führen.*

Aus der Summe der vorhandenen Testfälle werden die auszuführenden Testfälle je nach Umsetzungsgrad der Funktionalität gemäß Releaseplanung ausgewählt, um die geplante Testabdeckung zu erreichen. Hierzu gehören auch Regressionstestfälle. Weiterhin gelten die Ausführungen zu SWE.5 BP 5 hier analog.

Hinweise für Assessoren

Liegt der Testabdeckungsgrad bezüglich der umgesetzten Anforderungen unter 100%, ist dies bewertungsrelevant.

BP 4: Teste die integrierte Software. *Teste die integrierte Software anhand der ausgewählten Testfälle. Zeichne die Ergebnisse des Softwaretests und die Testprotokolle auf.*

Anmerkung 1: *Siehe SUP.9 für den Umgang mit Abweichungen*

Die geplanten Tests werden anhand der ausgewählten Testfälle durchgeführt und die Testprotokolle werden erzeugt. Zur Dokumentation der Testergebnisse siehe auch Exkurs »Testdokumentation« bei SWE.4 in Abschnitt 2.11.4.

BP 5: Stelle bidirektionale Traceability sicher. *Stelle bidirektionale Traceability zwischen den Softwareanforderungen und den Testfällen der Softwaretestspezifikation sicher. Stelle bidirektionale Traceability zwischen den Testfällen der Softwaretestspezifikation und den Ergebnissen des Softwaretests sicher.*

Anmerkung 2: *Bidirektionale Traceability unterstützt Abdeckungs-, Konsistenz- und Auswirkungsanalysen.*

Diese Traceability wird idealerweise durch Verlinkung zwischen dem Anforderungstool und dem Testtool bzw. innerhalb des Testtools erreicht. Die Traceability muss auch hier während der gesamten Projektdauer – insbesondere auch nach Änderungen – aufrechterhalten werden.

BP 6: Stelle Konsistenz sicher. *Stelle Konsistenz zwischen den Softwareanforderungen und den Testfällen der Softwaretestspezifikation sicher.*

Anmerkung 3: *Konsistenz wird durch bidirektionale Traceability unterstützt und kann durch Reviewaufzeichnungen nachgewiesen werden.*

---

57. Das frühzeitige Definieren von Verifikationskriterien für die Anforderungen dient einerseits dem Know-how-Transfer zwischen den Anforderungsingenieuren und den Testern, andererseits ist es eine wertvolle Qualitätssicherung und Präzisierung der Anforderungen. Es werden dadurch frühzeitig Inkonsistenzen und zu eliminierende Interpretationsspielräume gefunden.

Die Konsistenz der Softwareanforderungen zu den Tests erfordert eine korrekte und vollständige Verlinkung. Außerdem müssen die Tests korrekt sein in Bezug auf die von ihnen getesteten Anforderungen. Der Nachweis der Konsistenz kann durch Reviews und entsprechende Reviewprotokolle geführt werden.

BP 7: Fasse Ergebnisse zusammen und kommuniziere sie. *Fasse die Ergebnisse der Softwaretests zusammen und kommuniziere sie an alle relevanten Beteiligten.*

Anmerkung 4: *Die Bereitstellung aller notwendigen Informationen der Testdurchführung als Zusammenfassung ermöglicht es anderen Beteiligten, die Folgen zu beurteilen.*

Die Ergebnisse von Softwaretests werden in den Testprotokollen und Problemberichten dokumentiert. Diese fließen in einen Testabschlussbericht ein (analog SYS.2 BP 8). Anhand des Testabschlussberichts kann entschieden werden, ob die Qualität der Software ausreichend ist, um mit dem nächsten Prozessschritt der Systemintegration (SYS.4) fortzufahren. Falls im Rahmen der Fehlerbehebung erforderlich, müssen die zugrunde liegenden Spezifikationen des Softwaretests (BP 2) und ggf. auch die Anforderungsspezifikationen nachgeführt werden.

Exkurs: Kurzer Überblick über Testmethoden

- **Statische Analyse**
  Analyse des Codes mithilfe der Entwicklungsumgebung oder mittels Analysetools, um die Einhaltung der nicht funktionalen Anforderungen nachzuweisen. Diese sind z.B. Verschachtelungstiefe, Anzahl der Pfade, Aufdeckung »toter« Codestücke, unendlicher Schleifen, nicht initialisierter Variablen sowie von Verstößen gegen Programmierungskonventionen wie z.B. MISRA. »Statisch« heißt diese Analyse, weil der Code bei der Analyse nicht ausgeführt wird, sondern in der Regel Analysen über die Struktur bzw. des Programmcodes erfolgen (z.B. Analysen zu Verzweigungen, relativer Callgraph). In Assessments werden durch die Assessoren oftmals Prüfprotokolle gesichtet im Hinblick auf die Einhaltung der bereits erwähnten MISRA-Regeln. Manche Tools (wie z.B. Polyspace) können die Ausführung simulieren und finden auch Laufzeitfehler, Overflows, Division durch null etc.
- **Dynamische Analyse** (auch als »dynamischer Test« bezeichnet)
  Bei der dynamischen Analyse wird der Code in einer Testumgebung ausgeführt. Man unterscheidet folgende Tests:
  - **Whitebox-Tests** (auch »strukturbasierte Tests« genannt)
    werden aus Kenntnis der inneren Struktur der Software, basierend auf dem Design, Schnittstellenbeschreibungen etc., abgeleitet. Sie werden meist von den Softwareentwicklern auf ihrer Entwicklungsumgebung selbst durchgeführt, da diese die innere Struktur der Softwareeinheiten sehr gut kennen. Ein Risiko ist die »Betriebsblindheit« der Softwareent-

wickler. Aus diesem Grund wird bei sicherheitskritischer Software zusätzlich das »Vier-Augen-Prinzip« angewendet und die Tests werden durch andere Entwickler durchgeführt. Nur mit Whitebox-Tests können einige der nachfolgenden beschriebenen Testabdeckungsziele erreicht werden.

- **Blackbox-Tests** (auch »funktionale Tests« genannt)
  vergleichen das nach außen beobachtbare Verhalten an den äußeren Schnittstellen der Software (ohne Kenntnis von deren Aufbau) mit dem gewünschten Verhalten. Blackbox-Tests können auch durch ein gesondertes Testteam oder durch einen externen Tester durchgeführt werden.
- **Greybox-Tests** (Kombination Blackbox-/Whitebox-Test)
  werden meist auch durch die Softwareentwickler erstellt, zielen aber wie Blackbox-Tests auf das nach außen beobachtbare Verhalten der Software ab. Mit Kenntnis der inneren Strukturen einer Softwareeinheit können Tests effizienter gestaltet werden.

Ein mögliches Zusammenspiel dieser Testmethoden verteilt über die verschiedenen Integrationsstufen ist in Abbildung 2–16 dargestellt.

Teststufe	Was wird getestet?	Vorherrschende Testmethode
Systemtest (SYS.5)	Korrespondenz des Gesamtsystems mit den Systemanforderungen	Blackbox-Tests
Systemintegrationstest (SYS.4)	Korrespondenz mit der Systemarchitektur, Schnittstellen zwischen Systemkomponenten (Hardware, Software, Mechanik etc.), dynamisches Verhalten	Whitebox-Tests/ Greybox-Tests
Softwaretest (SWE.6)	Korrespondenz der Gesamtsoftware mit den Softwareanforderungen	Blackbox-Tests
Softwareintegrationstest (SWE.5)	Korrespondenz mit der SW-Architektur, Schnittstellen zwischen Modulen und zwischen Komponenten, dynamisches Verhalten	Whitebox-Tests/ Greybox-Tests
Modultest (SWE.4)	Korrespondenz des Moduls mit dem Feindesign und nicht funktionalen Anforderungen	Whitebox-Tests

Abb. 2–16 *Testmethoden und Integrationsstufen*

Exkurs: Einige Methoden zur Ableitung von Testfällen

- **Basierend auf der Verarbeitungslogik**
  Die Verarbeitungslogik bezeichnet die Folgen von Aktionen und Entscheidungen (sog. Pfade), wobei Entscheidungen aufgrund von Bedingungen zustande kommen. Diese Methodik wird für Whitebox-Tests verwendet und basiert auf dem Design. Man unterscheidet verschiedene Testabdeckungsgrade, dieser bestimmt sich z.B. nach:

- **Anweisungsüberdeckung** (C0-Maß)
  Jede Aktion (=Anweisung) wird mindestens einmal ausgeführt.
- **Zweigüberdeckung** (C1-Maß)
  Jeder Zweig in der Software wird mindestens einmal durchlaufen.
- **Pfadüberdeckung** (C2-Maß)
  Alle möglichen Pfade im Kontrollflussgraphen vom Startknoten bis zum Endknoten werden mindestens einmal ausgeführt.

- **Äquivalenzklassen**
  Einteilung von Eingabewerten in Äquivalenzklassen. Die Eingabewerte einer Äquivalenzklasse bewirken ein gleichartiges Verhalten und haben die gleiche Wahrscheinlichkeit, einen Fehler zu finden.
- **Grenzwertanalyse**
  Erfahrungsgemäß gibt es um die Grenzen von Äquivalenzklassen herum eine erhöhte Fehlerwahrscheinlichkeit. Dies kann z.B. durch je einen Wert kurz vor der Grenze, genau auf der Grenze und kurz hinter der Grenze geprüft werden.

2.13.3 Ausgewählte Arbeitsprodukte

Zusammenfassung der für Tests relevanten Arbeitsprodukte:

08-50 Testspezifikation

Siehe bei SWE.4

08-52 Testplan

Siehe bei SWE.4

13-50 Testergebnis

Siehe bei SWE.4

2.13.4 Besonderheiten Level 2

Zum Management der Prozessausführung

Der konzeptionelle Teil der Testplanung (d.h., was wird wie getestet) ist durch BP 1 abgedeckt, die zeitliche Ausplanung und Verfolgung der einzelnen Testaktivitäten wird durch die generischen Praktiken von Level 2 bzw. durch den Projektmanagementprozess gefordert. Bei größeren Projekten gibt es meistens einen benannten Testverantwortlichen für die Tests und die Planung. Die Verfolgung geschieht dann durch den Testverantwortlichen im Detail und nur grob auf der Gesamtprojektebene.

Zum Management der Arbeitsprodukte

Die Anforderungen von Prozessattribut PA 2.2 gelten insbesondere für den Testplan, die Testspezifikation und die Testergebnisse. Anforderungen an die Arbeitsprodukte (z.B. an die Testpläne) und Qualitätskriterien (z.B. für Reviews) sind definiert. Relevante Dokumente wie z.B. Testfälle stehen unter Konfigurationskontrolle, Reviews werden durchgeführt und sind nachweisbar. Änderungen an Arbeitsprodukten werden nachweislich beherrscht, dazu gehört z.B. die geordnete Änderung/Ergänzung von Testplänen und Testfällen zur Absicherung von Softwareänderungen.

2.14 SUP.1 Qualitätssicherung

2.14.1 Zweck

Zweck des Prozesses ist es, von unabhängiger Seite sicherzustellen, dass Arbeitsprodukte und Prozesse vorgegebenen Bestimmungen und Plänen entsprechen und dass Nichtübereinstimmungen behoben und zukünftig verhindert werden.

Qualitätssicherungsprozesse und -praktiken sind an mehreren Stellen in Automotive SPICE definiert. Diese bilden ein (gewollt) redundantes System:

Generische Praktiken GP 2.2.1 und 2.2.4[58]

Um Level 2 für einen Prozess zu erreichen, muss ein Minimum an Qualitätssicherung für die Arbeitsprodukte des Prozesses gewährleistet sein, auch wenn keiner der nachfolgend beschriebenen qualitätssichernden Prozesse implementiert ist.

SUP.1 Qualitätssicherung

SUP.1 ist der grundlegende Qualitätssicherungsprozess auf Projektebene. Im Unterschied zu den generischen Praktiken wird hier nicht nur die Arbeitsproduktqualität, sondern auch die Qualität von Prozessen adressiert. SUP.1 koordiniert und überwacht die Aktivitäten von SUP.2, SUP.4 und den Testprozessen des Modells.

SUP.2 Verifikation

SUP.2 stellt systematisch sicher, dass jedes Arbeitsprodukt eines Prozesses oder eines Projekts die vorgeschriebenen Anforderungen ordnungsgemäß widerspiegelt. Dazu gehört auch, dass Verifikationskriterien ermittelt werden, Defekte gefunden, protokolliert und verfolgt werden und die Ergebnisse dem Kunden und anderen Beteiligten zur Verfügung gestellt werden.

58. Auch wenn ein Unternehmen in seinen Prozessen die genannten SUP-Prozesse nicht berücksichtigt hat, werden QS-Praktiken dennoch auf Level 1 durch die Engineering-Prozesse und auf Level 2 durch die generischen Praktiken GP 2.2.1 und 2.2.4 gefordert.

Verifikationsaktivitäten in den Engineering-Prozessen

In den Engineering-Prozessen werden zahlreiche Verifikationsaktivitäten für die Arbeitsprodukte gefordert, die eng in die Entwicklungsaktivitäten eingebunden sind. Die Qualitätssicherung überwacht die Durchführung der Maßnahmen, auch wenn sie diese nicht in jedem Einzelfall selbst durchführt. Durch diese Maßnahmen, die zeitnah nach Erstellung der Arbeitsprodukte durchgeführt werden sollten, können Folgefehler verhindert bzw. Prüfkosten in späteren Phasen reduziert werden. Diese Verifikationsaktivitäten greifen bereits auf Level 1 und wenn keine der anderen hier genannten qualitätssichernden Tätigkeiten implementiert ist.

SUP.4 Gemeinsame Reviews

Der Fokus von SUP.4 ist, die am Projekt Beteiligten zu synchronisieren und deren Interessen und Belange zu erfüllen. Die dort spezifizierten gemeinsamen Reviews mit beteiligten Personen und Gruppen (»Stakeholder«) umfassen sowohl Managementreviews als auch technische Reviews. Insbesondere Letztere stellen qualitätssichernde Maßnahmen dar.

Bei der Entwicklung von Systemen aus Hard- und Software ist das technische Domänen-Know-how oft so speziell und setzt langjährige Erfahrung voraus, sodass die Definition und Umsetzung von Qualitätsanforderungen an Arbeitsprodukte von technischen Prozessen (z.B. Brems- und Fahrwerksregelungssysteme, Motorsteuerungen) nur durch Fachspezialisten sichergestellt werden können. Aufgrund der Interdisziplinarität und insbesondere in großen Organisationen wird Qualitätssicherung in der Regel durch verschiedene Personengruppen betrieben. Die praktische Umsetzung des SUP.1-Prozesses muss daher die Koordination der beteiligten Personen sicherstellen.

Klassische Qualitätsthemen (z.B. gemäß [ISO/TS 16949]) sind in Produktion und Massenfertigung schon jahrzehntelang bekannt und in den Organisationen etabliert. Die Qualitätssicherung in der Entwicklung leidet jedoch oft besonders unter dem Kosten- und Zeitdruck. Als Konsequenz stehen häufig Personal und Infrastruktur nicht ausreichend zur Verfügung. Die Herausforderungen dieses Prozesses sind daher:

- Eine schlanke und dennoch effektive Implementierung des Prozesses
- Eine geschickte Verzahnung der QS-Aktivitäten der (»abhängigen«) Projektmitarbeiter (Reviews, Tests etc.) mit den unabhängigen QS-Aktivitäten, um den unabhängigen QS-Aufwand finanzierbar zu halten.
- Den Return on Invest der unabhängigen QS-Aktivitäten so weit zu verdeutlichen, dass das Management trotz knapper Budgets die QS-Ressourcen bereitstellt. Ein guter Ansatz hierfür ist z.B., die Gewährleistungsfälle eines Jahres auf ihre Ursachen zu untersuchen und diejenigen aufzuzeigen, die durch bessere QS hätten verhindert werden können. Die korrespondierenden Kosten übersteigen meistens die Kosten der zusätzlichen QS-Planstellen um ein Vielfaches.

2.14.2 Basispraktiken

BP 1: Entwickle eine Qualitätssicherungsstrategie im Projekt. *Entwickle eine Strategie, um sicherzustellen, dass Qualitätssicherung für Arbeitsprodukte und Prozesse im Projekt unabhängig und ohne Interessenkonflikte durchgeführt wird.*

Anmerkung 1: *Objektive Qualitätssicherung wird durch Unabhängigkeit (z.B. finanzieller und/oder organisatorischer Art) unterstützt.*

Anmerkung 2: *Qualitätssicherung kann mit anderen Prozessen wie Verifikation, Validierung, gemeinsame Reviews, Audit und Problemmanagement koordiniert werden und deren Ergebnisse nutzen.*

Anmerkung 3: *Prozessqualitätssicherung kann beinhalten: Prozessassessments, Audits, Problemanalysen, regelmäßige Prüfung von Methoden, Tools, Dokumenten und der Einhaltung von definierten Prozessen sowie Berichte und Erfahrungsberichte, die die Prozesse für zukünftige Projekte verbessern.*

Anmerkung 4: *Arbeitsproduktqualitätssicherung kann beinhalten: Reviews, Problemanalysen, Berichte und Erfahrungsberichte, die die Arbeitsprodukte für deren zukünftige Nutzung verbessern.*

Eine solche Strategie wird oft als Teil eines Qualitätssicherungsplans dokumentiert. Die Strategie gibt dabei die grundsätzliche Richtung vor, während der Plan die konkrete planerische Ausgestaltung enthält.

Sinnvoll (jedoch unterhalb von Level 3 nicht gefordert) ist, die Strategie des Projekts aus der QS-Strategie der Organisation abzuleiten und den Projekten entsprechende Vorlagen zur Verfügung zu stellen. Die Organisation kann dann Mindestanforderungen für qualitätssichernde Maßnahmen in den Projekten festlegen und deren Einbettung in das QS-Gesamtsystem beschreiben (z.B. Berichtswesen, Eskalation, Schnittstelle zur Prozessverbesserung, Vorgaben bezüglich Quality Gates, 8D-Reports, Zusammenhang mit Freigaben und Bemusterung nach ISO/TS 16949 und PPAP/PPF etc.).

Ein wesentlicher Punkt ist die geforderte Unabhängigkeit und die Vermeidung von Interessenkonflikten. Gemeint sind die Unabhängigkeit vom Druck des Tagesgeschäfts und der typische Interessenkonflikt zwischen Entwicklung und QS, der auf Zeitdruck (Entwicklungstätigkeiten verzögern sich und QS muss reduziert werden, um noch rechtzeitig ausliefern zu können) und Kostendruck (an QS-Aktivitäten wird gespart) basiert. Einige Lösungsansätze für die geforderte Unabhängigkeit sind:

- **Die klassische Lösung**
  Organisatorisch und weitgehend finanziell unabhängige QS-Organisation, die auf höchster Managementebene verankert ist. QS-Mitarbeiter unterstützen zwar im Projekt, berichten aber innerhalb der QS-Organisation.

- **Die »Schatten-QS« in der Softwareentwicklung**
  Innerhalb der Softwareentwicklung gibt es eine eigene QS-Organisation (nach dem gleichen Prinzip wie bei der klassischen Lösung). Diese Lösung ist akzeptabel, wenn die Unabhängigkeit vom Druck des Tagesgeschäfts glaubhaft dargestellt werden kann, z.B. durch Verankerung bei der Entwicklungsleitung, und wenn die Entwicklung groß genug ist. Für eine Entwicklung mit 30 Mitarbeitern und vier Projekten ist dies sicher keine glaubhafte Lösung.
- **Das »Peer-Prinzip«**
  QS-Aufgaben werden durch normale Projektmitarbeiter wahrgenommen, die sich gegenseitig prüfen, entweder innerhalb eines Projekts oder zwischen Projekten. Bei allen Vorteilen, die das haben mag, wird dies in Assessments nicht akzeptiert werden. Diese Lösung kommt in der Praxis nicht oft vor, wird aber immer mal wieder als tolle Idee diskutiert, um zusätzliches QS-Personal zu vermeiden.

Eine zentrale Frage ist auch, wie die geforderte Unabhängigkeit gewährleistet werden kann angesichts der Tatsache, dass mindestens 99 % aller QS-Aktivitäten von den »abhängigen« Projektmitarbeitern z.B. in Form von Reviews und Tests durchgeführt werden. Die Lösung kann darin bestehen, dass die unabhängigen QS-Aktivitäten mittels einer Stichprobenstrategie überprüfen (siehe hierzu BP 2 und 3), ob die Projektmitarbeiter die QS-Aktivitäten im erforderlichen Umfang, zeitgerecht und korrekt nach den Vorgaben der QS-Strategie durchführen. Eine weitere Lösung ist z.B. die aktive Einbindung unabhängiger QS-Mitarbeiter in die QS-Aktivitäten des Projekts (z.B. Moderation von Reviews).

Typische Inhalte einer QS-Strategie des Projekts sind:

- Definition der im Prozesszweck und in BP 2 und BP 3 genannten Vorgaben, gegen die die QS prüfen soll. Diese können z.B. auf relevanten Normen (z.B. ISO 26262, ISO/TS 16949, Automotive SPICE), Kundenforderungen, Unternehmensprozessen, Qualitätspolitik des Unternehmens und projektspezifischen Vorgaben (z.B. Testabdeckungsmaße, Vorgaben bezüglich durchzuführender Reviews) basieren.
- Beschreibung der verschiedenen QS-Aktivitäten im Projekt (inklusive Verantwortlichkeiten, Frequenz, Zusammenhang mit Meilensteinen, Berichtswesen)
- Beschreibung des Zusammenspiels zwischen QS-Aktivitäten der (»abhängigen«) Projektmitarbeiter (Reviews, Tests etc.) mit den unabhängigen QS-Aktivitäten
- Beschreibung, wie die Beseitigung der gefundenen Probleme und Abweichungen sichergestellt wird
- Beschreibung des Eskalationsverfahrens

BP 2: Stelle die Qualität von Arbeitsprodukten sicher. *Führe die Aktivitäten entsprechend der Qualitätssicherungsstrategie und dem Projektzeitplan aus, um sicherzustellen, dass die Arbeitsprodukte die an sie gestellten Anforderungen erfüllen, und dokumentiere die Ergebnisse.*

Anmerkung 5: *Relevante Anforderungen an Arbeitsprodukte können aus maßgeblichen Normen stammen.*

Anmerkung 6: *Abweichungen, die an Arbeitsprodukten festgestellt werden, können in den Problemmanagementprozess (SUP.9) aufgenommen werden, um das Problem zu dokumentieren, zu analysieren, zu lösen, bis zum Abschluss zu verfolgen und die Probleme künftig zu vermeiden.*

Entsprechend den in der Strategie spezifizierten Vorgehensweisen werden Prüfungen an Arbeitsprodukten durchgeführt und dokumentiert. Die unabhängige Qualitätssicherung im Projekt führt in der Regel keine technische Prüfungen (z. B. Tests oder technische Reviews) selbst durch[59], sondern prüft, ob die Prüfungen zeitgerecht, korrekt und im erforderlichen Umfang nach den Vorgaben der QS-Strategie durchgeführt wurden.

Die unabhängigen QS-Mitarbeiter müssen daher über ein gutes Know-how in QS-Prozessen und Methoden verfügen. Hilfreich sind außerdem gute Kenntnisse der Entwicklungsmethoden und -tools sowie der Produkttechnologie. Typische Arbeitsprodukte, die für eine Prüfung infrage kommen, sind u. a.:

- Projektmanagementdokumente wie Pläne, Schätzungen, Risikolisten
- QS-Plan
- Testergebnisse
- Reviewergebnisse

Die gängige Prüfmethode ist ein Review mit oder ohne die verantwortlichen Projektmitarbeiter. Dabei wird meist keine 100 %ige Prüfung möglich sein. Vielmehr wird eine intelligente und flexible Stichprobenstrategie mit hoher Abdeckung benötigt. Die »Stellschrauben« dieser Strategie sind:

- Was wird durch wen geprüft?
- Wie intensiv wird jeweils geprüft?
- Wie oft wird geprüft?

Die Stellschrauben richten sich nach

- dem Vertrauen, das das Projekt hinsichtlich prozesskonformer Arbeitsweisen genießt,
- der Kritikalität des Arbeitsprodukts für die Auswirkung auf den Kunden sowie
- dem Zeitpunkt der Prüfung relativ zu einer Auslieferung und der Wichtigkeit der Auslieferung für den Kunden.

59. Ausnahme: Tests durch eine projektunabhängige Testabteilung.

Die Dokumentation der Prüfungsergebnisse erfolgt oft in Reviewprotokollen, die eventuell vordefinierte Fragen bzw. Kriterien bezüglich des Arbeitsprodukts enthalten. Weitere Nachweise entstehen normalerweise im Rahmen einer Freigabe (z.B. zur Auslieferung oder zu wichtigen Meilensteinen). Den formalen Nachweis über die Konformität (zwischen Ergebnis und Anforderung) führt **üblicherweise** die QS. Wenn eine QS-Planung und -Verfolgung durchgeführt wird (Forderung auf Level 2), existieren zusätzlich Plan- und Istdaten der Prüfungen.

BP 3: Stelle die Qualität von Prozessaktivitäten sicher. *Führe die Aktivitäten entsprechend der Qualitätssicherungsstrategie und dem Projektzeitplan aus, um sicherzustellen, dass die Prozesse die definierten Ziele erfüllen, und dokumentiere die Ergebnisse.*

Anmerkung 7: *Relevante Prozessziele können aus maßgeblichen Normen stammen.*

Anmerkung 8: *Probleme, die in der Prozessdefinition oder -implementierung festgestellt werden, können in den Prozessverbesserungsprozess (PIM.3) aufgenommen werden, um diese zu beschreiben, aufzuzeichnen, zu analysieren, zu lösen, bis zum Abschluss zu verfolgen und künftig zu vermeiden.*

Entsprechend den in der Strategie spezifizierten Vorgehensweisen werden Prozessprüfungen durchgeführt und dokumentiert. Die Prozessprüfungen beziehen sich auf die in BP 3 erwähnten »definierten Ziele«, die in der QS-Strategie (BP 1) aufgeführt sein sollten. Hier einige Beispiele für derartige Ziele:

- Einhaltung von Vorschriften und Prozessen (insbesondere in Organisationen, die Level 3 implementiert haben)
- Einhaltung von Forderungen des Kunden, z.B. bezüglich Qualität, Produktreife, Meilensteinen, Schnittstellen (z.B. zum Problemmanagementtool des Kunden)
- Einhaltung von Normforderungen (z.B. aus Automotive SPICE, ISO/TS 16949, ISO 26262)

Die Prozessprüfungen haben offensichtliche Überschneidungen bzw. Synergieeffekte zu den Arbeitsproduktprüfungen: Aus korrekt und zeitgerecht ausgearbeiteten Arbeitsprodukten kann auf prozesskonforme Arbeitsweise geschlossen werden. Und während einer Prozessprüfung werden typischerweise auch Arbeitsprodukte geprüft.

Die typische Prüfmethode für BP 3 ist die Prozesskonformitätsprüfung, meist in Form von Prozessaudits. Prozessaudits sind vorausgeplante, oftmals mehrstündige Sitzungen mit den Mitarbeitern, die für die Prozessausführung zuständig sind. Typischerweise werden im Gespräch anhand von Checklisten die durchgeführten Arbeiten mit den Vorgaben verglichen und zusätzlich Arbeitsprodukte begutachtet.

Die Dokumentation der Prüfungsergebnisse bezüglich Konformität bzw. Nichtkonformität wird meistens in der Checkliste festgehalten, eventuell auch in einer Offene-Punkte-Liste oder in einem Problemmanagementtool (SUP.9). Wenn eine QS-Planung und -Verfolgung durchgeführt wird (Forderung auf Level 2), existieren zusätzlich Plan- und Istdaten der Prüfungen.

SUP.1 ist die einzige Stelle in Automotive SPICE, an der derartige Prüfungen gefordert werden. Dadurch kommt SUP.1 eine besondere Bedeutung zu, denn durch diese Prüfungen wird sichergestellt, dass die Anforderungen der Organisation an die Arbeitsabläufe[60] auch tatsächlich in den Projekten umgesetzt werden. Diese Prozessanforderungen definieren, welche Prozesse in welchen Organisationseinheiten und Projekttypen verpflichtend sind. Abweichungen davon müssen oftmals durch die QS genehmigt werden. Auf Level 3 werden zulässige Abweichungen durch Tailoring-Regeln spezifiziert.

BP 4: Summiere und kommuniziere die Qualitätssicherungsaktivitäten und ergebnisse. *Durchführungen, Abweichungen und Trends zu qualitätssichernden Aktivitäten werden gemäß der QS-Strategie an die betroffenen Parteien zwecks Information oder Aktion berichtet.*

In den meisten Fällen findet die Kommunikation auf verschiedenen Ebenen statt:

- Die für Korrekturaktionen verantwortlichen Mitarbeiter werden über die Abweichung informiert und aufgefordert, diese in einem definierten Zeitraum abzustellen.
- Der Projektleiter wird über die Ergebnisse einzelner Prüfungen informiert. Werden Abweichungen nicht zeitgerecht vom zuständigen Mitarbeiter behoben, wird er zusätzlich als erster Eskalationsansprechpartner (siehe auch BP 6) angesprochen.
- Der für das Projekt zuständige Steuerkreis (falls vorhanden) erhält regelmäßig Projektstatusberichte (wobei Qualität eines der berichteten Themen ist). Bezüglich Prozesskonformität werden in manchen Organisationen Ampelberichte für die Projekte eines Bereichs an das Linienmanagement gegeben, meist auf monatlicher Basis.
- Der Kunde erhält entweder periodisch und/oder pro Release QS-Berichte.

Abbildung 2–17 zeigt beispielhaft einen Teil eines Qualitätsberichts. Darin enthalten sind sowohl ein quantitativer Überblick über den Abarbeitungsstatus von QS-Befunden (linke Skala, senkrechte Balken) als auch eine Prozesskonformitätsrate (PKR, rechte Skala in Prozent, waagrechte Linien) als Ergebnis von Prozesskonformitätsprüfungen. Diese macht deutlich, wie viel Prozent aller Praktiken der Prozesse vorgabegerecht implementiert sind bzw. wie viele noch nicht umgesetzt sind. Die Darstellung erfolgt über 12 Monate eines Jahres: Die vertikalen Balken in der Abbildung zeigen den Bearbeitungszustand von QS-Befunden (z.B.

60. Oft in Form von Prozessbeschreibungen.

gefundene Probleme/Fehler) kumuliert in absoluten Zahlen. Die waagrechten Striche in der Abbildung geben die Ergebnisse von drei durchgeführten Prozesskonformitätsprüfungen in Form einer Prozesskonformitätsrate wieder.

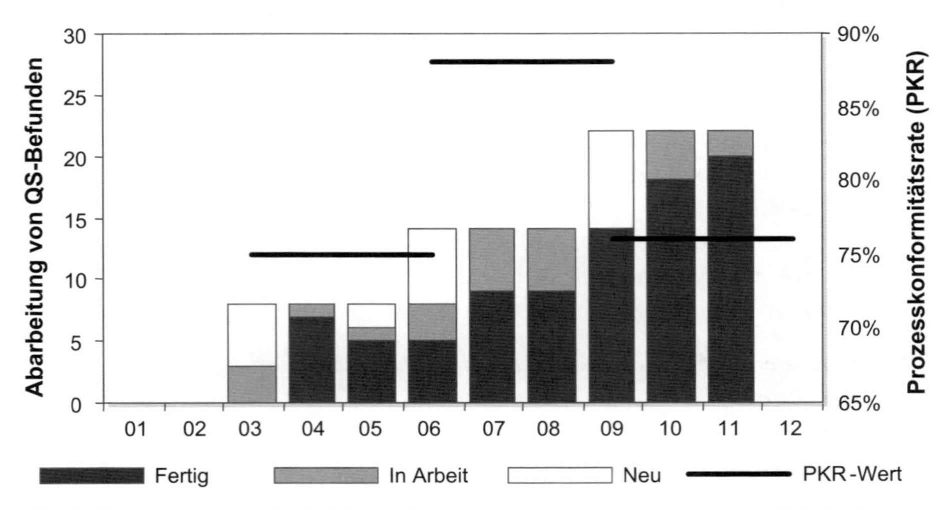

Abb. 2–17 *Beispiel eines QS-Berichts an das Management: Abarbeitungsstatus von QS-Befunden und Prozesskonformitätsrate (PKR)*

BP 5: Verfolge die Behebung von Abweichungen. *In Prozess- und Produktqualitätssicherungsaktivitäten gefundene Abweichungen bzw. Nichtübereinstimmungen werden analysiert, verfolgt, behoben und zukünftig verhindert.*

Die Analysen der gefundenen Abweichungen finden üblicherweise auf verschiedenen Ebenen statt:

- Die erste Analyse findet schon während der jeweiligen QS-Prüfung statt und klärt z.B. die Art der Abweichung, ihre Ursachen, ihre Auswirkungen und die notwendigen Korrekturaktionen.
- Ein weiterer Typ von Analyse findet bei der Freigabe vor einem Release statt, in der die Gesamtsituation analysiert wird, z.B. hinsichtlich versprochenem Funktionsumfang, Produktreife und Qualitätsstatus gegenüber dem Istzustand. Einschränkungen und bekannte Fehler des Release werden bestimmt und in der Freigabe wird entschieden, ob das Produkt ausgeliefert werden kann.
- Als Empfänger periodischer Berichte kann das Management die QS-Gesamtsituation im jeweiligen Produktbereich analysieren und daraus Schlussfolgerungen ziehen.
- Zusammen mit dem Kunden wird die Releasequalität besprochen und eventuelle Nachbesserungen vereinbart.

- Falls ein Prozessteam[61] existiert, können hier z.B. Analysen bezüglich der Häufung bestimmter Fehlerbilder oder Trends stattfinden.

Die Verfolgung besteht darin, dass über festgestellte Abweichungen Buch geführt wird und seitens der QS am Zieltermin geprüft wird, ob die Abweichung beseitigt wurde. Eventuell werden auch Termine verschoben oder verlängert. Führt dies nicht in angemessener Zeit zum Erfolg, wird eskaliert (BP 6).

Identifizierte Abweichungen werden zuverlässig und vollständig abgestellt. Hierzu spricht der Prüfer die Abweichungen mit den zuständigen Personen durch und vereinbart Maßnahmen zu deren Abstellung. Die Überwachung der Abstellung ist Aufgabe der Qualitätssicherung und geschieht in der Regel durch den Prüfer. Erfolgt die Abstellung nicht wie vereinbart, wird eskaliert (BP 6).

Darüber hinaus wird die Entstehungsursache von Nichtkonformitäten bzw. Abweichungen analysiert, um das erneute Auftreten zu verhindern. Zur Analyse, Korrektur und Vermeidung muss die Qualitätssicherung Informationen sammeln und auswerten. Typische Auswertungen sind Ursachenanalysen (»Was war der Grund?«) und statistische Analysen (»Was sind häufige Ursachen von Abweichungen?«). Daraus können dann Maßnahmen abgeleitet werden, um die Ursachen projektseitig oder organisationsseitig abzustellen. Typische Maßnahmen auf Organisationsebene sind z.B. Behebung von Know-how-Defiziten durch Schulungen oder Verbesserungen an Methoden, Prozessen, Tools, Templates, Checklisten etc. Maßnahmen auf Organisationsebene werden zweckmäßigerweise durch den Prozess PIM.3 (Prozessverbesserung) behandelt, Maßnahmen auf Projektebene können durch den Prozess SUP.9 (Problemmanagement) behandelt werden.

In der Praxis lassen sich projektbezogene Maßnahmen an Prozessen im Projekt meist nur mit Organisationsunterstützung und/oder mittels organisationsweiter Maßnahmen durchführen. Die Praxis zeigt allerdings: Fehler wiederholen sich, die Lernkurve neuer Projekte beginnt häufig wieder von vorne und hilfreiche Maßnahmen im Vorgängerprojekt sind im neuen Projektteam und unter anderen Randbedingungen wieder vergessen.

BP 6: Setze einen Eskalationsmechanismus um. *Richte einen Eskalationsmechanismus gemäß der QS-Strategie ein, der sicherstellt, dass die Qualitätssicherung Probleme an die geeignete Managementebene und andere Stakeholder zwecks Lösung eskalieren kann, und erhalte diesen aufrecht.*

Falls Abweichungen nicht abgestellt oder im Projekt selbst nicht gelöst werden können, muss das Management informiert werden, um die Lösung zu unterstützen oder herbeizuführen. Dazu gehört u.a.:

---

61. Typischerweise in Level-3-Organisationen, dort oft als EPG (Engineering Process Group) bezeichnet.

- Festlegung/Beschreibung von Eskalationsmechanismen/-stufen (bis zum Topmanagement)
- Nachweis, dass Eskalationsmechanismen funktionieren
- Definition der Verantwortung und Befugnisse der einzelnen Eskalationsstufen (Adressat/Absender)

Das Management muss (gemäß Prozessergebnis 6) sicherstellen, dass eskalierte Probleme gelöst werden.

Hinweise für Assessoren

Lediglich ein Organigramm als Nachweis des Eskalationspfades reicht in den meisten Fällen nicht aus, es sei denn, die betreffende Organisation ist sehr klein. Im Assessment sind daher, wenn möglich, geeignete stichprobenartige Nachweise beizubringen, dass der Eskalationsmechanismus funktioniert. Das kann z.B. Schriftverkehr sein, notfalls auch aus anderen Projekten.

Häufig kommt es vor, dass eskalierte Probleme über mehrere Monate nicht gelöst werden. Wenn das Management hier nicht nachweislich Maßnahmen ergreift, ist der Zweck des Prozesses nicht erfüllt.

2.14.3 Ausgewählte Arbeitsprodukte

08-13 Qualitätssicherungsplan

Der Qualitätssicherungsplan enthält die in BP 1 aufgeführte QS-Strategie sowie die üblichen planerischen Elemente.

Beispielhafter Aufbau eines Qualitätssicherungsplans

1. Geltungsbereich
2. Zuständigkeit und Befugnisse des QS-Personals
3. Benötigte Ressourcen
4. Budgetierung der QS-Aktivitäten
5. Qualitätssichernde Maßnahmen und Zeitplan
6. Bei den Prüfungen zugrunde zu legende Normen und Verfahren
7. Verfahren zur Behandlung von Abweichungen (inklusive Eskalation zum Management)
8. Zu erstellende Dokumentation
9. Art und Weise des Feedbacks an das Projektteam
10. Berichtswesen

13-07 Problemaufzeichnung

Siehe bei SUP.9. Problemaufzeichnungen können eingesetzt werden, um die festgestellten Abweichungen zu dokumentieren. Manchmal werden die Problemaufzeichnungen mit den Qualitätsaufzeichnungen kombiniert (siehe WP-ID 13-18).

13-18 Qualitätsaufzeichnung

Die Qualitätsaufzeichnung dient dazu, die Prüfmaßnahmen zu dokumentieren, die Abbildungen 2–18 und 2–19 zeigen ein Beispiel eines solchen Berichts. Manchmal werden darin auch die Inhalte der Problemaufzeichnungen und die Auflistung der Korrekturaktionen in Listenform festgehalten.

QS-Konformitätsprüfung	
Projekt:	
Datum der Prüfung:	
Objekt der Prüfung:	
Reviewer:	
Teilnehmer:	
Ergebnisse:	
O Abweichungen (ja/nein):	
O Anzahl von Abweichungen:	
Status der Maßnahmenabarbeitung:	
Zusammenfassung der Ergebnisse:	

Abb. 2–18 *Beispiel einer Qualitätsaufzeichnung (Titelseite)*

Abweichungen und Maßnahmen										
ID	Evaluiertes Objekt	Gesamteindruck	Anzahl Abweichungen	Abweichungen im Einzelnen	Maßnahmen-ID	Maßnahme im Detail	Wann wurde Maßnahme initiiert	Verantwortung für Maßnahme	Zieldatum	Bearbeitungsstatus, Kommentare

Abb. 2–19 *Schema einer Qualitätsaufzeichnung (Maßnahmenseite)*

14-02 Liste der Korrekturaktionen

Durch die Auflistung der Korrekturaktionen sollen die in den Problemaufzeichnungen adressierten Punkte einer Lösung zugeführt werden, d. h., sie müssen Verantwortliche, Korrekturaktion, Termine (Datum von Eröffnung und Abschluss der Korrekturmaßnahme), Status und nachfolgende Überprüfungen spezifizieren. In der Praxis werden diese Angaben oft in der Qualitätsaufzeichnung (s. o.) direkt festgehalten.

Hinweise für Assessoren

Bei diesem Prozess ist insbesondere zu prüfen:

- ob ausreichend Prüfungen eingeplant wurden,
- ob geplante Prüfungen auch tatsächlich stattgefunden haben,
- ob die Prüfergebnisse dokumentiert wurden,
- ob Maßnahmen genügend zeitnah definiert wurden,
- ob Maßnahmen tatsächlich erfolgreich durchgeführt und abgenommen wurden,
- ob adäquate Berichtsaktivitäten vorliegen,
- ob Eskalationen zur Lösung von Problemen führten.

2.14.4 Besonderheiten Level 2

Zum Management der Prozessausführung

Die Planung der Qualitätssicherungsaktivitäten erfolgt im Wesentlichen im Qualitätssicherungsplan, wobei einzelne Prüfaktivitäten und deren Termine und durchführende Personen zusätzlich auch in anderen Plänen abgebildet sein können. Die Verfolgung der Aktivitäten geschieht typischerweise auf drei Ebenen:

- Der Projektleiter oder die von ihm beauftragten Personen verfolgen und steuern alle QS-Aktivitäten mit Ausnahme der Prozesskonformitätsprüfungen[62].
- Prozesskonformitätsprüfungen werden in der Regel durch unabhängiges QS-Personal durchgeführt. Die Überwachung, dass diese in ausreichender Zahl und auf ordnungsgemäße Weise durchgeführt werden, obliegt daher typischerweise einem Linienvorgesetzten der Qualitätssicherung.
- In der Verantwortung des Managements liegt es, den Qualitätsstatus des Projekts insgesamt zu verfolgen, z.B. durch Kennzahlen und Diagramme im Rahmen regelmäßiger Statusberichte.

»Qualitätssicherung der Qualitätssicherung«

Auf Level 2 wird durch GP 2.2.4 eine Art »Qualitätssicherung der Qualitätssicherung« implementiert. Konkret bedeutet dies, dass die Implementierung und Wirksamkeit des Prozessses periodisch auditiert wird. Hierzu werden zentrale Arbeitsprodukte von SUP.1 wie z.B. der Qualitätssicherungsplan oder Stichproben von Abweichungsberichten durch eine unabhängige Stelle untersucht, z.B. durch externe Auditoren oder durch Personen aus der QS-Organisation, die genügend Distanz zur operativen Ebene von SUP.1 besitzen.

62. Da die Projektleitungstätigkeit selbst von Prozesskonformitätsprüfungen betroffen ist.

2.15 SUP.2 Verifikation

2.15.1 Zweck

Zweck des Prozesses ist es, zu bestätigen, dass jedes Arbeitsprodukt eines Prozesses oder Projekts den spezifizierten Anforderungen entspricht.

Verifikation wird in der Fachwelt üblicherweise als ein entwicklungsphasenspezifischer Prozess verstanden (vgl. z.B. [Spillner & Linz 2012]), in dem die Korrektheit und Vollständigkeit von Arbeitsprodukten dieser Phase im Hinblick auf die direkten Vorgaben[63] an das jeweilige Arbeitsprodukt geprüft werden. So wird z.B. bei der Verifikation einer Softwarekomponente schwerpunktmäßig gegen deren Designvorgaben und gegen Programmierrichtlinien geprüft. Verifikation beantwortet also sozusagen die Frage »Baue ich das System richtig?«, d.h., entspricht es der Vorgabe?

Validierung hingegen beantwortet die Frage »Baue ich das richtige System?«, d.h., ist es geeignet für die vorgesehene Nutzung? Es wird also geprüft, ob ein System für seinen Einsatzzweck tauglich ist. Dies geschieht in erster Linie durch eine Erprobung des Systems in der Praxis und in zweiter Linie durch Prüfung gegen die Kunden- und Systemanforderungen.

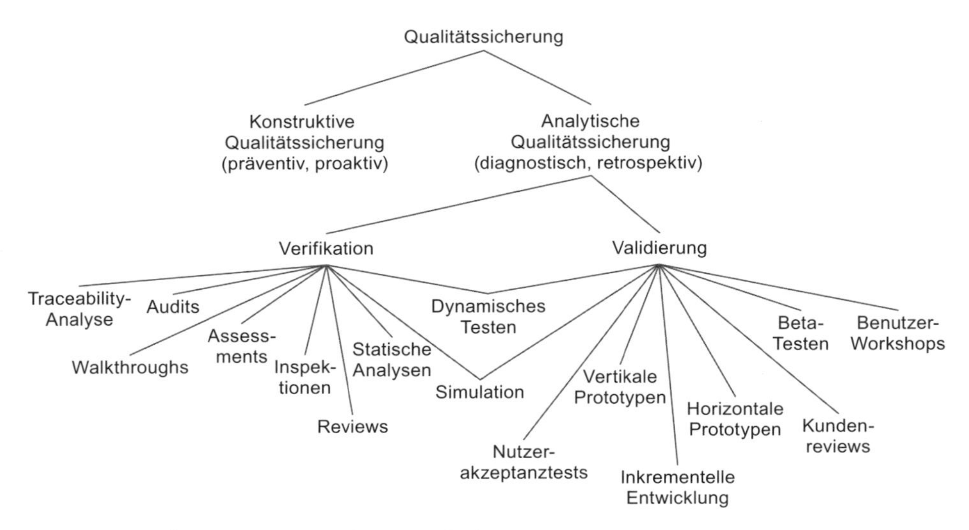

Abb. 2–20 *Überblick Qualitätssicherungmethoden*

Die meisten gängigen Prüfmethoden können in der Praxis sowohl für Verifikations- als auch Validierungszwecke eingesetzt werden, haben jedoch klare Schwerpunkte:

63. Im Prozesszweck wird dies als »Anforderungen« bezeichnet. Gemeint sind jedoch Anforderungen im allgemeinen Sinne, nicht ausschließlich die ursprünglichen Kundenanforderungen.

- Für Verifikation werden hauptsächlich Reviews, Walkthroughs, die Tests auf den unterschiedlichen Ebenen und statische Codeanalysen eingesetzt.
- Für Validierung ist die vorherrschende Methode die praktische Erprobung, aber auch der Blackbox-Test oder verschiedene Spezialtests wie z.B. Stresstests, Performanztests, Lasttests werden eingesetzt. Auch Simulationen eignen sich für frühzeitige Validierung.

In Automotive SPICE sind Verifikations- und Validierungsaktivitäten bereits an zahlreichen Stellen beschrieben (vergleiche auch die Übersicht beim SUP.1-Prozess), u.a. bei den Engineering-Prozessen sowie in Prozessattribut PA 2.2. Der Verifikationsprozess SUP.2 geht in folgenden Punkten darüber hinaus:

1. SUP.2 beschreibt – über die oben genannten Maßnahmen hinaus – zusätzliche Maßnahmen, die parallel zur Entwicklung laufen, und führt für diese eine gemeinsame Planung und Koordinierung durch.
2. SUP.2-Aktivitäten besitzen einen gewissen Grad an Unabhängigkeit zu den Entwicklungsaktivitäten.

SUP.2 hängt, wie bereits erwähnt, eng mit dem Validierungsprozess[64] (ISO/IEC 15504-5 SUP.5) zusammen. Sowohl die einzusetzenden Prüfmethoden als auch die Prozessmethodik sind sehr ähnlich. Daher werden in vielen Prozessrealisierungen die Verifikations- und Validierungsaktivitäten eng koordiniert, beispielsweise durch einen gemeinsamen Verifikations- und Validierungsplan (»V&V-Plan«).

Verifikation ist ein inkrementeller Prozess, der sich durch das gesamte Projekt hindurchzieht, beginnend mit der Verifikation der Anforderungen. Es folgt dann die Verifikation der in den nachfolgenden Entwicklungsphasen entstehenden Arbeitsprodukte und verschiedener Prototypversionen des Produkts.

2.15.2 Basispraktiken

BP 1: Entwickle eine Verifikationsstrategie. *Entwickle und implementiere eine Verifikationsstrategie mit Verifikationsaktivitäten mit zugeordneten Methoden, Techniken und Tools, zu verifizierenden Arbeitsprodukten oder Prozessen, Grad der Unabhängigkeit für die Verifikation und Zeitplan für die Verifikationsaktivitäten.*

Anmerkung 1: *Die Verifikationsstrategie wird mittels eines Plans umgesetzt.*

---

64. Der Validierungsprozess SUP.5 wurde von der Automotive SIG nicht als automotive-spezifischer Prozess in Automotive SPICE umgesetzt. Sollte der Validierungsprozess in einem Assessment erforderlich sein, so kann der Prozess aus der ISO/IEC 15504-5 verwendet werden. (Allerdings findet sich in Automotive SPICE 3.0 kein Hinweis mehr, dass Prozesse aus der ISO/IEC 15504-5 verwendet werden können.)

Anmerkung 2: *Software- und Systemverifikation kann objektive Nachweise liefern, dass die Outputs einer bestimmten Phase des Softwareentwicklungslebenszyklus (z.B. Anforderungs-, Design-, Implementierungs-, Testphase) alle für diese Phase spezifizierten Anforderungen erfüllen.*

Anmerkung 3: *Verifikationsmethoden und -techniken können Inspektionen, Peer-Reviews (siehe auch SUP.4), Audits, Walkthroughs und Analysen beinhalten.*

SUP.2 lässt prinzipiell die einzusetzenden Verifikationsmethoden offen. Typische, in der Praxis eingesetzte Methoden sind z.B.:

- Testen
- Statische Codeanalyse
- Reviews, Inspektionen, Walkthroughs
- Simulation
- Traceability-Analyse
- Assessments[65], Audits

Die genannten Methoden eignen sich zum Teil für die Verifikation von Arbeitsprodukten, zum Teil für die Verifikation von zentralen, qualitätsrelevanten Prozessen (z.B. in Form von Konfigurationsaudits für den Konfigurationsmanagementprozess bzw. dessen Arbeitsprodukte), zum Teil für beides.

Jede der genannten Methodengruppen hat ihr eigenständiges Profil bezüglich der typischerweise damit zu findenden Defekte und der Einsatzbereiche und -zeitpunkte. Die Verifikationsstrategie sollte daher eine sinnvolle, gesamtheitliche Vorgehensweise mit Aktivitäten, assoziierten Methoden, den vorgesehenen Einsatzzeitpunkten im Lebenszyklusmodell und dem konkreten Zeitplan spezifizieren. Sie kann den gesamtheitlichen Rahmen für die in den SYS- und SWE-Prozessen geforderten Teststrategien bilden[66].

In der Praxis ist es nicht möglich und nicht sinnvoll, jedes Arbeitsprodukt zu verifizieren, es muss also eine sinnvolle Auswahl getroffen werden[67]. Bei dieser Auswahl kann eine Risikoabschätzung hinzugezogen werden, um z.B. kritische Systemteile einer Verifikation zu unterziehen. Ein wichtiges Kriterium ist auch, dass früh im Lebenszyklus erzeugte Arbeitsprodukte bevorzugt zu prüfen sind, da dadurch eine Kaskade von Folgefehler vermieden werden kann (z.B. durch Review von Systemanforderungen gegen die Kundenanforderungen). Wichtige Elemente der Strategie sind auch:

---

65. Assessments im allgemeinen Sprachgebrauch, nicht notwendigerweise eingeschränkt auf Assessments im Sinne von Automotive SPICE.
66. Die Teststrategien in Automotive SPICE sind auf den jeweiligen Testprozess fokussiert. Die Verifikationsstrategie ist dagegen frei in ihrer Methodenwahl und kann aus ganzheitlicher Sicht auf Synergieeffekte und Kosten-Nutzen-Unterschiede der Prozesse eingehen.
67. Dies steht leider im Gegensatz zu der unrealistischen Formulierung im Prozesszweck (»jedes Arbeitsprodukt«).

- Zu spezifizieren, welche Verifikationsmethoden in welchen Phasen des Projekts auf welches Arbeitsprodukt anzuwenden sind
- Die jeweilige Verifikationsumgebung (z.B. Testtreiber, Werkzeuge) zu spezifizieren
- Eine Priorisierung der Verifikationsaktivitäten vorzunehmen, falls aus Zeitgründen nicht alle durchgeführt werden können
- Bei inkrementeller Entwicklung die unterschiedliche Verifikationsintensität einzelner Inkremente (z.B. Testtiefe) festzulegen
- Festlegen, welche Nachweise bei den einzelnen Verifikationsmethoden zu erstellen/zu dokumentieren sind

Hinweise für Assessoren

In einem Assessment ist darauf zu achten, dass die vorhandene Strategie fortlaufend an die sich ändernden Randbedingungen des Projekts angepasst wird. Diese Anforderung ist in den Prozessergebnissen spezifiziert (somit verbindlich), wird jedoch in BP 1 nicht explizit angesprochen.

Bei der Verifikation wird in der Regel ein gewisser Grad der Unabhängigkeit[68] der Verifikations- von den Entwicklungsaktivitäten angestrebt. Man unterscheidet folgende Parameter (siehe hierzu auch [IEEE 1012]):

- **Technische Unabhängigkeit**
  Die Verifikationsaktivitäten werden von anderen Personen als den unmittelbar an der Entwicklung Beteiligten durchgeführt (auch als »Vier-Augen-Prinzip« geläufig). Der Vorteil ist die Vermeidung von »Betriebsblindheit«.
- **Organisatorische Unabhängigkeit**
  Die Verifikationsaktivitäten sind in einer separaten Organisationseinheit angesiedelt und stehen unter einer eigenen Leitung. Der Vorteil ist, dass Verifikation ohne Restriktionen oder Druck seitens der Entwicklung stattfinden kann.
- **Finanzielle Unabhängigkeit**
  Die Verifikationsaktivitäten verfügen über ein eigenes Budget, unabhängig von der Entwicklung. Der Vorteil ist, dass Verifikation zumindest nicht seitens der Entwicklung durch Budgetkürzungen bzw. -umwidmungen eingeschränkt werden kann.

Bezüglich dieser drei Parameter sind verschiedene Kombinationen möglich und üblich: von der klassischen Form (Unabhängigkeit bezüglich aller drei Parameter) bis hin zur eingebetteten Form, d.h., Entwicklung und Verifikation stehen unter einer gemeinsamen Leitung, besitzen ein gemeinsames Budget und einen gemeinsamen Pool von Personal.

68. Automotive SPICE macht hier keine konkreten Vorgaben, der Grad der Unabhängigkeit muss lediglich spezifiziert werden.

In der Automobilindustrie wird für die Verifikationsaktivitäten sehr spezifisches und detailliertes Know-how und Erfahrung benötigt. Es ist daher klar, dass viele dieser Aktivitäten entweder von den Entwicklern selbst oder von speziell ausgebildetem, erfahrenem Fachpersonal (z.B. Testteams, Reviewmoderatoren) durchgeführt werden. Der Unabhängigkeit sind hier also enge Grenzen gesetzt.

BP 2: Entwickle Kriterien für die Verifikation. *Entwickle die Kriterien für die Verifikation für alle erforderlichen technischen Arbeitsprodukte.*

Kriterien für die Verifikation geben an, welche Bedingungen erfüllt sein müssen, damit ein technisches Arbeitsprodukt (wie z.B. eine Softwarekomponente) als erfolgreich verifiziert angesehen werden kann. Sie sind abhängig vom Typ des jeweiligen Arbeitsprodukts und der einzusetzenden Verifikationsmethode. Die Kriterien ergeben sich aus den für das jeweilige Arbeitsprodukt zu erfüllenden Vorgaben. Diese Vorgaben sind in erster Linie durch Arbeitsergebnisse unmittelbar vorangegangener Entwicklungsphasen gegeben. Zum Beispiel sind die Kundenanforderungen Vorgaben für die Produktanforderungen, die Produktanforderungen Vorgaben für das Produktdesign, das Produktdesign Vorgabe für die Codierung etc. Aus einzuhaltenden Entwicklungsprozessen, aus geltenden Normen und gesetzlichen Anforderungen entstehen in der Regel weitere Kriterien für die Verifikation. Kriterien für die Verifikation bedürfen in der Regel noch weiterer Konkretisierung, z.B.:

- Jede Kundenanforderung muss sich in mindestens einer Produktanforderung niederschlagen.
- Bei der finalen Prüfung vor Freigabe von Anforderungsdokumenten, Systemarchitektur und Softwarearchitektur muss von den Entwicklern unabhängiges Personal beteiligt werden.
- Kriterien bezüglich Testfällen, z.B.:
  - Alle Inputs sind sowohl durch korrekte als auch inkorrekte Werte zu testen.
  - Alle Inputs sind sowohl durch Extremwerte als auch durch Normalwerte zu testen.
  - Testfälle sind so zu konstruieren, dass für alle Outputs sowohl Extremwerte als auch Normalwerte erzeugt werden.
  - Für jede Anforderung muss mindestens ein Testfall existieren.
  - Für jeden Menüpunkt muss mindestens ein Testfall existieren.
- Testabdeckungsmaße: Bei Whitebox-Tests sind bestimmte Vorschriften bezüglich der Vollständigkeit der Testfälle einzuhalten.
- Bei Reviews sind Checklisten zu verwenden.
- Bei der statischen Codeanalyse sind keine Warnungen zulässig, es sei denn, sie wurden explizit als zulässig spezifiziert.

BP 3: Führe die Verifikation durch. *Verifiziere die festgelegten Arbeitsprodukte gemäß der festgelegten Strategie und den entwickelten Kriterien, um zu bestätigen, dass die Arbeitsprodukte ihre festgelegten Anforderungen erfüllen. Die Ergebnisse der Verifikationsmaßnahmen werden protokolliert.*

Die jeweilige Verifikation wird gemäß der Strategie und den definierten Kriterien der Verifikation durchgeführt und die Ergebnisse werden protokolliert (siehe auch Exkurs »Testdokumentation« bei SWE.4 in Abschnitt 2.11.4). Das könnte beispielsweise bedeuten, dass ein schriftlicher und zusammenfassender Nachweis existiert, dass alle in einem Entwicklungszyklus veränderten Softwaremodule vollständig und unter der Verwendung der projektspezifischen Checklisten reviewt, entsprechende Ergebnisprotokolle erstellt und alle Befunde adäquat eingearbeitet wurden.

BP 4: Bestimme und verfolge Aktionen für die Verifikationsergebnisse. *Bei der Verifikation gefundene Probleme sollten an den Problemmanagementprozess (SUP.9) übergeben werden, damit die Probleme beschrieben, aufgezeichnet, analysiert, gelöst und bis zum Abschluss verfolgt werden und ein erneutes Auftreten verhindert wird.*

Bei der Verifikation ermittelte Probleme werden in einer Problemaufzeichnung festgehalten und einer systematischen Problembehebung zugeführt, idealerweise in Form eines Problemmanagementprozesses (siehe SUP.9), falls dieser implementiert ist. Genau genommen werden bei bestimmten Verifikationsmethoden (z.B. bei Tests) oft nicht direkt Defekte gefunden, sondern Abweichungen zwischen beobachtetem Verhalten und erwartetem Verhalten. Hier bedarf es häufig noch einer Ursachenklärung, ob dieses abweichende Verhalten tatsächlich auf einen Defekt zurückzuführen ist oder ob andere Gründe dafür vorliegen (z.B. Ungenauigkeiten der Spezifikation, Verfälschungen aufgrund der Testmethodik, Fremdeinflüsse in der Testumgebung durch mit dem getesteten Produkt verbundene Systeme wie z.B. Sensoren). Die Ursachenanalyse kann z.T. sehr aufwendig sein, z.B. wenn das abweichende Verhalten sporadisch auftritt und nicht zuverlässig reproduziert werden kann.

BP 5: Berichte die Verifikationsergebnisse. *Die Verifikationsergebnisse sollten an alle beteiligten Parteien berichtet werden.*

Die Information der beteiligten Parteien geschieht im einfachsten Fall direkt, wenn z.B. in einem Review der Autor des Arbeitsprodukts anwesend ist. Auf jeden Fall muss jede beteiligte Partei einen Bericht bzw. ein Protokoll über die Prüfergebnisse erhalten. Der Bericht kann verschiedene Formen annehmen (siehe Exkurs »Testdokumentation« bei SWE.4 in Abschnitt 2.11.4):

- **Für die Entwickler**
  Problembericht, Testprotokoll

- **Für die Projektleitung**
  Testabschlussbericht
- **Für den Kunden**
  Lieferdokumentation

2.15.3 Ausgewählte Arbeitsprodukte

13-07 Problemaufzeichnung

Siehe bei SUP.1

13-25 Verifikationsergebnis

Das Verifikationsergebnis ist die Dokumentation aller Verifikationsaktivitäten. Die Ergebnisse der Verifikation können beinhalten:

- Objekte, die die Verifikation bestanden haben
- Objekte, die die Verifikation nicht bestanden haben
- Objekte, die noch nicht verifiziert wurden
- Während der Verifikation erkannte Probleme
- Ergebnisse einer Risikoanalyse
- Empfehlung für Maßnahmen
- Schlussfolgerungen aus der Verifikation

14-02 Liste der Korrekturaktionen

Siehe bei SUP.1

19-10 Verifikationsstrategie

In der Verifikationsstrategie werden die Verifikationsmethoden, -verfahren und -tools für die Durchführung der einzelnen Verifikationsschritte und die Arbeitsprodukte bzw. die Prozesse, die der Verifikation unterliegen, beschrieben. Die Verifikationsstrategie sollte zur Abstimmung und Koordinierung der verschiedenen Methoden (Reviews, statische und dynamische Verifikation sowie die verschiedenen Teststufen) in den Software- und Systemprozessen dienen. Des Weiteren wird der Grad der Unabhängigkeit bei der Verifikation und ein Zeitplan für die Durchführung der Verifikationsaktivitäten angegeben. Es werden auch z.B. Kriterien für den Verifikationsbeginn, das Verifikationsende, den Verifikationsabbruch sowie für die Verifikationswiederaufnahme aufgeführt.

2.15.4 Besonderheiten Level 2

Zum Management der Prozessausführung

Planung und Verfolgung der Verifikationsaktivitäten richten sich danach, inwieweit diese durch Projektpersonal oder sonstiges Personal erfolgen. Bei den projektinternen Tätigkeiten erfolgt die Planung und Verfolgung mittels der im Projekt praktizierten Projektmanagementmethoden. Für projektexterne Tätigkeiten (z.B. in einer unabhängigen Testgruppe) wird ein separater Plan erstellt, eng mit dem Projektplan abgestimmt und durch projektunabhängiges Personal verfolgt.

Zum Management der Arbeitsprodukte

Aufgrund der großen Bedeutung der Verifikationsstrategie sollte insbesondere diese reviewt und unter Konfigurationsmanagement gestellt werden. Die Forderung, dass dies zu geschehen hat, könnte auf Projektebene (z.B. Projektmanagementplan, KM-Plan) oder beim Vorhandensein von Prozessen ebendort spezifiziert sein.

2.16 SUP.4 Gemeinsame Reviews

2.16.1 Zweck

Zweck des Prozesses ist es, mit den Stakeholdern ein gemeinsames Verständnis für den Fortschritt der Ziele der Vereinbarung aufrechtzuhalten und festzulegen, was getan werden sollte, um sicherzustellen, dass ein Produkt entwickelt wird, das die Stakeholder zufriedenstellt. Gemeinsame Reviews gibt es sowohl auf Projektmanagementebene als auch auf technischen Ebenen, sie werden während der gesamten Projektdauer durchgeführt.

Unter Review wird die Prüfung von Reviewobjekten (z.B. Entwicklungsergebnisse in Form von Dokumenten oder Code) gegenüber Vorgaben und gültigen Richtlinien durch geeignete Prüfer verstanden. Diese Prüfung hat das Ziel, Fehler, Schwächen und Lücken des Reviewobjekts aufzuzeigen, zu kommentieren und zu dokumentieren sowie den Reifegrad des Objekts festzustellen.

Der Begriff Review wird in Literatur und Praxis meist mit sehr unterschiedlichen Bedeutungen verwendet. Automotive SPICE geht nicht weiter auf die verschiedenen Reviewmethoden wie Inspektion, Walkthrough, »Schreibtischtest«, Peer-Review etc. ein. Als Referenz kann hierzu [IEEE 1028] herangezogen werden, weiterführende Informationen gibt es z.B. bei [Gilb 1993] und [Freedman & Weinberg 1990]. Neue praktische Erfahrungen sind bei [Rösler et al. 2013] zu finden.

Gerade in frühen Phasen eines Projekts stellen Reviews ein wirksames und kostengünstiges Mittel dar, um die Qualität von z.B. Konzepten oder Kundenanforderungen zu überprüfen und um ein gemeinsames Problemverständnis im Projekt zu erzeugen. In späteren Entwicklungsphasen werden dann Entwicklungsergebnisse wie Designdokumente, Code oder Testfälle in Reviews überprüft. SUP.4 adressiert die folgenden Reviews:

- **(Projekt-)Managementreviews**
  Eine systematische Untersuchung mit Managementbeteiligung (Projektmanagement oder Linienmanagement), eventuell auch mit Beteiligung von Kun-

denvertretern. Reviewobjekt ist dann meist der Projektstatus (Überprüfung des Projektfortschritts) oder es werden wichtige Entwicklungsergebnisse geprüft und abgestimmt.

- **Meilensteinreviews**
  Zu wichtigen Projektmeilensteinen werden der Projektstatus und die zu diesem Meilenstein fertigen Entwicklungsergebnisse gegen definierte Kriterien überprüft, typischerweise auch mit Managementbeteiligung (s. o.).
- **Technische Reviews**
  Überprüfung von Entwicklungsdokumenten durch Experten mit technischem Fokus. Überprüft werden laut SUP.4 z.B. die Auslastung von Hardwareressourcen, neue Anforderungen und der Einsatz von neuen Technologien und die damit verbundenen Entwicklungsergebnisse.

Reviews können mehr oder weniger aufwendig durchgeführt werden. Eine relativ aufwendige und nach strengen Regeln durchgeführte Form ist die »Inspektion«. Diese wird unter geplanter Leitung eines Moderators durchgeführt, erlaubt den Prüfern vorab eine Begutachtung des Reviewobjekts und trägt in der Inspektionssitzung nur die Ergebnisse zusammen (siehe auch [Gilb 1993]). Derartige Methoden werden manchmal als »formale Reviews« bezeichnet. Andere Methoden verzichten auf den ein oder anderen Bestandteil (z.B. keine Eingangsprüfung des Reviewobjekts durch den Moderator, keine Vorbereitungszeit der Prüfer, keine Sitzung, sondern nur schriftliche Kommentare) oder Aufwandstreiber (Verzicht auf Moderatorenrolle, geringere Anzahl von Prüfern, z.B. nur Autor plus Kollege). In jedem Fall müssen die durchzuführenden Schritte und Verantwortlichkeiten präzise definiert sein (im Reviewprozess) und ggf. unterstützende Materialien (z.B. Checklisten und Templates) zur Verfügung stehen.

Jede der genannten Formen hat ihre Berechtigung und besitzt Vor- und Nachteile. Durch langjährige Untersuchungen ist beispielsweise nachgewiesen, dass mittels Inspektionen die meisten Probleme gefunden werden. Inspektionen bieten sich daher für wichtige, zentrale Dokumente (wie z.B. Anforderungsdokumente, Architektur, Design) an. Bei in großer Anzahl durchgeführten kleinen Reviews (z.B. für Code) reicht vielleicht ein Peer-Review nur mit Autor und Kollege. In der Praxis verfügen die Unternehmen daher meistens über ein Spektrum von Reviewprozessen für verschiedene, festgelegte Einsatzzwecke.

Aus Sicht von Automotive SPICE ist allerdings darauf zu achten, dass Assessment-taugliche Nachweise von Reviews vorliegen. Empfehlenswert ist daher mindestens Folgendes:

- Planung, Identität der beteiligten Personen, das Vorgehen bezüglich Verteilung der Reviewobjekte, Termine etc. sind nachvollziehbar.
- Die Reviewergebnisse sind dokumentiert.
- Die Mängelbeseitigung ist nachweisbar.

2.16.2 Basispraktiken

BP 1: Bestimme die Reviewelemente. *Bestimme den Zeitplan, Umfang und die Teilnehmer von Managementreviews und technischen Reviews basierend auf den Projektbedürfnissen. Vereinbare alle notwendigen Ressourcen, um das Review durchzuführen (dies beinhaltet Personal, Ort und Einrichtungen). Lege Reviewkriterien fest für die Problemidentifizierung und -lösung sowie für die Einigung unter den Reviewern.*

Im Rahmen der Reviewplanung werden die Reviewobjekte, die Teilnehmer und die benötigten Ressourcen, der zeitliche Rahmen (z.B. Reviewphasen, d.h. notwendige Vorbereitungszeiten, maximale Dauer eines Reviews und Nachbereitungszeiten), Örtlichkeiten, eventuell notwendiges Referenzmaterial sowie geeignete Richtlinien (z.B. Reviewprozess, Checklisten) festgelegt.

Im Vorfeld des Reviews müssen auch die Reviewkriterien zusammengestellt werden, gegen die das Reviewobjekt geprüft wird. Reviewkriterien für die Problemidentifizierung geben an, in welchem Fall ein Problem vorliegt. Bei technischen Reviews können beispielsweise Defektklassen vorgegeben werden, wie schwerwiegende Defekte (»Majors«, z.B. inhaltliche Probleme) und geringfügige Defekte (»Minors«, z.B. Rechtschreibfehler). In diesem Fall geben die Reviewkriterien an, wie diese Klassen definiert sind. Außerdem muss definiert sein, wann genau ein Problem vorliegt (»Abweichung gegen was?«). Hierzu müssen Kriterien in Form von einzuhaltenden Vorschriften, Normen, Vorgabedokumenten, Kundenanforderungen, Prozessanforderungen (z.B. inhaltliche und strukturelle Anforderungen an Dokumente, die im Rahmen der Prozessausführung erzeugt werden) vorhanden sein. Empfehlenswert ist auch, diese Kriterien für die wichtigsten Reviewobjekte in Form von Checklisten zusammenzustellen.

Reviewkriterien für die Problemlösung spezifizieren, was zur Abstellung der Probleme getan werden muss, z.B. dass ein schwerwiegender Defekt in einem technischen Review binnen x Tagen vom Autor zu beheben ist und die Behebung vom Reviewmoderator zu überprüfen ist. Reviewkriterien für die Problemeinigung legen fest, wie der Einigungsprozess unter den Reviewer abläuft (z.B. Abstimmung oder Konsensbildung).

BP 2: Lege ein Verfahren fest zur Handhabung der Reviewergebnisse. *Lege ein Verfahren fest, um sicherzustellen, dass die Reviewergebnisse allen betroffenen Parteien zur Verfügung gestellt werden. Lege ein Verfahren fest, um sicherzustellen, dass im Review entdeckte Probleme gekennzeichnet und aufgezeichnet werden. Lege ein Verfahren fest, um sicherzustellen, dass ermittelte Aktionspunkte für eine Nachbehandlung aufgezeichnet werden.*

Diese sowie weitere Forderungen aus anderen Basispraktiken von SUP.4 werden normalerweise nicht individuell für jedes Projekt festgelegt, sondern zweckmäßigerweise organisationsweit geregelt in Form von Richtlinien oder Prozessbeschreibungen[69]. In einer Prozessbeschreibung können z.B. folgende Inhalte definiert sein:

- Rollen im Reviewprozess (in der Regel Reviewmoderator, Prüfer, Protokollant, Autor)
- Planungsinhalte des Reviews (Reviewobjekt, Termine und Ort, Prüfer, Prüfkriterien, Eingangs- und Ausgangskriterien für das Review)
- Reviewmethoden und die Durchführung des Reviews je Methode (individuelle Vorbereitung der Prüfer, Reviewsitzung, Vorgehen bei verteilten Reviews: Nutzung von z.B. Videokonferenzen, Einsatz von Checklisten etc.)
- Dokumentation der Reviewergebnisse (bestanden/ nicht bestanden, Mängelliste mit Aktionspunkten, nächste Schritte)
- Problemklassen (z.B. »Majors« für kritische Mängel, »Minors« für unkritische/formale Mängel) sowie Reviewkriterien zwecks Einordnung der Befunde in die Klassen: Wie ist der zeitliche Rahmen zur Abarbeitung einzelner Klassen (z.B. kritische Befunde werden sofort, unkritische im nächsten Stand behoben); ab welcher Anzahl von Befunden gilt ein Review als nicht bestanden und muss wiederholt werden, z.B. »ab drei kritischen Befunden«.
- Verteilung und Kommunikation der Reviewergebnisse
- Prüfung der Erledigung der Überarbeitung

Zusätzlich zu einem definierten Reviewprozess würde in einer Level-3-Organisation auch Folgendes zur Verfügung stehen:

- Begleitende Schulungen für Reviewleiter und Prüfer
- Unterstützende Templates für Einladung, Reviewprotokoll, Mängelliste etc.
- Checklisten mit den Reviewkriterien
- Unterstützung durch Experten in der Durchführung von Reviews

Abbildung 2–21 stellt einen beispielhaften Reviewprozess im Überblick dar.

69. Jedoch unterhalb von Level 3 nicht gefordert.

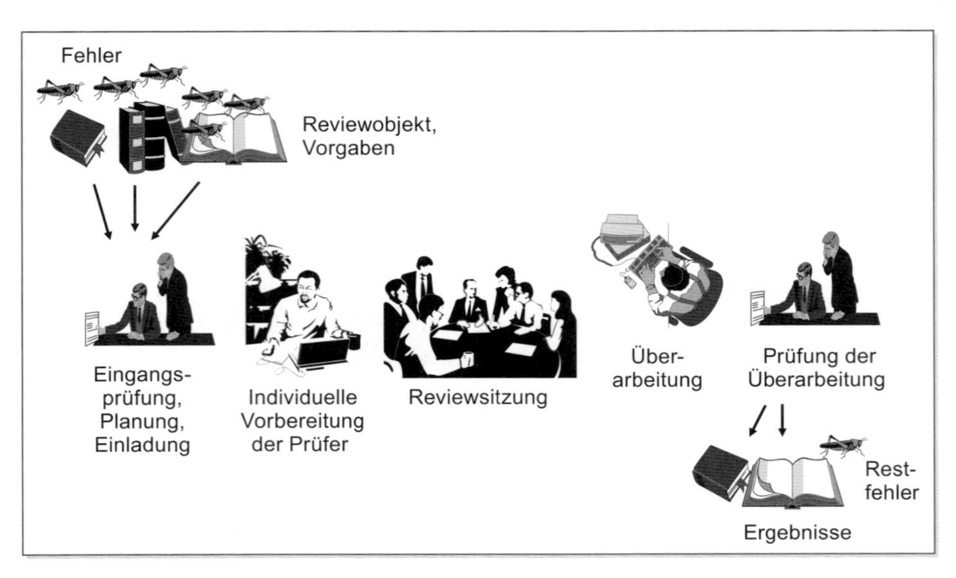

Abb. 2–21 *Beispiel eines Reviewprozesses*

BP 3: Bereite ein gemeinsames Review vor. *Sammle und plane das Reviewmaterial in Vorbereitung des Reviews, bereite das Reviewmaterial vor und verteile es, falls erforderlich.*

Anmerkung 1: *Die folgenden Punkte können adressiert werden: Umfang und Zweck des Reviews; zu reviewende Produkte und Probleme; Eingangs- und Ausgangskriterien; Agenda, Rollen und Teilnehmer; Verteilerliste; Verantwortlichkeiten; Ressourcen- und Einrichtungsanforderungen; zu nutzende Tools (Checklisten, Szenarien für perspektivenbasierte Reviews[70] etc.)*

Gemäß Reviewplanung werden die Reviewobjekte durch den Reviewleiter gesammelt und an die Prüfer verteilt. Je nach Erfordernis des Reviewprozesses prüft der Reviewleiter zumindest stichprobenhaft (Eingangsprüfung), ob die Reviewobjekte eine ausreichende Qualität besitzen, um das Review durchzuführen. Ist dies nicht der Fall, sagt er das Review ggf. im Vorfeld ab oder der Termin wird verschoben, um eine effiziente Durchführung zu ermöglichen.

BP 4: Führe die gemeinsamen Reviews aus. *Führe die Managementreviews und technischen Reviews wie geplant durch. Zeichne die Reviewergebnisse auf.*

Die Reviews werden gemäß Reviewplanung durchgeführt und die Ergebnisse werden dokumentiert (siehe Reviewaufzeichnungen, WP-ID 13-19). Neben allgemeinen Informationen wie Datum, Reviewobjekt, Teilnehmer und Ergebnis des Reviews müssen insbesondere die gefundenen Mängel festgehalten werden.

70. Bei perspektivenbasierten Reviews wird das Prüfobjekt aus unterschiedlichen Sichten geprüft. Dazu erhält jeder Prüfer ein Szenario, das seine Perspektive beschreibt (z.B. aus Sicht des Testingenieurs).

Automotive SPICE fokussiert auf die Identifizierung von Problemen. [IEEE 1028] spricht allgemeiner von »Anomalien«. Neben Problemen und Defekten werden in Reviews nämlich häufig auch offene Punkte, Unklarheiten und Verbesserungsvorschläge identifiziert. Auch diese sollten ebenfalls dokumentiert und nach dem Review behandelt werden.

Bei formalen Reviews besteht die eigentliche Reviewausführung meist aus zwei Schritten:

1. **Individuelle Vorbereitung der Prüfer**
   Die Prüfer bereiten sich einzeln vor und prüfen das Reviewobjekt – mit dem Ziel, so viele Mängel wie möglich zu finden. Je nach Methode und Prozess werden dazu die eingeplanten Hilfsmittel wie Checklisten und Szenarien eingesetzt.
2. **Reviewsitzung**
   Unter Moderation des Reviewmoderators werden die gefundenen Mängel besprochen – mit dem Ziel, die Mängel eindeutig und klar verständlich zu benennen, sodass der Autor diese später beheben kann. Die Mängel werden klassifiziert und ggf. priorisiert.

In der Theorie vieler Reviewmethoden sollen sich die Teilnehmer in der Reviewsitzung auf die Problemidentifikation beschränken. Lösungsdiskussionen sind aus der Reviewsitzung auszuschließen, um langwierige Reviewsitzungen zu vermeiden[71]. Es ist jedoch menschlich, dass man bei wichtigen Problemen gerne auch über mögliche Lösungen diskutiert. Daher ist es hilfreich, im Anschluss an die Reviewsitzung noch einen Termin zur Lösungsfindung für komplexere Probleme zu vereinbaren (z.B. eine halbstündige Brainstormingsitzung). Nach Durchführung des Reviews wird das Reviewergebnis festgelegt. Möglich sind z.B.:

- Review ohne Einwände bestanden
- Review bestanden, wenn die identifizierten Mängel bis zum ... behoben sind
- Reviewwiederholung notwendig

BP 5: Verteile die Ergebnisse. *Die Reviewergebnisse werden dokumentiert und allen betroffenen Parteien zur Verfügung gestellt.*

Die Reviewergebnisse werden allen betroffenen Parteien mitgeteilt. Dies kann Folgendes umfassen:

- Die Verteilung des ausführlichen Reviewprotokolls gemäß Verteiler (mindestens an alle Teilnehmer, ggf. auch an die Qualitätssicherung, Projektleitung und Teams, die vom überarbeiteten Reviewgegenstand betroffen sind[72])
- Die Verteilung einer Zusammenfassung an das Management[73]

---

71. Ein Erfahrungswert ist, dass eine Reviewsitzung die Dauer von zwei Stunden nicht überschreiten sollte, da ansonsten die Effektivität und Akzeptanz abnimmt.
72. Zum Beispiel muss das Testteam informiert werden über Änderungen, die sich aufgrund des Reviews eines Anforderungsdokuments ergeben, um Testfälle anzupassen.

BP 6: Bestimme Maßnahmen aufgrund der Reviewergebnisse. *Die Reviewergebnisse werden verteilt und analysiert. Lösungen für die Reviewergebnisse werden vorgeschlagen. Prioritäten für Maßnahmen werden bestimmt.*

Die Verteilung wurde bereits in BP 5 erläutert. Im Review wurde beschlossen, welche Mängel behoben werden müssen (siehe BP 4). Nun müssen der Reviewgegenstand überarbeitet und die Mängel abgestellt werden. Dies ist normalerweise Aufgabe des Autors, in diesem Zuge erfolgen auch die Analyse der Ergebnisse und die Erarbeitung von Lösungen. Eine Priorisierung geschieht bereits durch die Klassifizierung, ggf. können in der Reviewsitzung darüber hinaus explizite Prioritäten festgesetzt werden.

BP 7: Verfolge Maßnahmen bezüglich der Reviewergebnisse. *Verfolge die Maßnahmen zur Abstellung der im Review entdeckten Probleme bis zum Abschluss.*

Nach erfolgter Mängelbehebung (siehe BP 6) sollte überprüft werden, ob die identifizierten Mängel auch tatsächlich behoben sind. Dies geschieht, je nach Vorgaben des Reviewprozesses, z. B. durch den Reviewmoderator oder durch den Autor selbst.

BP 8: Identifiziere Probleme und zeichne sie auf. *Ermittle die in den Reviews entdeckten Probleme und zeichne diese gemäß den festgelegten Verfahren auf.*

Die Aufzeichnung der in Reviews identifizierten Probleme wurden bereits in BP 4 und BP 5 beschrieben. Darüber hinaus kommt ggf. eine Aufzeichnung auf Organisationsebene für Zwecke der Prozessverbesserung infrage.

2.16.3 Ausgewählte Arbeitsprodukte

13-19 Reviewaufzeichnungen

Neben allgemeinen Informationen wie Datum, Reviewobjekt, Teilnehmer, Ergebnis des Reviews[74] und Aufwand müssen insbesondere die gefundenen Mängel festgehalten werden. Dazu bietet sich ein sogenanntes Review Log an (siehe Abb. 2–22). Des Weiteren sollten auch im Review ggf. ermittelte Verbesserungsvorschläge aufgezeichnet werden. Bei mehr informellen Reviewmethoden wird manchmal auf ein Review Log verzichtet. Wenn es in diesem Fall z. B. handschriftliche Aufzeichnungen der Reviewergebnisse gibt (z. B. Notizen auf einem Ausdruck des Reviewgegenstands), so sollten diese als Nachweis aufbewahrt werden.

73. Je nach Kultur des Unternehmens kann die Verteilung an das Management auch problematisch sein, wenn daraufhin Leistungsbeurteilungen vorgenommen werden und dadurch Ängste bei den Entwicklern entstehen. In der Folge werden Probleme nicht mehr zugegeben, Streitereien in Reviewsitzungen entstehen und aufwendige »Privat-Reviews« vor dem eigentlichen Review werden veranstaltet.
74. Mögliche Ergebnisse sind z. B. »Review ohne Einwände bestanden«, »Review bestanden, wenn die identifizierten Mängel bis zum ... behoben sind« oder »Reviewwiederholung notwendig«.

Für Design- und Codereviews empfiehlt sich der Einsatz von Reviewtools (wie z.B. Gerrit, Crucible oder GitLab), die in die Entwicklungsumgebung voll integriert sind.

Review Issue Log

Objekt:	
Version:	
Reviewer:	
Datum:	

#	Dokumentname – Referenz	Wo (Seite/ Kapitel/Zeile)	Issue Schwere	Issue Typ	Checkliste	Kurze Beschreibung des Issues	Weitere Kommentare	Issue-Bewertung durch Autor
1								
2								
3								
4								
5								
6								
7								
8								
9								
10								
11								

Legende	Beschreibung
Dokumentname – Referenz	Der Name des Dokuments
Wo (Seite/Kapitel/Zeile)	Zu welchem Teil des Dokuments ist die Bemerkung.
Issue Schwere	Maj: Major Min: Minor
Issue Typ	V: Verbesserungsvorschlag ?: Frage an Autor F: Fehler
Checkliste	Verweis auf Checkpunkt der vewendeten Checkliste
Kurze Beschreibung des Issues	Worum geht es?
Weitere Kommentare	Weitere Kommentare – Verbesserungsvorschläge, Änderungsvorschläge, Klärungsbedarf
Issue-Bewertung durch Autor	Kommentar, welche Bemerkungen/Klassifizierungen wurden bei der Analyse des Issues gemacht

Abb. 2–22 *Beispielstruktur eines Review Log*

2.16.4 Besonderheiten Level 2

Zum Management der Prozessausführung

Die Planung von Reviews erfolgt auf zwei Ebenen:

- **Auf Projektebene**
  Pro Projekt wird festgelegt, welche Reviews durchzuführen sind. Die Reviews sind dann z.B. im Terminplan des jeweiligen Projekts enthalten. Bei umfangreichen Projekten mit vielen Reviews wird ggf. auch ein gesonderter Reviewplan erstellt.
- **Pro Review**
  Geplant werden pro Review die Reviewobjekte, die Teilnehmer und die benötigten Ressourcen, der zeitliche Rahmen, Örtlichkeiten, das Referenzmaterial sowie geeignete Richtlinien (Reviewprozess, Checklisten).

Zum Management der Arbeitsprodukte

Die Anforderungen von Prozessattribut PA 2.2 gelten insbesondere für die Reviewplanung auf Projektebene sowie die Reviewaufzeichnungen. Wie bei BP 7 beschrieben, sollte nach einem Review überprüft werden, ob die identifizierten Mängel auch tatsächlich behoben sind.

2.17 SUP.8 Konfigurationsmanagement

2.17.1 Zweck

Zweck des Prozesses ist es, die Integrität[75] aller Arbeitsprodukte eines Prozesses bzw. eines Projekts herzustellen, aufrechtzuerhalten und diese allen betroffenen Parteien zur Verfügung zu stellen.

Beim Konfigurationsmanagement (KM) hat das Konfigurationsmanagementsystem eine zentrale Bedeutung. Dies ist für gewöhnlich eine Kombination aus mehreren Werkzeugen, die die physische Speicherung und Handhabung unterstützen, und den damit verbundenen Regeln (Vorschriften, Prozesse, Konventionen, z. B. für Änderungsmanagement, Versionierung oder Zugangsbeschränkung). Je weniger Möglichkeiten die Werkzeuge bieten, umso mehr muss dies durch entsprechende Regeln unterstützt werden.[76]

Bei der gleichzeitigen Entwicklung in verschiedenen Disziplinen (System, Hardware, Mechanik, Software etc.) liegt immer eine heterogene Werkzeugumgebung vor: Für Software wird meistens eines der üblichen KM-Werkzeuge eingesetzt. Werkzeuge für mechanische Konstruktion (CAD) und Leiterplattenlayout enthalten normalerweise ein eigenes Versionierungssystem. Stücklisten werden z. B. über SAP verwaltet. Oft wird eine Reihe von Dokumenten (z. B. Projektterminpläne, Protokolle) absichtlich nicht in einem KM-Werkzeug gehalten, sondern auf einem Dateisystem z. B. unter Windows abgelegt[77]. Der Grund dafür ist typischerweise, dass nicht alle Projektbeteiligten Zugriff auf ein KM-Werkzeug haben oder nicht in der Nutzung geschult sind.

Diese Konstellation macht das Konfigurationsmanagement schwieriger als in einem reinen Softwareprojekt: Die Organisation muss eine Systematik schaffen, die es erlaubt, zu bestimmten Zeitpunkten (z. B. Liefertermine von Prototypen) die einen Entwicklungsstand umfassenden Konfigurationselemente (z. B. Dokumente, Codemodule, Daten, Entwicklungsumgebungen) als zusammengehörig zu kennzeichnen (eine sog. Baseline). Dies kann dadurch erfolgen, dass in jedem der Werkzeuge eine lokale Baseline erzeugt wird und die Zusammengehörigkeit z. B. in einer Tabelle spezifiziert wird. In der Praxis sind oft Schwächen bei der Koordination der Disziplinen anzutreffen.

---

75. Integrität bedeutet umgangssprachlich Unversehrtheit und Vollständigkeit. Unter Datenintegrität versteht man in der Informatik Korrektheit und Konsistenz (Widerspruchsfreiheit). Nach [IEEE 610] wird unter Integrität das Verhindern von unerlaubtem Zugriff und unerlaubter Änderung von Daten verstanden.
76. Bei der Ablage auf einem Dateisystem fehlt z. B. die automatische Versionierung. Die Versionierung wird dann manuell vorgenommen nach genau festgelegten Regeln.
77. Dieses Verfahren ist wegen der Fehleranfälligkeit nicht empfehlenswert und wird von manchen OEMs in Assessments nicht akzeptiert.

Hinweise für Assessoren

Beim Assessieren der Basispraktiken sollte auf Folgendes geachtet werden:

- Falls es verschiedene Disziplinen im Projekt gibt (System, Hardware, Mechanik, Software etc.), existiert dann ein überzeugendes Konzept für ein werkzeugübergreifendes KM?
- Ist die grundsätzliche Auswahl der KM-Elemente ausreichend, um eine vollständige Baseline erstellen zu können? Das heißt, kann man einen Entwicklungsstand verstehen und ggf. vollständig rekonstruieren? (Oft fehlen z.B. Dokumentation zu Anforderungen, Design, Projektmanagement, Test etc.)
- Werden Änderungen nachvollziehbar dokumentiert?
- Finden Konsistenzprüfungen der einzelnen KM-Elemente und Baselines (zumindest vor Auslieferungen) statt?

Es sollte auf jeden Fall Einblick in das KM-Werkzeug genommen werden und dabei u.a. stichprobenartig die Nachvollziehbarkeit von Änderungshistorien begutachtet werden.

Weiterführende Informationen findet man im IEEE Standard for Configuration Management in Systems and Software Engineering [IEEE 828], der z.B. auch von Volkswagen von seinen Lieferanten gefordert wird.

2.17.2 Basispraktiken

BP 1: Entwickle eine Konfigurationsmanagementstrategie[78]*. Entwickle eine Konfigurationsmanagementstrategie inklusive:*

- *Verantwortlichkeiten und Ressourcen*
- *Werkzeuge und Archive*
- *Definition der Konfigurationselemente und ihre Namenskonvention*
- *Zugriffsrechte*
- *Historie der Konfigurationselemente und Baselines inklusive:*
  - *verpflichtende und optionale Baselines*
  - *Namenskonventionen*
  - *Methoden für Branching (Verzweigungen), Merging und Erzeugung von Baselines und Verfahren für ihre Freigabe/Genehmigung*

Anmerkung 1: *Die Konfigurationsmanagementstrategie unterstützt typischerweise die Handhabung von Produkt- und Softwarevarianten, die durch verschiedene Sätze von Kalibrierungsparametern*[79] *oder durch andere Ursachen entstehen können.*

---

78. Anmerkung: Auf Level 1 werden durch diese Basispraktik bereits grundlegende Planungselemente gefordert, während auf Level 2 mit den generischen Praktiken von Prozessattribut PA 2.1 weitere hinzukommen.
79. Kalibrierungsparameter (im Modell ansonsten als »Applikationsparameter« bezeichnet) erlauben es, nach der Erzeugung der Software deren Verhalten zu beeinflussen. Sie sind auf Flash-Speichern abgelegt und können z.B. durch Applikation während der Versuchsfahrten geändert werden oder im Werk bei der Bandendeprogrammierung zur Variantencodierung genutzt werden.

Zur Konfigurationsmanagementstrategie gehört die prinzipielle Vorgehensweise bezüglich Konfigurationsmanagement (KM), d.h. die Aktivitäten und deren Zeitpunkte, wie z.B.:

- Ab wann wer was (d.h. welche KM-Elemente) unter KM zu stellen hat (z.B. ab welchem Meilenstein oder welchem Reifegrad des Konfigurationselements).
- Wie KM-Elemente eindeutig identifiziert werden können, z.B. über eine geeignete Namenskonvention inklusive definierter Ablagestruktur.
- Welche KM-Werkzeuge zum KM-System gehören und wie die Zugriffsrechte jeweils dafür festgelegt werden.
- Wie Baselines benannt und erzeugt werden; dies ist insbesondere wichtig bei heterogenen Werkzeugumgebungen (vergleiche den einführenden Abschnitt), wenn z.B. eine Baseline werkzeugübergreifend in einer Tabelle spezifiziert wird.
- Wie Varianten des Produkts und Verzweigungen der Software gehandhabt werden.
- Wie Integrationen durch KM unterstützt werden.
- Welche Schritte notwendig sind, um Produktversionen mithilfe des KM-Werkzeugs zu erstellen.
- Wie Freigaben im Zusammenhang mit Auslieferungen erfolgen (d.h., ob das Produkt die richtigen Bestandteile enthält, ob z.B. die vorgeschriebenen Tests durchgeführt wurden, durch wen und wie die Autorisierung zur Auslieferung erfolgt etc.).

Die Ergebnisse werden üblicherweise in einem KM-Plan dokumentiert.[80]

BP 2: Bestimme die Konfigurationselemente. *Bestimme und dokumentiere die Konfigurationselemente (KM-Elemente) gemäß der Konfigurationsmanagementstrategie.*

Anmerkung 2: *Konfigurationsmanagement wird typischerweise angewendet auf Produkte, die an den Kunden ausgeliefert werden, ausgewählte interne Arbeitsprodukte, erworbene Produkte, Werkzeuge und andere KM-Elemente, die für die Erstellung und Beschreibung dieser Arbeitsprodukte benutzt werden.*

KM-Elemente sind die Elemente (z.B. Dateien), die unter KM gestellt werden. Was alles unter KM gestellt werden soll, wird im KM-Plan spezifiziert. Dabei wird natürlich nicht jede einzelne Datei, sondern nur der Dateityp und eventuell Namenskonventionen festgelegt (also z.B. Sourcecode mit <SW-Modul-Name> <Variante>.c und nicht Codefile xyz).

Meistens werden nicht alle Arbeitsprodukte unter KM gestellt, sondern nur eine definierte und dokumentierte Auswahl. Diese Auswahl muss so getroffen werden, dass eine qualifizierte Baselinebildung (siehe BP 6) möglich ist, d.h., dass auch tatsächlich alle einen Entwicklungsstand beschreibenden Elemente (Anforde-

80. Der KM-Plan enthält normalerweise noch weitere Planungselemente, die aber in dieser BP nicht gefordert werden, sondern erst auf Level 2.

	A	B	C	D	E	F	G	H	I	J	K	L
1	Configuration item Description Delete entry	File type	Owner [rule] HSW Mainstream Responsible [HSW-MR], SW Group Responsible [SW-GR]	Type of CM central [file server, CVS]	Project-type: Plattform-management [PM], Customer Projects [C]	Development Baseline	Application Baseline	SW Group Baseline	CM repositories Location or Link	Baseline Completness Check	Remarks	Source
2	Software group: Configuration											
3	Plattform SW Reference Project Configuration		Plattformleiter	CVS	PM	X	X		Location: ...\Projects...			CM
4	...											
5	Projectspecific documents											
6	Project Plan	.mpp	Projektleiter	CVS	C				Folder: ...\Mainstream\...			PP
7	Meeting Minutes	.xls	Gruppenleiter	file Server	C				Folder: ...\General\Meeting\Protokolle...			PP, PMC
8	Open Topic List(s)	.xls	Projektleiter	file Server	C				Folder: ...\Genral...			PP, PMC
9	Risk List	.xls	HSW-MR	file Server	C				Folder: ...\Genral\...			PP, PMC
10	Project Quality Plan	.doc, .pdf	QA	CVS	C				Folder: ...\Mainstream\Project Handbook\...			PP, PMC
11	Test Documentation/Test Results	.doc, .pdf, .xls, .txt, .html	Testverantwort-licher	CVS	C	X	X	X				VER

Abb. 2–23 *Auszug aus einer realen Liste von KM-Elementen*

rungs- und Designdokumente, Entwicklungs- und Testumgebungen, Änderungsanträge, Testfälle, Testdokumentation, evtl. wichtige Zwischenarbeitsprodukte etc.) im KM-System vorhanden sind und zur Baselinebildung zur Verfügung stehen. Damit können einzelne Entwicklungsstände jederzeit vollständig reproduziert werden, sozusagen »per Knopfdruck«. Entwicklungsstände sind sowohl solche mit internem Charakter als auch die, aus denen Auslieferungen an den Kunden resultieren.

Ein Negativbeispiel ist, dass nur Code unter KM gestellt wird, nicht aber die sonstigen zugehörigen Dokumente und Dateien (s.o.). Abbildung 2–23 zeigt ein Beispiel aus einer realen Liste von Konfigurationselementen.

BP 3: Richte ein Konfigurationsmanagementsystem ein. *Richte ein Konfigurationsmanagementsystem gemäß der Konfigurationsmanagementstrategie ein.*

Wie bereits beschrieben hat das Konfigurationsmanagementsystem (KM-System) eine zentrale Bedeutung, um effizient Konfigurationsmanagement durchführen zu können. Je weniger Automatisierung, desto höher ist im Allgemeinen der Aufwand für den KM-Verantwortlichen, um z.B. die Korrektheit und Vollständigkeit von Baselines oder die Einhaltung von manueller Versionierung auf einer Dateiablage zu überprüfen. Weitere wichtige Aspekte eines KM-Systems sind die Unterstützung einer verteilten Entwicklung bzw. die Kopplung unterschiedlicher KM-Systeme zwischen Lieferanten und OEMs. Bei einer verteilten Entwicklung ist auf jeden Fall ein gemeinsam nutzbares KM-Werkzeug notwendig. Zu beachten ist dabei jedoch, wie auch bei der Kopplung der KM-Systeme zwischen Lieferant und OEM, der Zugriffsschutz. Für ein gemeinsames KM-System sind folgende Fragen wichtig:

- Wer darf auf welche KM-Elemente, z.B. auf den Sourcecode oder auf Projektplanungsdokumente, prinzipiell zugreifen?
- Wie ist die Rolle des Systemadministrators besetzt und welche Rechte hat er?
- Ist die Geschwindigkeit und Verfügbarkeit ausreichend?
- Wie wird das gemeinsame Arbeiten synchronisiert (Sperrmechanismen, Semaphore)?

Bei ungekoppelten KM-Systemen sind zumindest die folgenden Fragen zu beantworten:

- Wann wird was ausgetauscht?
- Wo liegt der Master für welche KM-Elemente?
- Gibt es übergreifende Baselines und wie werden diese gebildet bzw. behandelt?
- Wie fließen die ausgetauschten Informationen/Dateien in das lokale KM-System ein?
- Wie wird sichergestellt, dass Änderungen konsistent (ggf. in lokalen Kopien) eingearbeitet werden?
- Und ebenso wie bei einem gemeinsamen KM-System: Wie wird das gemeinsame Arbeiten synchronisiert (Sperrmechanismen, Semaphore)?

Bei beiden Ansätzen ist ggf. eine Strategie für Verzweigungen (siehe BP 4) zu berücksichtigen.

BP 4: Entwickle eine Strategie für das Verzweigungsmanagement[81]. *Entwickle, wenn notwendig, eine Verzweigungsmanagementstrategie für parallele Entwicklungstätigkeiten an den gleichen Objekten.*

Anmerkung 3: *Die Verzweigungsmanagementstrategie legt fest, in welchen Fällen Verzweigungen zulässig sind, ob eine Autorisierung dafür erforderlich ist, wie Zweige zusammengeführt werden und welche Aktivitäten dabei erforderlich sind, um sicherzustellen, dass alle Änderungen konsistent und ohne Schäden an anderen Änderungen oder an der Originalsoftware integriert werden.*

Es gibt Fälle, in denen parallele Entwicklungen an ein und demselben KM-Element stattfinden, z.B. wenn mehrere Entwickler an einer Codekomponente gleichzeitig arbeiten. Dies geschieht häufig, wenn Entwickler parallel weiterentwickeln und Fehler beheben. Die Entwickler arbeiten dann an physisch getrennten Kopien des ursprünglichen Konfigurationselements, d.h. an einer Abzweigung bzw. an einem Zweig (ein sog. »Branch«) vom Stamm des KM-Elements. Abschließend müssen die Änderungen wieder zusammengeführt werden (sog. »Merging«). Die Merging-Funktionalität verhindert allerdings nicht, dass sich durch die Parallelentwicklung Fehler eingeschlichen haben können. In solchen Fällen bestehen erhöhte Anforderungen an die Qualitätssicherung des betreffenden Konfigurationselements. Die Strategie könnte daher beispielsweise vorschreiben, dass nach erfolgtem Merging ein Review durch die betroffenen Entwickler stattzufinden hat.

Es sollte also festgelegt werden, ob und in welchen Fällen Verzweigungen erlaubt sind, wie die Kopien des Konfigurationselements benannt und versioniert werden, wie die Zusammenführung geschieht, welche Verifikationsschritte (z.B. Reviews, Tests) erforderlich sind und wie das Zusammenspiel mit den Baselines ist. Leistungsfähige KM-Werkzeuge in Softwareentwicklungsumgebungen unterstützen Verzweigungen durch automatische Versionierung und automatische Zusammenführung, wobei auch Konflikte aufgezeigt werden.

BP 5: Steuere Änderungen und Releases[82]. *Richte Verfahren für die Steuerung der Konfigurationselemente entsprechend der Konfigurationsmanagementstrategie ein und steure Änderungen und Freigaben mithilfe dieser Verfahren.*

Zu ändernde KM-Elemente müssen markiert werden können, z.B. durch das Setzen eines Status »In Überarbeitung«, und aus einem KM-Werkzeug entnommen und wieder eingestellt werden können (engl. check in, check out). Ist ein KM-Ele-

81. Engl. branch management.
82. Wir interpretieren hier die Releases im Sinne von Produktreleases mit entsprechenden Baselines, d.h. auch als ein KM-Element. Deren Planung (Termine, Inhalte) erfolgt im Rahmen der Projektplanung. Weitere Praktiken sind in SPL.2 Releasemanagement beschrieben.

ment entnommen, sollte es entweder für andere Benutzer gesperrt sein, also nur zur Ansicht verfügbar sein, oder aber unter Eröffnung einer Verzweigung (siehe BP 4) zu entnehmen sein. Beim Wiedereinstellen eines geänderten KM-Elements muss eine neue Versionsnummer vergeben werden und das KM-Element ist wieder freizugeben. Unerlaubte Zugriffe sind zu verhindern. Die bei der Bearbeitung erfolgten Änderungen gegenüber dem vorherigen Zustand müssen beschrieben werden (in der Regel sowohl im KM-System als auch im KM-Element). Für die Beschreibung der Änderungen bietet sich eine Kopplung zum Änderungsmanagementsystem (SUP.10) an. Alle Aktionen sind vom System zu protokollieren.

Bei vielen KM-Werkzeugen (z.B. für Software, CAD, Leiterplattenlayout) sind diese Verfahren durch das Werkzeug vorgegeben, es ist aber nicht sichergestellt, dass sie von den Mitarbeitern auch genutzt werden (sind z.B. sinnvolle Kommentare beim Wiedereinchecken eingegeben worden?). Schwieriger wird es bei Arbeitsprodukten, die in einem Dateisystem liegen, denn dort müssen die Verfahren von Hand nachgebildet werden (eindeutige Versionierung im Dateinamen, Änderungshistorie im Dokument, Zugriffsrechte etc.). Entsprechende Regelungen für eine solche Nachbildung müssen z.B. im KM-Plan getroffen werden.

BP 6: Erzeuge Baselines. *Erzeuge Baselines für interne Zwecke und für externe Auslieferungen gemäß der Konfigurationsmanagementstrategie.*

Anmerkung 4: *Bezüglich Baselines siehe auch den Prozess Releasemanagement (SPL.2).*

Unter einer Baseline versteht man eine Gruppierung von KM-Elementen[83], die einen bestimmten Entwicklungsstand beschreiben. Die dazugehörigen Konfigurationselemente werden entsprechend gekennzeichnet. Von jedem Konfigurationselement wird eine ganz bestimmte Version genommen. Je nach KM-System kann diese Version möglicherweise nicht mehr geändert werden, sondern es können nur neuere Versionen davon erzeugt werden. Dadurch werden diese gegen Änderungen geschützt und der Entwicklungsstand als Ganzes oder in Teilen kann jederzeit rekonstruiert werden. Die zu einer Baseline gehörenden Elemente müssen miteinander konsistent sein (siehe auch BP 8).

Baselines müssen insbesondere dann gebildet werden, wenn es um Auslieferungen geht. Zusätzlich sollten Baselines auch für interne Zwecke erzeugt werden, z.B. wenn die Anforderungen stabil sind, wenn das Design ausgereift ist oder wenn ein Release für Tests oder Erprobungen hergestellt wird.

Viele KM-Werkzeuge bieten zur Kennzeichnung von Baselines den Mechanismus des »Labels« an, d.h., an allen Versionen der betroffenen KM-Elemente wird ein gleichlautender Bezeichner, z.B. »3. Auslieferungsstand« angebracht. Man unterscheidet »floating« und »fixed« Label. Ein Floating Label hängt immer an der neuesten Version eines KM-Elements, d.h., es verschiebt sich automatisch an

83. Auch als »Konfiguration« bezeichnet (daher auch der Begriff »Konfigurationsmanagement«).

die neueste Version. Dadurch kann man sehr einfach den aktuellen Entwicklungsstand identifizieren. Ein Fixed Label dagegen ist nicht verschiebbar, d.h. fest. Damit kann man KM-Elemente »einfrieren« zum Zwecke der Baselinebildung.

Hinweise für Assessoren

1. Ein Problem in der Praxis ist, dass die vor der Auslieferung erzeugten Baselines während der jeweiligen Releasetests aufgrund von Bugfixes geändert werden, ohne dass eine neue Baseline nach dem Bugfixing gezogen wird.
2. Meistens müssen Baselines über mehrere Ebenen gezogen werden (siehe Abb. 2–24), dabei ist auf eine saubere Systematik zu achten.

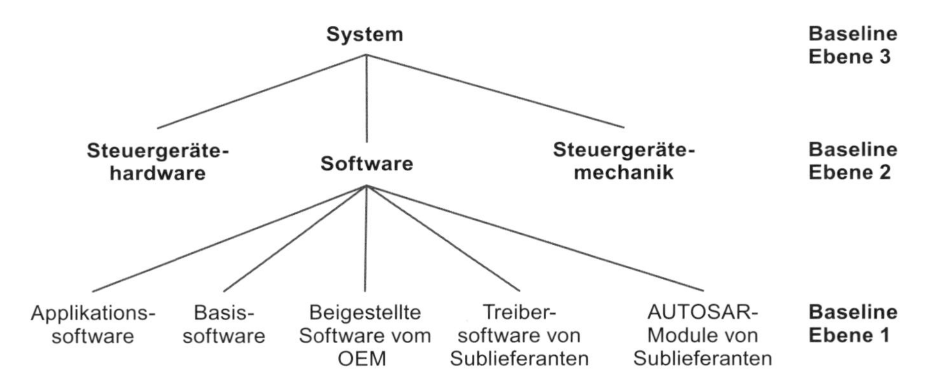

Abb. 2–24 *Verschiedene Ebenen von Baselines*

BP 7: Berichte den Konfigurationsstatus. *Dokumentiere und berichte den Status der KM-Elemente, um Projektmanagement und andere relevante Prozesse zu unterstützen.*

Anmerkung 5: *Eine regelmäßige Auswertung über den Status einer Konfiguration (z.B. wie viele KM-Elemente derzeit bearbeitet, eingecheckt, getestet, freigegeben sind) unterstützt die Aktivitäten des Projektmanagements und bestimmter Projektphasen wie z.B. die Softwareintegration.*

Der Bearbeitungszustand der KM-Elemente einer Konfiguration soll aufgezeigt werden, um die Projektverfolgung zu unterstützen. Typische Zustände sind z.B. fehlerhaft, gesperrt, in Bearbeitung, reviewt, getestet und freigegeben. Diese Basispraktik ist umso wichtiger, je größer und unübersichtlicher das Projekt ist. Relevant ist sie hauptsächlich für folgende Aktivitäten:

- **Integrationsaktivitäten**
  Der Integrationsverantwortliche verschafft sich einen Überblick über den Arbeitsfortschritt der einzelnen Entwickler. Diese Information liefert ein KM-Werkzeug meistens auf Knopfdruck.

- **Änderungsmanagementaktivitäten**
  Wie viele Änderungsanträge sind z.B. für ein bestimmtes Release noch unerledigt? Wird ein an ein KM-Werkzeug angeschlossenes Change-Management-Werkzeug verwendet, können meistens die Zustände der Änderungsanträge (z.B. beantragt, in Prüfung, in Bearbeitung, in Test) auf Knopfdruck dargestellt werden.
- **Projektmanagementaktivitäten**
  Wie ist der aktuelle Arbeitsfortschritt im Projekt?

BP 8: Verifiziere Informationen über KM-Elemente. *Verifiziere, dass die Informationen über KM-Elemente und ihre Baselines vollständig sind und stelle die Konsistenz von Baselines sicher.*

Anmerkung 6: *Eine typische Implementierung sieht Baseline- und KM-Audits vor.*

Es müssen Prüfungen und daraus resultierende Korrekturmaßnahmen erfolgen, um die Konsistenz der KM-Elemente, der Baselines und des KM-Systems sicherzustellen. Eine wichtige Frage ist, wie gewährleistet wird, dass eine Baseline korrekt gebildet wurde (insbesondere, wenn es sich um einen Auslieferstand handelt). Sind die korrekten Files eingebunden (besonders relevant, wenn es Parallelentwicklungen, Varianten, verteilte Entwicklung oder Toolbrüche gab)? Sind alle für die Auslieferung vorgesehenen Änderungen auch tatsächlich enthalten? Wurde geprüft, ob die KM-Elemente auch tatsächlich laut Plan getestet wurden? Für diese Überprüfung ist auch die Bezeichnung »KM-Audit« oder »Baseline-Audit« geläufig.

Unter einem KM-Audit versteht man eine Überprüfung des *gesamten* KM-Systems, seiner Strukturen, die stichprobenartige Prüfung von Konventionen etc. Die Ergebnisse dieser Prüfungen müssen den relevanten Personen im Projekt (z.B. dem KM-Verantwortlichen und dem Projektleiter) berichtet werden.

Ungenügende Verifikationsmaßnahmen sind daran zu erkennen, dass bereits behobene Fehler gelegentlich wieder auftauchten oder dem Kunden zugesagte Funktionen dann doch nicht im Auslieferstand waren[84] (und auch kein Hinweis darauf gegeben wurde).

BP 9: Manage die Speicherung von Konfigurationselementen und Baselines. *Stelle die Integrität und Verfügbarkeit der KM-Elemente und Baselines durch geeignete Zeitplanung und Ressourcenbereitstellung für Speicherung, Archivierung (Langzeitlagerung) und Backup der verwendeten KM-Systeme sicher.*

Anmerkung 7: *Backup, Speicherung und Archivierung muss möglicherweise über die garantierte Lebensdauer der verfügbaren Speichermedien verfügbar sein. Betroffene KM-Elemente können auch die in Anmerkung 2 und Anmerkung 3*

84. Solche Symptome deuten allerdings darauf hin, dass darüber hinaus noch weitere Schwächen im KM-System existieren.

referenzierten sein. Verfügbarkeit kann durch Vertragsanforderungen festgelegt werden.

Wichtige Fragestellungen sind:

- Sind Backups (regelmäßig, z.B. wöchentlich, und für einen ausreichenden Sicherungszeitraum) und Archivierung (nach Projektende) sichergestellt? (Beispiel typischer Schwachstellen: Der Sicherungszeitraum ist zu kurz. Oder es gibt zwar eine Strategie, diese wurde aber noch nie erprobt.)
- Sind alle an den Kunden gelieferten Arbeitsprodukte (z.B. Software, Hardware, Entwicklungsdokumentation, Prüfberichte) untereinander konsistent? Identifiziert sich die Software korrekt wie in der deklarierten Version? Sind die ausgetauschten Informationen wieder herstellbar?
- Bei Lieferung eines Produkts bestehend aus Software und Hardware: Wie kommen Software und Hardware zusammen? Welche Softwareversion passt zu welcher Hardwareversion? Wie und von wem wird die Software auf die Hardware aufgespielt? Welche Prüfschritte sind abschließend zu absolvieren? Wie wird z.B. sichergestellt, dass Versionsinformationen übereinstimmen (Aufdruck auf dem Gerät, Identifizierung der Software, angekündigte Version laut Begleitdokumenten etc.)?

Für die genannten Fragestellungen müssen genügend Ressourcen (d.h. Personal und technische Infrastruktur) zur Verfügung stehen. Die zugehörigen Aktivitäten müssen zeitlich geplant werden. Hierbei sind die Dokumentations- und Archivierungsfristen des Kunden zu beachten, z.B. Aufbewahrungsfristen für Dokumente und Informationselemente[85] von mindestens 15 Jahren.

2.17.3 Ausgewählte Arbeitsprodukte

01-00 Konfigurationselement

Unter Konfigurationselementen (KM-Elementen) sind Objekte zu verstehen, die mit dem Konfigurationsmanagement verwaltet werden. Diese können softwarenahe Elemente, wie z.B. Softwaremodule, Subsysteme und Bibliotheken, sein, es kann sich aber auch um Testfälle, Compiler, Daten, Dokumentation, physikalische Medien und externe Schnittstellen handeln. Zumindest eine Versionskennung sollte gepflegt werden und eine Beschreibung mit z.B. Typ, Verantwortlichen, Statusinformation und Beziehungen zu anderen KM-Elementen vorhanden sein. Meist existieren unter den KM-Elementen Abhängigkeiten, z.B. zwischen Softwaremodulen eines Subsystems zu denen eines anderen. Diese Abhängigkeiten erleichtern die Integration, die Fehlerbehebung, Änderungen und unterstützen die Traceability.

---

85. Informationselemente sind z.B. das Bauteil selbst, Zeichnungen, Pflichtenheft, Software, Hardwaredokumente, Mustermappe.

Nachfolgend einige Beispiele von Konfigurationselementen (hier nur für Softwareentwicklung dargestellt):

- Projektmanagement
  - Projektplan
  - Verträge
  - Terminplan
  - Abschätzungen
  - Offene-Punkte-Liste (OPL)
- Entwicklung
  - SW-Entwicklungsplan
  - Anforderungen bzw. Anforderungsdokumente
  - Schnittstellenspezifikationen, z. B. HW-SW-Interface
  - Architekturen (HW-Ebene, SW-Ebene)
  - SW-Module
  - SW-Entwicklungsumgebung inklusive Codegenerator, Compiler, Linker etc.
  - Build-Liste
  - Teststrategie
  - Testumgebung
  - Testdokumentation
- Unterstützende Aktivitäten
  - Qualitätssicherungsplan
  - Nachweise über Qualitätssicherung (z. B. Reviewprotokolle, Testergebnisse)
  - KM-Plan
  - Release Notes
  - Releaseplanung
  - Handbücher

08-04 Konfigurationsmanagementplan

Der KM-Plan (siehe Abb. 2–25) ist ein zentrales Planungsinstrument des Konfigurationsmanagements. In ihm werden die wesentlichen Festlegungen getroffen, die aus KM-Sicht für das Projekt wichtig sind. Die konkrete Zeitplanung für KM-Aktivitäten befindet sich normalerweise in anderen Planungsdokumenten (z. B. im Projektterminplan). Viele Organisationen stellen einen generischen KM-Plan zur Verfügung, der projektspezifische KM-Plan wird aus diesem abgeleitet.

13–08 Baseline

Eine Baseline identifiziert einen konsistenten Zustand einer definierten Menge von Arbeitsprodukten, Entwicklungsartefakten oder besser von Konfigurationselementen. Eine Baseline bildet die definierte Grundlage für den nächsten Prozessschritt. Sie ist eindeutig und kann nicht verändert werden. Über eine Baseline wird die vollständige und konsistente Auslieferung gewährleistet (siehe auch Ausführungen in BP 6).

Beispielgliederung eines KM-Plans

1 Rollen und Befugnisse für KM
2 Beteiligte Personen
3 Projektstruktur aus Sicht von KM
4 Produktstruktur aus Sicht von KM
5 KM-Elemente
  5.1 Typen von KM-Elementen
  5.2 Namenskonventionen für KM-Elemente
  5.3 Entwicklungswerkzeuge unter KM
6 Baselines und Releases
  6.1 Namenskonventionen von Baselines und Releases
  6.2 Geplante Baselines und Releases
7 Der Build-Prozess
  7.1 Reproduktion einer Konfiguration
  7.2 Beschreibung des Build-Prozesses
8 KM-Umgebung
  8.1 KM-Werkzeug(e)
  8.2 Physische Ablage(n)
  8.3 Strukturen der KM-Bibliothek(en) und Zusammenwirken
  8.4 Zugriffsrechte
  8.5 Datensicherung der KM-Bibliothek(en)
  8.6 Konsistenzprüfungen
9 Change Management
10 Archivierung von Releases

Abb. 2–25 *Beispielgliederung eines KM-Plans*

16-03 Konfigurationsmanagementbibliothek (auch: Konfigurationsmanagement-Repository)

Es existieren zwei unterschiedliche Sichtweisen für eine Konfigurationsmanagementbibliothek. Hauptsächlich wird darunter die zentrale Ablage des projektspezifischen KM-Systems verstanden, aus der jederzeit die korrekten Produkte inklusive Release- und Testkonfigurationen wiederhergestellt werden können und über die der Status der KM-Elemente zu erkennen ist. Die KM-Bibliothek kann aber auch projektübergreifend als Werkzeug zur Wiederverwendung dienen und enthält dann eine Bibliothek wiederverwendbarer Softwaremodule, Funktionsbeschreibungen, Testfälle etc.

2.17.4 Besonderheiten Level 2

Zum Management der Prozessausführung

KM-Planung nach Automotive SPICE vollzieht sich in zwei Stufen: Auf Level 1 werden durch einige Basispraktiken, z.B. BP 1, BP 2 und BP 4, bereits grundlegende Planungselemente gefordert, nämlich die prinzipielle Vorgehensweise. Auf Level 2 kommen mit den generischen Praktiken von Prozessattribut PA 2.1 weitere Planungsanforderungen hinzu, z.B. bezüglich der Zeitplanung, der Regelung von Verantwortlichkeiten und der Planung von Ressourcen für KM-Aktivitäten (siehe Kap. 3, Ausführungen zu PA 2.1). Geplant werden sollten z.B.[86]:

- Die Erstellung des KM-Plans
- Die Bildung von Baselines
- Das Erstellen der Releasedokumentation
- Kontrollaktivitäten wie Baseline und KM-Audits etc.

Zum Management der Arbeitsprodukte

GP 2.2.3 fordert Merkmale von Konfigurationsmanagement für den Konfigurationsmanagementprozess selbst. Während sich der Konfigurationsmanagementprozess den Arbeitsprodukten des Projekts als Ganzes widmet, zielt GP 2.2.3 auf die Arbeitsprodukte des Prozesses ab. Letzteres bedeutet z.B., dass der KM-Plan als zentrales Arbeitsprodukt des Prozesses selbst, aber auch die Entwicklungsumgebung inklusive des KM-Werkzeugs unter KM zu stellen sind, d.h. zumindest versioniert und mit einer Änderungshistorie versehen werden muss.

2.18 SUP.9 Problemmanagement

2.18.1 Zweck

Zweck des Prozesses ist es, sicherzustellen, dass Probleme identifiziert, analysiert und bis zu ihrer Behebung gesteuert und überwacht werden.

Beim Problemmanagement geht es um das Vermögen der Organisation, Probleme[87] in einer strukturierten, nachvollziehbaren Art und Weise zu erfassen, zu analysieren, zu überwachen, zu steuern und abzustellen. Die Probleme durchlaufen dabei verschiedene Zustände gemäß einem Statusmodell. Ein solches Modell definiert die verschiedenen Zustände eines Problems (z.B. in Untersuchung, akzeptiert,

86. Hingegen ist das Planen des Ein- und Auscheckens von KM-Elementen nicht sinnvoll.
87. Ein Problem ist nicht unbedingt ein Fehler. Ein Problem ist eine Abweichung von einem erwarteten Verhalten, das von einem Menschen oder von einem Prüfsystem festgestellt wurde. Das abweichende Verhalten kann auf einem Fehler beruhen, aber auch auf einem anderen Verständnis einer Spezifikation oder einer inkorrekten Hardware-Software-Konfiguration, in der das Problem auftrat.

in Bearbeitung, siehe Abb. 2–26) sowie die Bedingungen für die Zustandsübergänge. Das Erheben von statistischen Daten, wie z.B. über die Verweildauer eines Problems in einem bestimmten Status, sowie die Auswertung dieser Daten in Form von Trendanalysen hilft dabei, die Verbesserung oder Verschlechterung in der Problembearbeitung im Projekt über die Zeit festzustellen und, falls nötig, gegenzusteuern. Problemmanagement kann für Probleme aller Art[88] angewendet werden und trägt wesentlich zur Kundenzufriedenheit bei. Dieser Prozess hängt eng mit dem Änderungsmanagementprozess (SUP.10) zusammen, indem der SUP.9-Prozess die Probleme zwecks Behebung an den SUP.10-Prozess übergibt. Diese abstrahierte Sicht ist nicht wörtlich zu verstehen. Beide Prozesse werden in der Praxis oft mit ein und demselben Tool gehandhabt und oft geschieht die Problembehebung anhand der Problemaufzeichnung, ohne dass (wie im Modell in BP 7 beschrieben) ein Änderungsantrag erzeugt wird.

Die hohe Bedeutung eines effektiven Problemmanagementprozesses ergibt sich aus der Tatsache, dass Probleme, die erst nach Produktionsbeginn oder gar Auslieferung des Fahrzeugs gefunden werden, sehr hohe Kosten und Verärgerung und Vertrauensverluste bei den Endkunden hervorrufen.

Das Finden der Problemursachen wird dadurch erschwert, dass Fahrzeuge immer komplexer werden mit zahlreichen Teilsystemen mit verteilten Funktionen und zum Teil auch mit einer IT-Infrastruktur über die Fahrzeuggrenze hinaus. Ein Problem, das an einer bestimmten Stelle aufgetreten ist, muss nicht zwangsläufig an dieser Stelle verursacht worden sein. Die Problemanalyse erstreckt sich teilweise auch über die Fahrzeuggrenze hinaus in die IT-Infrastruktur. In der IT gelten abweichende Regeln für die Problembehebung. Diese sind in Standards wie z.B. ITIL (IT Infrastructure Library)[89] beschrieben und heute de facto Industriestandard. Die Fehlerabstellung in der IT ist in Incident-, Problem- und Change Management unterteilt. Für die Standards ISO/IEC 20000 [ISO/IEC 20000] und ISO/IEC 27000 [ISO/IEC 27001] [ISO/IEC 27002] wurden bereits ISO/IEC 15504-kompatible Prozessassessmentmodelle erarbeitet[90].

Hinweise für Assessoren

Aufgrund ähnlicher Prozessanforderungen und ähnlicher Bearbeitung und Verantwortlichkeit werden die Interviews der Prozesse SUP.9 und SUP.10 häufig zusammengefasst. Zu beachten ist dabei das Zusammenspiel der beiden Prozesse: SUP.9 ist ein möglicher Inputgeber für SUP.10.

88. Die Erwartungshaltung in Assessments ist üblicherweise, dass sowohl intern als auch beim Kunden gefundene Probleme derart bearbeitet werden. Manche OEMs (z.B. Volkswagen) fordern auch, dass das Problemmanagement bei allen Prüfmethoden zum Einsatz kommt, auch über technische Probleme hinaus (z.B. Prozessprobleme).
89. Herausgeber und Eigentümer von ITIL ist AXELOS (*https://www.axelos.com*).
90. Beide sind verfügbar über *www.nehfort.at*. Für das ISO 20000 PAM existiert bereits ein von intacs standardisierter Assessorenkurs mit Zertifizierung.

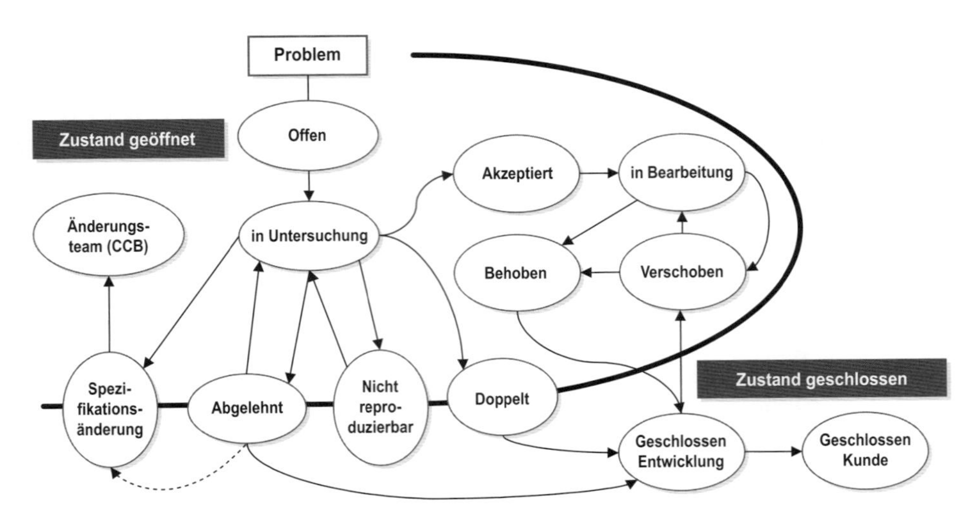

Abb. 2–26 *Beispiel für Problemstatus*

2.18.2 Basispraktiken

BP 1: Entwickle eine Problemmanagementstrategie. *Entwickle eine Problemmanagementstrategie einschließlich der Problemlösungsaktivitäten, eines Statusmodells für Probleme, Alarmbenachrichtigungen, Verantwortlichkeiten für die Durchführung dieser Aktivitäten und einer Strategie für die beschleunigte Problemlösung. Schnittstellen zu betroffenen Parteien sind definiert und diese Definitionen werden aufrechterhalten.*

Anmerkung 1: *Problemlösungsaktivitäten können während des Produktlebenszyklus unterschiedlich sein, z.B. während der Prototypen- und Serienentwicklung.*

Bestandteile der Problemmanagementstrategie sind:

- Festlegungen zur Problemlösung entsprechend der Entwicklungsphase einschließlich der benötigten Aktivitäten (Problemerfassung, Analyse, Lösung, Kommunikationsmechanismen usw.)
- Systeme bzw. Tools zur Problemverfolgung (inklusive Definition eines Lebenszyklusmodells und Problempriorisierung), Schnittstellen zwischen den Tools
- Verantwortliche für die Aktivitäten
- Zeitvorgaben zur Bearbeitung (maximale Zeit für einen Statusübergang z.B. mittels eines SLA (Service Level Agreement))
- Vorgaben zum Feedback an die Beteiligten (Problemmelder, Projektmitarbeiter, Management)
- Strategie für die beschleunigte Problemlösung (siehe BP 5)
- Verfahren für Alarmmitteilungen (siehe BP 6)
- Verfahren für Trendanalysen (siehe BP 9)
- Gegebenenfalls Schnittstelle zum Änderungsmanagement (siehe SUP.10)

Die Problemmanagementstrategie kann in einem beliebigen Dokument enthalten sein, z.B. in einem Projekthandbuch oder Projektmanagementplan. Automotive SPICE nennt hier beispielhaft den Problemmanagementplan (siehe Arbeitsprodukt WP 08-27).

Die Problemmanagementstrategie beschreibt im Kern die Aktivitäten, beginnend mit der Meldung und Erfassung des Problems bis hin zur endgültigen, nachgewiesenen Abstellung. Eine gute Toolunterstützung ist sinnvoll und umfasst normalerweise die Systeme auf Lieferanten- und OEM-Seite und deren Schnittstelle.

Hier einige wichtige Aspekte eines Systems zur Problemlösung:

- Informationen zur Problembeschreibung werden möglichst genau erfasst. Dazu gehören neben der inhaltlichen Beschreibung auch die Bedingungen, unter denen das Problem aufgetreten ist, das zugehörige Datum, die meldende Person etc.
- Jedes Problem erhält eine eindeutige ID (vom Tool automatisch zugewiesen).
- Jede Aktivität im Ablauf der Problemlösung (Analyse, Bearbeitung usw.) wird einem Team oder einer Person zugewiesen.
- Verschiedene Problemstatus werden unterschieden. Dadurch kann genau bestimmt werden, in welchem Status sich welches Problem gerade befindet und wie lange es dort schon verweilt. Überschreitet die Verweildauer in einem Status die Vorgabe, kann dieses schnell erkannt und darauf reagiert werden.
- Es kann beispielsweise festgelegt werden, dass ein Kunde maximal 3 Tage nach der Meldung eine Mitteilung über die Lösung inklusive Kurzbeschreibung der Ursache und Datum der Abstellung erhält.
- Prioritäten für die Abarbeitung werden zugewiesen.
- Termine werden festgelegt (z.B. Festlegung Abschlusstermin der Problemlösung).
- Auftraggeber und Endkunden bzw. Problemmelder erwarten eine Rückinformation zu ihrem Problem. Daher wird festgelegt, wann bzw. wie oft der Problemmelder eine Rückmeldung über den Bearbeitungsstand seines Problems erhält. Als gute Praxis hat sich die folgende Ausprägung eines kundenorientierten Zeitmanagements erwiesen, die in gängigen Tools konfigurierbar ist:
  - Sofortige Mitteilung an den Problemmelder, dass seine Mitteilung erfasst wurde, inklusive Mitteilung seiner Bearbeitungsnummer (ID) für eventuelle Rückfragen
  - Rückmeldung über voraussichtlichen Behebungstermin (sobald geklärt)
  - Rückmeldung über den erfolgreichen Abschluss inklusive des Aufzeigens der Auswirkungen bzw. Änderungen

BP 2: Identifiziere das Problem und zeichne es auf. *Jedes Problem ist eindeutig identifiziert, beschrieben und aufgezeichnet. Unterstützende Informationen sollten bereitgestellt werden, um das Problem zu reproduzieren und zu analysieren.*

Anmerkung 2: *Unterstützende Informationen beinhalten typischerweise die Quelle des Problems, wie es reproduziert werden kann, Informationen zur Umgebung, von wem es festgestellt wurde usw.*

Anmerkung 3: *Eine eindeutige Identifikation unterstützt die Traceability zu den durchgeführten Änderungen.*

Voraussetzung für die Lösung eines Problems ist dessen Beschreibung. Je konkreter und detaillierter diese Beschreibung ist, desto einfacher ist die Analyse im Anschluss. Probleme müssen schon wegen der Traceability und späteren Auffindbarkeit nach ihrer Erfassung eine eindeutige ID erhalten und in einem geeigneten Tool verwaltet werden.

Problemaufzeichnung und Änderungsanträge werden oft in einem gemeinsamen Tool verwaltet. Dagegen ist nichts einzuwenden, wenn sie korrekt unterschieden werden können und die Bearbeitung nicht negativ beeinflusst wird (siehe auch WP 13-07 Problemaufzeichnung). Abbildung 2–27 zeigt ein Beispiel einer Problem- oder Änderungsmeldung.

BP 3: Zeichne den Status der Probleme auf. *Der Status gemäß Statusmodell ist jedem Problem zuzuweisen, um eine Verfolgung zu ermöglichen.*

Die eindeutige Statuszuordnung (siehe Abb. 2–26) ist für das Überwachen und Berichten der Fehlerabstellung wichtig und unterstützt auch die Fehlerabstellung von Seriensoftware z. B. auf Basis von SLA-Vereinbarungen mit Lieferanten. SLA-Vereinbarungen sind zwar keine explizite Forderung für Level 1, aber in vielen Organisationen für die Abstellung von Problemen in der Serie üblich.

BP 4: Diagnostiziere die Ursache und bestimme die Auswirkung des Problems. *Untersuche das Problem und ermittle dessen Ursache und Auswirkung, um das Problem zu klassifizieren und geeignete Maßnahmen festzulegen.*

Anmerkung 4: *Eine Problemklassifizierung (z.B. in A, B, C oder leicht, mittel, schwer) kann auf Schwere, Auswirkung, Kritikalität, Dringlichkeit, Relevanz für den Änderungsprozess etc. beruhen.*

Die Probleme werden nach ihrem Eingang klassifiziert. Ein Beispiel ist in Abbildung 2–28 dargestellt. Zusätzlich erfolgt ein zeitnahes Feedback an den Problemmelder. Voraussetzung ist, dass die zur Problembearbeitung und Problemklassifizierung benötigten Informationen vollständig vorliegen oder zeitnah beschafft werden können (ggf. durch Rückfragen beim Problemmelder). Die Klassifizierung der Probleme dient dazu, die Probleme zu priorisieren und daraus eine Reihenfolge der Abarbeitung festzulegen.

<table>
<tr><td colspan="3">Problem- oder Änderungsmeldung</td></tr>
<tr><td colspan="2">Projekt: 210815</td><td rowspan="2">Problem-/Änderungsnummer: 018
Priorität: A</td></tr>
<tr><td colspan="2">Meldender: Willi Winzmann (Star AG)</td></tr>
<tr><td>Problemmeldung: ( )
Änderungsantrag: (X)</td><td>Datum: 23.02.
Datum:</td><td>Betroffene Hardwareversion:
Betroffene Softwareversion: 2311</td></tr>
<tr><td colspan="3">Bezeichnung:
Überarbeitung und Aktualisierung des Auditierungstools entsprechend der neuesten Version der DIN/ISO 9001</td></tr>
<tr><td colspan="3">Beschreibung des Problems der Änderung:
Antrag von Herrn Winzmann: Er würde gerne das Auditierungstool überarbeiten lassen und danach eine Review-Arbeitssitzung (Dauer 2–3 Stunden) mit dem gesamten QS-Team zu o.a. Thema durchführen. Die Änderungen im Tool werden dabei diskutiert und in die Erkenntnisse online protokolliert. Sich daraus ergebende weitere Änderungen werden ebenfalls in das Auditierungstool eingearbeitet. Herr Lehmann soll dabei die Rolle des DIN/ISO-9001-Experten wahrnehmen. Zu klären ist, ob noch weitere Tätigkeiten (Vorbereitung, Nachdokumentation, Sitzungen) notwendig sind. Wenn ja, kommen hier ca. 2 Stunden pro weiterer Sitzung hinzu.</td></tr>
<tr><td colspan="3">Zielsetzung/Begründung:
Ergebnisse und Inhalte sind notwendig für die normkonforme Auditdurchführung.
Analyseergebnis:</td></tr>
<tr><td colspan="3">Konsequenz bei Nicht-Änderung: Künftige Auditierungen finden nicht statt.</td></tr>
<tr><td colspan="3">Durchzuführende Maßnahmen: Tool wird überarbeitet.</td></tr>
<tr><td colspan="2">Verantwortlich: H. Stenzel</td><td></td></tr>
<tr><td colspan="2">Realisierungsaufwand: geschätzt:
2 Sitzungen à 3 Stunden (inkl. Vorbereitung = 6 Stunden, bei Vor- und Nachbereitung durch Star AG + weitere 10 Stunden)</td><td>Zieladresse: 2911
Termin: 20.10.</td></tr>
<tr><td colspan="2">Kosten: Entsprechende Leistungen z.B. bei den Reviews entfallen.</td><td>Nutzen: Überarbeitetes und erweitertes Tool und Dokumentation werden verfügbar.</td></tr>
<tr><td colspan="2">Projektinterne Konsequenzen (inklusive Liste der zu ändernden Dokumente/Arbeitsergebnisse):
keine</td><td>Projektexterne Konsequenzen:
keine</td></tr>
<tr><td colspan="3">Freigabe des Steuerungsteams (ggf. Verweis auf Beschluss der Steuerungsteamsitzung):
Nicht notwendig</td></tr>
<tr><td colspan="2">Fachl. Freigabe Projektleiter Bert Bauer, QS (Datum/Unterschrift):</td><td>Fachl. Freigabe Projektleiter Willi Winzmann (Datum/Unterschrift):</td></tr>
</table>

Abb. 2–27 *Beispiel einer Problem- oder Änderungsmeldung*

Beanstandungskategorie	A-Beanstandung			B-Beanstandung			C-Beanstandung		
Beanstandungspunkte	> 100	90	70	60	50	40	30	20	10
Beanstandungsbewertung	Sicherheitsrisiko unverkäufliches Fahrzeug Liegenbleiber	nicht annehmbar, führt mit Sicherheit zu Kundenbeanstandungen extreme Oberfächenbeanstandungen		unangenehm, störend, Reklamation ist auch vom Durchschnittskunden zu erwarten, Qualitätsmangel vorhanden			verbesserungsbedürftig Beanstandung vom anspruchsvollen Kunden zu erwarten Qualitätsanspruch ist nicht erfüllt	bei Häufung Beanstandungen von anspruchsvollem Kunden zu erwarten	
Auswirkung auf den Kunden	Fahrzeug nicht verfügbar	Fahrzeug muss außerplanmäßig in die Werkstatt		Kunde wird die Beanstandung beim nächsten geplanten Werkstattaufenthalt abstellen lassen			Kunde erwartet teilweise eine Korrektur der Beanstandung	Kunde bemängelt Qualitätslevel	
Feststellbar	**von allen Kunden**								
	vom Durchschnittskunden								
	von anspruchsvollen Kunden und ausgebildeten Auditoren unter Berücksichtigung der internen Qualitätsmaßstäbe								
Behebung der Beanstandungen	Beanstandung muss behoben werden, Sicherstellen, dass kein Fahrzeug mit dieser Beanstandung den Kunden erreicht								
Korrekturmaßnahmen in der Serie	Einleiten von Maßnahmen zur Abstellung der Ursache damit sich die Beanstandung nicht wiederholt						bei Häufung der Beanstandung Einleiten von Abstellmaßnahmen		beobachten, Verschlechterung vermeiden

Abb. 2–28 *Beispiel eines Problemklassifizierungsschemas*

Insbesondere müssen besonders dringliche Sofortmaßnahmen (siehe BP 5) erkannt werden. Die Analyse eines Problems wird meist dem Entwickler (bzw. Team) zugewiesen, das für die Komponente oder den Funktionsumfang verantwortlich ist, bei dem das Problem auftrat oder vermutet wird. Er ist für die genaue Untersuchung und Analyse, die Dokumentation, die Statusaktualisierung und nicht zuletzt für die Einhaltung der Terminvorgaben verantwortlich. Dies bedeutet jedoch nicht zwingend, dass er alle diese Tätigkeiten selbst durchführen muss.

Viele Probleme besitzen eine lokale Ausprägung und lassen sich mit geringem Aufwand abstellen. Manche Probleme benötigen jedoch zu ihrer Behebung Eingriffe an verschiedenen Teilen des Gesamtsystems. Die so festgestellten Auswirkungen liefern wichtige Informationen für Regressionstests. Wieder andere Probleme gehen über das Projekt hinaus: Ist z.B. ein Fehler in einer oft verwendeten Softwareeinheit (z.B. Treiber, Plattformsoftware) entdeckt worden, so sind in der Regel weitere Projekte betroffen bzw. sogar bereits ausgelieferte Produkte. In diesen Fällen sind sehr viel umfangreichere Maßnahmen notwendig.

Ergänzend könnte hier auch eine »Root Cause Analysis« (RCA) durchgeführt werden, um im Sinne einer Prozessverbesserung nicht nur das Problem zu beheben, sondern auch dessen Ursachen (z.B. Prozesslücke, Toolproblem) zu analysieren und zu beheben. So kann langfristig das Wiederauftreten des Problems verhindert werden.

BP 5: Genehmige dringliche Sofortmaßnahmen. *Wenn das Problem eine dringliche Sofortmaßnahme entsprechend der Strategie erfordert, wird eine Autorisierung für eine Sofortmaßnahme ebenfalls entsprechend der Strategie eingeholt.*

Hier gibt es zwei typische Anwendungsfälle, die eine dringliche Sofortmaßnahme erfordern:

1. Der OEM führt von langer Hand geplante Integrationsarbeiten und Erprobungen durch und eine Komponente bereitet Schwierigkeiten, indem sie z.B. mit anderen Komponenten nicht korrekt interagiert oder diese stört, wodurch die Integrations- und Funktionstests erschwert oder verhindert werden.
2. Es gibt schwerwiegende Probleme mit erheblicher Auswirkung (z.B. schwerwiegende Funktionsfehler, Gebrauchs(sicherheits)mängel, Gefahr von Sach- und Personenschäden).

Zu 1: Hier muss in der Regel eine beschleunigte Analyse und Fehlerkorrektur am gleichen Tag oder über Nacht stattfinden. Dabei müssen aufgrund des Zeitdrucks zunächst bestehende Prozesse und Vorschriften außer Acht gelassen werden, wofür eine Sonderfreigabe erforderlich ist, die in kürzester Zeit zu beschaffen ist. Die Strategie muss hierzu ein beschleunigtes Verfahren definieren mit Verantwortlichkeiten und erweiterten Stellvertreterregelungen.

Zu 2: Hier ist eine beschleunigte Analyse durchzuführen und danach notwendige Sofortmaßnahmen zu beschließen. Auch hier muss die Strategie ein beschleunigtes Verfahren definieren mit Verantwortlichkeiten und erweiterten Stellvertreterregelungen. OEMs z.B. verfügen hier meistens über Notfallpläne, die unverzüglich umgesetzt werden.

Mögliche Sofortmaßnahmen sind z.B. Rückruf, Gebrauchswarnung oder Serviceaktionen für Fahrzeuge zur sofortigen Behebung der Fehlerursache z.B. durch (Online-)Flash-Aktion oder den Tausch von Steuergeräten eventuell in Verbindung mit der Außerbetriebnahme bereits in Betrieb befindlicher Systeme. Voraussetzung hierfür ist, dass der potenzielle Fehler kurzfristig identifiziert und behoben werden kann und dass die Einzelaktivitäten über die gesamte Lieferkette koordiniert und gesteuert werden[91]. Derartige Maßnahmen bedürfen einer Autorisierung durch das Management. Meist sind sowohl Lieferanten als auch der OEM beteiligt.

Damit das Projekt oder die Organisation mit der Durchführung von Sofortmaßnahmen nicht überfordert ist, müssen hierfür im Vorfeld im Rahmen der Problemmanagementstrategie Regeln und Rahmenbedingungen geschaffen werden (Notfallpläne). Diese legen z.B. Folgendes fest:

---

91. Siehe auch VDA-Band »Das gemeinsame Qualitätsmanagement in der Lieferkette«.

- Vordefinierte Dringlichkeitsstufen im Unternehmen mit klaren Handlungsanleitungen
- Klare Aufteilung der Zuständigkeiten und Aufgaben im Notfall zwischen Lieferanten und OEMs
- Entscheidungsbefugnisse bzw. Eskalationswege in Abhängigkeit der Dringlichkeitsstufe
- Den weiteren Ablauf, z.B.:
  - Ein Expertenteam wird zur Klärung zusammengestellt.
  - Eine Klärung mit höchster Dringlichkeit wird durchgeführt.
  - Ein Maßnahmenpaket oder auch mehrere Optionen werden erarbeitet und gemäß den Entscheidungsbefugnissen beschlossen und initiiert.
  - Ein Nachweis der Wirksamkeit wird erbracht.
  - Im Anschluss an die Sofortmaßnahmen finden eine ausführliche Analyse und Ursachenbehebung statt, die eine dauerhafte, korrekte Fehlerbehebung ermöglichen.

BP 6: Gebe Alarmmitteilungen aus. *Falls das Problem entsprechend der Strategie eine schwerwiegende Auswirkung auf andere Systeme oder betroffene Parteien hat, wird eine Alarmmitteilung ebenfalls entsprechend der Strategie herausgegeben.*

Auftraggeber, Benutzer, Endkunden, andere Projekte und sonstige Betroffene wie z.B. Behörden müssen in diesen Fällen umgehend benachrichtigt werden. Dies gilt verstärkt, wenn das Produkt schwerwiegende Mängel hat oder von diesem oder dessen Nutzung eine Gefahr ausgeht (siehe auch BP 5). Dadurch soll ein möglicher Schaden vermieden werden. Das Vorgehen dazu ist in der Problemmanagementstrategie zu dokumentieren.

BP 7: Initiiere die Problemlösung. Veranlasse geeignete Maßnahmen entsprechend der Strategie, um das Problem zu lösen, inklusive des Reviews dieser Maßnahmen oder initiiere einen Änderungsantrag.

Anmerkung 5: *Geeignete Maßnahmen können die Initiierung eines Änderungsantrags beinhalten (siehe SUP.10 für das Management von Änderungsanträgen).*

Ist das Problem auf einen Fehler zurückzuführen und wurde die Fehlerbeseitigung beschlossen, müssen Aktionen zu dessen Behebung initiiert werden. Dies kann z.B. durch einen Softwareänderungsantrag gemäß dem SUP.10-Prozess erfolgen. Damit diese Änderung bei der Weiterentwicklung nicht verloren geht, muss diese korrekt in das Projekt eingesteuert werden. Änderungen werden dann meistens an einer ganzen Reihe von Arbeitsprodukten vorgenommen (z.B. Code, Designdokumente, Testdokumente), eventuell auch an Prozessen und Abläufen. Die Änderung durchläuft also die entsprechenden Prozessstufen des V-Modells.

BP 8: Verfolge die Probleme bis zum Abschluss. *Verfolge den Status der Probleme bis zu deren Abschluss inklusive aller damit verbundener Änderungsanträge. Vor dem Abschluss muss eine formale Abnahme autorisiert werden.*

Die Probleme und deren Status müssen sorgfältig verfolgt werden. Dabei muss erkannt werden, wenn Probleme zu lange in einem bestimmten Status verweilen (weil z.B. die Analyse zu lange dauert bzw. ganz vergessen wurde) und es muss sichergestellt sein, dass zugesagte Fertigstellungstermine eingehalten werden (z.B. Zuordnung zu einem bestimmten Release).

Es ist daher notwendig, dass eine Person oder Gruppe (Projektleiter, Problemmanager, Change Control Board (CCB, siehe SUP.10 BP 5)) darüber Aufsicht führt und der Status regelmäßig (z.B. auf Projektsitzungen, CCB-Sitzungen) durchgesprochen und berichtet wird. Wichtig ist auch eine gute Toolunterstützung, z.B. in Form eines Fehler- und Änderungsmanagementsystems in Verbindung mit dem Konfigurationsmanagementsystem. Diese Systeme verfügen oft über eine Workflow-Komponente, mit der den Bearbeitern ein Auftrag zugewiesen werden kann und die Statusübergänge automatisch verwaltet werden. Meistens werden auch statistische Auswertungen der Status unterstützt und die momentanen Status und deren zeitliche Entwicklung können über Diagramme verfolgt werden. Dies ist beispielhaft in Abbildung 2–29 dargestellt.

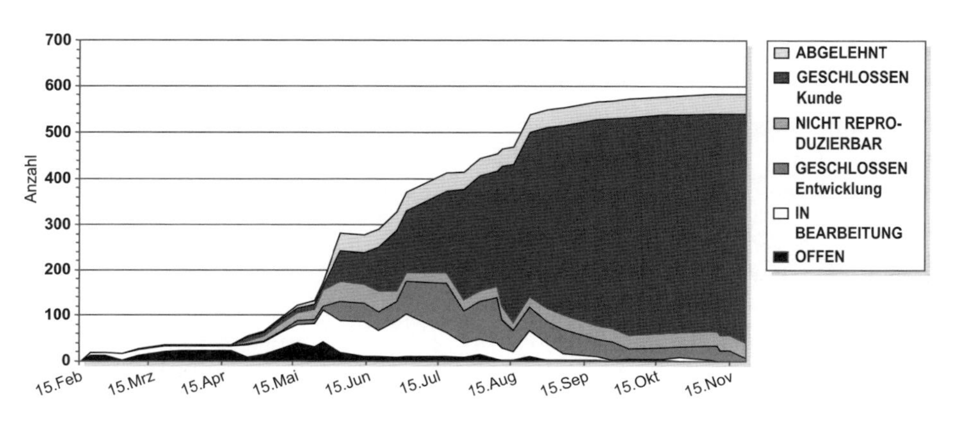

Abb. 2–29 *Beispiel für Problem- und Abarbeitungsverfolgung über die Zeit*

Bevor ein Problem endgültig geschlossen wird, muss eine formale Abnahme durch autorisierte Personen stattfinden. Voraussetzung dafür ist, dass entsprechende Abnahme- oder Freigabetests erfolgt sind. Die Abnahme wird dokumentiert.

BP 9: Analysiere Problemtrends. *Sammle und analysiere Problemlösungsdaten, identifiziere Trends und initiiere projektbezogene Maßnahmen entsprechend der Strategie.*

Anmerkung 6: *Gesammelte Daten enthalten typischerweise Informationen darüber, wo, wie und wann Probleme gefunden wurden, sowie über deren Auswirkungen etc.*

Anmerkung 7: *Die Implementierung von Prozessverbesserungen (zur Vermeidung von Problemen) erfolgt im Prozess Prozessverbesserung (PIM.3). Die Implementierung der generischen Projektmanagementverbesserungen (z.B. Lessons Learned) ist Teil des Prozesses Projektmanagement (MAN.3). Die Implementierung von Verbesserungen der generischen Arbeitsprodukte ist Teil des Prozesses Qualitätssicherung (SUP.1).*

BP 9 fordert, dass projektbezogene Maßnahmen ergriffen werden. Es sind also zumindest Trendanalysen auf Projektebene erforderlich. Weitere Trendanalysen können wertvoll sein, z.B.:

- Trendanalysen für Produktkomponenten: Besondern problematische Komponenten können ermittelt und gezielt verbessert werden.
- Trendanalysen für Prozesse (entweder im Projekt oder auf Organisationsebene): Prozesse, Anleitungen, Schulungen und Tools können gezielt verbessert werden.
- Trendanalysen auf Organisationsebene: Trends für Fehlerkategorien, Fehlerentstehungszeitpunkte, Produkte und Plattformen können wertvolle Inputs für das Qualitätsmanagement liefern.

Generell eröffnen sich hier Möglichkeiten zur Kostenreduktion und Qualitätssteigerung. Ratsam ist es, auf alle Auswertungen zu verzichten, die Rückschlüsse auf Personen, Teams und Standorte zulassen. Die Erfahrung zeigt, dass ansonsten die Messungen in kürzester Zeit so verfälscht werden, dass sie sinnlos werden.

2.18.3 Ausgewählte Arbeitsprodukte

08-27 Problemmanagementplan

Der Problemmanagementplan ist das von Automotive SPICE vorgesehene Arbeitsprodukt für die Problemmanagementstrategie. Zu den Inhalten siehe BP 1.

13-07 Problemaufzeichnung

Die Problemaufzeichnung beinhaltet alle beschreibenden, relevanten Informationen eines Problems. Eine Problemaufzeichnung enthält zu einem einzelnen Problem typischerweise die folgenden Punkte (siehe auch BP 2):

- Problemnummer (ID)
- Priorität
- Datum (der Meldung)
- Betroffene Hardwareversion, betroffene Softwareversion
- Problemmelder

- Beschreibung des Problems inklusive Randbedingungen und aller verfügbaren Zusatzinformationen, die die Problemdiagnose unterstützen
- Analyseergebnis
- Auswirkungen des Problems auf andere Systeme/Bereiche
- Durchzuführende Maßnahmen und Änderungen inklusive eindeutiger Änderungs-ID
- Verantwortlichkeiten (für die Ausführung)
- Zielrelease
- Termin

In der Praxis werden für die Problemaufzeichnung verschiedene Bezeichnungen verwendet (z.B. Problembericht, Trouble Ticket). Häufig wird die Problemaufzeichnung im gleichen Tool geführt, das auch für das Änderungsmanagement genutzt wird, und sie unterscheidet sich strukturell wenig bis gar nicht von den Änderungsanträgen. Die Problemmeldung (siehe auch Abb. 2–27) dient als Eingangsinformation für daraus resultierende Änderungsanträge und ist damit ein wichtiger Input für den Prozess SUP.10 Änderungsmanagement. Wichtig ist, dass der aktuelle Bearbeitungsstatus und die Zuordnung zu einem Bearbeiter erkennbar sind.

15-01 Analysebericht bzw. 15-05 Bewertungsbericht

Analyse- und Bewertungsbericht sind zwei ähnliche Arbeitsprodukte und beschreiben und dokumentieren das Ergebnis der Problemanalyse. Diese Dokumentation ist oft Bestandteil der Problemaufzeichnung im Problemmanagementtool und wird dort in einem gesonderten Abschnitt erfasst. In bestimmten Fällen werden auch Berichte außerhalb des Problemmanagementtools erzeugt (z.B. 8D-Report).

15-12 Problemstatusbericht

Im Problemstatusbericht werden Informationen zu den derzeitigen Problemen und deren Status zusammengefasst dargestellt. Diese Berichtsform ist hervorragend dazu geeignet, statistische Auswertungen zu Fehlerklassifizierungen, über die Problemanzahl in verschiedenen Status, die Problemhäufigkeit, Abstellgeschwindigkeit, Verweildauer in einem bestimmten Status, Kundenrückmeldungen usw. darzustellen.

2.18.4 Besonderheiten Level 2

Die nachfolgenden Ausführungen beziehen sich auch auf den Prozess SUP.10 Änderungsmanagement.

Zum Management der Prozessausführung

Sowohl das Problemmanagement wie auch das Änderungsmanagement eignen sich besonders gut, die Beherrschung und Steuerung der Prozesse und die Lenkung der Arbeitsprodukte nachzuweisen und nach außen darzustellen. Weil hinter vielen Problemaufzeichnungen und Änderungsmitteilungen der externe Auftraggeber steht, kann die Entwicklungsorganisation im laufenden Geschäft zeigen, dass ihr die Kundenanliegen wichtig sind, diese bei ihr in guten Händen liegen und systematisch abgearbeitet werden. In der Praxis hat sich eine Verfolgung von Fehlern/Problemen und Änderungen mithilfe von Metriken bewährt (wie z.B. die Ermittlung der Verweildauer eines Problems in einem bestimmten Status), obwohl diese in Automotive SPICE nicht explizit gefordert werden. Die Abbildung erfolgt z.B. mittels Service Level Agreements (SLA), deren Nichteinhaltung im Rahmen der Problemabstellung in der Praxis z.T. auch finanzielle Auswirkungen hat. Die Terminplanung erfolgt in der Praxis meist durch Zuweisung von Problemaufzeichnungen und Änderungsanträgen zu einem Releasestand, in dem diese umgesetzt werden. Für den Fall, dass erkannt wird, dass gesteckte Ziele nicht erreicht werden können, werden nachweislich Gegenmaßnahmen eingeleitet.

Die terminlichen Planungen werden bei Änderungen regelmäßig angepasst. Ergebnisse der Bearbeitung (z.B. Fehlerstand im Projekt) werden regelmäßig verteilt und den betroffenen Personen zur Verfügung gestellt – auch und insbesondere dem externen Auftraggeber.

Zum Management der Arbeitsprodukte

Gemäß den Anforderungen von Prozessattribut PA 2.2 ist z.B. genau definiert, wie eine Problemaufzeichnung aussehen muss, welche Felder einer Problemeingabemaske wie gefüllt werden müssen, welchen Anforderungen Dokumente genügen müssen und wie diese und andere relevante Informationen verteilt werden. Es ist ein Problemmanagementtool etabliert, das jedem Projektteammitglied das einfache Auffinden der für die Probleme relevanten Informationen ermöglicht. Wichtig ist auch, alle im Zuge der Fehlerkorrektur notwendigen Maßnahmen durchzuführen. So sind z.B. bei einem Funktionsfehler auch ggf. die Änderungen der Anforderungen, der Architektur, des Designs usw. durchzuführen.

Die QS überprüft stichprobenartig die Einhaltung des Prozesses und die Qualität der Problemaufzeichnungen und Änderungsanträge. Das Problem- und Änderungsmanagementtool verfügt über eine Schnittstelle zum Konfigurationsmanagementtool. Durchgeführte Änderungen an den Arbeitsprodukten (Anforderungen, Architektur- und Designdokumentation, Code, Testfälle etc.) sind mit den Änderungsanträgen verknüpft.

2.19 SUP.10 Änderungsmanagement

2.19.1 Zweck

Zweck des Prozesses ist es, sicherzustellen, dass Änderungsanträge gesteuert, verfolgt und implementiert werden.

Beim Änderungsmanagement geht es darum, Änderungsanträge strukturiert und in nachvollziehbarer Art und Weise zu erfassen, zu analysieren, abzuarbeiten und deren Bearbeitungsstände zu verfolgen. Diese Fähigkeit ist für Unternehmen extrem wichtig, denn kein Projekt kommt ohne Änderungen aus. Die wesentlichen Gründe für Änderungsanträge sind:

- Durch Fehlerbehebungen verursachte Änderungsanträge (siehe auch SUP.9)
- Kostendruck und die durch den Markt geforderten stark verkürzten Entwicklungszeiten machen es immer schwieriger, verbindliche Entscheidungen in frühen Entwicklungsphasen zu treffen (Anforderungen, Design). Hinzu kommen notwendige Reaktionen auf aktuelle Wettbewerbsprodukte.
- Die verkürzten Entwicklungszeiten führen dazu, dass Komponenten parallel entwickelt werden oder die Spezifizierung sukzessive während der Umsetzung erfolgt.
- Durch Querbeziehungen zwischen Fahrzeugen, die gemeinsam auf einer Plattform des OEM basieren, entstehen weitere Änderungsbedarfe.

Die Fähigkeit des Unternehmens, Änderungsmanagement zu beherrschen und dennoch qualitätsgerechte Produkte unter Einhaltung des Kosten- und Zeitrahmens zu erzeugen, wird dadurch immer mehr zum wettbewerbsdifferenzierenden Faktor. In der Praxis gibt es zwei unterschiedliche Ebenen des Änderungsmanagements:

- **Untere Ebene**
  Innerhalb eines Entwicklungsprojekts werden Änderungen, die im beauftragten Entwicklungsumfang enthalten sind (d.h. nicht kostenrelevant), entschieden und verfolgt.
- **Obere Ebene**
  Hier geht es um Änderungen, die nicht im beauftragten Entwicklungsumfang enthalten sind, z.B. zusätzliche Anforderungen bzw. Funktionen. Diese erfordern ein Nachtragsangebot, das vom Auftraggeber auf Managementebene entschieden und beauftragt werden muss.

Auftragnehmer und Auftraggeber haben jeweils eigene Änderungsmanagementsysteme etabliert. In einem Projekt müssen diese Änderungsmanagementsysteme synchronisiert bzw. gekoppelt werden, z.B. durch Export/Import. Gelegentlich wird auch ein gemeinsames Tool mit Webschnittstelle genutzt.

Hinweise für Assesssoren

Aufgrund ähnlicher Prozessanforderungen und Vorgehensweisen bei der Abarbeitung werden die Interviews der Prozesse SUP.9 und SUP.10 häufig zusammengefasst. Zu beachten dabei sind die Abgrenzung und das Zusammenspiel der beiden Prozesse: SUP.9 ist ein möglicher Inputgeber für SUP.10. So kann es im Assessment sinnvoll sein, ein im Prozess SUP.9 identifiziertes Problem bis zur Umsetzung der Änderung im Prozess SUP.10 exemplarisch über die jeweiligen Bearbeitungsschritte zu verfolgen.

2.19.2 Basispraktiken

BP 1: Entwickle eine Änderungsmanagementstrategie. *Entwickle eine Änderungsmanagementstrategie einschließlich Änderungsmanagementaktivitäten, eines Statusmodells für Änderungsanträge, Analysekriterien sowie Verantwortlichkeiten für die Durchführung dieser Aktivitäten. Schnittstellen zu beteiligten Parteien sind definiert und gepflegt.*

Anmerkung 1: *Ein Statusmodell für Änderungsanträge kann beinhalten: geöffnet, in Untersuchung, freigegeben für Implementierung, zugewiesen, implementiert, behoben, geschlossen usw.*

Anmerkung 2: *Typische Analysekriterien sind: Ressourcenanforderungen, Zeitprobleme, Risiken, Nutzen etc.*

Anmerkung 3: *Änderungsmanagementaktivitäten stellen sicher, dass Änderungsanträge systematisch identifiziert, beschrieben, aufgezeichnet, analysiert, implementiert und gesteuert werden.*

Anmerkung 4: *Die Änderungsmanagementstrategie kann verschiedene Vorgehensweisen entlang des Produktlebenszyklus abdecken, z.B. während der Prototypenphase oder Serienentwicklung.*

Ein oder mehrere Vorgehensweisen sind entlang des Entwicklungszyklus für das Fahrzeug und für damit zusammenhängende Produkte (z.B. Onlinedienste) zur Bearbeitung von Änderungsanträgen nötig. Die Strategie dient als Leitlinie und Handlungsanweisung für den Prozess und ist ähnlich zu den Ausführungen in SUP.9 BP 1.

BP 2: Identifiziere Änderungsanträge und zeichne sie auf. *Jeder Änderungsantrag wird entsprechend der Strategie eindeutig identifiziert, beschrieben und aufgezeichnet inklusive Antragsteller und Änderungsgrund.*

Die Umsetzung einer Änderung beginnt mit der Vergabe einer ID und einer Beschreibung. Je konkreter und detaillierter diese Beschreibung ist, desto einfacher sind Analysen auf Machbarkeit und Auswirkungen durchzuführen und die Dokumente (z.B. Anforderungen, Architektur, Design, Test) zu aktualisieren. Änderungen müssen zwecks Verfolgbarkeit eine eindeutige ID besitzen und zentral mittels eines geeigneten Tools verwaltet werden. Die Beschreibung erfolgt in der Eingabemaske des Tools (siehe WP13-16 Änderungsantrag). Bei größeren Änderungen sollte ein Lastenheft erstellt werden. Bei einem Änderungsantrag kommt ggf. noch der Verweis auf eine zugrunde liegende Problemaufzeichnung hinzu. Dadurch wird die Verbindung zwischen SUP.9 und SUP.10 hergestellt. Diese Information ist für den Bearbeiter des Änderungsantrags sowie für die Verfolgung des Bearbeitungsstands bei SUP.9 wichtig.

BP 3: Zeichne den Status von Änderungsanträgen auf. *Ein Status gemäß Statusmodell ist jedem Änderungsantrag zugewiesen, um die Verfolgung zu ermöglichen.*

Eine Statuszuweisung wird für die Verfolgung der Bearbeitung von Änderungsanträgen benötigt. Jede Bearbeitungsstufe bedeutet dabei einen neuen Status, anhand dessen Auftraggeber und Projektverantwortliche erkennen können, inwieweit die Änderung abgearbeitet ist (siehe Statusmodell in Abb. 2–30).

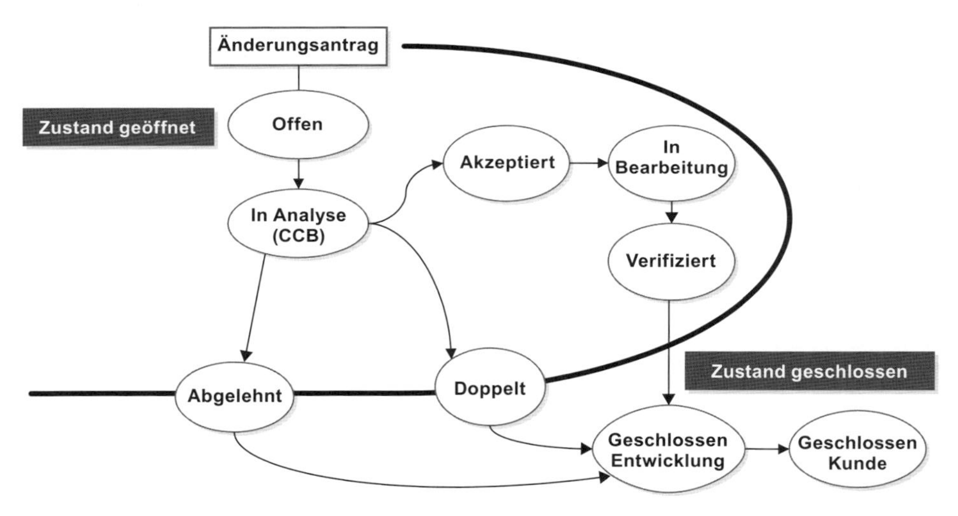

Abb. 2–30 *Beispiel für den Status von Änderungsanträgen*

BP 4: Analysiere und beurteile Änderungsanträge. *Änderungsanträge werden entsprechend der Strategie analysiert inklusive ihrer Abhängigkeiten zu davon betroffenen Arbeitsprodukten und anderen Änderungsanträgen. Die Auswirkungen der Änderungsanträge werden beurteilt und Kriterien für eine konforme Implementierung aufgestellt.*

Änderungsanträge müssen vor der Planung und Umsetzung analysiert und beurteilt werden. Das Ergebnis der Beurteilung ist der Input für die Genehmigung oder Zurückweisung des Änderungsantrags durch das Change Control Board (CCB). Das Modell gibt hier keine Kriterien vor für die Genehmigung oder Ablehnung.

Das CCB besteht bei sehr kleinen Projekten oft einfach nur aus dem Projektteam. In großen Projekten gibt es in der Regel ein separates CCB. In diesem sind neben dem Projektleiter oft die Teilprojektleiter und weitere Stakeholder mit umfangreicher Erfahrung und gutem Überblick und Expertenwissen über die einzelnen Teilbereiche (z.B. über die Software, die Hardware, die Mechanik, das System) vertreten. In den CCB-Regelmeetings werden meist mehrere Vorhaben durchgesprochen. Typische Besprechungsinhalte sind:

- Technische Machbarkeit (z.B. Auswirkungen auf Architektur, Design, Codierung und Testaktivitäten)
- Nicht funktionale Auswirkungen
- Dringlichkeit, d.h. die verbleibende Zeit bis zur termingerechten Umsetzung unter Berücksichtigung der Releaseplanung
- Abhängigkeiten und Auswirkungen auf das Projekt (Ressourcensituation, Abarbeitungsreihenfolge, Terminverschiebungen, Auslastung etc.)
- Mögliche Umsetzungszeitpunkte basierend auf Terminwunsch
- Potenzieller Nutzen (übergreifend und für Teilbereiche sowie Auswirkungen)
- Kosten bzw. Mehrkosten, die ggf. vertraglich nicht vereinbart sind
- Technischer Ressourcenbedarf (Prozessor, Speicher etc.)
- Ressourcenbedarf im Sinne von Personalaufwand

Wenn sich mehrere Änderungswünsche auf eine Komponente beziehen oder wenn mehrere Änderungswünsche zu einem Liefertermin umgesetzt werden sollen, ist eine Kenntnis von deren Abhängigkeiten besonders wichtig. Weitere Abhängigkeiten bestehen, wenn aufgrund eines Problems mehrere Änderungsanträge (z.B. an verschiedenen Komponenten) gestellt wurden. Ohne diese Kenntnis könnten z.B. Tests zum Nachweis der erfolgreichen Problembehebung nur unzureichend durchgeführt werden.

Außerdem muss bestimmt werden, anhand welcher Kriterien die erfolgreiche Umsetzung festgestellt werden soll. Dabei handelt es sich um Kriterien für die spätere Verifikation (in der Regel Tests). Die Verifikation soll nachweisen, dass

- die Änderungen den eventuell geänderten Anforderungen entsprechen (und somit den in SYS.2 und SWE.1 geforderten Verifikationskriterien),
- eventuelle Änderungen an der System- oder Softwarearchitektur fehlerfrei umgesetzt wurden,
- eventuelle Änderungen an Design oder Code fehlerfrei umgesetzt wurden und
- durch die Änderungen keine unerwünschten Seiteneffekte aufgetreten sind, z.B. dass bereits freigegebene Funktionen nicht beeinträchtigt sind (siehe hierzu die Regressionstests).

Die Kriterien sind also zumindest die Angaben, welche Tests zu wiederholen sind, eventuell ergänzt um teststufenspezifische Vorgaben.

BP 5: Genehmige Änderungsanträge vor der Umsetzung. *Änderungsanträge werden auf Basis von Analyseergebnissen und der Verfügbarkeit von Ressourcen vor der Implementierung priorisiert und gemäß der Strategie genehmigt.*

Anmerkung 5: *Ein Change Control Board (CCB) ist eine übliche Einrichtung zur Genehmigung von Änderungsanträgen.*

Anmerkung 6: *Änderungsanträge können Releases zugeordnet werden.*

Unter Berücksichtigung der Zeitplanung, der Personalauslastung und der in den vorausgegangenen Basispraktiken ermittelten Auswirkungen muss das CCB nun für jeden Änderungsantrag eine Entscheidung über die Umsetzung treffen und dokumentieren. Die Entscheidung ist nicht nur ein reines Ja oder Nein, sondern auch eine Entscheidung über die Umsetzungstermine. Bei iterativer Entwicklung muss dabei in der Regel aus einer Menge von anstehenden Änderungsanträgen eine Priorisierung und Zuordnung zu den verschiedenen Zielreleases vorgenommen werden. Die genehmigten Änderungsanträge werden an Personen oder Teams zur Umsetzung, Verifikation und Validierung in Auftrag gegeben. Ansonsten werden die im Projekt üblichen Projektmanagementmethoden (d.h. Planung und Nachverfolgung) verwendet.

BP 6: Reviewe die Implementierung der Änderungsanträge. *Die Implementierung der Änderungsanträge wird vor deren Abschluss reviewt, um sicherzustellen, dass ihre Kriterien für eine konforme Umsetzung eingehalten und alle relevanten Prozesse angewendet wurden.*

Nach der Implementierung der Änderung wird geprüft, ob jeder Änderungsantrag korrekt und entsprechend seiner Zielsetzung umgesetzt wurde. Dies umfasst folgende Punkte:

- Erfolgte die Abarbeitung entsprechend den Vorgaben?
- Wurden die nötigen Prozessschritte durchlaufen?
- Wurden die definierten Tests bestanden und die »Kriterien für eine konforme Umsetzung« eingehalten?
- Gibt es ggf. weitere Maßnahmen, die zur Vermeidung eines nochmaligen Auftretens des Problems notwendig sind?

Bei positivem Prüfergebnis gilt der Änderungsantrag als erfolgreich abgeschlossen, ansonsten muss nachgebessert werden. Für die spätere Nachweisführung sind die Reviewergebnisse zu dokumentieren.

BP 7: Verfolge die Änderungsanträge bis zum Abschluss. *Änderungsanträge werden bis zum Abschluss verfolgt. Der Antragsteller erhält eine Rückmeldung.*

Nachdem der Änderungsantrag erfolgreich abgeschlossen wurde, erhalten der Antragsteller und alle relevanten Stakeholder gemäß der Strategie eine explizite Rückmeldung. Dieses gilt natürlich auch, wenn der Änderungsantrag zurückgewiesen wurde. In diesem Fall sollte die Information den Grund für die Ablehnung enthalten. Somit erhält der Ersteller des Änderungsantrags die Möglichkeit der Nacharbeit, auch wenn z.B. nur formale Anforderungen nicht eingehalten wurden.

BP 8: Etabliere bidirektionale Traceability. *Etabliere bidirektionale Traceability zwischen den Änderungsanträgen und den Arbeitsprodukten, die durch die Änderungsanträge betroffen werden. Im Falle, dass ein Änderungsantrag durch ein Problem initiiert wurde, etabliere bidirektionale Traceability zwischen den Änderungsanträgen und den korrespondierenden Problemaufzeichnungen.*

Anmerkung *7: Bidirektionale Traceability unterstützt Konsistenz, Vollständigkeit und Auswirkungsanalyse.*

Nach Umsetzung eines Änderungsantrags muss nachweisbar sein, welche Arbeitsprodukte in der Folge geändert wurden (unter Berücksichtigung der kompletten Kette von Systemanforderungen, Systemarchitektur, Softwareanforderungen ... bis hin zu der höchsten Teststufe). Falls die Änderung durch ein Problem verursacht wurde, muss Traceability zwischen Änderungsantrag und Problemaufzeichnung bestehen. Die bidirektionale Traceability muss auch hier während der gesamten Projektdauer aufrechterhalten werden.

2.19.3 Ausgewählte Arbeitsprodukte

08-28 Änderungsmanagementplan

Der Änderungsmanagementplan ist das von Automotive SPICE vorgesehene Arbeitsprodukt für die Änderungsmanagementstrategie. Zu den Inhalten siehe analog die Ausführungen bei SUP.9 BP 1.

13-16 Änderungsantrag

Der Änderungsantrag enthält typischerweise u.a.:

- Antragsteller, Kontaktinformation
- Datum, ID des Änderungsantrags, Priorität/Dringlichkeit, gewünschter Termin, Ziel-Release bzw. geplanter Termin
- Betroffene Systeme, Plattformen, Baureihen, Märkte
- Zweck der Änderung und Änderungsbeschreibung
- Einflüsse auf die dazugehörige Dokumentation
- Risiko bei Nichtumsetzung und Umsetzung
- Kundennutzen
- Zugehörige Dokumente, ggf. Verweis auf die zugehörige Problem-ID

13-21 Änderungsaufzeichnung

Die Änderungsaufzeichnung dient dem Nachvollziehen von Änderungen gegenüber einem bestimmten Entwicklungsstand (Baseline). Änderungswünsche bewirken häufig eine Vielzahl von Änderungen im Detail an verschiedenen Dokumenten und Systemkomponenten. Es muss also der Zusammenhang zwischen einer Änderung (repräsentiert durch den Änderungsantrag) und den in der Folge vorgenommenen Einzeländerungen dargestellt werden. Dies geschieht typischerweise durch die Traceability zwischen dem Änderungsantrag im Änderungsmanagementsystem und den betroffenen Arbeitsprodukten im Konfigurationsmanagementsystem.

2.19.4 Besonderheiten Level 2

Analog zu SUP.9

2.20 MAN.3 Projektmanagement

2.20.1 Zweck

Zweck des Prozesses ist es, die Aktivitäten und Ressourcen, die für ein Projekt notwendig sind, um ein Produkt zu erzeugen, im Kontext der Projektanforderungen und -randbedingungen zu ermitteln, aufzustellen und zu steuern.

Projekte sind zeitlich begrenzte, komplexe Vorhaben, in der Regel mit anspruchsvollen Terminen. In der Automobilindustrie kommt hinzu, dass der »offizielle« Projektstart aufgrund langwieriger Einkaufsverhandlungen manchmal zu spät erfolgt, z.B. wenn schon erste Prototypen vorliegen. Der Endtermin des Entwicklungsprojekts (meist abhängig vom Produktionstart (SOP) eines neuen Fahrzeugs) wird aber beibehalten. Außerdem sorgt die unklare Vertragssituation zu Projektbeginn für Probleme auf beiden Seiten: Der Projektleiter des Auftraggebers weiß nicht genau, ob er der Entwicklungsorganisation (Auftragnehmer) schon Anforderungen, Terminvorgaben usw. übergeben kann. Die Entwicklungsorganisation muss, um Termine halten zu können, oft ohne klar definierte Anforderungsdokumente bereits in Vorleistung treten, d.h. ohne rechtsverbindlichen Vertrag mit den Arbeiten beginnen. Dies geschieht dann mit zu geringer Kapazität und es ist schwierig, den Verzug wieder einzuholen. Diese Projekte laufen von Beginn an auf dem kritischen Pfad. Daher ist ein systematisches Projektmanagement mit ausreichend detaillierten Planungen und geeigneten Verfahren zur Steuerung und Verfolgung des Projektfortschritts Grundvoraussetzung, um diese kritischen Projekte überhaupt ins Ziel zu führen.

Die Entwickung in der Automobilbranche setzt sich meist aus der Entwicklung mehrerer Komponenten wie Hardware, Software und Mechanik zusammen. Häufig werden dabei vorhandene Hardware-, Mechanik- und Softwareplattformen für den Auftraggeber angepasst. Diese Projekte werden in größeren Entwicklungsorganisationen oft von verschiedenen Kundenteams/Fachabteilungen mit eigener Linienverantwortung entwickelt. Hinzu kommen bei komplexen Projekten zusätzliche Teams für Test und Erprobung, Integration, Prototypenbau und die Plattformentwicklung selbst (siehe dazu auch Ausführungen bei den System- und Software-Engineering-Prozessen SYS und SWE).

Diese Aufteilung spiegelt sich auch in der Projektorganisation wider. Ein Projekt besteht daher aus mehreren Teilprojekten. In Projekten mit größerem Softwareanteil gibt es ein oder mehrere Teilprojekte für die Softwareentwicklung. Die Verteilung der verschiedenen Teams über die gesamte Welt mit unterschiedlichen Zeitzonen, Sprachen und Kulturen erhöht noch weiter die Komplexität.

Hinweise für Assessoren

Bei vielen Assessments wird nur die Softwareentwicklung als zu assessierende Einheit aus dem Gesamtprojekt ausgewählt. Trotzdem sollte beim Projektmanagementprozess auch das Zusammenwirken des Softwareteilprojekts mit dem Gesamtprojekt betrachtet werden.

2.20.2 Basispraktiken

BP 1: Bestimme den Arbeitsumfang. *Bestimme die Ziele, die Motivation und die Grenzen des Projekts.*

Vor der Durchführung eines Projekts sollte der Projektumfang (engl. scope of work) festgelegt werden. Zur Festlegung des Projektumfangs gehören nach [PMBoK]:

- Die Projektbegründung/der Geschäftsbedarf
- Die Projektziele inklusive quantifizierbarer Kriterien zur Messung der Zielerreichung
- Eine Beschreibung des zu erstellenden Produkts
- Eine Übersicht über alle zu erstellenden Liefergegenstände

Der Projektumfang wird oft in Form einer Projektdefinition[92] (engl. scope statement) und eines Projektstrukturplans (engl. work breakdown structure, WBS) dokumentiert.

92. Die Projektdefinition ist in Automotive SPICE nicht als gesondertes Arbeitsprodukt aufgeführt (siehe dazu auch [Hindel et al. 2009]).

Hinweise für Assessoren

Projektstrukturpläne sind häufig nur auf Ablieferungen ausgerichtet und interne Arbeiten fehlen (z.B. Querschnittstätigkeiten wie Projektmanagement, Konfigurationsmanagement, Qualitätssicherung, Testmanagement, Risikomanagement). Bei internen Entwicklungsprojekten (z.B. F&E-Projekte oder Zulieferungen eines Geschäftsbereichs an einen anderen) krankt es häufig an der Festlegung des Projektumfangs. Oft wird hier keine Projektdefinition erstellt und der genaue Umfang des Projekts ist nicht sauber definiert (z.B. Querschnittstätigkeiten fehlen, Unklarheiten bei Dokumentation, zu leistender Teststufen, Integration/Training/Support, beim Auftraggeber). Bei internen Projekten sind bezüglich Projektplanung und -verfolgung ähnliche Maßstäbe anzulegen wie bei externen Kundenprojekten.

BP 1 wird im Projektverlauf mehrmals »durchlaufen«. So wird zu Projektbeginn ein grober Projektstrukturplan erstellt, der z.B. bei Eintritt in eine neue Projektphase (siehe BP 2) weiter verfeinert wird bis auf die Ebene von Arbeitspaketen und Aktivitäten (siehe BP 4). In der Automobilindustrie ändert sich häufig der Projektumfang im Laufe des Projekts. Dies hat mehrere Gründe:

- Die Anforderungen sind zu Projektbeginn nicht immer klar definiert. Aufgrund des Projektverlaufs und der Änderung technischer Konzepte (z.B. wegen geänderter Funktionsverteilung im Auto) ergeben sich Änderungen und neue Anforderungen.
- Aufgrund aktueller Marktanforderungen (z.B. ein Wettbewerber bringt eine neue Funktionalität auf den Markt und erhält damit einen Wettbewerbsvorteil) und aktueller Innovationen müssen neue Anforderungen und Funktionen integriert werden, die zu Projektbeginn nicht bekannt waren.
- Die Einhaltung von Produktionsterminen (Start of Production, SOP) und den damit verbundenen Meilensteinen wie Produktvorserie, Musterterminen etc. hat höchste Priorität. Daher wird ggf. die Funktionalität reduziert, wenn vereinbarte Meilensteine (z.B. Musterstände) gefährdet sind.

Daher ist ein gut funktionierendes Änderungsmanagement (siehe SUP.10) von besonderer Bedeutung.

Projektziele müssen im Spannungsfeld von Kosten, Zeit und Qualität

- mit konkretem Bezug auf das Projekt,
- messbar bzw. quantifizierbar,
- realistisch und
- schriftlich formuliert sein.

Auch Nichtziele sollten formuliert werden (was ist nicht Umfang des Projekts?). Die Bedingungen und Annahmen zur Erreichung der Ziele, von denen bei der Formulierung ausgegangen wurde, sollten ebenfalls festgehalten werden.

In der Automobilindustrie sind die Projektziele meist im Vertrag klar geregelt. Das sind für die nicht technischen Umfänge z.B. Termine für Musterstände oder zu liefernde Stückzahlen. Technische Umfänge, z.B. Funktionsanforderungen, werden meist in Spezifikationsdokumenten (häufig Lastenheft genannt) beschrieben. Hauptziel ist die Entwicklung der Fahrzeugkomponente mit der geplanten Funktionalität zum SOP.

Oft wird der Produktumfang in Form von umzusetzenden Funktionen mittels einer Funktionsliste[93] geplant. Diese Funktionsliste wird in der Automobilindustrie zur Planung der Inhalte der einzelnen Musterstände und Softwarereleases angewendet. In der Liste werden Funktionen (evtl. auch Bugfixes) den verschiedenen Softwarereleases und Meilensteinen zugeordnet und deren Umsetzung wird verfolgt. Sie dient unter anderem der frühzeitigen Abstimmung des Funktionsumfangs zwischen Auftragnehmer und Auftraggeber. Der Auftraggeber weiß, welche Funktionen wann in welchere Qualitätsstufe geliefert werden sollten und bei ihm erprobt werden können. In Abbildung 2–31 ist auszugsweise eine Funktionsliste eines Spurhalteassistenzsystems dargestellt. Dort sind verschiedene Funktionen bzw. Features in unterschiedlichen Qualitätsstufen (z. B. E3: Qualität erprobungsfähig, für eingeschränkte Nutzer, kompletter Umfang) für die verschiedenen Integrationstermine eingeplant.

ID	**Funktionsbeschreibung**	**IS-1**		**IS-2**		**IS-3**	
Verantwortlich		**Soll**	**Ist**	**Soll**	**Ist**	**Soll**	**Ist**
Supplier 1	**eine Spur**						
1001	erkennt linke Spur	E3					
1002	erkennt rechte Spur	E3					
1003	erkennt Ausfahrten	E3					
...							
Supplier 2	**beide Spuren**						
2001	erkennt linke Spur			E2			
2002	erkennt rechte Spur			E2			
2003	erkennt Ausfahrten			E2			
2004	funktioniert			E2			
...							
Supplier 1	**Spurverlassungswarnung**						
3001	erkennt linke Seite	E4					
3002	erkennt rechte Seite	E4					
3003	erkennt Ausfahrten	E4					
...							
Supplier 2	**Grenzbereiche**						
4001	Abweichung in der Spurerkennung 10%	E3					
4002	Abweichung in der Spurerkennung 5%			E3			
4003	Abweichung in der Spurerkennung 2%					E3	

Abb. 2–31 *Beispiel: Auszug aus der Funktionsliste eines Spurhalteassistenzsystems*

93. Oft auch Feature-by-Phase-Matrix oder Delivery-Plan genannt.

BP 2: Definiere den Projektlebenszklus. *Definiere den Lebenszyklus für das Projekt, der dem Umfang, dem Kontext, der Größe und Komplexität des Projekts entspricht.*

Anmerkung 1: *Das bedeutet typischerweise, dass der Projektlebenszyklus und der Entwicklungsprozess des Kunden konsistent zueinander sind.*

Ein Projektlebenszyklus ist gemäß [PMBoK] eine Folge von Phasen von Projektinitiierung bis Projektende, wobei die Phasen nach Bedarf des Projekts und der Organisation weiter heruntergebrochen und detailliert werden können.

Allgemein besteht der Projektlebenszyklus auf der oberen Ebene meist aus Projektphasen wie Startphase, Planungsphase etc. Die Projektphasen sollten durch Meilensteine voneinander getrennt werden. Viele Firmen haben definierte Phasenübergänge an definierten Meilensteinen. Es gibt festgelegte Kriterien, um überprüfen zu können, ob ein Meilenstein erreicht wurde und ob die Phase abgeschlossen werden kann. Die Projektphasen werden aber auch durch weitere Meilensteine (insbesondere Ablieferungen an den Kunden) unterteilt. Typische Meilensteine sind Projektdefinition und Konzeptentscheidung in den frühen Projektphasen und die Erreichung von geplanten Musterständen und Integrationsstufen während der Entwicklungsphase. Für einen auslieferungsbezogenen Meilenstein wird z.B. im Vorfeld geprüft, ob erforderliche Dokumente vorliegen und geplante Qualitätsprüfungen (z.B. Reviews und Tests) vollständig und erfolgreich durchgeführt wurden.

Wie viel Detaillierungstiefe auf der unteren Ebene des Lebenszyklus erforderlich ist, richtet sich unter anderem nach den vom OEM geforderten Ablieferungen (siehe Abb. 2–32). Daher müssen der Lebenszyklus des Auftraggebers und des Auftragnehmers eng verzahnt sein. Der Fahrzeughersteller gibt durch seinen Fahrzeugentwicklungsprozess mit den Musterphasen und Integrationsstufen und den daraus resultierenden Entwicklungsprototypen ein enges Meilensteinraster vor, das die Vorgehensweise der Entwicklungspartner massiv beeinflusst.

Hinweise für Assessoren

Bei der Verfeinerung der Phasen in iterative Entwicklungszyklen muss im Assessment der Bezug zu der in Automotive SPICE verwendeten V-Modellsicht auf die Entwicklungsprozesse erläuterbar sein. Beim Einsatz agiler Methoden (siehe Kap. 6) muss im Assessment erläutert werden können, wie die Releaseplanung mit den einzelnen Sprints zusammenhängt.

Im Assessment sollte überprüft werden, inwieweit der Projektlebenszyklus der Entwicklungslieferanten und der Fahrzeugentwicklungsprozess des OEM verzahnt sind und zueinander passen.

Exkurs: Verteilte Funktionsentwicklung und Integrationsstufen

Einige Fahrzeugfunktionen werden immer komplexer und nutzen die Vernetzung im Fahrzeug. Die Funktionen werden daher auch über mehrere Fahrzeugbauteile verteilt. Man spricht daher auch von »verteilten« Funktionen. Ein Beispiel dafür wäre eine Funktion »Geschwindigkeitsregelung«, deren Funktion über Bauteile wie Geschwindigkeitsregelanlage, Multifunktionslenkrad, Gateway, Bremse, Body Computer und Kombiinstrument verteilt ist, die von verschiedenen Entwicklungspartnern entwickelt werden.

Integrationsstufen (IS) dienen der Planung und Steuerung der Entwicklung von verteilten Funktionen, da die Fahrzeugfunktionen immer komplexer und vernetzter werden. Ziel ist eine frühzeitig zwischen den beteiligten Parteien abgestimmte und synchronisierte Entwicklung der für eine Funktion relevanten Bauteile und Teilsysteme. Integrationsstufen sind feste Termine, zu denen vorher definierte und mit allen beteiligten Parteien abgestimmte Funktionen in definierten »Reifegraden« im Gesamtfahrzeug zur Verfügung stehen (siehe dazu auch BP 1, Ausführungen zur Funktionsliste).

Des Weiteren ist festzulegen, welche Projektphasen, Meilensteine, Entwicklungszyklen und Prozessschritte aus dem Vorgehensmodell durchzuführen sind. So ist z.B. zu spezifizieren, ob im Rahmen einer Integrationsstufe zwei oder drei Entwicklungszyklen zu durchlaufen sind und was genau in einem Entwicklungszyklus gemacht wird.

Abbildung 2–32 stellt beispielhaft ein Lebenszyklusmodell für ein Steuergeräteentwicklungsprojekt bei einem Automobilzulieferer und die Verzahnung zum OEM PEP[94] dar. Dies gibt einen Überblick über das Zusammenspiel von Projektphasen, Meilensteinen, Integrationsstufen (»I-Stufen«), Softwarelieferungen und Softwareentwicklungsiterationen.

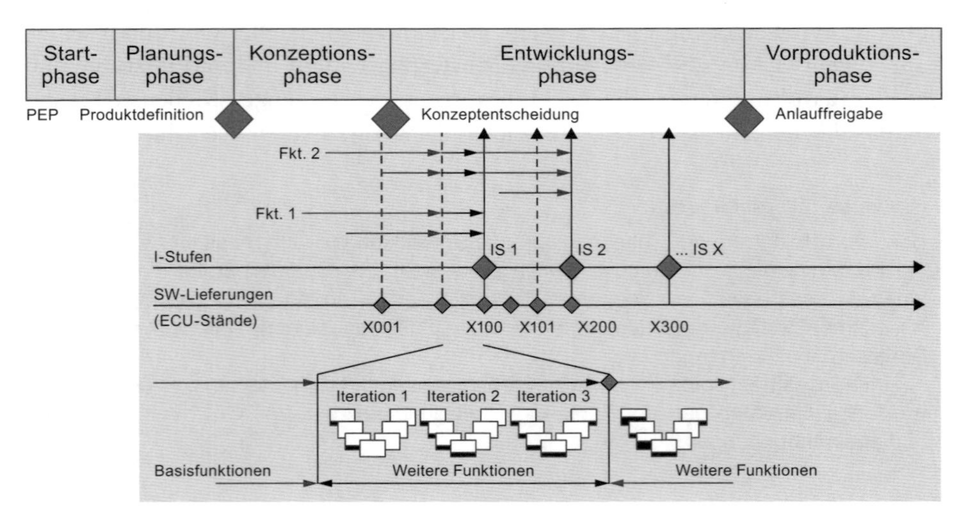

Abb. 2–32 *Beispiel für einen Projektlebenszyklus eines Steuergeräteentwicklungsprojekts*

94. Produktentstehungsprozess

BP 3: Untersuche die Machbarkeit des Projekts. *Untersuche, ob die Erreichung der Projektziele im Sinne der technischen Umsetzbarkeit innerhalb der Randbedingungen hinsichtlich Zeit, Projektschätzungen und vorhandener Ressourcen möglich ist.*

Die Erreichbarkeit der Projektziele muss vor Projektbeginn geprüft werden. Typischerweise geschieht dies in der Angebotsphase. Ein häufig verwendetes Instrument ist die dem Angebot angehängte »Abweichungsliste«, in der die Abweichungen zu Forderungen aus dem Lastenheft aufgeführt werden. Die Abweichungsliste wird bis weit in das Projekt hinein fortgeschrieben und zu den darin enthaltenen Punkten werden sukzessive Vereinbarungen getroffen. Zur Abweichungsliste kommen auch ständig neue Punkte hinzu, wenn z.B. der OEM in frühen Phasen immer wieder neue oder geänderte Lastenhefte einbringt oder im Laufe des Projekts Änderungsanträge stellt.

Bei komplexen Projekten und neuen Technologien erfolgt oft eine Durchführbarkeitsstudie im Rahmen eines eigenständigen (Vor-)Projekts. Oder aber das technische Konzept wird in einer Konzeptphase detailliert ausgearbeitet und untersucht.

Die Machbarkeitsanalyse geschieht in der Regel mit Fokus auf technische Aspekte in Zusammenhang mit Kosten und benötigten Ressourcen (siehe hierzu auch [Kerzner 2013]). Oft werden mehrere Alternativen betrachtet. Als Ergebnis der Untersuchung sollte Folgendes klar sein:

- Ob das Projekt technisch so durchführbar ist und ob bestimmte Kundenwünsche ganz oder teilweise nicht erfüllbar sind
- Welche Alternative gewählt wird und warum
- Welche Ressourcen und Budgets benötigt werden und ob diese Ressourcen überhaupt zur Verfügung stehen[95]
- Welcher zeitliche Rahmen benötigt wird und ob die Zieltermine überhaupt erreichbar sind
- Welche Chancen und Risiken bestehen

95. Häufig werden die gleichen Ressourcen in mehreren Projekten verplant. In diesem Fall ist eine entsprechende Risikoabschätzung durchzuführen und alternative Möglichkeiten müssen betrachtet werden.

Hinweise für Assessoren

OEMs haben ein gesteigertes Interesse daran, dass der Lieferant die benötigte Mitarbeiterkapazität auch tatsächlich zur Verfügung hat. Die Verplanung von Mitarbeitern in mehreren Projekten sowie die generelle Unterversorgung des Projekts mit Mitarbeitern sollte daher kritisch hinterfragt werden. Häufig wird gefragt, ob die geschätzte Mitarbeiterkapazität (nach Bestellung und somit nach Kürzung aufgrund von Preisnachlässen) mit dem Projektorganigramm und den Projektplänen konsistent ist. Ein weiterer Schwachpunkt ist, dass die assessierte Organisation keine systematische Personalbedarfsplanung in Zusammenhang mit den versendeten Angeboten nachweisen kann, was zu Engpässen führen kann. Dieser Zusammenhang sollte also auch hinterfragt werden.

BP 4: Ermittle, überwache und passe die Aktivitäten des Projekts an. *Ermittle, überwache und passe die Aktivitäten des Projekts und zugehörige Abhängigkeiten entsprechend dem definierten Projektlebenszyklus und den Schätzungen an. Passe die Aktivitäten und ihre Abhängigkeiten falls erforderlich an.*

Anmerkung 2: *Struktur und handhabbare Größe von Aktivitäten und zugehörigen Arbeitspaketen unterstützen eine angemessene Fortschrittsverfolgung.*

Anmerkung 3: *Die Aktivitäten des Projekts umfassen typischerweise Engineering-, Management- und Supportprozesse.*

In der Praxis werden BP 4 (Planung der Aktivitäten und deren Abhängigkeiten), BP 5 (Aufwandsschätzung) und BP 8 (Terminplanung) zusammenhängend durchgeführt und münden in dem in BP 8 beschriebenen Terminplan (engl. schedule). Das »Überwachen und Anpassen« für BP 4, BP 8 und BP 10 geschieht in der Praxis gemeinsam.

Zur Ermittlung der Aktivitäten wird der Projektstrukturplan (PSP, siehe BP 1), soweit nicht schon geschehen, feiner in kleinere Arbeitspakete detailliert. Auf der untersten Ebene des PSP werden Aktivitäten abgeleitet (z.B. »Arbeitspaket X erstellen«). In Anmerkung 2 wird darauf hingewiesen, dass die geplanten Arbeitspakete des Projekts eine handhabbare Größe haben, sodass der Arbeitsfortschritt verfolgt werden kann. Dies ist von vielen Faktoren (u.a. Erfahrung der Mitarbeiter und des Teams, Standort, Kritikalität) sowie von Dauer, Größe, Komplexität, Berichtszyklus etc. des Projekts abhängig. Eine Daumenregel besagt, dass die Pakete so detailliert sein sollen, dass der Arbeitsfortschritt im Rahmen eines Berichtszyklus[96] klar erkennbar ist.

Aufgrund des Lebenszyklus (BP 2) mit dem automotive-typischen iterativen Modell werden Instanzen von Aktivitäten erzeugt, die sich wiederholen, z.B. »Design erster Prototyp«, »Design zweiter Prototyp« etc. Zwischen den Aktivitäten werden Abhängigkeiten definiert, so muss z.B. erst ein Design einer Komponente erzeugt werden, bevor eine Implementierung stattfinden kann. Anmerkung 3

96. Zum Beispiel bei wöchentlicher Verfolgung sollte das Arbeitspaket nicht größer als eine Woche Dauer benötigen.

weist darauf hin, dass hier alle Projektaktivitäten der Engineering-, Management- und Supportprozesse geplant und verfolgt werden müssen[97].

BP 5: Ermittle, überwache und passe die Projektschätzungen und Ressourcen an. *Definiere und pflege die Aufwands- und Ressourcenschätzungen basierend auf den Projektzielen, Projektrisiken, Motivation und Grenzen und passe diese an.*

Anmerkung 4: *Geeignete Schätzmethoden sollten[98] angewendet werden.*

Anmerkung 5: *Beispiele für notwendige Ressourcen sind Personen, Infrastruktur (wie Tools, Prüfmittel, Kommunikationsmechanismen etc.) und Hardware/Material.*

Anmerkung 6: *Projektrisiken (mittels MAN.5) und Qualitätskriterien (mittels SUP.1) können berücksichtigt werden.*

Anmerkung 7: *Schätzungen und Ressourcen beinhalten typischerweise Engineering-, Management- und Supportprozesse[99].*

Schätzungen werden zu unterschiedlichen Zeitpunkten während des Projektverlaufs durchgeführt. Grobe Schätzungen werden zu Beginn des Projekts, z.B. im Rahmen einer Angebotsabgabe, durchgeführt. Diese Grobschätzung wird während der Projektplanungsphase erweitert und detailliert. Schätzungen erfolgen dann bis auf Arbeitspaketebene des PSP. Weitere Detaillierungen und Aktualisierungen werden während der Durchführungsphase vorgenommen, wie z.B. bei Eintritt in eine neue Projektphase oder Releaseentwicklung oder im Rahmen von Um- oder Neuplanungen. Annahmen, die bei einer Schätzung getroffen wurden, sind zu dokumentieren und gehören zur Schätzdokumentation.

Die Schätzungen umfassen hier das Abschätzen der Mitarbeiterressourcen sowie von Art und Menge der technischen Ressourcen (Ausrüstung, Infrastruktur, Werkzeuge etc.). Auch hier sollen die Schätzungen die Ressourcen für alle relevanten Prozesse umfassen.

Bei der Aufwandsschätzung müssen daher auch die Aufwände für die Qualitätssicherung durch das Projektteam (Reviews, Tests etc.) und durch die unabhängige Qualitätssicherung (siehe SUP.1) berücksichtigt werden. Bei der Aufwandsschätzung können auch Risiken betrachtet werden (z.B. Risikozuschläge, Stabilisierungszyklen, Fehlerbehebungsaufwände auf Basis einer Schätzung von zu erwartenden Fehlern etc.). Eine gängige Schätzmethode zur Analyse von Risiken ist die Drei-Punkt-Schätzung. Dabei werden für jede Aktivität der optimistische, ein realistischer und ein pessimistischer Aufwand geschätzt und daraus weitere Werte berechnet.

Bei der Schätzung der Mitarbeiterressourcen wird der Aufwand zur Erstellung oder Bearbeitung der Arbeitspakete bzw. Module (z.B. in Personenstunden)

97. Dies gilt auch für alle anderen, nicht erwähnten Automotive SPICE-Prozesse, z.B. Lieferantenmanagement (ACQ.4).
98. In der Assessmentpraxis wird dies eher als »müssen« verstanden.
99. Und natürlich weitere Prozesse, soweit sie angewendet werden (z.B. ACQ.4).

geschätzt. Als Basis dazu dient der Projektstrukturplan. Aufwände werden häufig bottom-up (»Mikroschätzverfahren«) geschätzt. Eine Bottom-up-Schätzung wird von einigen OEMs sogar explizit gefordert. Dazu wird die durchzuführende Arbeit in kleine Arbeitspakete und Aktivitäten (siehe BP 4) zerlegt. Der Aufwand wird auf unterster Ebene geschätzt und dann schrittweise zu einem Gesamtaufwand für das Projekt summiert.

In Anmerkung 4 wird auf den Einsatz von Schätzmethoden hingewiesen. In der Praxis werden fast immer Expertenschätzmethoden (meistens unter Verwendung von Schätzformularen) eingesetzt. Komplexe Methoden wie Function Point oder COCOMO sind uns in der Automobilindustrie noch nie begegnet. Als praktikabel in der Umsetzung haben sich Schätzformulare bewährt, die ein strukturiertes Schätzen mit relativ geringem Aufwand ermöglichen. Schätzformulare werden meistens bei Bottom-up-Verfahren eingesetzt und können zusätzlich typische Aufwandtreiber berücksichtigen, wie z.B. Komplexität, Risiken, Erfahrung der Mitarbeiter oder erhöhten Testaufwand (zu weiterführenden Ausführungen zu Schätzmethoden siehe [Hindel et al. 2009]).

Vorteilhaft (jedoch nicht gefordert) für Schätzungen ist, die Werte so aufzuzeichnen, dass sie für zukünftige Schätzungen unterstützend herangezogen werden können. Bei einer neuen Schätzung wird ein ähnliches Projekt aus der Vergangenheit identifiziert und dessen Schätzformular hinsichtlich der Unterschiede zum neuen Projekt überarbeitet. Für eine erste, schnelle Aufwandsschätzung ist dieses Verfahren deutlich arbeitssparender als eine komplett neue Bottom-up-Schätzung.

Bei der Schätzung von technischen Ressourcen geht es um alles, was über die ohnehin vorhandene Standardausrüstung der Entwickler hinausgeht und was intern oder extern beschafft (z.B. Software, Hardware) oder gebucht bzw. belegt werden muss (z.B. Teststände, Testfahrzeuge, Teststrecken). In Abbildung 2–33 ist beispielhaft ein Tabellenschema zur Abschätzung von technischen Ressourcen dargestellt.

PSP-ID	Technische Ressource	Benötigt von	Benötigt bis	Kosten-schätzung	Beschaffung bis spätestens	Verantwortlich für Beschaffung	Risiken	Status	Bemerkungen
3.5.1	3 × Lizenz für Professional Test Suite	Anfang B-Muster-Phase	Projekt-ende	4.500 €	13.2.	Haver-kamp	Beschaffung nicht genehmigt, da IT-Team andere Test-Suite vorschreibt	rot	Haverkamp stellt Notwendigkeit am 9.1. im AL-Meeting dar.
...									
...									

Abb. 2–33 *Beispiel für technische Ressourcenplanung*

Die Schätzungen überwachen und anpassen bedeutet, dass man die Schätzungen ständig aktuell halten muss, z.B. aus folgenden Gründen:

- Budgetreduktion zwischen dem Angebot zugrunde liegenden und dem tatsächlich vom OEM bestellten Budget
- Aufwandserhöhungen aufgrund von kostenpflichtigen Änderungsanträgen
- Aktualisierung aufgrund neuerer Erkenntnisse oder fortschreitender Detaillierung im Projektverlauf

Hinweise für Assessoren

Bei Expertenschätzungen ist zu prüfen, ob die Ergebnisse nachvollziehbar dokumentiert wurden (Datum der Schätzung, wer hat die Schätzung durchgeführt, verständliche Strukturierung und Erläuterungen etc.). Was auch geprüft werden sollte und was fast immer inkonsistent ist, ist der Zusammenhang zwischen Schätzung, aktuellem Budget und den in den Projektplänen für die Aktivitäten ausgewiesenen Aufwandszahlen.

BP 6: Stelle die erforderlichen Fähigkeiten, Kenntnisse und Erfahrungen sicher. *Ermittle die für das Projekt erforderlichen Fähigkeiten, Kenntnisse und Erfahrungen und stelle sicher, dass die ausgewählten Personen und Teams diese besitzen oder rechtzeitig erwerben.*

Anmerkung 8: *Typischerweise werden Trainings durchgeführt, falls es Abweichungen gegenüber den erforderlichen Fähigkeiten und Kenntnissen gibt.*

Die erforderlichen Qualifikationen ergeben sich aus der Erfahrung mit dieser Art von Projekt/Produkt und den Besonderheiten des Einzelfalls (z.B. spezielle Technologie, Tools, neue Features). Die grundsätzlichen Qualifikationsbedarfe finden sich in vielen Unternehmen in Rollenbeschreibungen. Die einzelfallspezifischen Bedarfe werden projektspezifisch z.B. aus Kundenanforderungen ermittelt. Beide Arten von Qualifikationen müssen dokumentiert werden und mit dem Projektpersonal abgeglichen werden. Die notwendigen Qualifikationen werden also mit den für das Projekt infrage kommenden Personen verglichen. Auf dieser Basis wird (z.B. durch den Projektleiter oder Linienvorgesetzten) die optimale personelle Zusammensetzung des Projektteams geplant und in der Projektplanung dokumentiert (z.B. als Organigramm oder Personalliste). Wenn das vorgesehene Personal nicht die notwendigen Qualifikationen besitzt, muss es mittels geeigneter Maßnahmen geschult werden. Die notwendigen »Lernkurven« der Mitarbeiter sind bei der Planung zu berücksichtigen. Andere Maßnahmen zur Sicherstellung der Qualifikation sind z.B. Coaching oder »Selbststudium«. Sollen die Personen sich das Wissen durch »Selbststudium« erwerben, so ist dafür nachweislich Zeit einzuplanen.

BP 7: Ermittle, überwache und passe die Schnittstellen und vereinbarten Verpflichtungen des Projekts an. *Ermittle die Schnittstellen des Projekts mit anderen (Teil-)Projekten, organisatorischen Einheiten und anderen betroffenen Stakeholdern, stimme diese ab und überwache vereinbarte Verpflichtungen.*

Anmerkung 9: *Projektschnittstellen beziehen sich auf Engineering-, Management- und Supportprozesse*[100].

Mit den Stakeholdern, wie den internen Teams, dem verantwortlichen Linienmanagement, dem Auftraggeber, der Plattformentwicklung, QS, Produktion, den Test & Integrationsabteilungen, dem Prototypenbau, Einkauf, Vertrieb, Marketing, Produktmanagement, den Lieferanten, Entwicklungspartnern, Dienstleistern etc., muss vereinbart werden, wie die Schnittstellen »gehandhabt« werden. Sprich, welche Informationen werden wie wann ausgetauscht, wie wird Arbeitsfortschritt berichtet bzw. verfolgt, gibt es gemeinsame Meetings, wie werden diese Personen und Gruppen in den Kommunikationsfluss einbezogen etc. Die Einhaltung dieser Vereinbarungen muss aktiv im Rahmen des Projektmanagements überwacht werden und die Vereinbarungen ggf. angepasst werden. Geeignete Dokumente sind Kommunikationsplan, Meetingplan, Standard-E-Mail-Verteiler, Listen von Ansprechpartnern, Organigramme etc.

BP 8: Ermittle, überwache und passe den Terminplan des Projekts an. *Weise den Aktivitäten Ressourcen zu und und plane jede Aktivität des gesamten Projekts zeitlich ein. Der Terminplan des Projekts muss während der gesamten Lebensdauer des Projekts kontinuierlich aktualisiert werden.*

Anmerkung 10: *Das bezieht sich auf alle Engineering-, Management- und Supportprozesse*[101].

Vorbemerkung: BP 4, BP 8 und BP 10 sind teilweise redundant und werden auch in der Praxis integriert durchgeführt. Pflege und Verfolgung des Terminplans und Verfolgung von Aktivitäten hinsichtlich Aufwand und Dauer sind untrennbar miteinander verbunden.

Im Rahmen der klassischen[102] Aktivitätenzeitplanung erfolgt eine explizite zeitliche Zuordnung der Teammitglieder zu den Aktivitäten und die Planung des Personalbedarfs (wer ab wann benötigt wird und bis wann). Dazu muss bekannt sein, welches Personal der verschiedenen Qualifikationen von wann bis wann in welchem Umfang zur Verfügung steht und welche Abhängigkeiten zwischen den Aktivitäten bestehen. Aus der Aufwandsschätzung (siehe BP 5) ist zudem bekannt, welcher Zeitaufwand für jede Aktivität benötigt wird. Basierend auf diesen Informationen werden das Personal zugeordnet, die reale Aktivitätendauer ermittelt

100. Sowie auf alle weiteren relevanten Prozesse (z.B. ACQ.4).
101. Und alle weiteren relevanten Prozesse.
102. Klassisch bezieht sich hier auf Projektmanagementmethoden, wie in Automotive SPICE, [PMBoK] und [Kerzner 2013] beschrieben, im Gegensatz zum agilen Projektmanagement (siehe Kap. 6).

und die Start- und Endtermine bestimmt. Das Ergebnis ist ein dokumentierter Terminplan (siehe dazu auch die Arbeitsproduktbeschreibung WP 14-06).

Standard ist heute das Prinzip der »rollierenden« Planung: Aufgrund der noch unklaren Anforderungen und den vielen zukünftigen Änderungen im Projekt macht es keinen Sinn, die komplette Projektdauer im Detail zu planen. Es werden daher z.B. die Aktivitäten im Nahfeld (z.B. die nächsten zwei bis drei Iterationen) so feingranular geplant, dass transparent ist, was jedes Teammitglied gerade macht. Für einen mittelfristigen Zeitraum eines Release (z.B. drei bis sechs Iterationen, drei Monate) werden z.B. die Subfeatures im Detail geplant (z.B. Arbeitspakete so detailliert, dass diese innerhalb einer Iteration umgesetzt werden können). Für Releases, die weiter als 3 Monate im Voraus liegen, ist die Planung dann grober (z.B. Features in einer Qualitätsstufe, die innerhalb eines Release umgesetzt werden können). Plant man in dieser Art, gibt es natürlich starke Überschneidungen mit der Funktionsliste (siehe BP 1), und man muss dann den Terminplan und die Funktionsliste abgrenzen. Diese »rollierende« Planung ist in Abbildung 2–34 schematisch dargestellt.

Zu beachten ist noch, dass einige OEMs eine detaillierte Vorausplanung der Aktivitäten (wie oben für die Nahfeldplanung beschrieben) für das aktuelle und das darauf folgende Release bzw. für drei Monate fordern.

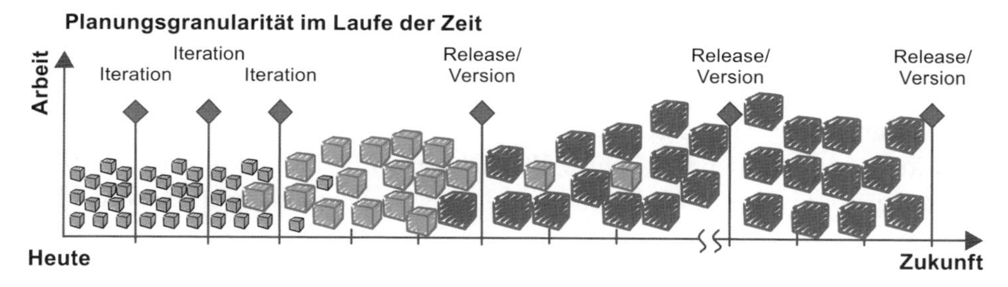

Abb. 2–34 *Prinzip der rollierenden Planung*

Der Terminplan muss regelmäßig überprüft und aktualisiert werden, um Fortschritt bzw. Beendigung der Aktivitäten, Terminverschiebungen, neue Aktivitäten, Änderungen bezüglich der für Aktivitäten verantwortlichen Mitarbeiter etc. zu berücksichtigen. Dies erfordert in der Regel eine zumindest wöchentliche Aktualisierung. Der Terminplan steht unter Konfigurationskontrolle bzw. wird versioniert und wird regelmäßig durchgesprochen und verteilt, sodass die Änderungen nachvollziehbar sind.

Einige OEMs fordern die Verwendung der »Kritische-Pfad-Methode«. Jeder Terminplan hat mindestens einen kritischen Pfad, ggf. auch mehrere parallele kritische Pfade. Der kritische Pfad ist der Pfad, auf dem Aktivitäten mit einem Puffer von null liegen. Das bedeutet, verschieben sich diese Aktivitäten, verschiebt sich rechnerisch auch der Endtermin. Daher muss man seinen kritischen Pfad kennen und Aktivitäten auf diesem Pfad ein besonderes Augenmerk widmen. Verwendet man diese Methode, müssen die Aktivitäten im Terminplan durchgängig verknüpft sein, um den kritischen Pfad zu identifizieren.

Hinweise für Assessoren

Typische Prüfpunkte für diese Praktik sind:

- Sind den Aktivitäten im Nahfeld korrekte Bearbeiter zugewiesen?
- Sind realistische Aufwände abgeschätzt?
- Passt ggf. die Summe der Aufwände zu den Schätzungen und Budgets?
- Wird regelmäßig aktualisiert (wöchentlich)?
- Wird der Fortschritt von Aktivitäten festgehalten?
- Werden Aktivitäten als »abgeschlossen« spezifiziert?
- Ist ggf. die Bestimmung eines kritischen Pfads möglich?
- Gibt es ein projektübergreifendes Ressourcenmanagement (falls Mitarbeiter in mehreren Projekten arbeiten)?

Da Entwicklungsprojekte in der Regel einem enormen zeitlichen Druck unterliegen, sind Terminpläne immer mit Risiken behaftet. Die Risiken können im Rahmen von MAN.5 (Risikomanagement) identifiziert, durch Maßnahmen minimiert und regelmäßig neu bewertet und verfolgt werden.

BP 9: Stelle die Konsistenz sicher. *Stelle sicher, dass die Schätzungen, Aktivitäten, Terminpläne, Pläne, Schnittstellen und Vereinbarungen des Projekts zwischen allen betroffenen Parteien konsistent sind.*

Die verschiedenen Planungs- und Verfolgungsdokumente wie Projektdefinition, Projektstrukturplan, Funktionsliste, Projektplan, die verschiedenen Terminpläne inklusive der Schätzungen, Ressourcenplanung, Kommunikationsplan, Risikoliste, Statusberichte etc. sollen konsistent gehalten werden. Diese Forderung ist in der Praxis nicht einfach umzusetzen. Die folgenden Praktiken haben sich dabei bewährt:

- Vermeidung von Redundanzen, z.B. die MS-Project-Pläne so gestalten, dass sie den Projektstrukturplan und die aktuellen Aufwandsschätzungen enthalten.
- MS-Project-Pläne des Gesamtprojekts und aller Teilprojekte integrieren, um Inkonsistenzen gar nicht erst entstehen zu lassen.
- Systematisches Änderungsmanagement an den Projektmanagementdokumenten; dies kann durch Checklisten unterstützt werden, die für die Arten von Änderungen an einem Dokument die resultierenden Änderungen in anderen Dokumenten auflisten.
- Die Projektmeetings für Konsistenzchecks/Quervergleiche der Dokumente nutzen.
- Die Projektmanagementdokumente von Zeit und Zeit zu definierten Ständen in Form von Planungsbaselines zusammenfassen.

BP 10: Reviewe und berichte den Projektfortschritt. *Reviewe und berichte regelmäßig den Status des Projekts und die Bearbeitung der Aktivitäten hinsichtlich geschätzem Aufwand und geschätzter Dauer an alle betroffenen Parteien. Vermeide das erneute Auftreten der erkannten Probleme.*

Anmerkung 11: *Projektreviews können in regelmäßigen Abständen durch das Management durchgeführt werden. Ein Projektreview am Ende eines Projekts trägt dazu bei, Best Practices und Lessons Learned zu ermitteln.*

Siehe auch die Vorbemerkung zu BP 8. Der tatsächliche Arbeitsfortschritt wird mit dem Plan verglichen. Abweichungen gegenüber dem Plan werden untersucht und ggf. Gegenmaßnahmen eingeleitet. Der Fortschritt wird regelmäßig berichtet (siehe Arbeitsprodukt 15-06 Projektfortschrittsbericht). Die Fortschrittsüberwachung in Projekten findet in der Praxis meist auf zwei Ebenen statt:

- **Fortschrittsüberwachung auf Aktivitätenebene**
  Der Fortschritt der Aktivitäten wird in kurzen Zeitabständen überwacht[103]. Auf der untersten Ebene berichten die Entwickler den Fortschritt an die nächsthöhere Ebene. In kleineren Projekten ist dies der Projektleiter selbst, in größeren Projekten sind Ebenen dazwischengeschaltet (z.B. Team- oder Teilprojektleiter). Eingesetzte Methoden sind z.B. Teambesprechungen, Ermittlung von Istaufwand und Fertigstellungsgrad bzw. Istaufwand und Restaufwand sowie das Besprechen der aktuellen Probleme. Dies sind die Rohdaten, die für die Fortschrittsüberwachung auf Projektebene benötigt werden. Wenn ein Fertigstellungsgrad (z.B. 0, 25, 50, 75, 100%) verwendet wird, müssen die Bewertungskriterien definiert sein (was bedeutet z.B. 50% konkret?).
- **Fortschrittsüberwachung auf Projektebene**
  Hier werden die Fortschrittsdaten von unten nach oben in der Hierarchie über die verschiedenen Ebenen verdichtet, damit der Projektleiter ein klares Bild des Fortschritts auf Gesamtprojektebene gewinnt und dieses auch nach außen (Management, Kunde) vermitteln kann. Die Ergebnisse werden in Projektfortschrittsberichten (z.B. monatlich) dokumentiert. Eingesetzte Methoden sind Projektreviews, Metriken zur Verfolgung des Projektfortschritts, Meilensteintrendanalyse und die Earned-Value-Methode (siehe [Hindel et al. 2009]). In Anmerkung 11 wird darauf hingewiesen, dass die Fortschrittsüberwachung auf Projektebene in regelmäßigen Zeitabständen durch das (Linien-) Management erfolgen kann. In kritischen, komplexen oder umfangreichen Projekten kann auch ein gemeinsamer Steuerkreis mit Vertretern des Managements von Auftraggeber und Auftragnehmer eingerichtet werden.

Projektbesprechungen sind neben Fortschrittsberichten auf Basis von Istaufwänden und z.B. Fertigstellungsgrad das wichtigste Mittel zur Steuerung des Projekts.

---

103. Im klassischen Projektmanagement z.B. wöchentlich. In der agilen Entwicklung in der Regel täglich.

In Abbildung 2–35 sind häufig vorkommende Arten von Projektbesprechungen aufgeführt.

Art von Besprechung	Zweck	Teilnehmer
Teambesprechungen	Probleme u. Lösungen auf Aktivitätenebene, Arbeitsfortschritt	Projekt-/Teamleiter, Entwickler
Interne Fortschrittsreviews	Arbeitsfortschritt im Vergleich zum Plan, Maßnahmen, ausgewählte Probleme, Risiken, Änderungsanträge	Projekt-/Teamleiter, Entwickler
Formale Fortschrittsreviews	Arbeitsfortschritt im Vergleich zum Plan, in Kürze: ausgewählte Probleme, Maßnahmen, Risiken	Projekt-/Teamleiter, Management
Meilensteinreviews	Arbeitsfortschritt im Vergleich zum Plan, Prüfung formaler Voraussetzungen, Freigabe der nächsten Phase	Projekt-/Teamleiter, Management, QS, ggf. Kundenvertreter
Lenkungsausschuss, Entscheidungsausschuss	Rechenschaftsbericht, ausgewählte Probleme, strategische Fragen, Koordination verschiedener Interessen, Treffen wichtiger Projektentscheidungen	Projekt-/Teamleiter, Management, Kundenvertreter

Abb. 2–35 *Arten von Projektbesprechungen und Fortschrittreviews*

In Projekten fallen über den gesamten Projektverlauf eine Fülle von technischen Fragen und Problemen an. Deren Abarbeitung muss systematisch gesteuert und verfolgt werden, z.B. durch eine Offene-Punkte-Liste (OPL, siehe Abb. 2–4 auf S. 25). Bei der Überwachung des Projektfortschritts kann zugleich auch die Verfolgung und Neubewertung der Risiken erfolgen (siehe MAN.5 BP 6).

Wenn bei der Ausführung des Projekts und bei der Überwachung des Projektfortschritts Abweichungen gegenüber dem Planungsstand festgestellt werden und dadurch die Projektziele nicht erreicht werden können, müssen entsprechende Maßnahmen eingeleitet werden[104]. Hierzu gibt es verschiedene Möglichkeiten:

- Parallelisierung (also zeitgleiches Bearbeiten) von Aktivitäten auf dem kritischen Pfad
- Personaleinsatz ändern (z.B. mehr Personal oder erfahrene Experten hinzuziehen)
- Outsourcing von Arbeiten, um Projektmitglieder für andere Aufgaben frei zu bekommen
- Leistungsumfang/Funktionalität ändern bzw. reduzieren
- Prioritäten beim Management durchsetzen, z.B. wenn Personal aufgrund anderer Aufgaben abgezogen wird oder ausstehende Entscheidungen das Projekt verzögern
- Task Force oder »One Room Concept«[105]
- Terminverschiebung, offenes Gespräch mit dem Auftraggeber

104. In der Praktik ist nur vom Verhindern des erneuten Eintretens von Problemen die Rede.

Diese Möglichkeiten bringen teilweise erhebliche Risiken und Mehrkosten mit sich und können unter Umständen genau das Gegenteil bewirken. Eine weitere, leider häufig praktizierte Möglichkeit ist es, bei der Produktqualität zu sparen (z.B. weniger Reviews, keine oder verkürzte Tests). Davon ist in jedem Fall abzuraten.

Die Korrekturmaßnahmen führen in der Regel zu Planungsänderungen. Daher muss die Projektplanung entsprechend angepasst werden. Bei größeren Planungsänderungen ist unter Umständen auch ein erneutes Planungsreview notwendig.

Automotive SPICE fordert auch Maßnahmen zur Behebung bzw. Vermeidung der Ursachen. Nach unserer Erfahrung sind dies die häufigsten Ursachen, die sich beheben lassen:

- Missverständnisse und Kommunikationsprobleme: Hier können z.B. gemeinsame Reviews und Einbeziehung aller betroffenen Parteien helfen.
- Übersehen von Anforderungs-, Design- und Traceability-Problemen: Hier kann z.B. helfen, mehr Aufwand in Reviews zu stecken, statt hinterher die Fehler zu korrigieren.
- Tool- und Methodenprobleme im Engineering-Bereich: Ineffiziente Tool-Ketten und Unsicherheiten in der Organisation des Zusammenspiels der Engineering-Prozesse können durch Verbesserungsprojekte schrittweise gelöst werden.

Daneben gibt es eine Reihe weiterer Ursachen, die sich erfahrungsgemäß nur schwer beheben lassen wie zahlreiche, späte Änderungen und unrealistische Terminvorgaben, Personalmangel und Aufteilung der Arbeiten auf zahlreiche, internationale Teams.

In der Anmerkung wird darauf hingewiesen, dass es sinnvoll ist, am Ende eines Projekts ein Projektreview durchzuführen, um Best Practices und Lessons Learned zu ermitteln. Dabei werden die Erfahrungen, die das Projektteam im Rahmen eines Projekts gemacht hat, für zukünftige Projekte nutzbar. Gerade bei länger andauernden Projekten bietet sich an, ein Abschlussreview mehrfach im Projektverlauf (z.B. am Ende von wichtigen Projektphasen) durchzuführen. Das Ziel ist dann nicht mehr nur, für zukünftige Projekte zu lernen, sondern das Erlernte sofort in der nächsten Phase desselben Projekts anzuwenden.

2.20.3 Ausgewählte Arbeitsprodukte

08-12 Projektplan

Der Projektplan besteht aus einem oder mehreren Planungsdokumenten, die den Projektumfang und die wesentlichen Merkmale des Projekts definieren. Der Projektplan ist Grundlage für die Projektkontrolle und -steuerung. Wenn der Pro-

105. Mitarbeiter werden räumlich zusammengezogen, um Reiseaufwand zu verringern und Kommunikation zu erleichtern.

jektplan aus mehreren Planungsdokumenten besteht, so ist darauf zu achten, dass die einzelnen Dokumente in Summe ein schlüssiges, zusammenhängendes Ganzes darstellen. Der Projektplan muss aber nicht notwendigerweise aus einem zusammenhängenden Dokument bestehen, oft wird er auch in Form einer Verzeichnisstruktur mit verschiedenen Dateien umgesetzt. Nachfolgend ist eine Beispielgliederung eines Projektplans dargestellt.

Beispielgliederung eines Projektplans für ein großes Projekt

1 Kurzbeschreibung der Projektzielsetzung und des Projektumfangs
  1.1 Kurzbeschreibung des Projekts
  1.2 Hintergrund
  1.3 Zielsetzung
  1.4 Projektumfang
  1.5 Projektbudget
  1.6 Projektlaufzeit
  1.7 Voraussetzungen und Verpflichtungen
  1.8 Grundlegende Planungsannahmen
  1.9 Grundlegende Entscheidungen
  1.10 Schnittstellen
2 Lastenheft und Pflichtenheft
3 Projektstrukturplan und Projektzeitplan
  3.1 Überblick über die Arbeitspakete
  3.2 Projektstrukturplan (Überblick)
  3.3 Terminplan (Überblick)
  3.4 Beschreibung der Arbeitspakete
    AP 1 ...
    AP 2 ...
    AP n
  3.5 Zusammenfassung der Aufwandsschätzungen
4 Rollen und Verantwortlichkeiten
5 Risiken
6 Benutzte Prozesse und Werkzeuge
7 Berichtswesen
8 Grundregeln für das Projektteam
9 Projektteam, Kommunikationsplan
10 Projektvorgaben
11 Weitere Angaben zu diesem Dokument
  11.1 Änderungsprozess
  11.2 Dokumentation
  11.3 Mitgeltende Unterlagen
12 Definitionen, Begriffe, Abkürzungen
13 Anhang Aufwandsschätzung benötigter Mitarbeiter
14 Anhang Personaleinsatzplanung
15 Anhang detaillierter Projektstrukturplan
16 Anhang detaillierter Terminplan

13-16 Änderungsantrag

Siehe bei SUP.10

14-06 Terminplan

Ein Terminplan sollte auf dem Projektstrukturplan und dem Projektlebenszyklusmodell basieren und sollte folgende Punkte enthalten:

- Durchzuführende Aktivitäten, die zur Erstellung der Zwischen- und Endergebnisse des Projekts notwendig sind[106], sowie Abhängigkeiten und Verlinkung zwischen diesen, ggf. kritischer Pfad
- Meilensteine
- Zeitdauer und geschätzte Aufwände der Aktivitäten, Start- und Endtermine
- Die Zuordnung von Ressourcen zu den Aktivitäten
- Hierarchische Organisation (z.B. nch Projektphasen, Iterationen, Aktivitäten)

Im Terminplan wird typischerweise auch die Fortschrittsverfolgung eingetragen (Soll-Ist-Vergleich z.B. des Fertigstellungsgrads). Der Terminplan wird oft mithilfe von Tools wie Microsoft Project, R-Plan etc. geführt. Einfache Terminpläne können aber auch in Microsoft Excel implementiert werden.

Bei größeren Projekten gibt es meist eine Hierarchie von Terminplänen, z.B. einen Terminplan auf Gesamtprojektebene, der Meilensteine und Abhängigkeiten beinhaltet, und mehrere detaillierte Teilterminpläne (z.B. für Softwareentwicklung, Hardwareentwicklung, Mechanikentwicklung).

14-09 Projektstrukturplan

Der Projektstrukturplan (PSP) strukturiert und definiert den Gesamtinhalt und -umfang des Projekts. Der PSP ist das Werkzeug, das den Projektumfang in »handhabbare« Elemente herunterbricht. Jede niedrigere Ebene beinhaltet eine detailliertere Beschreibung des darüber liegenden Projektelements. Die unterste Ebene des PSP sind die Arbeitspakete. Liefergegenstände, die nicht im PSP stehen, gehören nicht zum Projektumfang. Auf der obersten Ebene sollte der PSP nach Projektphasen oder Hauptliefergegenständen gegliedert sein. Als Darstellungsformen wird oft das Strukturdiagramm gewählt, alternativ die Listendarstellung mit Nummerierung und Einrückungen oder die Mindmap.

Liefergegenstände des Projekts sind neben dem zu entwickelnden Produkt auch interne Arbeitsprodukte (z.B. Testdokumentation, Projektfortschrittsberichte) sowie Liefergegenstände, die aus dem Projektlebenszyklus (siehe BP 2) abgeleitet werden.

---

106. Hier bitte die Hinweise zur rollierenden Planung und unterschiedlicher Granularität wie in BP 8 beschrieben beachten.

Hinweise für Assessoren

In der Praxis wird – zumindest bei kleineren Projekten – oft kein gesondertes Dokument für den Projektstrukturplan erstellt. Er findet sich dann eingebettet im Terminplan des Projekts wieder.

15-06 Projektfortschrittsbericht

Der Fortschrittsbericht sollte Aussagen enthalten bezüglich:

- Kostensituation (aktuelle Entwicklungskosten bzw. Stückkosten, voraussichtliche Kostenentwicklung etc.)
- Terminsituation (voraussichtliche Endtermine, Trends z.B. bezüglich Erreichung der nächsten Meilensteine etc.)
- Leistungsumfang/Funktionalität
- Qualitätssituation (Fehlersituation, kundenrelevante Probleme etc.)
- Personalstatus (z.B. personelle Engpässe)
- Risiken (Zusammenfassung der Risiken)
- Ausgewählte (oft technische) Probleme
- Welche Maßnahmen sind eingeleitet? Wer hat Handlungsbedarf?

In Organisationen, die eine größere Anzahl von Projekten überschauen müssen, werden die Projektfortschrittsberichte stark zusammengefasst und vereinheitlicht dargestellt, z.B. in Form von »Ampelberichten« (siehe Abb. 2–36).

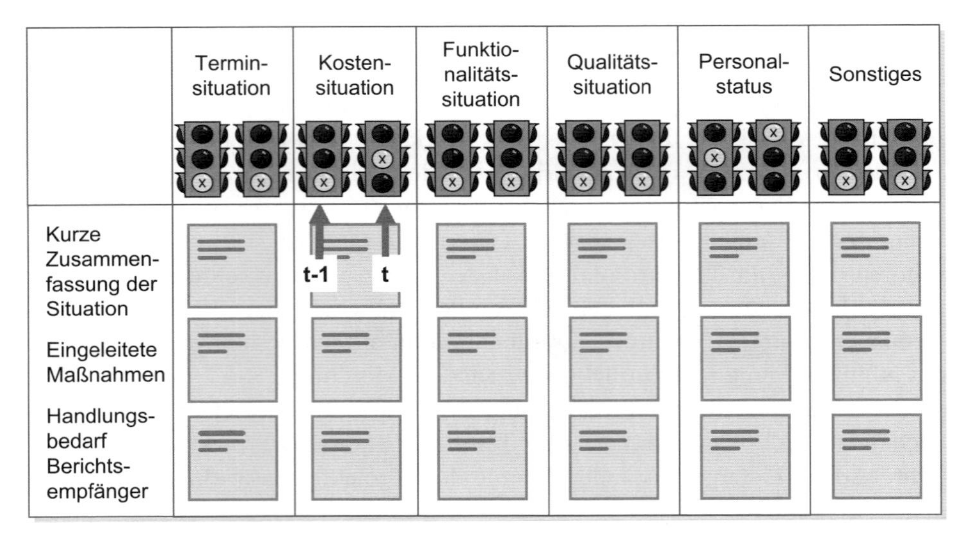

Abb. 2–36 *Beispiel eines aggregierten Projektfortschrittsberichts für höhere Managementebenen*

2.20.4 Besonderheiten Level 2

Zum Management der Prozessausführung

Auf Level 2 (siehe PA 2.1, Steuerung der Prozessausführung) werden ebenfalls grundlegende Projektmanagementprinzipien gefordert, jedoch angewendet auf den jeweiligen Prozess (und nicht das Projekt).

So wird gefordert, dass der Prozess, basierend auf Zielen, geplant ist und die Planeinhaltung verfolgt wird. Für MAN.3 bedeutet dies, dass die Projektmanagementaktivitäten wie Projektplanerstellung, Projektbesprechungen, Ausarbeiten der Projektdetailplanung und Planungsaktualisierungen, Fortschrittsüberwachung, Erstellen von Fortschrittsberichten etc. geplant und verfolgt werden müssen.

Sinnvoll planbar ist z.B. der erstmalige Fertigstellungstermin des Projektplans und dessen Aktualisierung zu Beginn von neuen Phasen. Auch muss eine Kapazitätseinplanung für Projektmanagement erfolgen, d.h., auch wiederkehrende Tätigkeiten müssen berücksichtigt werden. Dies ist insbesondere dann wichtig, wenn der Projektleiter neben der eigentlichen Leitung auch noch technische Aufgaben hat. In der Praxis ist dies oft bei kleineren Projekten der Fall und führt in Stresssituationen häufig zur Vernachlässigung des Projektmanagements.

Zum Management der Arbeitsprodukte

Planungsdokumente ändern sich recht häufig, vorausgesetzt, die Dokumente »leben« (d.h., sie werden als Planungs- und Steuerungsinstrument aktiv genutzt). Daher können die Planungsdokumente nicht bei jeder kleinen Änderung reviewt werden. Projektplan und Terminplan sollen aber zumindest zu Planungsbaselines im Konfigurationsmanagementsystem abgelegt und reviewt werden. Außerdem bietet sich ein Projektplanreview im Rahmen von SUP.1 an.

2.21 MAN.5 Risikomanagement

2.21.1 Zweck

Zweck des Prozesses ist es, Risiken kontinuierlich zu ermitteln, zu analysieren, zu behandeln und zu verfolgen.

Zur Begriffsklärung: Wir verstehen unter einem Risiko ein ungewolltes Ereignis oder ein potenzielles Problem, das in der Zukunft mit einer gewissen Wahrscheinlichkeit eintreten kann. Ein Risikoeintritt ist mit einem Schaden verbunden, d.h., er hat einen negativen Effekt auf die Projektziele, bewirkt also z.B. eine Kostenerhöhung, Terminverschiebungen, Qualitätsprobleme oder sonstige Schäden. Ziel des Risikomanagements ist es, Risiken zu erkennen und wenn möglich zu vermeiden oder ihre Eintrittswahrscheinlichkeit zu verringern und/oder die Auswirkungen des Risikoeintritts abzumildern. Eng verwandt mit dem Begriff des Risikos ist der Begriff des Problems. Der entscheidende Unterschied ist, dass ein Problem entweder schon eingetreten ist oder mit Sicherheit eintreten wird.

Risikomanagementmethoden erlauben es, Risiken jeder Art[107] zu ermitteln, zu analysieren, zu bewerten und über den gesamten Projektablauf zu verfolgen.

Eine spezielle Form von Risikomanagement ist die Methode FMEA[108] (Fehlermöglichkeits- und Einflussanalyse bzw. Failure Modes and Effects Analysis). In der Automobilentwicklung ist die Durchführung von System-FMEAs verbindlich vorgeschrieben.

Durch eine FMEA werden vorausschauend Fehlerquellen im Design (sog. Konstruktions-FMEA[109]) oder in der Herstellung (sog. Prozess-FMEA) ermittelt und bewertet. Die Methodik der System-FMEA verbindet diese beiden Sichtweisen. FMEAs konzentrieren sich also auf Produkt- und Fertigungsprozessrisiken und werden vorwiegend in frühen Projektphasen nach Vorliegen eines ersten Designs (oder der Konzeption eines Herstellungsprozesses) eingesetzt. Bei Steuergeräten müssen natürlich auch die Softwareanteile in Rahmen der FMEA mit betrachtet werden.

Risikomanagement in der hier beschriebenen Form adressiert darüber hinaus auch alle möglichen weiteren Risiken (wie z.B. Projekt-, Entwicklungsprozess- und Organisationsrisiken). Im Rahmen der Komponentenentwicklung durch Lieferanten kann sich Risikomanagement auf mehreren Ebenen im Projekt abspielen:

- Auf Ebene des Entwicklungsprojekts (sowohl auf Auftragnehmer- als auch auf Auftraggeberseite)
- Auf Ebene des Fahrzeugprojekts auf Auftraggeberseite
- Auf Organisationsebene (sowohl Auftraggeber- als auch Auftragnehmerorganisation)

Hinweise für Assessoren

Im Rahmen der Bewertung des Prozesses muss daher festgelegt werden, auf welchen Umfang der Risikomanagementprozess angewendet wird.

---

107. Das heißt auch nicht technische Risiken, im Gegensatz zur FMEA.
108. Im Rahmen einer FMEA können auch andere Analysetechniken eingesetzt werden, wie FTA (Failure Tree Analysis = Fehlerbaumanalyse nach [DIN 25424-2]; dabei wird ausgehend von einer Fehlermöglichkeit nach den Ursachen gesucht) und ETA (Event Tree Analysis = Ereignisablaufanalyse nach [DIN 25419]; hier werden, ausgehend von einer Fehlermöglichkeit, die möglichen Folgen analysiert).
109. Wird das Prinzip der Konstruktions-FMEA auf Software angewendet, spricht man auch von einer Software-FMEA. Oft werden die Softwareanteile im Rahmen einer Gesamt-FMEA mit betrachtet.

2.21.2 Basispraktiken

BP 1: Lege den Umfang des Risikomanagements fest. *Bestimme den Umfang des im Rahmen des Projekts durchzuführenden Risikomanagements in Übereinstimmung mit den Risikomanagementgrundsätzen der Organisation.*

Anmerkung 1: *Risiken können technische, wirtschaftliche und zeitliche Risiken umfassen.*

Siehe hierzu auch die Ausführungen am Ende des vorigen Abschnitts. Ansonsten gehören zum Umfang typischerweise:

- **Komponenten des Produkts**
  Hierzu gehört die Festlegung, für welche Komponenten des Produkts welche Entwicklungsteams Risikomanagementmaßnahmen durchführen sollen.
- **Phasen des Projekts**
  Normalerweise werden alle Projektphasen betrachtet, in denen Risiken auftreten können. Unterschieden wird aber eventuell, wenn Phasen von unterschiedlichen Teams bearbeitet werden.
- **Phasen des Produktlebenszyklus**
  Der Produktlebenszyklus umfasst neben der Entwicklung auch Phasen wie Inbetriebnahme, Betrieb, Außerbetriebnahme etc. Eventuell werden hier bestimmte Phasen ausgeschlossen und an andere (dafür zuständige) Teams delegiert, die auch nicht unbedingt Teil des Projekts sein müssen.

Der Umfang muss in Übereinstimmung mit Regelungen auf Organisationsebene gewählt sein. Auf Organisationsebene kann z.B. geregelt sein:

- In welchen Projekttypen Risikomanagement durchgeführt werden muss, z.B. in allen Projekten oder nur in Projekten von bestimmten Kategorien wie Projekte der Kategorie X,Y.
- Was im Rahmen des Tailorings (im Sinne des Level 3) von Risikomanagement erlaubt ist, z.B. dass Projekte ab einem Projektvolumen von X Euro den kompletten Risikomanagementprozess einsetzen müssen, kleinere Projekte hingegen nur einen Teil davon.
- Ob gewisse Risiken ausgeschlossen werden, z.B. könnten Produktionsrisiken in einem Entwicklungsprojekt ausgeschlossen werden, da diese durch das Risikomanagement der Produktionsabteilung bearbeitet werden.

BP 2: Definiere Risikomanagementstrategien. *Definiere geeignete Strategien, um Risiken zu ermitteln und Risiken abzuschwächen und setze Akzeptanzschwellen für jedes Risiko oder für Mengen von Risiken sowohl auf Projekt- als auch auf Organisationsebene.*

Meistens wird der Risikomanagementprozess auf Projektebene assessiert. Die Aufgabe des Projekts ist es, Risiken zu bestimmen, zu analysieren und zu behandeln. Die Risikoverfolgung jedoch spielt sich sowohl im Projekt als auch auf Organisationsebene ab. Das heißt, der Status von Risiken und ihrer Gegenmaßnahmen wird nicht nur vom Projektteam verfolgt, sondern auch vom Projekt an die Organisation (d.h. an das Management) regelmäßig berichtet. In diesem Sinne ist die Automotive SPICE-Forderung »sowohl auf Projekt- als auch auf Organisationsebene« zu verstehen. Auf Organisationsebene einheitliche Methoden und Risikokennzahlen festzulegen, ist sicherlich sinnvoll, wird hier jedoch nicht gefordert (sondern erst auf Level 3). Eine Risikomanagementstrategie kann folgende Aspekte regeln:

- Methoden und Tools, die zum Risikomanagement genutzt werden (Risiko-Workshops, Risikolisten, Entscheidungsbäume etc.)
- Wie häufig vorkommende Risikoquellen aufgezeichnet werden (z.B. in Form von Checklisten und Katalogen)
- Wie Risiken organisiert, kategorisiert und konsolidiert werden
- Wie Risiken und Maßnahmen verfolgt werden (z.B. Risikokennzahlen)
- In welchen Zeitintervallen die Risikoverfolgung durchgeführt wird

In einfach strukturierten Projekten[110] könnte die Methodik z.B. so aussehen:

- Risiken werden im Team ermittelt und gesammelt, indem die Teammitglieder Risiken nennen, die in einer Liste festgehalten werden. Hilfsmittel sind z.B. Anforderungen und Design, der Projektplan und auch Risikochecklisten.
- Die Risiken werden analysiert unter Verwendung von Risikokennzahlen (siehe BP 4).
- Risiken werden »behandelt«, indem Gegenmaßnahmen geplant werden (siehe BP 5).
- Risiken und entsprechende Gegenmaßnahmen werden nach festgelegten Regeln verfolgt (siehe BP 6) und regelmäßig berichtet.

Automotive SPICE fordert außerdem das Festlegen von Akzeptanzschwellen. »Riskoschwellenwerte« können sich nach Prozessergebnis 6 im Automotive SPICE PAM u.a. auf Prioritäten, Wahrscheinlichkeiten und Auswirkungen beziehen. Es soll also festgelegt werden, welche Risiken akzeptiert werden und ab welchem Schwellenwert Maßnahmen ergriffen werden (z.B. Risiken mit einer Risikoprioritätszahl von 1 bis 3 gemäß Abb. 2–38).

110. In größeren Projekten mit Hunderten von Mitarbeitern erfolgt die Risikoermittlung getrennt in vielen verschiedenen Teams. Dort sind komplexere Methoden notwendig, um z.B. Risiken und deren Status vom einzelnen Team über verschiedene Ebenen hoch zur Projektleitung zusammenzuführen und zu verdichten oder um einen Risikostatus für das gesamte Projekt zu bestimmen, der an das Management berichtet werden kann.

BP 3: Ermittle Risiken. *Ermittle Risiken für das Projekt sowohl zu Projektbeginn innerhalb der Projektstrategie als auch neu entstehende Risiken während des Projektverlaufs. Suche dabei kontinuierlich nach Risikofaktoren, immer wenn technische oder Managemententscheidungen getroffen werden.*

Anmerkung 2: *Beispiele von Risikobereichen, die typischerweise auf potenzielle Risikoursachen oder Risikofaktoren hin analysiert werden sollten, können Kosten, Terminplan, Aufwand, Ressourcen und Technik sein.*

Anmerkung 3: *Beispiele von Risikofaktoren können sein: ungelöste und gelöste Abwägungen, Entscheidungen bezüglich der Nichtimplementierung eines Projekt-Features, Designänderungen, Fehlen einer geplanten Ressource.*

Es ist sinnvoll, Risiken mehrstufig zu ermitteln, z.B.:

- Schon vor dem eigentlichen Projektbeginn als Teil des Entscheidungsprozesses, ob das Projekt überhaupt durchgeführt bzw. einem Kunden angeboten werden soll (siehe dazu auch Machbarkeitsanalyse bei MAN.3 BP 3). Diese frühe Risikoermittlung und -analyse kann z.B. dazu führen, dass aufgrund hoher Risiken auf das Projekt verzichtet wird oder entsprechende Zuschläge in die Projektkalkulation einfließen.
- Wurde das Projekt gestartet und Projektleitung und -team stehen fest, erfolgt eine ausführlichere Ermittlung und Analyse, aus der dann auch konkrete Gegenmaßnahmen hervorgehen.
- Während des Projekts können weitere Risiken erkannt werden, die am Anfang noch nicht sichtbar waren. Jede Änderung im Projektverlauf kann Risiken mit sich bringen und muss bezüglich Risiken analysiert werden. Des Weiteren empfiehlt sich, von Zeit zu Zeit (z.B. beim Eintritt in neue Projektphasen) eine erneute Risikoermittlung vorzunehmen bzw. die vorliegende Risikobetrachtung zu erweitern und regelmäßig zu aktualisieren. Dies ist umso wichtiger, je länger die Projektdauer ist.

Darüber hinaus fordert Automotive SPICE eine erneute Risikoermittlung nach jeder technischen[111] oder Managemententscheidung wie z.B. das Vereinbaren von neuen Terminen. Abbildung 2–37 gibt einen Überblick über mögliche Risikomanagementaktivitäten.

---

111. Gemeint sind weitreichende Entscheidungen wie z.B. Designänderungen oder Entscheidungen bezüglich Nichtimplementierung von Funktionsmerkmalen.

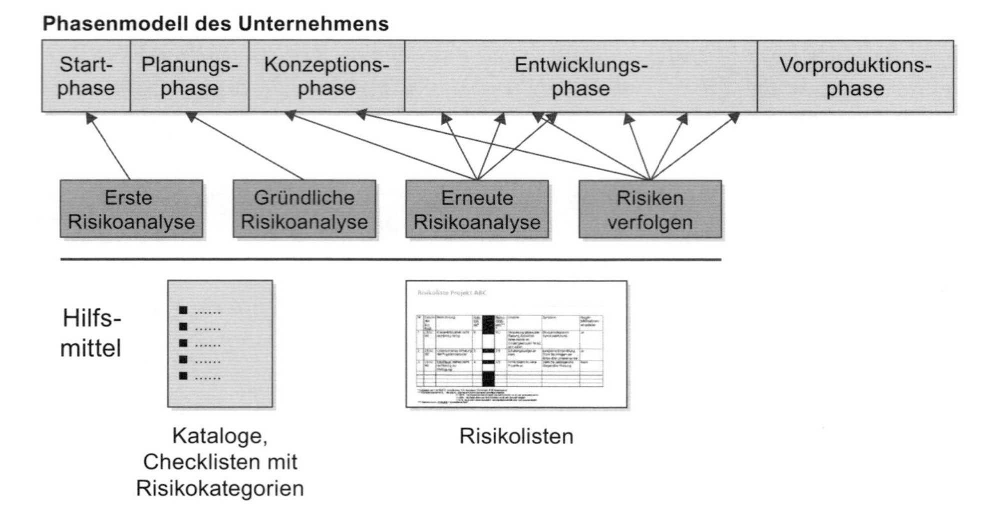

Abb. 2–37 *Überblick Risikomanagementaktivitäten*

Zur Risikoermittlung werden verschiedene Inputs wie Terminplan, Ressourcenplanung, Kostenplan, Anforderungen und Designunterlagen herangezogen. Häufige Risikofaktoren in der Automobilentwicklung sind neben den in der Anmerkung 3 genannten Faktoren auch unklare Anforderungen, Veränderungen der Marktsituation[112], neue und unbekannte Lieferanten, Verzögerungen von wichtigen Entscheidungen, zu später Projektstart sowie unklare Verantwortlichkeiten insbesondere bei verteilter Entwicklung[113].

BP 4: Analysiere Risiken. *Analysiere Risiken, um die Priorität zu ermitteln, mit der Ressourcen zur Risikoabschwächung eingesetzt werden.*

Anmerkung 4: *Risiken werden normalerweise analysiert, um die Wahrscheinlichkeit, die Auswirkungen und die Schadenshöhe zu bestimmen.*

Anmerkung 5: *Verschiedene Techniken zur Risikoanalyse eines Systems können z.B. sein: funktionale Analyse, Simulation, FMEA, FTA etc.*

Mögliche Ressourcen sind Personal, Budget oder das Bereitstellen von Infrastruktur (z.B. bessere Werkzeuge, mehr Testplätze). Dies betrifft Ressourcen zur Risikoverfolgung und für Gegenmaßnahmen. Eine Priorisierung ist vor allem deswegen notwendig, weil selbst in kleinen Projekten oft Dutzende von Risiken ermittelt werden, von denen unmöglich alle mit gleicher Intensität verfolgt werden können.

---

112. Zum Beispiel neue Funktionen oder Produkte von Mitbewerbern, neue Erkenntnisse aus Marktstudien, Erkenntnisse aus Wettbewerberanalysen etc.
113. Zum Beispiel bei Entwicklung über mehrere (internationale) Standorte oder bei Entwicklung eines gesamten Systems durch mehrere Lieferanten.

Die Risiken werden unter Verwendung von Risikokennzahlen analysiert. Typische Risikokennzahlen sind Wahrscheinlichkeit des Eintretens und Schadenshöhe. Diese beiden werden miteinander multipliziert und ergeben dann eine Risikoprioritätszahl. Diese erlaubt es, Risiken auf einer eindimensionalen Skala abzubilden und dadurch zu priorisieren. Eine gern gewählte Darstellungsform ist das Risikoportfolio (siehe Beispiel in Abb. 2–38), in dem Stufen von Wahrscheinlichkeit und Schadenshöhe (im Beispiel jeweils von 1 bis 5, wobei 5 die höchste Bewertung ist) definiert werden. In Abhängigkeit davon sind Risikoprioritäten definiert, im Beispiel ebenfalls von 1 bis 5 (in Abb. 2–38 durch die Graustufen dargestellt), wobei 1 hier die höchste Priorität darstellt.

Eintritts-wahrschein-lichkeit						
	5	4	3	2	1	1
	4	4	3	3	2	1
	3	4	4	3	3	2
	2	5	4	4	3	3
	1	5	5	4	4	3
		1	2	3	4	5
		Schadenshöhe				

Abb. 2–38 *Beispiel einer Risikoportfoliodarstellung*

Für eine effiziente Analyse empfiehlt es sich, bei den Risikokennzahlen Bewertungsstufen zu verwenden (bei der Schadenshöhe z.B. klein/mittel/groß oder 1 bis 5) und diese in einer Tabelle zu erläutern. Eine häufige Schwierigkeit besteht darin, bei den Teilnehmern ein gemeinsames Verständnis der Bewertungsstufen für die Schadenshöhe herzustellen. »Schaden« entsteht nämlich in verschiedenen Kategorien (Zeit, Qualität, Entwicklungskosten, Stückkosten etc.), und die Bewertungsstufen müssen für jede dieser Kategorien definiert werden (»Ab welcher Stückkostenerhöhung sprechen wir von einem großen Schaden?«). Abbildung 2–39 zeigt ein Beispiel von Schadensklassen für terminliche Auswirkungen.

	Schadenshöhe: Terminliche Auswirkung
	Das Eintreten des Risikos führt wahrscheinlich zu einer ...
1	Terminverschiebung < 2 Wochen, wichtige Meilensteine werden nicht verschoben
2	Terminverschiebung bis zu einem Monat, wichtige Meilensteine werden ggf. verschoben
3	Terminverschiebung 1 bis 2 Monate, wichtige Meilensteine werden sicher verschoben
4	Terminverschiebung 3 bis 4 Monate, wichtige Meilensteine werden sicher verschoben, Produktionsbeginn gefährdet
5	Terminverschiebung mehr als 4 Monate, Produktionsbeginn stark gefährdet

Abb. 2–39 *Beispiel von Schadensklassen für terminliche Auswirkungen*

In Anmerkung 5 werden weitere Methoden zur Risikoanalyse genannt. Ähnlich wie oben beschrieben funktioniert auch die Fehlermöglichkeits- und Einflussanalyse, engl. Failure Mode and Effect Analysis (FMEA). Dabei werden Risiken mit den drei Einflussgrößen Auftreten (engl. Occurence), Entdeckung (engl. Detection) und Bedeutung (engl. Severity) bewertet. Das Produkt dieser drei Werte beschreibt das Risiko, je größer, desto kritischer. Die Fehlerbaumanalyse, Fault Tree Analysis (FTA), ist ein Verfahren zur Analyse der Zuverlässigkeit von technischen Systemen. Dabei wird die Wahrscheinlichkeit eines Ausfalls des Gesamtsystems rechnerisch bestimmt.

FMEA und FTA sind häufig zum Management von Produkt- und Fertigungsprozessrisiken verbindlich (durch den Auftraggeber gefordert) einzusetzen. Wird darüber hinaus noch Risikomanagement auf Projektebene eingesetzt, so ist darauf zu achten, das klar abgegrenzt ist, welche Risiken mit welchem Prozess behandelt werden (z.B. Produktrisiken mittels FMEA, nicht produktrelevante Projektrisiken mittels Risikomanagementprozess).

Neben diesen standardisierten Methoden wird auch die Systemsimulation als Methode genannt.

BP 5: Bestimme Risikogegenmaßnahmen. *Bestimme für jedes Risiko oder jede Menge von Risiken Maßnahmen, um das Risiko auf ein akzeptables Maß zu reduzieren, führe diese aus und verfolge die ausgewählten Maßnahmen.*

Gegenmaßnahmen werden definiert und in die Wege geleitet[114]. Gängige Arten von Gegenmaßnahmen sind:

- **Vermeidung**
  Risiken werden vermieden durch eine geänderte Vorgehensweise im Projekt (»Präventivmaßnahmen«).
- **Transfer**
  Risiken werden zu einem Dritten (z.B. Unterauftragnehmer) transferiert. Transfer bekämpft das Risiko oft nur teilweise, z.B. kann ein Kostenrisiko abgewälzt werden, die damit verbundenen Risiken bezüglich Terminverschiebung oder Kundenunzufriedenheit bleiben aber bestehen.
- **Abschwächung** (sog. »Mitigation«)
  Durch frühzeitige Maßnahmen werden Eintrittswahrscheinlichkeit und/oder Auswirkung reduziert.
- **Akzeptanz**
  Das Risiko wird akzeptiert, z.B. weil keine Gegenmaßnahmen möglich oder diese zu unwirtschaftlich sind. In diesem Fall kann man Reserven (in Form von Rückstellungen, Zeit, Ressourcen etc.) einplanen.

---

114. In Verbindung mit den Forderungen von Level 2 wird eine Maßnahme wie jede andere Aktivität im Projekt behandelt, d.h. geplant, Verantwortlichkeit festgelegt, verfolgt etc.

- **Notfallmaßnahmen** (sog. »Contingency Plan«)
  Es werden Maßnahmen im Vorfeld konzipiert, die im Falle des Risikoeintritts angewendet werden können.

Es können normalerweise nicht für alle Risiken aktiv Gegenmaßnahmen ergriffen werden, dazu ist die Anzahl der Risiken meistens zu groß. Viele kleine Risiken müssen einfach akzeptiert werden, d.h., die Gegenmaßnahme ist die Akzeptanz in Verbindung mit zeitlichen, finanziellen oder personellen Reserven[115].

BP 6: Verfolge Risiken. *Bestimme für jedes Risiko oder jede Menge von Risiken Maße (z.B. Metriken), um Statusänderungen eines Risikos zu ermitteln und den Fortschritt der Gegenmaßnahmen zu evaluieren. Wende diese Risikomaße an.*

Anmerkung 6: *Größere Risiken sollten an höhere Managementebenen kommuniziert und durch diese verfolgt werden.*

Risikoverfolgung bedeutet, dass die Risiken regelmäßig auf Teamsitzungen durchgesprochen werden und deren Einschätzung und Status (z.B. in Form der Risikokennzahlen gemäß BP 4) aktualisiert werden. Eine Kennzahl kann sich z.B. auf die prozentuale Veränderung der Risikokennzahl seit der letzten Bewertung beziehen. Ebenso muss der Fortschritt und die Wirkung der Gegenmaßnahmen verfolgt werden. Eine Kennzahl kann hier z.B. der Fortschrittsgrad der Gegenmaßnahme in Prozent sein. Weit verbreitet ist die Statusverfolgung in Form einer Ampeldarstellung (grün/gelb/rot), die anzeigt, ob die Gegenmaßnahme wie geplant läuft oder ob es Schwierigkeiten gibt.

Normalerweise wird auf Ebene des Gesamtprojekts nur eine kleine Zahl (z.B. 10) hoch priorisierter Risiken intensiv im Sinne einer Einzeldurchsprache verfolgt. Diese sind dann auch Teil der Berichterstattung an das Management. Kleinere Risiken werden z.B. an Teilprojekte delegiert oder mit weniger Aufwand, seltener und/oder summarisch betrachtet.

BP 7: Ergreife Korrekturmaßnahmen. *Wenn der geplante Fortschritt in der Abschwächung von Risiken nicht eintritt, ergreife geeignete Korrekturmaßnahmen, um die Auswirkung der Risiken zu reduzieren oder zu vermeiden.*

Anmerkung 7: *Korrigierende Aktionen können die Entwicklung und Umsetzung neuer Abschwächungsstrategien oder die Anpassung der bestehenden Strategien sein.*

Die in den Analysen definierten Gegenmaßnahmen müssen nachweislich umgesetzt werden. Lässt sich erkennen, dass sie nicht den geplanten Erfolg bringen, müssen die bereits laufenden Maßnahmen verstärkt oder neue Maßnahmen ergriffen werden. Erweisen sich Maßnahmen generell als ungeeignet oder wird

115. Soweit dies in der Automobilindustrie heute überhaupt noch möglich ist.

ein Risiko zu spät erkannt, so bleibt die Möglichkeit, mit einem Plan für den Eintrittsfall (Notfallmaßnahmen) den Schaden zu begrenzen oder zu verringern.

Hinweise für Assessoren

Bei diesem Prozess sollte mindestens Folgendes geprüft werden:

- Ob Risiken initial im Projekt ermittelt wurden
- Ob die Risiken vollständig und verständlich dokumentiert wurden
- Ob Gegenmaßnahmen in geeigneter Form eingeplant wurden und sich dies in der Termin- und Ressourcenplanung widerspiegelt
- Ob die Risiken und Gegenmaßnahmen und die entsprechenden Planungen regelmäßig verfolgt und aktualisiert werden
- Ob (bei längeren Projektlaufzeiten) während des Projekts weitere Risiken ermittelt wurden

2.21.3 Ausgewählte Arbeitsprodukte

Risikoliste[116]

Die Risikoliste ist das grundlegende Arbeitsinstrument des Risikomanagements. In ihr werden die Risiken aufgelistet, bewertet und priorisiert. Oft werden auch die erforderlichen Gegenmaßnahmen und zugehörige Termine, Verantwortung, Status etc. aufgeführt.

Beispielhafter Aufbau einer Risikoliste

- Risiko
  - Risiko-ID
  - Risikobezeichnung
  - Beschreibung des Risikos
  - Eintrittswahrscheinlichkeit
  - Schadenshöhe
  - Risikoprioritätszahl
  - Frequenz der Risikoverfolgung
- Gegenmaßnahme
  - ID der Gegenmaßnahme
  - Beschreibung der Gegenmaßnahme
  - Verantwortlicher
  - Zieltermin

Neben der Risikoliste sind folgende grundlegende Hilfsmittel für ein effektives und effizientes Risikomanagement empfehlenswert, auch wenn sie nicht als explizite Arbeitsprodukte in Automotive SPICE angegeben sind:

116. Die Risikoliste ist in Automotive SPICE nicht als eigenständiges Arbeitsprodukt aufgeführt, sondern als Teil des »Risikomanagementplans« (WP-ID 08-19).

- Risikochecklisten als Anregung zu einer effizienten Risikoermittlung können z.B. anfangs aus Risiken realer Projekte extrahiert und später laufend verfeinert und erweitert werden.
- Risikochecklisten mit Erfahrungen aus früheren Projekten, deren Ergebnisse mithilfe von »Lessons Learned« aufbereitet und zur Verfügung gestellt werden
- Das von allen Projekten zu verwendende Instrumentarium von Risikokennzahlen mit ausführlicheren Erläuterungen zu den Bewertungsstufen (siehe BP 4)

2.21.4 Besonderheiten Level 2

Zum Management der Prozessausführung

Während in größeren Projekten meistens ein eigener Risikomanagementplan entsteht, wird in kleineren Projekten die Planung häufig in verschiedenen Dokumenten vorgenommen:

- Einzelne Aktionen wie z.B. Risiko-Workshops (in denen Risiken ermittelt und analysiert und Gegenmaßnahmen geplant werden) tauchen im Projektplan auf.
- Die einzelnen Gegenmaßnahmen werden häufig in einer »Offene-Punkte-Liste« als zentrales Planungs- und Verfolgungsinstrument des Projekts aufgeführt.

Zum Management der Arbeitsprodukte

Die Anforderungen von Prozessattribut PA 2.2 gelten insbesondere für die Risikoliste und die Maßnahmen. Wird in größeren Projekten ein gesonderter Risikomanagementplan erstellt, so sollte dieser reviewt werden.

2.22 MAN.6 Messen

2.22.1 Zweck

Zweck des Prozesses ist es, Daten bezüglich der entwickelten Produkte und der implementierten Prozesse in der Organisation und ihren Projekten zu sammeln und zu analysieren. Dies dient der Unterstützung eines effektiven Prozessmanagements sowie dem objektiven Nachweis der Produktqualität.

»You can't control, what you can't measure!« (Tom DeMarco)

Messen ist ein Schlüsselelement für erfolgreiches Management in jeder Engineering-Disziplin und ein effektives und wirksames Werkzeug zur Steuerung von Projekten. Unter Messen wird hier ein kontinuierlicher Prozess verstanden, bei dem Metriken für die zu messenden Prozesse und Produkte definiert und die

Messdaten gesammelt, analysiert und bewertet werden. Ziel ist es dabei, die Prozesse zu verstehen, zu kontrollieren, zu steuern und zu optimieren, um einerseits Aufwand und Kosten der Entwicklung zur reduzieren und andererseits die entstehenden Arbeitsprodukte zu verbessern. Messen ist ein wichtiges Hilfsmittel für Projektmanagement und hilft Risiken zu managen[117] sowie den Projektfortschritt mittels Fortschrittsmessungen zu bewerten (habe ich schon die Hälfte des Weges zurückgelegt oder bin ich erst bei 30 Prozent?).

Dabei ist es wichtig, dass man zielorientiert misst. Messen ist also kein Selbstzweck, sondern muss die Geschäftsziele einer Organisation reflektieren und unterstützen. Ein weitverbreiteter Ansatz zum zielgerichteten Messen ist die Goal/Question/Metric-Methode (siehe nachfolgenden Exkurs »GQM-Methode«).

Die Etablierung von Messen als Prozess in einer Organisation erfordert neben der Beteiligung des involvierten Personals und Managements auch entsprechende zentrale Ressourcen (z.B. ein Messteam), die den Prozess institutionalisieren und die beteiligten Personen beim Messen unterstützen.

In Verbesserungsprojekten wird häufig vorgeschlagen, mit der Einführung von MAN.6 zu warten und sich zunächst auf Prozesse wie Projektmanagement, Qualitätssicherung, Anforderungsmanagement, Konfigurationsmanagement und die Engineering-Prozesse zu fokussieren. Dies ist nach unserer Erfahrung nicht empfehlenswert. Mit kontinuerlichem Messen sollte bereits zu Beginn eines Verbesserungsprojekts begonnen werden, um erzielte Erfolge und Veränderungen auch nachweisen zu können. Allerdings ändern sich die Metriken mit zunehmender Prozessreife und Erfahrung. Zu Beginn erfasst man in der Regel einfache projektbasierte Metriken wie Fehlerkennzahlen, Aufwandskennzahlen und Termintreue. Mit zunehmender Prozessreife kommen dann auch weitere prozessorientierte Metriken dazu.[118]

Anmerkungen zu den Begriffen: Wir übersetzen den Begriff »Metrik« als Maß für eine Eigenschaft. Bezüglich einer Metrik werden durch den Vorgang des »Messens« »Messdaten« erfasst. Aus den Messdaten werden in BP 7 »Auswertungen« oder »Messauswertungen« erzeugt.

Exkurs: Goal/Question/Metric-(GQM-)Methode

Das zentrale Prinzip der GQM-Methode ist, dass Messen immer zielorientiert erfolgt. Daher werden basierend auf den Geschäftszielen einer Organisation Messziele definiert. Diese werden mittels Fragen konkretisiert. Aus den Fragen lassen sich Metriken ableiten, die die Informationen zur Beantwortung der Fra-

---

117. Zum Beispiel kann man mit der Metrik »Funktionalitätszuwachs« (siehe Abb. 2–42) zur Verfolgung des Projektfortschritts auch Trendaussagen treffen und frühzeitig erkennen, ob die Projektziele gefährdet sind.
118. Zum Beispiel sind auf Level 3 Metriken bezüglich der Effektivität und Angemessenheit von Prozessen erforderlich (siehe GP 3.1.5).

gen liefern. Durch Beantwortung der Fragen werden die Messziele operationalisiert und es kann bewertet werden, ob die Messziele erreicht wurden. Dies ist in Abbildung 2–40 dargestellt.

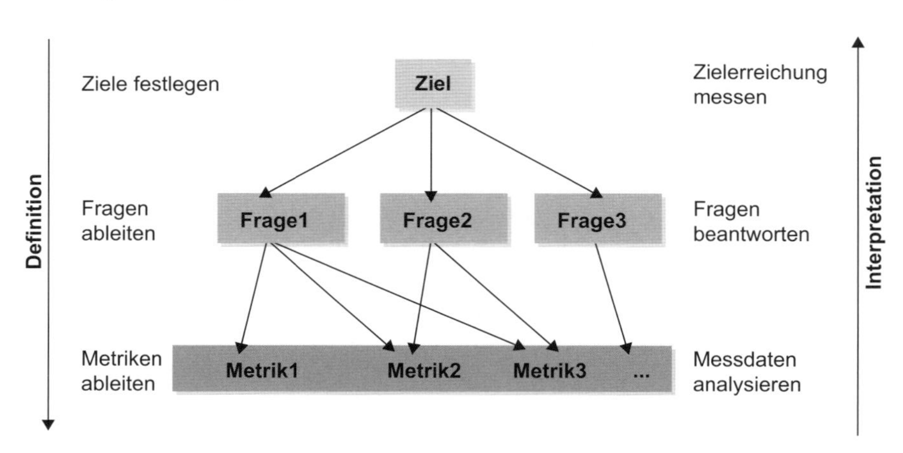

Abb. 2–40 *GQM-Methode*

Zur Beantwortung der Fragen werden die Messdaten gesammelt und interpretiert. Wichtig ist dabei, dass die Analyse der Messdaten durch die involvierten Personen (die Datenlieferanten) erfolgt oder ihnen die Analyseergebnisse zumindest zur Verfügung gestellt werden. Dadurch wird sichergestellt, dass die Daten korrekt sind, richtig interpretiert werden und die richtigen Schlüsse aus den Daten gezogen werden.

Mittels der Messergebnisse werden die Fragen beantwortet und letztlich die Zielerreichung gemessen. Meistens werden mehrere Messzyklen durchlaufen und die Ziele, Fragen und Metriken werden mehrfach verfeinert (siehe [van Solingen & Berghout 1999]).

Messen als systematischer Prozess ist in der Entwicklung in der Automobilindustrie eher selten anzutreffen. Einige mögliche Gründe hierfür sind:

- **Termineinhaltung**
  Die Einhaltung von Produktionsterminen (Start of Production, SOP) und den damit verbundenen Meilensteinen wie Produktvorserie, Musterterminen etc. hat in der Automobilindustrie eine sehr hohe Priorität. Von daher ergeben Messungen der Termintreue in Projekten auf den ersten Blick meist 100%. Erst bei näherer Betrachtung stellt man fest, dass z.B. ursprünglich vorgesehene Funktionalität auf Kosten der Termineinhaltung nicht umgesetzt wurde.
- **Angst vor Transparenz und Veränderung**
  Die Erfassung von Aufwänden pro Arbeitspaket ist in der betrieblichen Praxis schwierig umsetzbar. Es wird befürchtet, dass aus diesen Daten Rückschlüsse

auf die Leistungsfähigkeit von einzelnen Mitarbeitern gezogen werden. In Deutschland ist der Betriebsrat daher bezüglich der Erfassung solcher Daten mitbestimmungspflichtig.

- **Kostendruck**
  Oft wird aufgrund des Kostendrucks alles unterlassen, was nicht unbedingt sein muss, und MAN.6 liegt nun mal nicht im HIS Scope.

2.22.2 Basispraktiken

BP 1: Etabliere eine organisatorische Verpflichtung für das Messen. *Die Verpflichtung*[119] *für das Messen wird bei Management und Personal eingeholt und in die Organisationseinheit kommuniziert.*

Ein Messprozess ist eine Zusatzbelastung der Mitarbeiter und Projekte und wird in der Regel nicht leicht akzeptiert. Daher ist eine nachhaltige Managementunterstützung unbedingt erforderlich. Außerdem wird bei Messungen oft Missbrauch zum Nachteil der Mitarbeiter befürchtet. Die Erhebung von Messwerten erfordert daher eine Kultur des Vertrauens in der Organisation: Datenlieferanten müssen das Vertrauen haben, dass mit ihren Daten verantwortungsbewusst umgegangen wird. Dies erfordert z.B., dass bestimmte Daten[120] bzw. Auswertungen dem Management nicht zugänglich gemacht werden oder zuvor anonymisiert werden. Entsprechende verbindliche Zusagen müssen festgehalten werden und in der Organisation auch so kommuniziert werden.

BP 2: Entwickle eine Messstrategie. *Definiere, basierend auf dem Bedarf der Organisation und der Projekte, eine angemessene Messstrategie, um Aktivitäten und Ergebnisse für das Messen zu ermitteln, durchzuführen und auszuwerten.*

Aus der geforderten Strategie (oft auch »Messkonzept« genannt) muss die generelle Vorgehensweise für das Messen entwickelt und geplant werden. Diese Strategie ist nicht unabhängig von den verschiedenen Basispraktiken dieses Prozesses zu sehen, sondern umfasst auch teilweise deren Ergebnisse. Dazu gehört unter anderem:

- Wie ist das Team von Mitarbeitern zusammengesetzt, das die operative Verantwortung für die Umsetzung dieser Strategie trägt? Welche Managementvertreter arbeiten auf oberer Ebene (z.B. in einem Steuerkreis) mit? Welches Budget steht zur Verfügung?
- Gibt es zu beachtende Einschränkungen (z.B. gesetzliche Vorschriften, Mitwirkung des Betriebsrats) bezüglich des Messens?

---

119. Engl. commitment.
120. Insbesondere hinsichtlich Beurteilung und Leistungsmessung von Mitarbeitern oder Teams.

- Auf welche Weise (z.B. durch Interviews, Arbeitskreise) kommt man zu den Informationsbedürfnissen der Organisation?
- Wie werden daraus konkrete Metriken abgeleitet? Wie werden diese durch Vertreter der Organisation als sinnvoll beurteilt und genehmigt (z.B. durch ein mehrstufiges Review)? Wie können die Metriken z.B. das Projekt unterstützen?
- Wie können Messungen arbeitssparend in vorhandene Berichtskanäle (z.B. Projektstatusberichte, organisatorische Regelsitzungen) eingebaut werden?
- Wie kann die Akzeptanz und Motivation bei den Mitarbeitern gefördert werden? Im Gegensatz dazu, was sind »Killerkriterien«? Wie können Befürchtungen bezüglich Missbrauchs der Daten entkräftet werden?
- Wie ist der grobe Zeitplan für die Aktivitäten zur Umsetzung des Prozesses, welche Meilensteine gibt es? Wer ist für den Messprozess insgesamt verantwortlich? Wie wird der Fortschritt aus dem Projekt zur erstmaligen Umsetzung des Prozesses an das Management berichtet?
- Wie werden die Nutzer der Metriken in der Anwendung und Interpretation geschult?

Hinweis: Diese Strategie besitzt Überschneidungen mit den generischen Praktiken von Level 2 für diesen Prozess.

BP 3: Ermittle den für das Messen relevanten Informationsbedarf. *Ermittle den für das Messen relevanten Informationsbedarf aus Organisations- und Managementprozessen.*[121]

Von den relevanten Personen und Gruppen, die an organisatorischen Prozessen (z.B. Führungsaufgaben) und Managementprozessen (z.B. Projektmanagement) beteiligt sind, muss der Informationsbedarf ermittelt werden. Dies geschieht in der Regel durch Interviews und/oder Arbeitskreise, in die Führungskräfte, Projektpersonal und sonstige Personen der Organisation einbezogen werden. Bei Verwendung der GQM-Methode werden z.B. die Messziele und die Fragen erhoben. Beispiele von Informationsbedarf sind:

- Im Rahmen des Lieferantenmanagementprozesses möchte der Projektleiter wissen, wie oft ein Lieferant seine Termine verschiebt, wie viele Statustreffen mit dem Lieferanten tatsächlich stattgefunden haben etc.
- Um die Produktqualität einschätzen zu können, interessieren sich das Management, der Projektleiter und der Qualitätsmanager für Qualitätskennzahlen wie z.B. Defektraten oder die Fehlerentdeckungseffizienz einzelner Prüfmaßnahmen.

---

121. Gemeint sind nicht ausschließlich die Organisations- und Managementprozesse von Automotive SPICE. Die Begriffe sind allgemeiner zu verstehen.

BP 4: Spezifiziere Metriken. *Ermittle und entwickle einen angemessenen Satz von Metriken basierend auf dem für das Messen relevanten Informationsbedarf.*

Auf der Basis des ermittelten Informationsbedarfs und der Messziele werden nun die Metriken eindeutig spezifiziert. Zu einer eindeutigen Spezifikation gehört insbesondere eine präzise mathematische Definition der Metriken. Zu unterscheiden sind Basismetriken, die direkt gemessen werden können, und abgeleitete Metriken, die sich aus mathematischen Operationen unter Verwendung von Basismetriken ergeben. Ein Beispiel einer abgeleiteten Metrik ist die Fehlerentdeckungseffizienz in einem Codereview als Summe aller gefundenen Fehler pro 1000 Lines of Code. Beispiele von Metriken sind:

- Benötigter Aufwand und Zeit pro Arbeitspaket
- Anzahl von Änderungen pro Zeiteinheit
- Anzahl von gefundenen Fehlern in Prüfmaßnahmen bezogen auf die Größe des Prüfobjekts
- Prognostizierte Restfehlerdichten in Produkten etc.

Im Rahmen der Spezifikation der Metrik muss auch geklärt werden, wer die Messwerte in welcher Form zu welchem Zeitpunkt liefert. Sinnvoll ist auch das Festlegen von Eingriffsgrenzen. So wird z.B. für die Metrik »Aufwand pro Arbeitspaket« spezifiziert, bei welcher Überschreitung des Planwerts eingegriffen und analysiert wird, woran es liegt und welche Maßnahmen zu treffen sind. Nützlich ist auch eine Einschätzung des Aufwands zur Erfassung der Messwerte, denn meistens werden zu Beginn sehr viele mögliche Metriken spezifiziert, aus denen dann eine sinnvolle Auswahl getroffen werden muss. Ein Beispiel für die Spezifikation der Metrik »Funktionalitätszuwachs« ist in Abbildung 2–43 auf S. 227 angegeben.

BP 5: Führe Messaktivitäten durch. *Definiere die Messaktivitäten und führe diese durch.*

Gemäß dem Messkonzept (siehe BP 2) werden die erforderlichen Aktivitäten definiert, geplant und durchgeführt. Diese sind in den weiteren Basispraktiken 6 bis 11 beschrieben.

BP 6: Erhebe Messdaten. *Sammle und speichere Daten sowohl von Basis- als auch abgeleiteten Metriken inklusive erforderlicher Kontextinformationen, um die Daten zu verifizieren, zu verstehen und auszuwerten.*

Die Messdaten[122] werden erhoben, gesammelt und gespeichert. Neben den eigentlichen Messdaten gehören hierzu auch entsprechende Kontextinformationen, um die Daten korrekt auswerten zu können (z.B. wann hat die Messung

---

122. Zum Thema Basismetriken und abgeleitete Metriken siehe Erläuterung bei BP 4.

stattgefunden, von wem stammen die Daten, wo bzw. in welchem Prozessschritt wurden sie erfasst).

Die von den Datenlieferanten gelieferten Rohdaten bedürfen häufig noch einer Überprüfung auf Plausibilität und eventuell müssen Nachfragen und Korrekturen erfolgen. Messdaten sollten korrekt, von hoher Genauigkeit, konsistent und replizierbar sein und einer speziellen Aktivität oder einem Zeitraum zugeordnet sein [Fenton & Pfleeger 1997].

Die Datensammlung muss nach einem festgelegten Vorgehen erfolgen (wer, wann, wie, für wen). Dies geschieht in der Praxis oft mithilfe von Formularen bzw. noch besser automatisch generiert aus den eingesetzten Tools. Werden die Daten in zu vielen verschiedenen Listen, Dateien und Dokumenten abgelegt, ist ein Wiederauffinden und die zeitnahe Auswertung erschwert. Empfehlenswert ist die Nutzung von wenigen, zentralen Dokumenten, die an einem festgelegten Ort gespeichert werden, oder besser die Nutzung einer Datenbank. Diese unterstützt in der Regel auch spezielle Auswertungen mit rollenbezogenen Sichten auf die Daten und Auswertungsergebnisse.

Die Mitarbeiter, die die Datensammlung durchführen, müssen entsprechend geschult und über die Messziele und den weiteren Messprozess informiert sein.

BP 7: Analysiere die Messdaten[123]. *Analysiere und interpretiere die Messdaten und erstelle Auswertungen.*

Die Messdaten werden analysiert und interpretiert. Die Personengruppe, die die Daten liefert, sollte an der Auswertung beteiligt werden oder zumindest die Ergebnisse erhalten. Grundlage der Analyse ist in der Regel, dass die Messdaten in Form von Grafiken und Tabellen anschaulich und leicht verständlich aufbereitet werden. Abbildung 2–41 zeigt als Beispiel den »Funktionalitätszuwachs« eines Softwareprodukts. Dabei wird der Projektfortschritt anhand der umgesetzten Softwarefunktionen verfolgt. Die Auswertung der Kurve lässt eine Prognose zu, welche Anzahl von Funktionen zum geplanten Termin (z.B. Auslieferung) umgesetzt sein wird. Die Kontrolle des Funktionalitätszuwachses ist insbesondere in der Automobilindustrie wichtig. Da Termineinhaltung gegenüber vollständiger Funktionalität oft Vorrang hat, werden bei unzureichendem Projektfortschritt geplante Funktionalitäten auf spätere Termine verschoben, z.B. in ein späteres Entwicklungsmuster, oder im schlimmsten Fall nicht umgesetzt.

Bei Messreihen mit einer Fülle von Messwerten können auch statistische Methoden (Betrachtung von Datenverteilung, Häufungen, Streuung etc.) zum Einsatz kommen. Typische Analysemethoden sind:

- Analyse von Messdaten im Projektteam, z.B. im Rahmen der normalen Projektsitzungen, um daraus Steuerungsmaßnahmen auf Projektebene abzuleiten

123. Im englischen Original steht hier fälschlich »measures«, es müsste »measurement data« heißen.

- Analyse von Messdaten in Steuerkreisen oder regelmäßigen Sitzungen mit dem Management, in denen z.B. der Projektleiter Auswertungen vorstellt und interpretiert, die dem Management zur Entscheidungsunterstützung dienen
- Feedbacksitzungen bzw. Retrospektiven[124], in der die Datenlieferanten und das Messteam oder z.B. auch Prozessverantwortliche die Daten überprüfen, diskutieren und entsprechende Maßnahmen ableiten

Feedbacksitzungen sind ein gutes Instrument, um die Messungen zu plausibilisieren und zu verbessern. Beispiel: Man möchte analysieren, in welchen Phasen wie viele Fehler verursacht werden. Die Analyse der Fehlerdaten aus den Tests ergibt, dass über 50% der Fehler als Anforderungsfehler eingestuft sind. Auf den ersten Blick sieht es so aus, als ob die Fehler im Rahmen der Anforderungsanalyse entstanden wären. Bei der Besprechung der Daten im Team stellt sich heraus, dass in diesen 50% auch fälschlich Fehler enthalten sind, die im Rahmen des Designs verursacht wurden. Ursache ist die unpräzise Fehlerursachenklassifikation. Als Ergebnis der Besprechung der Daten im Team wird das Klassifikationsschema überarbeitet und dem Team vor der nächsten Messung erläutert.

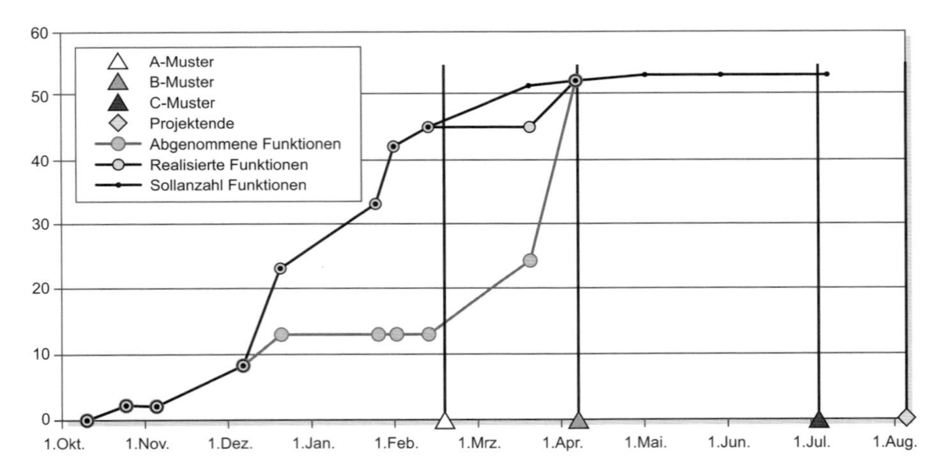

Abb. 2–41 *Beispiel einer grafischen Auswertung zur Metrik »Funktionalitätszuwachs«*

BP 8: Nutze die Messinformationen zur Entscheidungsfindung. *Stelle exakte und aktuelle Messinformationen für alle relevanten Entscheidungsfindungsprozesse bereit, bei denen sie eine Rolle spielen.*

Messungen sind kein Selbstzweck, sondern sollen die Geschäftstätigkeit der Organisation unterstützen, z.B. durch fundiertere Entscheidungsfindung und durch Anstöße zu Verbesserungsmaßnahmen. Basierend auf den Ergebnissen der Analyse und den ggf. in BP 4 spezifizierten Eingriffsgrenzen werden Entscheidungen getroffen und konkrete Maßnahmen definiert. Im Assessment sollte daher

124. Ein zentrales Element der GQM-Methode wie auch der agilen Entwicklung.

hinterfragt werden, welche Entscheidungen auf Basis der Messauswertungen getroffen wurden.

*BP 9: **Kommuniziere die Messinformationen** [125]. Verteile die Messinformationen an alle betroffenen Parteien, die diese nutzen, und sammle Feedback, um die Angemessenheit für die vorgesehene Verwendung zu bewerten.*

Die Messauswertungen aus BP 7 und die daraus resultierenden Maßnahmen müssen in der Organisation an die beteiligten Personen und Gruppen kommuniziert werden. Dazu gehören z.B. Datenlieferanten, Projektleiter, Führungskräfte und Prozessverantwortliche. Idealerweise sind Auswertungen zu den Messungen in das bestehende Berichtswesen integriert und werden turnusmäßig (z.B. monatlich) verteilt. Geeignete Werkzeuge zur Kommunikation von Messergebnissen auf Projektebene sind Projekt-Cockpit-Charts, in denen die wesentlichen Messwerte des Projekts mit Ampelbewertungen kombiniert werden (siehe auch MAN.3, Arbeitsprodukt 15-06 Projektfortschrittsbericht). Abbildung 2–42 zeigt ein Beispiel.

Werden die Messdaten intensiv in der Organisation genutzt, so kann auch permanent beurteilt werden, ob sie ihren ursprünglich beabsichtigten Verwendungszweck erfüllen. Erfahrungsgemäß werden dann die Metriken ständig weiterentwickelt, um die Informationsbedürfnisse der Nutzer zu befriedigen.

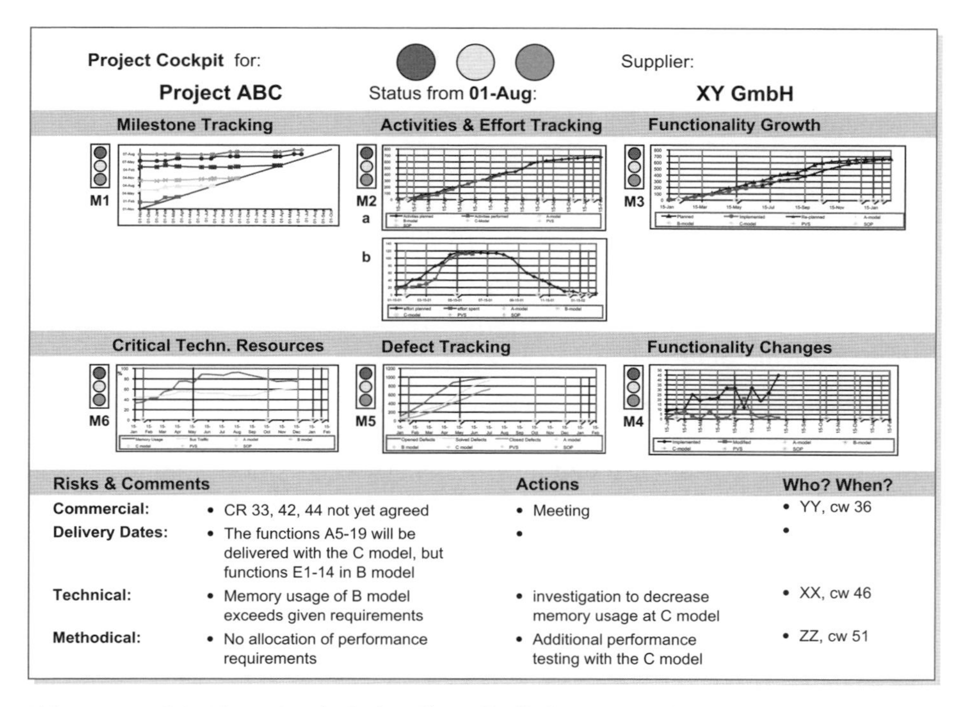

Abb. 2–42 *Beispiel eines Projekt-Cockpit-Charts (Quelle: [Hörmann et al. 2006])*

125. Im englischen Original steht hier inkonsistenterweise »measures«.

BP 10: Bewerte die Messauswertungen und Messaktivitäten. *Bewerte die Messauswertungen und Messaktivitäten bezüglich des ermittelten Informationsbedarfs und der Messstrategie. Identifiziere mögliche Verbesserungen.*

Anmerkung 1: *Die Messauswertungen entstehen als ein Ergebnis von Datenanalysen, um die Informationen zusammenzufassen und zu verteilen.*

Die Erfahrung zeigt, dass es oft einiger Zeit und Verbesserungen bedarf, bis die Messziele, Metriken und Messergebnisse so stabil und zuverlässig sind, dass Projekte bzw. Prozesse auf Basis dieser Informationen gesteuert werden können. Daher muss man die gewonnenen Erkenntnisse immer wieder gegen die ursprüngliche Zielsetzung spiegeln und ggf. Zielsetzung, Messaktivitäten und Metriken anpassen und die Messungen dadurch ständig verbessern.

Durch Messungen werden nicht nur Verbesserungen bei den Messungen selbst angestoßen, sondern natürlich auch bei den Prozessen, die gemessen werden. Dazu durchläuft man z.B. in der GQM-Methode drei verschiedene Phasen:

- **Verstehen**
  In der ersten Phase machen die Messdaten den Entwicklungsprozess bzw. die Produktcharakteristika transparenter. Man versteht den Prozess bzw. das Produkt besser.
- **Steuern**
  Wenn das Messobjekt gründlich verstanden wird, können die Messdaten dazu genutzt werden, den Prozess bzw. die Produkterstellung mittels korrektiver und präventiver Maßnahmen zu steuern.
- **Verbessern**
  Die Messdaten werden nun genutzt, um Verbesserungspotenziale zu identifizieren und Verbesserungsmaßnahmen abzuleiten.

BP 11: Kommuniziere mögliche Verbesserungen. *Kommuniziere die ermittelten, möglichen Verbesserungen an die betroffenen Mitarbeiter, die an den jeweiligen Prozessen beteiligt sind.*

Verbesserungsvorschläge müssen an den Prozessverantwortlichen des von der Messung betroffenen Prozesses kommuniziert werden, da dieser typischerweise diese Verbesserung beurteilen und umsetzen muss. Das kann sowohl die Person betreffen, die auf Organisationsebene für den Prozess verantwortlich ist, als auch die Person, die auf operativer Ebene (z.B. im Projekt) für die Prozessausführung zuständig ist.

2.22.3 Ausgewählte Arbeitsprodukte

Mit den nachfolgend aufgeführten Arbeitsprodukten 03-03 und 03-04 werden verschiedene Daten genannt, die als Ergebnis von Messungen auf Projekt- und Organisationsebene erfasst, gespeichert und weiterverarbeitet werden. Die Daten liegen z.B. in Form von Projektaufzeichnungen (Dauer von Aktivitäten, Anzahl Fehler etc.) und bei technischen Daten (z.B. Speicherauslastung) in Messprotokollen vor. Meist müssen die Daten aggregiert werden, beispielsweise werden für eine Auswertung bezüglich gefundener Fehler in Reviews die Daten aus den einzelnen Reviewprotokollen in einer Datenbank zusammengefasst.

03-03 Benchmarking-Daten

Beim Benchmarking geht es darum, die eigene Leistung mit der Leistung anderer oder mit historischen Daten zu vergleichen und daraus Verbesserungspotenziale abzuleiten. Dies setzt eine Standardisierung von Messwerten voraus, um Projektdaten mit den Daten anderer Projekte zu vergleichen. Mögliche Arten des Benchmarkings sind z.B.:

- Vergleich innerhalb der eigenen Organisation: Zum Beispiel kann ein OEM Messwerte und Produktkennzahlen eines aktuellen Entwicklungsstands mit dem letzten Serienfahrzeug vergleichen oder ein Lieferant kann Produktdaten mit den Daten von Vorgängerprodukten vergleichen.
- Vergleich mit Konkurrenzunternehmen
- Vergleich von Messwerten im Projektteam mit historischen Daten, um daraus Steuerungsmaßnahmen auf Projektebene abzuleiten
- Vergleich der Zufriedenheit von Endkunden (z.B. ermittelt über Befragungen und Tests) mit Daten aus Vorgängerprodukten

In der Automobilindustrie wird Benchmarking häufig verwendet, um sich mit Wettbewerbern zu vergleichen, z.B. bezüglich Fertigungszeiten, Herstellungskosten, Anzahl Fehler oder Anzahl »Liegenbleiber[126]«. Zum Vergleich von Bauteilen und Produktqualität unterhalten OEMs spezielle Abteilungen zur Wettbewerberanalyse. Internes Benchmarking in der Elektronikentwicklung ist eher selten anzutreffen. Mögliche Benchmarking-Daten wären hier z.B. Steuergerätestückkosten, Fehler nach Freigabe, Entwicklungsaufwand und Entwicklungsdauer. Auch Automotive SPICE-Levels können als Benchmarking-Daten herangezogen werden. Dabei muss natürlich der Assessmentumfang vergleichbar sein.

---

126. So nennt man Fahrzeuge, die aufgrund eines Defekts nicht mehr weiterfahren können und in die Werkstatt geschleppt werden, der schlimmste Fall aus Kunden- und Herstellersicht.

03-04 Kundenzufriedenheitsdaten

Die Kundenzufriedenheit wird meist subjektiv durch Endkundenbefragungen (z.B. mittels standardisierter Fragebögen) in Form von numerischen Werten, z.B. Kundenzufriedenheitsindex von 1 bis 5, erfasst. Kundenzufriedenheit kann auch anhand von Reklamationen und Fehlern im Feld gemessen werden. Ansonsten gibt es noch direkte Rückmeldungen vom Auftraggeber, z.B. dokumentiert in Besprechungsprotokollen. Derartige systematische Rückmeldungen sind allerdings eher selten. Wenn es eine solche Rückmeldung gibt, dann meist in Form von Beschwerden.

Hinweise für Assessoren

Auch wenn es in Automotive SPICE kein explizites Arbeitsprodukt für Messdaten bezüglich des Produkts gibt, ist die Erfassung solcher Messdaten je nach den Informationsbedürfnissen (BP 3) ebenfalls erforderlich, beispielsweise hinsichtlich der Produktqualität mittels Fehler nach Auslieferung, aktueller Anzahl bekannter Fehler während der Entwicklung etc.

In den Arbeitsprodukten 07-01 bis 07-08 werden verschiedene Metriken spezifiziert. Diese definieren Kennzahlen, die z.B. Eigenschaften eines Verfahrens, eines Prozesses, eines Produkts oder eines Ziels beschreiben:

- Metriken für Kundenzufriedenheit
- Metriken für Feldmessungen (z.B. was sind die Hauptursachen für »Liegenbleiber«)
- Metriken bezüglich Prozessen auf Organisationsebene (z.B. wie viele Projekte halten die vorgeschriebenen Prozesse ein)
- Metriken bezüglich Prozessen auf Projektebene (z.B. im Projektmanagement der bereits angeführte Funktionalitätszuwachs)
- Qualitätsmetriken (z.B. wie viele Fehler wurden durch bestimmte Tests gefunden)
- Metriken bezüglich Risiken (z.B. wie viele hoch priorisierte Risiken hat ein Projekt momentan)

Beispiel einer Metrikspezifikation

In Abbildung 2–43 ist beispielhaft eine Metrik spezifiziert.

Funktionalitätszuwachs
Zielsetzung: Verfolgung des Projektfortschritts anhand der umgesetzten Softwarefunktionen, Ermöglichung von Trendaussagen
Zugeordnete Fragestellung: Wie wächst die Funktionalität im Vergleich zum Plan?
Beschreibung: Erfasst werden: 1. Geplante Anzahl von umzusetzenden Funktionen zu den Berichtszeitpunkten 2. Anzahl umgesetzter Funktionen zu den Berichtszeitpunkten Der Fortschritt in der Umsetzung von Funktionen wird beobachtet, um einen Indikator zu haben, ob zu den Berichtszeitpunkten die geforderte Funktionalität erreicht werden kann. Umgesetzte Funktionen sind von der Entwicklung freigegebene Funktionen. Bei der Erfassung umgesetzter Funktionen finden im Zusammenhang mit dieser Metrik nur die Funktionen Berücksichtigung, die zum aktuellen Berichtszeitpunkt gefordert sind. (Darüber hinausgehende, bereits umgesetzte Funktionen sind bei der Neuplanung zu berücksichtigen.) Abhängig von der Projektsituation können zusätzlich auch noch Zwischenzustände in der Umsetzung (z.B. codiert, getestet, abgenommen) während des Entwicklungsprozesses berichtet werden.
Aktivitäten zu den Berichtszeitpunkten: - Aktualisierung der Istkurve zu jedem Softwarerelease (auch interne Releases zählen), nicht nur zu den Musterphasen - Vergleich mit Plankurve und Feststellung der Abweichungen - Aktualisierung der Plankurve, sofern Anforderungen neu sind oder sich geändert haben
Voraussetzungen: Existenz einer abgestimmten Funktionsliste (technische Detailsicht, Beispiel siehe Abb. 2–31) mit zugeordneten Fertigstellungszeitpunkten zu definierten Qualitätsständen. Die Funktionsliste ist aus dem Lastenheft abgeleitet und enthält alle im Lastenheft beschriebenen Funktionen. Die Funktionsliste wird bei Anforderungsänderungen angepasst.
Datendefinitionen – Basismetriken: - Geplante Anzahl an Funktionen für die Berichtsperiode (Sollanzahl Funktionen) - Aktuelle Anzahl an plangemäß umgesetzten Funktionen (Qualitätsstufe E4) für die Berichtsperiode (abgenommene Funktionen) - Neu geplante Anzahl an Funktionen für die folgenden Berichtsperioden - Zu dem Berichtszeitpunkt bekannte Gesamtzahl an Funktionen
Datendefinitionen – Abgeleitete Metriken: keine
Datenquelle: Meldung der Entwicklung auf Basis der Funktionsliste
Darstellung: Siehe Abbildung 2–41 In der Darstellung werden zusätzlich zu den abgenommenen Funktionen auch noch die realisierten Funktionen dargestellt (Funktionen im Status »realisiert«, die jedoch noch nicht formal abgenommen wurden). - x-Achse: Zeit, in die die Berichtszeitpunkte eingeordnet werden - y-Achse: Absolute Anzahl der umgesetzten Funktionen bzw. Funktionsgruppen Ausprägungen für: Soll, Ist, Neuplanung
Bewertung/Setzen der Ampelbewertung: - **Grün** Wenn 95% oder mehr der geplanten Funktionen zum Berichtszeitpunkt fertiggestellt sind - **Gelb** Wenn weniger als 95% und mehr als 85% der geplanten Funktionen zum Berichtszeitpunkt fertiggestellt sind. - **Rot** Wenn 85% oder weniger der geplanten Funktionen zum Berichtszeitpunkt fertiggestellt sind

Abb. 2–43 *Spezifikation der Metrik »Funktionalitätszuwachs«*

07-01 Kundenzufriedenheitsbefragung

Die Bedürfnisse der Kunden zu kennen und Feedback zu eigenen und Wettbewerbsprodukten zu erhalten ist unerlässlich für dauerhaften Geschäftserfolg. Alle OEMs führen Studien hierzu durch, bei denen nicht nur Feedback zu einzelnen Fahrzeugen, sondern auch konkret zu spezifischen Einbauten bzw. zu Hard- und Software (z.B. Navigationssystemen oder Onlinediensten) erhoben werden. Das Feedback wird in der Qualitätssicherung und Entwicklung verwendet.

07-02 Feldbeobachtung

Die Performance im Betrieb und die Qualität der Produkte im Feld beim Kunden werden beobachtet und überwacht. Dieses ist nötig, um Serienprobleme frühzeitig zu erkennen und mit entsprechenden Maßnahmen gegenzusteuern. Die Feldbeobachtung steht in direktem Zusammenhang mit 07-06 Qualitätsbeobachtung. Überwacht werden z.B. Fehler im Feld, Performance, Systemverfügbarkeit, für Support benötigte Zeit, Kundenbeanstandungen, Kundenanfragen, Probleme, deren Entwicklung und Trends. Die Ergebnisse werden in der Qualitätssicherung und Entwicklung verwendet.

07-08 Service-Level-Messung

Diese Messungen dienen dazu, in Echtzeit die Performance oder Verfügbarkeit eines Systems (z.B. Onlinedienst) zu messen, um bei sich verschlechternden Werten Gegenmaßnahmen zu ergreifen oder die Abarbeitung von Problemen, z.B. die Einhaltung der vereinbarten Lösungszeiten, zu überwachen. Beispiele für Messungen sind z.B. Ausfallzeiten oder die Einhaltung von Service Levels über Supportstufen im Prozess.

2.22.4 Besonderheiten Level 2

Zum Management der Prozessausführung

Viele der bei Prozessattribut PA 2.1 aufgeführten Inhalte werden bereits in BP 2 im Rahmen der Messstrategie gefordert. Geplant werden die Aktivitäten zur Umsetzung des Messprozesses inklusive Zeitplan und Verantwortlichkeiten.

In der Praxis wird Messen meistens auf Organisationsebene einheitlich geregelt. Das Messteam definiert Messziele und Metriken, die in Projekten eingesetzt werden. Daher beinhaltet die Etablierung von Messen als Prozess meist auch Elemente von Level 3.

Zum Management der Arbeitsprodukte

Insbesondere Messstrategie, Metrikspezifikationen, Messwerte und Messauswertungen sollten reviewt werden.

2.23 PIM.3 Prozessverbesserung

2.23.1 Zweck

Zweck des Prozesses ist es, durch die benutzten Prozesse und ausgerichtet am betrieblichen Bedarf die Effektivität und Effizienz der Organisation kontinuierlich zu verbessern.

Gute Prozesse, gute Mitarbeiter und Beherrschung der Technologie sind anerkanntermaßen die Haupteinflussfaktoren auf Kosten, Termine und Qualität. Den Prozessen kommt dabei eine besonders wichtige Rolle zu, da sie die beiden anderen Faktoren zu einem leistungsfähigen Wirkgefüge zusammenbinden. Zahlreiche Weltklasseunternehmen haben durch Verbesserungsparadigmen wie kontinuierliche Prozessverbesserung (z.B. Toyota) und Six Sigma (z.B. General Electric) eindrucksvoll demonstriert, wie Prozessverbesserung zu hervorragenden kommerziellen Erfolgen führen kann. Erfolge durch Prozessverbesserung hängen von zwei Schlüsselfaktoren ab:

- Prozesse konsequent am betrieblichen Bedarf auszurichten, d.h. insbesondere, die Prozesse systematisch als Werkzeug zur Erreichung der Geschäftsziele zu nutzen
- Kontinuierliche Anstrengungen zu unternehmen, d.h. Prozessverbesserung dauerhaft als Teil der Unternehmenskultur zu verankern und mit Nachdruck zu verfolgen

Die Automobilindustrie ist geprägt durch ein hohes Maß an Anstrengungen bezüglich Prozessverbesserung auf breiter Front. Ursache dafür ist insbesondere der Druck der Hersteller, die Automotive SPICE als Werkzeug zur Beurteilung von Lieferanten für Elektronik und Software einsetzen. Erfolge sind insbesondere bei Unternehmen sichtbar, die massive Anstrengungen in diese Richtung unternommen haben. Viele Lieferanten haben jedoch massive Probleme und schaffen es nur unter großem Druck des OEM, einigermaßen die Prozessanforderungen zu erfüllen. Zu den hemmenden Faktoren gehören:

- Immenser Zeit- und Kostendruck in der Branche
- Weitere Forderungen, z.B. die ISO 26262 (siehe Kap. 5), sind umzusetzen.
- Steigende Projektkomplexität durch mehr Kooperationspartner
- Stark steigende Internationalisierung und Outsourcing
- Es fällt erstaunlicherweise immer noch schwer, die in Projekt A erzielte Prozessreife auf ein späteres Projekt B zu übertragen.
- Bereiche außerhalb der Softwareentwicklung (z.B. Hardware, Mechanik) sind oft nicht in die Prozessverbesserung einbezogen.
- Probleme auf der Organisationsebene werden durch die mehr projektorientierten Lieferantenassessments wenig adressiert.

2.23.2 Basispraktiken

BP 1: Etabliere Commitment. *Ein Commitment wird hergestellt, um die Prozessgruppe zu unterstützen und Ressourcen und weitere fördernde Faktoren (Schulungen, Methoden, Infrastruktur etc.) bereitzustellen, um die Verbesserungsaktivitäten aufrechtzuerhalten.*

Anmerkung 1: *Der Prozessverbesserungsprozess ist ein generischer Prozess, der auf allen Ebenen (d.h. auf organisatorischer Ebene, Prozessebene, Projektebene etc.) und zur Verbesserung aller anderen Prozesse genutzt werden kann.*

Anmerkung 2: *Commitments auf allen Managementebenen können Prozessverbesserung unterstützen. Um das Management-Commitment durchzusetzen, können den betreffenden Managern persönliche Ziele gesetzt werden.*

Es gibt ein Bonmot unter Prozessverbesserungsexperten: Frage: Welches sind die drei essenziellen Bestandteile eines erfolgreichen Verbesserungsprojekts? Antwort:

1. Management-Commitment
2. Management-Commitment
3. Management-Commitment

Dieses Bonmot gibt auf humoristische Art und Weise einen alten Erfahrungswert wieder: Ohne ein solides Management-Commitment läuft nichts! Dies gilt für alle Managementebenen, und ein probates Mittel besteht darin, die entsprechenden Verbesserungsziele in die persönlichen Ziele[127] der betreffenden Manager aufzunehmen. In Prozessverbesserungsprogrammen wird gerade am Anfang viel Aufwand getrieben, um die verschiedenen Managementebenen zu überzeugen und ein nachhaltiges Commitment zu etablieren. Als Resultat der Überzeugungsarbeit sollte das Verbesserungsprogramm mit entsprechender Priorität und den erforderlichen Ressourcen ausgestattet werden sowie vom Management aktiv und für die Mitarbeiter sichtbar unterstützt werden, z.B. in Form der Teilnahme an einem Steuerkreis des Programms. BP 1 spricht drei Dinge an, auf die sich das Commitment richten soll:

- **Unterstützung der Prozessgruppe**
  Gemeint ist eine Gruppe von Prozess(verbesserungs)experten, die oft als EPG oder SEPG[128] bezeichnet wird. Dies ist das Kernteam für das Prozessverbesserungsprogramm sowie für die Pflege und Wartung der Prozesse. Der Leiter der Gruppe ist oft (aber nicht notwendigerweise) der Leiter des Prozessverbesserungsprogramms.

127. Gemeint sind die Ziele, die der Vorgesetzte mit dem Manager vereinbart und die u.a. für dessen Leistungsbeurteilung und die Ausschüttung variabler Vergütungen maßgeblich sind.
128. (Software) Engineering Process Group.

- **Ressourcen**
  Weitere Ressourcen sind notwendig, um eine gute Einbindung des Prozessverbesserungsprogramms in die Organisation zu gewährleisten. Hierzu gehören Experten für die einzelnen Prozesse, die dafür sorgen, dass die Prozesse praxistauglich sind, sowie Freiräume für weitere Mitarbeiter, um an der Prozessverbesserung mitzuarbeiten.
- **Schulungen, Methoden, Infrastruktur etc.**
  Ohne Schulungen, Coaching und sonstige Überzeugungsarbeit wird auch der beste Prozess in der Praxis nicht angewendet. Verschiedene Methoden (wie z.B. eine Aufwandsschätzmethode) und Tools/Infrastruktur (z.B. für Konfigurationsmanagement, Änderungsmanagement, Projektmanagement) sind notwendig, um einen echten Nutzen mit den Prozessen zu erzielen.

Fällt es schon schwer, dieses Commitment zu erzielen, fällt es meistens noch wesentlicher schwerer, ein *nachhaltiges* Commitment zu erreichen. Oft werden unter dem obligatorischen Zeit- und Kostendruck nur Kurzfristmaßnahmen gestemmt, die auf das nächste Assessment oder maximal auf das laufende Projekt abzielen.

Von den in Anmerkung 1 angesprochenen Ebenen (organisatorische Ebene, Prozessebene, Projektebene) ist die organisatorische Ebene besonders wichtig, da sie die beiden anderen Ebenen unterstützt. Prozessverbesserung isoliert für einen einzelnen Prozess oder ein einzelnes Projekt ist zwar möglich, ohne Unterstützung der organisatorischen Ebene bleibt sie jedoch hinsichtlich Wirksamkeit und Dauerhaftigkeit eingeschränkt.

Hinweise für Assessoren

Der Prozesszweck zielt zwar eindeutig auf einen organisationsweiten Geltungsbereich ab, in Anmerkung 1 werden jedoch weitere mögliche Geltungsbereiche (Prozess, Projekt) eröffnet. In der Assessmentplanung muss daher rechtzeitig vor der Interviewperiode der Geltungsbereich für diesen Prozess ganz klar definiert werden: Ist es das Projekt, ist es ein bestimmter Prozess oder ist es die Organisation? Auch der Begriff der Organisation muss genau abgegrenzt werden, damit man die geeigneten Interviewpartner rechtzeitig einladen kann.

BP 2: Identifiziere Probleme. *Prozesse und Schnittstellen werden fortlaufend analysiert, um Probleme in Form von Verbesserungsmöglichkeiten zu identifizieren, die aus der organisationsinternen und -externen Umgebung entstehen und für die es gerechtfertigte Änderungsgründe gibt. Dies bezieht vom Kunden angesprochene Probleme und Verbesserungsvorschläge mit ein.*

Anmerkung 3: *Die kontinuierliche Analyse kann die Problemtrendanalyse (siehe SUP.9), Analyse von Ergebnissen und Aufzeichnungen von Qualitätssicherung und Verifikation (siehe SUP.1 und SUP.2), Ergebnisse und Aufzeichnungen der Validierung sowie Produktqualitätsmetriken wie ppm und bezüglich Rückrufen mit einbeziehen.*

Anmerkung 4: *Informationsquellen für Änderungen können sein: Ergebnisse von Prozessassessments, Audits, Kundenzufriedenheitsberichte, Kennzahlen hinsichtlich Effektivität und Effizienz der Organisation, Qualitätskosten*

Es gibt zwei grundsätzliche Möglichkeiten, um Verbesserungspotenziale zu erkennen:

- Verbesserungsvorschläge werden durch die Prozessnutzer innerhalb der Organisation aktiv erstellt[129]. Die Organisation muss entsprechende Empfangskanäle bereitstellen, etwa in Form einer personenunabhängigen E-Mail-Adresse, Programme zur Honorierung von Verbesserungsvorschlägen etc. Die Verbesserungsvorschläge werden von den zuständigen Prozessexperten analysiert und priorisiert.
- Die Organisation unternimmt eigene Analysen, z.B. in Form von internen Assessments, Lieferantenassessments, Mitarbeiterbefragungen, Kundenzufriedenheitsbefragungen, Auswertungen von prozess- oder produktbezogenen Metriken (z.B. aus Reviews, Problemberichten und Problemtrendanalysen, Problemen aus dem Feld (z.B. ppm, Rückrufe) und Produktivitätskennzahlen der Entwicklung).

Bei Verbesserungsvorschlägen ist meistens der Bezug zu den relevanten Prozessen gut erkennbar. Diese können sich auf Prozesse selbst, auf Schnittstellen zwischen Prozessen, auf organisatorische Schnittstellen (intern sowie extern), auf Arbeitsprodukte (wie z.B. Dokumentenvorlagen), Werkzeuge, Methoden etc. beziehen.

Bei eigenen Analysen ist der Prozessbezug nicht immer direkt erkennbar und es muss eine Ursachenanalyse durchgeführt werden. So können z.B. häufige Aufwandsüberschreitungen in Projekten auf Schwächen in Projektplanungs- und Verfolgungsprozessen hinweisen. Bei zu hohen Fehlerzahlen kann eine Fehlerursachenanalyse (z.B. mit der 5-Why-Methode) durchgeführt werden und anschließend mit der Pareto-Methode die wichtigsten Ursachen herausgefiltert werden.

BP 3: Setze Prozessverbesserungsziele fest. *Eine Analyse des gegenwärtigen Status der vorhandenen Prozesse wird durchgeführt, fokussiert auf die Prozesse, bei denen Verbesserungsanregungen entstehen. Als Resultat werden Verbesserungsziele für die Prozesse festgesetzt.*

Anmerkung 5: *Der momentane Status von Prozessen kann durch Prozessassessments bestimmt werden.*

Nach den Vorarbeiten aus BP 2 hat man in der Regel pro Prozess mehrere Verbesserungspotenziale vorliegen. Für eine sinnvolle Teilmenge von diesen werden nun Verbesserungsziele entwickelt.

---

129. Auch wenn es in PIM.3 nicht explizit gefordert wird, tut die Organisation gut daran, den Antragstellern zeitnahe Rückmeldungen zu geben, was aus ihrem Antrag geworden ist. Ansonsten werden erfahrungsgemäß die Vorschläge bald ausbleiben.

Verbesserungsziele können qualitativ beschrieben sein oder (bevorzugt) quantitativ, d.h. mit konkret messbaren Zielen hinterlegt. In jedem Fall empfiehlt es sich, eine möglichst präzise Zieldefinition zu vereinbaren, bei der die Zielerreichung objektiv beurteilbar ist. Beispiele für gute/schlechte Zieldefinitionen:

- **Gut**
  »Die im Systemtest gefundenen und von Problemen bei den Systemanforderungen verursachten Fehler sollen gegenüber dem Vorjahr um 20 % reduziert werden.«
- **Schlecht**
  »Der Systemanforderungsprozess soll Automotive SPICE Level 3 bei SYS.2 erreichen.«

BP 4: Priorisiere Verbesserungen. *Die Verbesserungsziele und -aktivitäten werden priorisiert.*

In der Regel werden weit mehr Verbesserungsmöglichkeiten ermittelt, als mit den vorhandenen Ressourcen umsetzbar sind. Möglich ist auch, dass eine bestimmte Reihenfolge erforderlich ist, da die Verbesserungen aufeinander aufbauen (z.B. zuerst Erstellung einer gemeinsamen Strategie für alle Testprozesse, bevor Maßnahmen bezüglich einzelner Testprozesse unternommen werden). Eine Priorisierung ist also unabdingbar. Die Priorisierung geschieht sinnvollerweise nach Kosten-Nutzen-Aspekten. Beim Nutzen ist es wichtig, die aktuellen Geschäftsziele und die Perspektive des Managements zu berücksichtigen.

Durch das Einbeziehen der davon betroffenen Managementebenen kann deren Commitment sichergestellt werden. Bei den Kosten sollte man die für die Verbesserungsaktivitäten notwendigen Aufwände aufzeigen (z.B. für Prozessexperten aus der Linie oder Pilotprojekte, Toolkosten) und hierfür die Ressourcenzusagen der betroffenen Manager einholen. Auf Dauer empfiehlt sich für die Priorisierungsentscheidungen die Einrichtung eines Prozesssteuerkreises bzw. eines Prozess-CCB[130]. Generell gilt hier die Devise »Weniger ist mehr«: Besser wenige Änderungen wirksam umsetzen, statt sich in zu vielen Änderungen zu verzetteln.

BP 5: Plane Prozessänderungen. *Resultierende Änderungen an Prozessen werden definiert und geplant.*

Anmerkung 6: *Prozessänderungen sind eventuell nur dann möglich, wenn sich die komplette Lieferkette verbessert (alle relevanten Parteien).*

Anmerkung 7: *Traditionellerweise werden Prozessänderungen meistens in neuen Projekten angewendet. In der Automobilindustrie könnten Änderungen pro Projektphase (z.B. Musterphasen A, B, C) umgesetzt werden und damit eine höhere Verbesserungsrate ergeben. Auch das Prinzip der »low hanging fruits« (d.h. ein-*

130. CCB = Change Control Board.

fach umsetzbare Verbesserungen zuerst realisieren) kann bei der Planung von Prozessänderungen berücksichtigt werden.

Anmerkung 8: *Verbesserungen können in kontinuierlichen, kleinen, inkrementellen Schritten geplant werden. Auch werden Verbesserungen üblicherweise vor dem Rollout in die Organisation pilotiert.*

Nachdem bekannt ist, welche Verbesserungen realisiert werden sollen, müssen nun die Details geplant werden. Welche Veränderungen sind im Detail an Prozessen, Dokumentenvorlagen, Tools etc. notwendig, welche Aktivitäten sind hierfür erforderlich, wer ist dafür verantwortlich und wann sollen die Aktivitäten stattfinden? Hier erfolgt also die Projektplanung für die Verbesserungsaktivitäten.

Betreffen Prozessänderungen eine komplette Lieferkette, unter Umständen unter Einbeziehung eines OEM, werden Veränderungsprozesse naturgemäß zäh. Die Wahl des Geltungsbereichs einer Veränderung spielt eine große Rolle für deren Erfolgschancen. Unter Umständen ist es günstiger, zunächst einen kleineren Geltungsbereich zu wählen, um dann später nach Vorliegen erster positiver Erfahrungen einen größeren Geltungsbereich anzugehen.

Ob laufende Projekte umgestellt werden sollen, ist eine wichtige Entscheidung, die für jeden Einzelfall unter Aufwand-Nutzen-Betrachtung getroffen werden sollte. Diese Entscheidung wird zweckmäßigerweise erst nach der Pilotierung gefällt, und dabei müssen unbedingt die betroffenen Manager einbezogen werden. Das Prinzip der »low hanging fruits« kann zu einer Aufwand-Nutzen-Betrachtung ausgeweitet und bereits während der Priorisierung (siehe BP 4) angewendet werden.

Das Prinzip der inkrementellen Entwicklung gemäß den Anmerkungen wird ja bereits in der Produktentwicklung in der Automobilindustrie erfolgreich angewendet. Auf die Prozessentwicklung übertragen, bedeutet es, auch Prozesse inkrementell zu entwickeln. Statt langwierig den »perfekten« Prozess anzustreben, ist es erfahrungsgemäß besser, mit 80%-Lösungen erste Erfahrungen zu sammeln und diese dann inkrementell zu verbessern.

In letzter Zeit wurde auch begonnen, agile Methoden (insbesondere Scrum) auf das Change Management einer Organisation anzuwenden. Abbildung 2–44 zeigt ein Beispiel aus der Praxis.

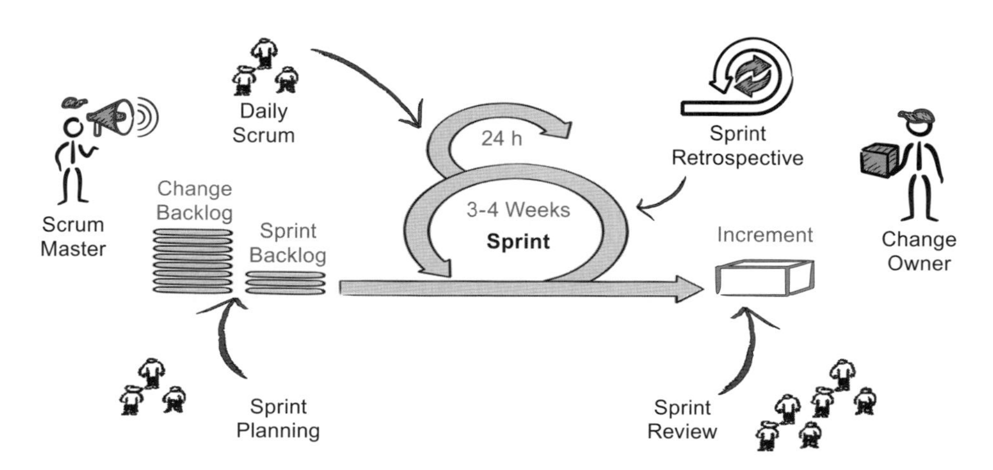

Abb. 2–44 *Anwendung der Scrum-Methode auf das Change Management in der Organisation (Quelle: Kugler Maag Cie)*

BP 6: Implementiere Prozessänderungen. *Die Verbesserungen an den Prozessen werden implementiert. Die Prozessdokumentation wird aktualisiert und die Mitarbeiter werden geschult.*

Anmerkung 9: *Diese Praktik umfasst die Definition der Prozesse und das Sicherstellen, dass sie angewendet werden. Die Prozessanwendung kann unterstützt werden durch das Aufstellen von Managementvorgaben, einer geeigneten Prozessinfrastruktur (Tools, Dokumentenvorlagen, Beispielarbeitsprodukte etc.), von Prozessschulung, Prozess-Coaching und durch Tailoring an lokale Bedürfnisse.*

Die Definition der Prozesse muss mithilfe von Praktikern erfolgen und, wie bereits ausgeführt, vor ihrem Ausrollen erprobt (pilotiert) werden. Für ihre Anwendung in der Praxis sind die in Anmerkung 9 aufgezählten Punkte essenziell. Die genannten Managementvorgaben (engl. policies) sorgen dafür, dass die Mitarbeiter zur Anwendung sowohl motiviert als auch verpflichtet werden. Voraussetzung für das Ausrollen ist die Aktualisierung der Prozessdokumentation und die Schulung der Mitarbeiter. Ausrollen alleine stellt aber noch nicht sicher, dass die Änderungen tatsächlich gelebt werden. Eine entscheidende Rolle spielt dabei der SUP.1-Prozess, mit dem Abweichungen aufgezeigt und abgestellt werden können. Bei Nutzung agiler Methoden (z.B. Scrum) ist es unabdingbar, dass Änderungen Scrum-konform durch die Teams selbst anerkannt und in die von allen akzeptierte Arbeitsweise aufgenommen werden[131].

Die Anpassung an lokale Bedürfnisse (Tailoring) sorgt dafür, dass ein generischer Prozess z.B. an verschiedene Bereiche, Abteilungen und Projekttypen angepasst werden kann. Tailoring ist im Übrigen eine Forderung von Level 3 (siehe Generische Praktik 3.2.1 in Abschnitt 3.4.4). Abbildung 2–45 zeigt ein Beispiel

131. Zum Beispiel als Bestandteil der »Akzeptanzkriterien« oder der »Definition of Done«.

aus einer großen, verteilten Organisation, wie Prozesse über verschiedene Abstraktionsebenen bis auf das einzelne Projekt heruntergebrochen werden können. Wichtig ist dabei, sich auf den oberen Ebenen aus den Details herauszuhalten und dies den unteren Ebenen zu überlassen.

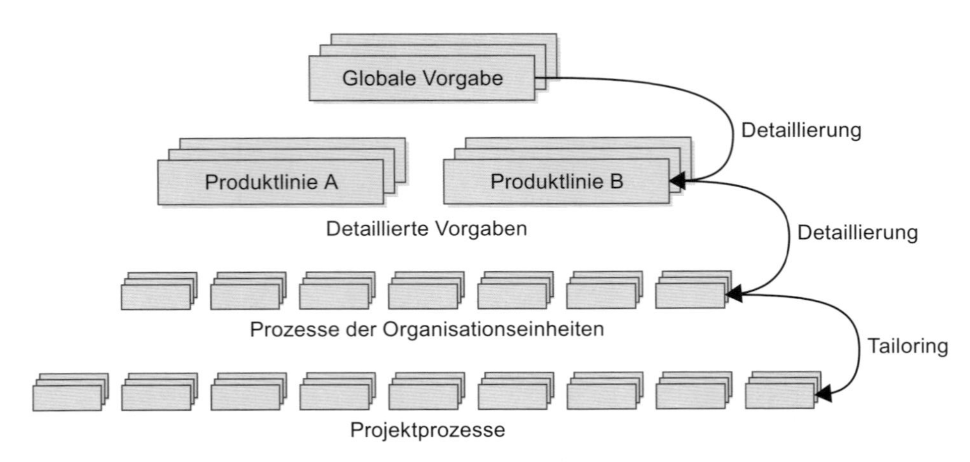

Abb. 2–45 *Prozessarchitektur und Tailoring in größeren, verteilten Organisationen*

BP 7: Bestätige die Prozessverbesserung. *Die Auswirkungen der Prozessimplementierung werden gegen die definierten Verbesserungsziele überwacht, gemessen und bestätigt.*

Anmerkung 10: *Beispiele von Messungen können Metriken hinsichtlich Zielerreichung, Prozessdefinition und Prozesseinhaltung sein.*[132]

Der Abgleich mit den vorgegebenen Zielen eröffnet die Möglichkeit, einen fortwährenden Regelkreis der kontinuierlichen Verbesserung, bestehend aus Zielvorgaben, Implementierung und Messung der Zielerreichung, zu etablieren. Die Messung der Zielerreichung setzt voraus, dass die Ziele messbar formuliert wurden (siehe BP 3). Geeignete Messungen zur Güte der Prozessdefinition sind z.B. Mitarbeiterbefragungen zur Eignung der Prozesse. Die Messung der Prozesseinhaltung kann z.B. über interne Audits mit Messung des Einhaltungsgrades erfolgen.

BP 8: Kommuniziere die Verbesserungsergebnisse. *Aus den Verbesserungen gewonnenes Wissen und der Forschritt in der Implementierung der Verbesserung werden außerhalb des Verbesserungsprojekts an die relevanten Teile der Organisation und an den Kunden (wenn zutreffend) kommuniziert.*

Die Verbesserungen werden zunächst innerhalb des Prozessverbesserungsprojekts und vor allem an das Management kommuniziert. Darüber hinaus ist es beson-

132. Gemeint ist: Mittels dieser Metriken (= Messvorschriften) können sinnvolle Messungen vorgenommen werden.

ders wichtig, Erfolge und Fortschritte an die Organisation zu kommunizieren, auch um das Commitment der Beteiligten und die Motivation zu fördern. Geeignete Formen sind z.B. regelmäßige schriftliche Mitteilungen an die Mitarbeiter und mündliche Berichte auf Abteilungsversammlungen, Betriebsversammlungen etc. Folgende Faktoren fördern die Wirkung dieser Kommunikation ungemein:

- Verbesserungen sind anhand von Zahlen, Daten, Fakten tatsächlich nachweisbar.
- Verbesserungen werden von den Betroffenen aus der Praxis (z.B. Projektmitarbeiter, Manager) berichtet, nicht von den Prozessexperten.

BP 9: Evaluiere die Ergebnisse des Verbesserungsprojekts. *Evaluiere die Ergebnisse des Verbesserungsprojekts, um zu prüfen, ob die Lösung erfolgreich war und anderswo in der Organisation genutzt werden kann.*

Nachf den Evaluierungen gemäß BP 7 hilft diese Evaluierung, zu entscheiden, ob mit diesen Ergebnissen in einen breiteren Rollout gegangen werden kann. Eventuell können die Ergebnisse auch in anderen Organisationsteilen von Nutzen sein.

2.23.3 Ausgewählte Arbeitsprodukte

08-29 Verbesserungsplan

Der Verbesserungsplan enthält die von den Geschäftszielen der Organisation abgeleiteten Verbesserungsziele, den organisatorischen Geltungsbereich, die zu verbessernden Prozesse, geeignete Meilensteine, vorgesehene Reviews, Berichtsmechanismen, Schlüsselrollen und Verantwortlichkeiten. Nicht genannt, aber ebenfalls wichtig sind Ressourcen, Termine, Budget und Risiken.

15-16 Verbesserungsmöglichkeit

Eine Verbesserungsmöglichkeit wird beschrieben durch das Problem, die Problemursache, Vorschläge zur Lösung des Problems, den Nutzen bei Durchführung der Verbesserung und den Schaden bei Nichtdurchführung der Verbesserung.

2.23.4 Besonderheiten Level 2

Zum Management der Prozessausführung

Bereits auf Level 1 werden bei diesem Prozess aufgrund der Basispraktiken 3 bis 5 wichtige Planungsmechanismen implementiert.

Zum Management der Arbeitsprodukte

Die Anforderungen von Prozessattribut PA 2.2 gelten insbesondere für den Verbesserungsplan und für die zahlreichen Arbeitsprodukte der Verbesserungsteams.

Deren Prüfung kann zunächst durch Reviews innerhalb der Prozessgruppe erfolgen, später durch Anwenderreviews und durch die in BP 7 angesprochenen Messungen. Die Arbeitsprodukte stehen unter Konfigurationskontrolle.

2.24 REU.2 Wiederverwendungsmanagement

2.24.1 Zweck

Zweck des Prozesses ist es, ein organisationsweites Wiederverwendungsprogramm zu planen, einzuführen, zu managen, zu steuern und zu überwachen und systematisch Möglichkeiten der Wiederverwendung zu verwerten.

Der Wiederverwendung von Komponenten[133] kommt bei dem kontinuierlich steigenden Kostendruck und sich weiter verkürzenden Entwicklungszyklen eine immer größere Bedeutung zu. Dabei bestehen hohe Erwartungen an den zu erzielenden Nutzen: Verbesserungen bei Zuverlässigkeit, Performance, Kosten und Qualität. Dem stehen Mehraufwände (Managementaufwand, höherer Entwicklungs- und Dokumentationsaufwand etc.) und Risiken (z.B. langsamere Entscheidungen, weniger Flexibilität) gegenüber, die es zu kompensieren gilt. Die Investition in ein regelrechtes Wiederverwendungsprogramm ist nur dann lohnend, wenn der Nutzen die Nachteile signifikant übersteigt. Dies ist in der Regel dann der Fall, wenn über einen längeren Zeitraum mit genügend vielen Entwicklern an gleichen oder zumindest ähnlichen Produkten gearbeitet wird, sodass genügend Wiederverwendungspotenzial besteht. Liegen diese Voraussetzungen vor, können diese Unternehmen mit großen wirtschaftlichen Vorteilen rechnen.

Die Wiederverwendung von Komponenten in der Automobilindustrie hat eine lange Tradition und wird von vielen Unternehmen schon seit Jahren praktiziert[134]. Aktuelle Entwicklungsumgebungen sowie diverse Referenzarchitekturen unterstützen es beispielsweise im Softwarebereich, Softwareplattformen zu entwickeln, Derivate daraus abzuleiten und die enthaltene Software wieder zu verwenden. Ein Hilfsmittel dazu sind auch die Applikationsparameter (siehe Abschnitt 2.26).

Die häufigsten Schwierigkeiten für die Wiederverwendung von Software in der Automobilindustrie sind Probleme in der Portierbarkeit bei sehr hardwarenaher Software. So müssen bei der Programmierung für einen bestimmten Microcontrollertyp bestimmte Besonderheiten des Controllers, wie z.B. Befehlssatz, Speicherbelegung oder Timing-Verhalten, beachtet werden, was oft nur die zum

133. REU.2 ist sehr generisch formuliert. Der Begriff »Komponente« ist also z.B. auf Hardware, Mechanik, Software und Systeme anwendbar.

134. Hinlänglich bekannt in der Branche ist aber auch, dass dies nicht automatisch zu einer guten Qualität führt, wenn z.B. ältere Systeme sukzessive mit immer neuen »Balkonen« ausgestattet werden.

Controller gehörige Toolsuite in vollem Umfang abdeckt. Diese meist umfangreichen und teuren Toolsuiten enthalten z.B. einen speziellen Compiler, Linker, Debugger, Emulator und Testfunktionen. Die Portierung der Software zur nächsten Controllerversion ist selbst innerhalb einer Familie mit einem gewissen Aufwand verbunden, zwischen verschiedenen Herstellern ist sie nahezu unmöglich. Aufgrund dieser Probleme haben viele Entwicklungsorganisationen strategische Partnerschaften mit meist einem Controllerhersteller geschlossen, der im Gegenzug einen verbesserten Support zur Verfügung stellt.

Um diese Nachteile zu minimieren, wurden mehrere Initiativen gegründet, die eine Wiederverwendung des Codes unterstützen sollen. Die wichtigste davon im Automobilbereich ist AUTOSAR (siehe [AUTOSAR] und im Glossar). Hauptziel des AUTOSAR-Projekts ist die Definition modularer Softwarearchitekturen für Steuergeräte im Automobil mit standardisierten Schnittstellen und einer standardisierten Laufzeitumgebung. Dadurch sollen Softwaremodule verschiedener Herkunft (d.h. OEMs, Lieferanten) austauschbar werden.

Ein anderer Ansatz ist die modellbasierte Entwicklung inklusive automatischer Codegenerierung, hier werden Funktionen auf einer höheren Abstraktionsebene beschrieben. Nach Fertigstellung der Modelle kann die Anpassung an das Ziel (zumindest theoretisch) per Kopfdruck durchgeführt werden.

2.24.2 Basispraktiken

BP 1: Definiere die Wiederverwendungsstrategie der Organisation. *Definiere das Wiederverwendungsprogramm und die erforderliche, unterstützende Infrastruktur der Organisation.*

Von einem Wiederverwendungsprogramm spricht man, wenn die Organisation systematisch und strukturiert Arbeitsprodukte wiederverwendet. Dazu gehören erhöhte Anforderungen an Qualität und Dokumentation der Arbeitsprodukte sowie eine strukturierte und benutzerfreundliche Bereitstellung der wiederverwendbaren Arbeitsprodukte.[135]

Eine in vielen größeren Organisationen anzutreffende Top-down-Wiederverwendungsstrategie sind Plattformprojekte. Hier wird im großen Stil Wiederverwendung betrieben durch die Vorabentwicklung von Arbeitsprodukten, die dann in einer Vielzahl von Kundenprojekten eingesetzt werden. Werden kundenspezifische Anpassungen vorgenommen, die auch für andere Kunden interessant sein könnten, wird deren Aufnahme in die Plattform diskutiert. Der Wiederverwendungsprozess ist aus einer anderen Perspektive als eine Art Bottom-up-Ansatz beschrieben und eignet sich auch für nicht ganz so große Organisationen. Der

135. Die improvisierte Wiederverwendung von früheren Projektergebnissen im Ad-hoc-Stil ist kein Wiederverwendungsprogramm!

Grundgedanke ist hier, die in der Praxis entstehenden, vielfältigen Lösungen auf ihre Wiederverwertbarkeit zu untersuchen und ggf. anderen bereitzustellen.

Für das Wiederverwendungsprogramm müssen zunächst Zweck, Umfang (bzw. Geltungsbereich) und Ziele definiert werden. Der Zweck beschreibt die wirtschaftliche Motivation des Unterfangens. Es ist in Anbetracht nicht unerheblicher Aufwände und Anstrengungen sinnvoll, hierzu einen breiten Konsens innerhalb des Managements der Organisation herbeizuführen. Wichtig ist auch, aus dem Management einen Sponsor (z.B. den Entwicklungsleiter) zu akquirieren, der das Programm gegen alle Widrigkeiten unterstützt. Beim Umfang ist zwischen Folgendem zu unterscheiden:

- Dem organisatorischen Geltungsbereich (auf welche Teile der Organisation soll sich das Programm erstrecken?)
- Den betroffenen Produkten bzw. Systemen
- Den wiederzuverwendenden Typen von Arbeitsprodukten

Bei den wiederzuverwendenden Typen von Arbeitsprodukten kommen z.B. Hardware-, Mechanik- und Systemkomponenten, Sourcecode, Parameterdateien, Algorithmen, Schnittstellendefinitionen, Designelemente (z.B. UML- Beschreibungen) sowie Anforderungen, Prozesse, Testfälle, Dokumente, Wissen (wie z.B. Erfahrungsberichte) infrage. Weiterer Definitionsbedarf besteht bei der notwendigen Infrastruktur. Hierzu gehören:

- Organisationsstrukturen inklusive Mitarbeiterbedarf
- Technische Infrastruktur zur Speicherung, Verwaltung und Bereitstellung der Wiederverwendungskomponenten inklusive der dafür notwendigen Soft- und Hardware
- Art und Weise, wie Wiederverwendung ablaufen soll (Prozesse und Rollen) hinsichtlich Gewinnung, Verwaltung, Wartung und Bereitstellung der Wiederverwendungskomponenten
- Anforderungen an Wiederverwendungskandidaten hinsichtlich Inhalt, Qualität und Dokumentation

BP 2: Identifiziere Domänen für potenzielle Wiederverwendung. *Identifiziere ein oder mehrere Mengen von Systemen und ihrer Komponenten bezüglich gemeinsamer Eigenschaften, die in einer Sammlung von wiederverwendbaren Ressourcen organisiert und zur Erstellung von Systemen in der Domäne genutzt werden können.*

Eine Domäne kann z.B. ein Produkt, eine Produktfamilie oder eine Produktgeneration sein. Jede Domäne besitzt eine Menge bereits entwickelter Systeme sowie laufende Projekte. Es gilt nun, zu erkennen, welche Domänen potenziell für die Einbeziehung in das Wiederverwendungsprogramm interessant sind. Interessant ist eine Domäne dann, wenn häufig wiederkehrende Komponenten in deren Systemen vorkommen und diese daher möglicherweise auch anderweitig wiederverwendbar sind. Für diese Untersuchung sollten erfahrene technische Experten mit einem guten Überblick über die Domänen herangezogen werden.

BP 3: Bewerte die Domänen nach der potenziellen Wiederverwendung. *Bewerte jede Domäne, um mögliche Nutzung und Einsatzmöglichkeiten von wiederverwendbaren Komponenten und Produkten zu erkennen.*

Es folgt nun die genauere Untersuchung jeder Domäne im Hinblick auf die in BP 2 genannten häufig wiederkehrenden Komponenten. Für diese muss untersucht werden, wie ähnlich sie in den verschiedenen Systemen tatsächlich sind und ob ein »gemeinsamer Nenner« gefunden werden kann. Das heißt, ist eine generische Komponente denkbar, die durch Hardware- oder Mechanikvarianten, Parametrierung oder programmiertechnische Anpassungen an verschiedene Einsatzzwecke adaptierbar ist. Dabei muss abgewogen werden, ob der Aufwand für die Bereitstellung der generischen Komponente und die Summe der Anpassarbeiten für verschiedene Einsatzzwecke geringer ist als die Summe der separaten Individualentwicklungen. Dabei sollten möglichst Erfahrungswerte bezüglich Aufwänden aus realen Projekten herangezogen werden. Liegen keine detaillierten Aufzeichnungen von Aufwänden vor, bietet sich eine Expertenschätzung an. Diese Untersuchung kann nur durch erfahrene Domänenexperten (z.B. Projektleiter) vorgenommen werden.

BP 4: Bewerte die Wiederverwendungsreife. *Lerne die Reife und die Bereitschaft der Organisation für Wiederverwendung zu verstehen, um eine Ausgangsbasis und Erfolgskriterien für das Wiederverwendungsmanagement zu erhalten.*

Die Wiederverwendungsreife spielt einerseits eine Rolle bei der Entscheidung, ob ein Wiederverwendungsprogramm gestartet werden soll. Andererseits, wenn eine positive Entscheidung getroffen wird, ist das Aufzeichnen der Wiederverwendungsreife zum Entscheidungszeitpunkt wichtig für den Nachweis zukünftiger Verbesserungen. Wie hat sich z.B. die Wiederverwendungsquote nach zwei Jahren entwickelt, wie viel Aufwand konnte durch die Wiederverwendung (nach Abzug von Aufwänden für die Bereitstellung) gespart werden? Das Wiederverwendungsprogramm wird auf Dauer nur überleben, wenn derartige Fragen positiv beantwortet werden können. In die Wiederverwendungsreife fließen u.a. folgende Faktoren ein:

- Die Reife und Bereitschaft der Organisation: Gibt es für Wiederverwendung Personal, Budget, Tools, Infrastruktur, Integrationsprozesse, Variantenhandling-Prozesse, Managementunterstützung etc.?
- Die Wiederverwendungsquote, d.h., wie viel Komponenten werden derzeit prozentual wiederverwendet
- Das Wiederverwendungspotenzial, d.h., wie viel Komponenten könnten theoretisch zusätzlich wiederverwendet werden, gemessen an den pro Zeiteinheit entwickelten Komponenten

- Faktoren, die einer Wiederverwendung heute entgegenstehen
- Faktoren, die eine Wiederverwendung heute begünstigen

BP 5: Bewerte Vorschläge zur Wiederverwendung. *Bewerte die Eignung der angebotenen wiederverwendbaren Komponenten und Produkte für die vorgeschlagene Nutzung.*

Diese Bewertung erfolgt in zwei Schritten. Erstens muss entschieden werden, welche der Komponenten in das Wiederverwendungsprogramm aufgenommen werden sollen.[136] Die Kriterien für diese Wahl sind in BP 3 beschrieben. Ideal ist demnach die Komponente, deren Entwicklung wenig kostet, aber an vielen Stellen mit wenig Anpassung eingesetzt werden kann und dadurch viel Aufwand spart.

Im zweiten Schritt muss für jede ausgewählte Komponente entschieden werden, welche Instanz[137] der Komponente als Ausgangsbasis zur Herstellung der Komponente herangezogen wird oder ob alternativ besser eine komplette Neuentwicklung vorgenommen werden soll.

BP 6: Implementiere das Wiederverwendungsprogramm. *Führe die im Wiederverwendungsprogramm festgelegten Aktivitäten durch.*

Das Wiederverwendungsprogramm wird nun durchgeführt. Empfehlenswert ist eine vorgeschaltete Pilotierungsphase, in der in eingeschränktem Rahmen Erfahrungen mit der Wiederverwendung gesammelt werden. Basierend auf den Erfahrungen kann dann das Programm schrittweise ausgebaut werden.

BP 7: Hole Feedback aus der Wiederverwendung ein. *Etabliere Feedback-, Bewertungs-, Kommunikations- und Benachrichtigungsmechanismen zwischen den beteiligten Parteien, um den Fortschritt des Wiederverwendungsprogramms zu steuern.*

Anmerkung 1: *Beteiligte Parteien können sein: Administratoren des Wiederverwendungsprogramms, Manager von Komponenten, Domänen-Ingenieure, Entwickler, Betreiber, Wartungsteams.*

Feedback von den »internen Kunden« (nämlich den Projekten, die Komponenten aus dem Baukasten oder der Bibliothek anwenden, u.a. die in Anmerkung 1 genannten Parteien) und dem Management ist wichtig, um Richtungskorrekturen im Programm vornehmen zu können. Wenn sich hier Unzufriedenheit einstellt, wird das Wiederverwendungsprogramm gefährdet. Dieses Feedback kann durch die Nutzer auf freiwilliger Basis erfolgen (durch Direktansprache der für das Wiederverwendungsprogramm Verantwortlichen oder durch E-Mails) oder kann

136. Typischerweise gibt es mehr Vorschläge, als umsetzbar sind.
137. Das heißt, da diese Komponente ja bereits mehrfach entwickelt wurde, muss man sich für eine aus System A, B oder C entscheiden.

aktiv seitens des Wiederverwendungsprogramms durch Befragungen eingeholt werden.

Bewertungsmechanismen erlauben einen periodischen (zumindest jährlichen) Vergleich mit der zurückliegenden Ausgangsbasis und den Erfolgskriterien. Dieser periodische Vergleich ist wichtig, um die wirtschaftliche Motivation für das Programm aufrechtzuerhalten und um ggf. nachsteuern zu können. Die Bewertungen ermöglichen es auch, die Planung bezüglich weiterer Komponenten oder Features zu sammeln und abzustimmen. Hierzu kann man einen regelmäßigen Austausch mit den internen Kunden betreiben.

Kommunikations- und Benachrichtigungsmechanismen informieren die Benutzer über Änderungen und Neuerungen im Wiederverwendungsportfolio, z.B. über behobene Fehler und neue Releases. Bei neu entdeckten kritischen Fehlern sind Warnhinweise an die Benutzer herauszugeben.[138]

BP 8: Überwache die Wiederverwendung. *Überwache die Implementierung des Wiederverwendungsprogramms periodisch und bewerte seine Eignung für die aktuellen Bedürfnisse.*

Anmerkung 2: *Die Qualitätsanforderungen für Arbeitsprodukte der Wiederverwendung sollten definiert werden.*

Die Überwachung des Wiederverwendungsprogramms ist eine Aufgabe des in BP 1 als Förderer aktiv gewordenen Managements und des Sponsors, z.B. in regelmäßig stattfindenden Steuerkreissitzungen. Dabei können die Kennzahlen aus BP 4 und die gemäß BP 7 eingeholten Feedbacks als Grundlage dienen, insbesondere die dort angesprochenen Ergebnisse der Bewertungsmechanismen. Dabei handelt es sich um eine wichtige Führungsaufgabe des Managements in Anbetracht der wirtschaftlichen Vorteile wie Kosten- und Zeiteinsparung und Qualitätssteigerung.

2.24.3 Ausgewählte Arbeitsprodukte

08-17 Wiederverwendungsplan

Der Wiederverwendungsplan enthält die Managementvorgaben der Organisation. Neben Standards für die Entwicklung wiederverwendbarer Komponenten sind auch die Wiederverwendungsbibliothek bzw. der Wiederverwendungsbaukasten definiert und die Auflistung und Beschreibung der wiederverwendbaren Komponenten ist enthalten.

138. Gerade in großen Wiederverwendungsprogrammen ist es problematisch, eine große Zahl organisationsinterner Benutzer mit für sie nicht relevanten Meldungen (»Spam«) zu belasten. Zielgenaue Meldungen setzen allerdings eine genaue Buchführung voraus, wer welche Versionen von Komponenten im Einsatz hat, was schwierig ist.

Der Wiederverwendungsplan kann Folgendes enthalten:

- Die Managementvorgaben der Organisation (Zweck, Umfang, Ziele, Motivation)
- Organisationsstrukturen inklusive Mitarbeiterbedarf
- Standards für die Entwicklung wiederverwendbarer Komponenten inklusive Vorgaben hinsichtlich Qualität, Dokumentation, Verifikation etc.
- Definition der Wiederverwendungsbibliothek bzw. des Wiederverwendungsbaukastens
- Auflistung und Beschreibung der wiederverwendbaren Komponenten
- Technische Infrastruktur zur Speicherung, Verwaltung und Bereitstellung der Wiederverwendungskomponenten inklusive der dafür notwendigen Soft- und Hardware
- Art und Weise, wie Wiederverwendung ablaufen soll (Prozesse und Rollen) hinsichtlich Gewinnung, Verwaltung, Wartung und Bereitstellung der Wiederverwendungskomponenten

15-07 Bericht zur Bewertung der Wiederverwendung

Der Wiederverwendungsbewertungsbericht enthält mögliche Wiederverwendungspotenziale, die Angabe der in Wiederverwendung getätigten Investitionen und die gegenwärtige Infrastruktur. Insbesondere enthält er den momentanen Status der Implementierung des Wiederverwendungsprogramms. Weitere typische Inhalte sind Kennzahlen (siehe BP 4) wie Wiederverwendungsquoten, Kosten-/Nutzen-Betrachtungen und Faktoren, die einer Wiederverwendung heute entgegenstehen oder sie begünstigen.

2.24.4 Besonderheiten Level 2

Zum Management der Prozessausführung

Bereits auf Level 1 werden bei diesem Prozess grundlegende Planungs- (BP 1-4) und Verfolgungsmechanismen (BP 7-8) implementiert.

Zum Management der Arbeitsprodukte

Die Anforderungen von Prozessattribut PA 2.2 gelten insbesondere für die Wiederverwendungsbibliothek bzw. den Wiederverwendungsbaukasten selbst sowie die Planungs- und Bewertungsdokumente. Die Prüfung der Wiederverwendungsbibliothek bzw. des Wiederverwendungsbaukastens kann durch interne Audits erfolgen, die der Planungs- und Bewertungsdokumente durch Reviews mit dem Management. Die Arbeitsprodukte stehen unter Konfigurationskontrolle.

2.25 Traceability und Konsistenz in Automotive SPICE

2.25.1 Einleitung

Traceability stellt, ausgehend von den Anforderungen, eine Verbindung zwischen Elementen verschiedener Entwicklungsschritte her, z. B. zwischen einer Anforderung und den zugehörigen Tests. Dadurch werden z. B. Abdeckungsanalysen, Auswirkungsanalysen, Statusverfolgung von Anforderungen etc. unterstützt. Automotive SPICE fordert eine »bidirektionale Traceability«, d. h., die Verbindung kann in beide Richtungen verfolgt werden. Weiter fordert Automotive SPICE die Konsistenz zwischen Arbeitsprodukten. Bei der Konsistenz geht es um die Frage, ob

- die Traceability-Beziehungen korrekt (sind die richtigen Elemente verlinkt?) und vollständig (fehlen Verlinkungen?) sind und
- ob die Beziehung zwischen den beiden verlinkten Elementen fachlich korrekt ist, z. B.:
  - Prüft ein Test die Anforderung richtig und vollständig ab?
  - Decken zwei abgeleitete Softwareanforderungen die Systemanforderung richtig und vollständig ab?

Die Konsistenz wird in der Regel durch technische Reviews überprüft und nachgewiesen. Das Vorliegen von Traceability ist eine notwendige (aber nicht hinreichende) Voraussetzung für die durchgängig im Modell geforderte Konsistenz.

2.25.2 Grundgedanken

In Automotive SPICE wird unterschieden zwischen horizontaler und vertikaler Traceability[139]. Legt man ein V-Modell (siehe [V-Modell]) zugrunde, besteht die vertikale Traceability auf der linken Seite des V-Modells von oben nach unten und umgekehrt und die horizontale Traceability verläuft von der linken Seite des V-Modells zur rechten Seite auf gleicher Ebene und umgekehrt.

139. Die Begriffe »vertikal« und »horizontal« werden nicht in Automotive SPICE erwähnt. Sie dienen zur Veranschaulichung der Traceability aus Sicht des V-Modells.

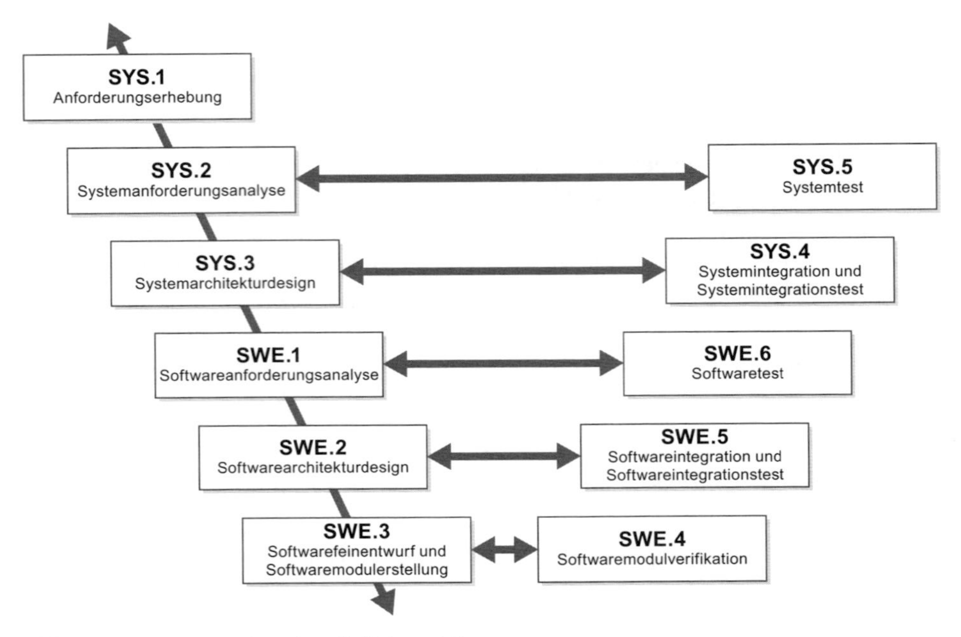

Abb. 2–46 *Horizontale und vertikale Traceability*

In der Praxis wird die bidirektionale Traceability meist mit Verlinkungen zwischen den verschiedenen Objekten umgesetzt. Dagegen sind z. B. Traceability-Matrizen heute nicht mehr zeitgemäß. Eine Traceability-Matrix ist eine Tabelle, in der die Zusammenhänge zwischen Elementen der Entwicklungsstufen modelliert werden, also z. B. zwischen Anforderungen und den dazugehörigen Tests und umgekehrt. Weitere Realisierungsmöglichkeiten sind z. B.:

- Namenskonventionen und namentliche Referenzierung[140] von z. B.:
  - Codefiles in Designdokumenten bzw. Namensgleichheit von Designelementen und Codefiles
  - Designelementen im Kopf der Codefiles
  - Anforderungs-IDs in Designelementen
- Verwendung von Anforderungsmanagementwerkzeugen, mit denen die Zusammenhänge zwischen Anforderungen, Design, Code etc. mittels Verlinkung aufgezeichnet werden können

140. Es gibt auch Tools, die mit Steuerzeichen markierte Referenzierungen scannen und automatisch Traceability-Daten und -Grafiken erzeugen.

Hinweise für Assessoren

Im Assessment empfiehlt es sich, Stichproben von Anforderungen aus dem Lastenheft auszuwählen und deren Weiterentwicklung bzw. Umsetzung über die einzelnen Prozesse des V-Modells zu verfolgen und zu bewerten. Die Umsetzung der Traceability kann z. B. mittels Metriken überprüft werden (z. B. Verlinkungsgrad). Daneben ist ein besonderes Augenmerk auf die Konsistenzprüfungen zu legen und die Konsistenz sollte in Stichproben überprüft werden[a].

a. Stimmen z. B. die Wertebereiche in den Anforderungen und den zugehörigen Testfällen überein?

Mit der bidirektionalen Traceability sind sinnvolle und nützliche Anwendungsfälle verbunden:

- Mit der horizontalen Traceability kann man sehr einfach die Testabdeckung nachweisen.
- Aus Auftraggebersicht lässt sich mit der vertikalen Traceability nachweisen, dass alle Anforderungen umgesetzt wurden. Auch können damit Statusberichte an den Auftraggeber erzeugt werden (»Folgende Anforderungen sind mit Release XY umgesetzt: ...«) sowie Fortschrittsmessungen generiert und visualisiert werden.
- Mit der vertikalen Traceability von oben nach unten und der horizontalen Traceability von links nach rechts können bei Änderungen schnell und vollständig die betroffenen und zu ändernden Elemente in nachfolgenden Entwicklungsschritten herausgefunden werden. Dadurch können Umfang und Aufwand der Änderungen rasch bestimmt und das Änderungsmanagement unterstützt werden. Da schnell alle betroffenen Tests gefunden werden können, lässt sich ein vollständiger Regressionstest gewährleisten.
- Bei Verifikations- und Testaktivitäten können durch die horizontale Traceability von rechts nach links und durch die vertikale Traceability von unten nach oben sehr schnell die zugrunde liegenden Anforderungen und Designelemente zurückverfolgt werden. Es kann nun sehr effizient geprüft werden, ob fehlerhafte Umsetzungen oder Fehlinterpretationen vorliegen. Ähnliches gilt für die Design- und Implementierungsaktivitäten, für die die Kenntnis der jeweils gültigen Anforderungen hilfreich ist.
- Das Vorliegen von Traceability ist eine notwendige (aber nicht hinreichende) Voraussetzung für die auf der rechten Seite des V durchgängig geforderten Konsistenzprüfungen.

Hinweise für Assessoren

Für die Umsetzung der bidirektionalen Traceability sind Werkzeugunterstützung und eine möglichst durchgängige Entwicklungsumgebung sehr hilfreich. Liegen dagegen Toolbrüche in der Entwicklungsumgebung vor und sind daher verschiedene Traceability-Realisierungsformen vorhanden, so ist ein besonderes Augenmerk auf die Umsetzung der Traceability zu legen. Liegt eine ineffiziente[a] Traceability-Implementierung vor, muss geprüft werden, ob dadurch ein Mangel bei den davon abhängigen Prozessen entsteht. Davon zu unterscheiden sind ineffektive[b] Lösungen, die nicht akzeptabel sind.

a. Beispiel: In Tool 1 muss eine textuelle ID kopiert werden, um damit in Tool 2 in einer Suchmaske nach dieser ID zu suchen. Im gefundenen Datensatz wird eine zweite ID kopiert, um damit in Tool 3 in einer Suchmaske nach dieser ID zu suchen.

b. Beispiel: Softwareanforderungen werden toolgestützt mit einer Architekturkomponente verlinkt. Diese enthält mehrere Module, aber die Traceability endet auf der Komponentenebene. Im Interview wird argumentiert, die Entwickler wüssten genau, auf welche Module die Anforderungen zutreffen.

Wir geben nachfolgend einen Überblick über die inhaltlichen Aspekte zunächst der vertikalen Traceability-Beziehungen:

- **Anforderungen der Stakeholder – Systemanforderungen**
  Für jede Anforderung der Stakeholder sind daraus abgeleitete Systemanforderungen bekannt, und umgekehrt sind für jede Systemanforderung die Quellen bekannt.
- **Systemanforderungen – Systemarchitektur**
  Für jede Systemanforderung ist bekannt, in welchem Systemarchitekturelement sie umgesetzt wird. Für jedes Systemarchitekturelement sind die relevanten Systemanforderungen bekannt. Manche Systemanforderungen sind eventuell nicht auf Systemarchitekturelemente abbildbar, dies gilt insbesondere für nicht funktionale Systemanforderungen.
- **Systemanforderungen – Softwareanforderungen**
  Für jede Systemanforderung sind daraus abgeleitete Softwareanforderungen bekannt, und umgekehrt sind für jede Softwareanforderung die Systemanforderungen bekannt. Manche Systemanforderungen sind eventuell nicht auf Softwareanforderungen abbildbar, dies gilt insbesondere für nicht softwarerelevante Systemanforderungen.
- **Systemarchitektur – Softwareanforderungen**
  Für jedes Element der Systemarchitektur ist bekannt, welche Softwareanforderungen relevant sind, und umgekehrt sind für jede Softwareanforderung die relevanten Systemarchitekturelemente bekannt. Es können auch aus der Systemarchitektur zusätzliche Softwareanforderungen abgeleitet werden. Manche Systemarchitekturelemente sind eventuell nicht auf Softwareanforderungen abbildbar, dies gilt insbesondere für nicht softwarerelevante Systemarchitekturelemente.

- **Softwareanforderungen – Softwarearchitektur**
  Für jede Softwareanforderung ist bekannt, in welchem Softwarearchitekturelement sie umgesetzt wird. Für jedes Softwarearchitekturelement sind die relevanten Softwareanforderungen bekannt. Es können auch aus Softwareanforderungen zusätzliche Softwarearchitekturelemente abgeleitet werden. Manche Softwareanforderungen sind eventuell nicht auf Softwarearchitekturelemente abbildbar, dies gilt insbesondere für nicht funktionale Softwareanforderungen.
- **Softwarearchitektur – Softwarefeinentwurf**
  Für jedes Softwarearchitekturelement ist bekannt, in welchen Komponenten des Softwarefeinentwurfs es umgesetzt wird. Für jede Komponente des Softwarefeinentwurfs sind die relevanten Softwarearchitekturelemente bekannt[141].
- **Softwareanforderungen – Softwaremodule**
  Für jede Softwareanforderung ist bekannt, in welchen Softwaremodulen sie umgesetzt wird. Für jedes Softwaremodul sind die relevanten Softwareanforderungen bekannt. Manche Softwareanforderungen sind eventuell nicht auf Softwaremodule abbildbar, dies gilt insbesondere für nicht funktionale Softwareanforderungen.
- **Softwarefeinentwurf – Softwaremodule**
  Für jede Komponente des Softwarefeinentwurfs sind die relevanten Softwaremodule bekannt[142]. Für jedes Softwaremodul ist bekannt, in welcher Komponente des Softwarefeinentwurfs es umgesetzt wird.

Hier noch ein Überblick über die inhaltlichen Aspekte der horizontalen Traceability-Beziehungen:

- **Softwaremodule – Ergebnisse der statischen Verifikation**
  Für jedes Softwaremodul müssen die Ergebnisse aus der statischen Verifikation bekannt sein und umgekehrt.
- **Softwarefeinentwurf – Testspezifikationen der Softwaremodule inklusive Testfällen und Ergebnissen**
  Für jede Komponente des Softwarefeinentwurfs und für jedes darin umgesetzte Softwaremodul müssen die zugehörige Testspezifikation, die Testfälle und die Testergebnisse bekannt sein und umgekehrt.

---

141. Beides lässt sich zum Teil dadurch realisieren, indem Softwarearchitekturelemente, Softwarekomponenten und Softwaremodule in Form einer hierarchischen Zerlegung eindeutig beschrieben sind. Dies hilft jedoch nicht bei der Modellierung von Timing- und dynamischem Verhalten.
142. Beides lässt sich einfach realisieren, wenn es zu jedem Softwaremodul eine über Namensgleichheit eindeutig zuordenbare Komponente des Softwarefeinentwurfs gibt, z.B. als eigene Datei für den Modulfeinentwurf oder als Kapitel in einem übergeordneten Dokument.

- **Softwarearchitektur – Testspezifikationen des Softwareintegrationstests inklusive Testfällen und Testergebnissen**
  Für jede integrationstestrelevante Komponente des Softwaredesigns (typischerweise Schnittstellen, modulübergreifende Funktionen, dynamisches Verhalten, Modellierung von Timing) müssen die zugehörige Testspezifikation, die Testfälle und die Testergebnisse bekannt sein und umgekehrt.
- **Softwareanforderungen – Testspezifikationen des Softwaretests inklusive Testfällen und Testergebnissen**
  Für jede Softwareanforderung müssen die zugehörige Testspezifikation, die Testfälle und die Testergebnisse bekannt sein und umgekehrt.
- **Systemarchitektur – Testspezifikationen des Systemintegrationstests inklusive Testfällen und Testergebnissen**
  Für jedes integrationstestrelevante Element der Systemarchitektur (typischerweise Schnittstellen, modulübergreifende Funktionen, dynamisches Verhalten, Modellierung von Timing) müssen die zugehörige Testspezifikation, die Testfälle und die Testergebnisse bekannt sein und umgekehrt.
- **Systemanforderungen – Testspezifikationen des Systemtests inklusive Testfällen und Testergebnissen**
  Für jede Systemanforderung müssen die zugehörige Testspezifikation, die Testfälle und die Testergebnisse bekannt sein und umgekehrt.
- **Änderungsanträge – betroffene Arbeitsprodukte**
  Für jeden Änderungsantrag müssen die zugehörigen betroffenen Arbeitsprodukte bekannt sein und umgekehrt.

Hinweise für Assessoren

Die Granularität der Traceability besitzt einen Interpretationsspielraum. Zum Beispiel sollen Softwareanforderungen zum Codemodul verfolgbar sein. Hier kommen gelegentlich Diskussionen auf, ob hier Traceability bis zur Codezeile erforderlich ist[a].

Teilweise müssen nicht alle Traceability-Beziehungen explizit dokumentiert sein. Beispielsweise kann die Verfolgung von Softwareanforderungen zu Softwaremodulen bei Entwicklungsprozessen mit Autocodegenerierung indirekt durch die Verfolgung der Softwareanforderungen zum Softwarefeinentwurf (im Autocodewerkzeug) und von dort zum Sourcecode per Codegenerierung erfolgen. Eine abschließende Einschätzung, was vorliegen muss und was nicht, liegt dabei im Ermessen der Assessoren. Die Traceability sollte jedoch so feingranular sein, dass die vorher beschriebenen Anwendungsfälle wie Testabdeckung, Änderungsanalysen etc. unterstützt werden können.

a. In der Regel eine unrealistische Forderung.

2.26 Applikationsparameter in Automotive SPICE

In vielen Steuergeräten werden mehr oder weniger umfangreiche Parametersätze verwendet, die deren Verhalten beeinflussen. Im Deutschen ist dafür der Begriff »Applikationsparameter« geläufig, in Automotive SPICE wurde er 1:1 mit »application parameter« übersetzt. Im Englischen ist dieser Begriff ungebräuchlich, man spricht dort von »calibration parameter«. Automotive SPICE definiert den Begriff wie folgt (Annex C):

Ein Applikationsparameter ist ein Parameter, der Daten enthält, die auf System- oder Softwarefunktionen, Verhalten oder Eigenschaften angewendet werden. Der Begriff Applikationsparameter wird auf zwei Arten ausgedrückt: erstens als logische Spezifikation (umfasst Name, Beschreibung, Maßeinheit, Wertebereich, Grenzwerte bzw. Kennlinie) und zweitens mit den tatsächlichen quantitativen Daten, die er mittels Datenapplikation erhält.

In der Praxis können Parameter auf zwei Arten vorkommen, siehe die Sichtweise der ISO 26262 in Abbildung 2–47:

- Daten, die bei der Erzeugung der Software festgelegt werden, wie z.B. Compiler-Schalter oder Konstanten im Programmcode (»configuration data« gemäß ISO 26262). Daten im Programmcode stehen unter alleiniger Kontrolle des Entwicklungsprojekts.
- Daten, die von der Software gelesen werden, z.B. von einem Flash-Speicher (»calibration data« gemäß ISO 26262). Diese Daten können eventuell durch den OEM und ggf. durch andere (z.B. »Chip-Tuning«) nachträglich modifiziert werden, wodurch unter Umständen fehlerhafte, weil ungetestete Code-/Parameter-Kombinationen entstehen können.

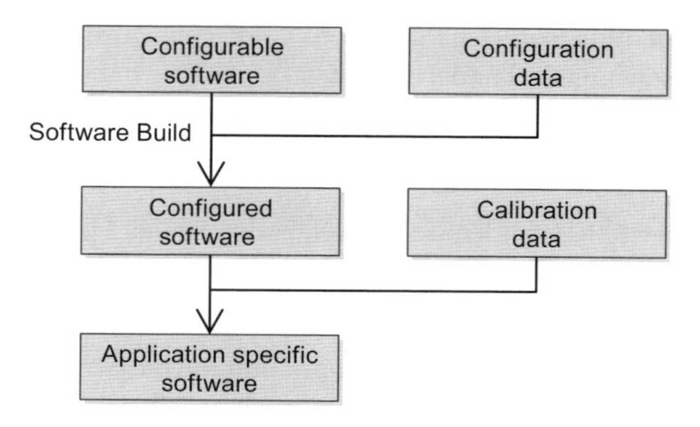

Abb. 2–47 *ISO-26262-Sicht auf Parameter (Quelle: ISO 26262-6, Annex C)*

Beide Arten führen zu der grundsätzlichen Problematik, dass durch unterschiedliche Kombinationen von Parametern eine Vielzahl von sich unterschiedlich verhaltenden Varianten des Systemverhaltens entstehen kann. Diese Varianten müssen letztendlich im Feld möglichst fehlerfrei funktionieren und hierzu sind erhebliche Anstrengungen im Konfigurationsmanagement, Testen und Releasemanagement erforderlich.

Bei der Ablage in Flash-Speichern, die auch den wesentlich häufigeren Betrachtungsfall in Assessments darstellt, kommen zwei Faktoren hinzu:

- Die Datenmengen und damit die Variantenvielzahl können um ein Vielfaches höher sein als bei Programmvarianten aufgrund von Konstanten im Programmcode (z.B. Zehntausende von Parametern bei Motorsteuerungen).
- Es sind zusätzliche Vorkehrungen zu treffen, um den Flash-Speicher gegen unzulässige Modifikation zu schützen.

Typische Fälle mit großen Datenvolumina von Applikationsparametern sind z.B. Motorsteuerung und Fahrwerkssteuerung. Hier wird meistens Plattformsoftware eingesetzt, die mittels Parametern an das Kundenprojekt (die »Applikation«) durch Spezialisten (»Applikateure«) in aufwendigen Fahrversuchen angepasst (»appliziert«) wird. Durch die Applikationstätigkeit kann z.B. die Gasannahme eines Motors, der Eingriff eines ESP oder das Verhalten einer Klimaanlage individuell an das Fahrzeug angepasst werden. Bei jeder Auslieferung an den OEM werden daher sowohl der Programmcode als auch die Applikationsparameter übergeben.

In manchen Projekten übernimmt die Applikation der OEM selbst, um z.B. ein markentypisches Verhalten zu gewährleisten. Appliziert der OEM nur teilweise selbst, resultiert daraus ein erhöhter Aufwand für das Konfigurationsmanagement (siehe unten), um die Parameter des Lieferanten und des OEM konsistent zu halten. Außerdem entsteht erhöhter Synchronisierungsaufwand im Projektmanagement, um die OEM-Parameter rechtzeitig vor einem Release zu erhalten, damit sie für die Tests zur Verfügung stehen.

Weitere Anwendungsbereiche sind z.B. Codierungen, die die Fahrzeugvariante, Sonderausstattungen, Ländervarianten etc. festlegen. Damit kann der OEM für alle Varianten ein einziges Steuergerät und eine einzige Software verwenden und am Bandende durch Beschreiben von Flash-Speichern die Variantencodierung vornehmen.

In Automotive SPICE finden sich an folgenden Stellen Forderungen zu Applikationsparametern:

- **SPL.2 Releasemanagement**
  Releasepläne müssen neben der Funktionalität auch die zugehörigen Applikationsparameter auflisten. Dadurch wird auch gewährleistet, dass die zu einer Softwareversion zulässigen (und getesteten) Applikationsparameter spezifiziert sind.
- **SYS.2 Systemanforderungsanalyse**
  Die Systemanforderungen müssen auch Anforderungen an Applikationsparameter enthalten. Dazu können z.B. gehören: Anzahl, Typ, Bezeichnung von

Parametern, Anzahl von Parametersätzen (d.h. Kombinationen von Parametern) und Anforderungen an die Datensicherheit.

- **SWE.1 Softwareanforderungsanalyse**
  Analog zu SYS.2 müssen auch die Softwareanforderungen Anforderungen an Applikationsparameter enthalten.
- **SUP.8 Konfigurationsmanagement**
  Applikationsparameter unterliegen dem Konfigurationsmanagement[143]. Die Konfigurationsmanagementstrategie muss die Handhabung von Produkt- und Softwarevarianten gewährleisten, die durch Applikationsparameterkombinationen entstehen. Dazu gehört, dass die verschiedenen Parametersätze als Konfigurationselemente geführt werden und dass die Verbindung einer Softwareversion mit den dafür gültigen Parametersätzen spezifiziert wird.
- Es gibt außerdem ein Arbeitsprodukt »01-51 Applikationsparameter«, das einige grundlegende Anforderungen an die Struktur von Applikationsparametern beschreibt und sich weitgehend mit der oben angeführten Definition von Applikationsparametern deckt. Applikationsparameter bestehen demnach aus einer logischen Spezifikation (Name, Beschreibung, Maßeinheit, Wertebereich, Grenzwerte bzw. Kennlinie) und den tatsächlichen quantitativen Daten (Compiler-Schalter, Konstanten im Programmcode, Daten, die von der Software gelesen werden, z.B. von einem Flash-Speicher).

Die größte Schwierigkeit besteht in der kombinatorischen Explosion der Applikationsparameter: Mit steigender Zahl der Applikationsparameter entstehen sehr schnell extrem viele Kombinationen, die unmöglich alle getestet werden können. Beispiel: Wir nehmen an, es gibt 10 Applikationsparameter, die jeweils 10 verschiedene Werte annehmen können. Damit gibt es 10^{10} = 10.000.000.000 Kombinationen, die eventuell alle getestet werden müssen.

Für diese Problematik gibt es folgende Lösungsansätze:

- Man zeigt, dass bestimmte Parameter funktional voneinander unabhängig sind, z.B. weil sie unterschiedliche Teilsysteme oder Softwarekomponenten betreffen, die nicht interagieren, oder weil die Parameterkombination sich in der Interaktion nicht auswirkt. Dann hat man den Parameterraum in kleinere Teilräume aufgeteilt. Ein Teilraum hat dann deutlich weniger Parameterkombinationen, die man beim Test des jeweiligen Teilsystems abprüft.
- Sollte das nicht möglich sein, muss man sich zwischen Lieferant und OEM auf eine definierte Zahl von Parametersätzen festlegen. Nur diese werden getestet und nur diese sind zulässig.

143. Bei SUP.8 wird der Begriff »calibration parameter« verwendet.

Auf die Problematik der kombinatorischen Explosion und deren Auswirkung auf die Tests wird in Automotive SPICE nicht explizit hingewiesen. Sie ergibt sich jedoch ganz klar aufgrund der Tatsache, dass Applikationsparameter in Anforderungen beschrieben werden und somit auf den korrespondierenden Teststufen in ihrer Kombinatorik zu testen sind. Diese Problematik ist daher vom Lieferanten zu untersuchen und aufzulösen und sollte in Assessments auch geprüft werden. Lieferanten sollten sich dem Thema frühzeitig stellen. In der Assessmentvorbereitung ist es empfehlenswert, die Thematik inklusive der entwickelten Lösung auf einigen Folien aufzubereiten.

2.26.1 Ausgewählte Arbeitsprodukte

WP 01-51 Applikationsparameter

Das Arbeitsprodukt beschreibt einige grundlegende Anforderungen an die Struktur von Applikationsparametern. Applikationsparameter bestehen aus einer logischen Spezifikation (Name, Beschreibung, Maßeinheit, Wertebereich, Grenzwerte bzw. Kennlinie) und den tatsächlichen quantitativen Daten (Compiler-Schalter, Konstanten im Programmcode, Daten, die von der Software gelesen werden, z.B. von einem Flash-Speicher). Näheres dazu findet sich in der Einführung von Abschnitt 2.26.

3 Interpretationen zur Reifegraddimension

In den Abschnitten 3.1 bis 3.3 erläutern wir die Struktur der Reifegraddimension und die Bewertungsmethodik und gehen auf Erweiterungen der ISO/IEC 33020 ein.

Während die Indikatoren für die Prozessdimension prozessspezifisch sind, sind die Prozessattribute und die Indikatoren für die Reifegraddimension generisch, d.h., sie sind auf alle Prozesse anzuwenden. Daher müssen diese im Kontext jedes einzelnen Prozesses individuell interpretiert werden. Abschnitt 3.4 geht im Einzelnen auf die Levels und die damit verbundenen generischen Praktiken ein und gibt dazu generelle Interpretationshilfen. Weitere prozessspezifische Interpretationshilfen sind in Kapitel 2 beim jeweiligen Prozess angegeben. Wir zeigen im Detail auf, was zur Erreichung der Levels 1–3 notwendig ist. Auf Level 4 und 5 gehen wir nur kurz ein, da der Schwerpunkt der praktischen Anwendung in den meisten Organisationen auf Level 1–3 liegt. In Abschnitt 3.5 stellen wir noch kurz den Zusammenhang zwischen Prozess- und Reifegraddimension dar.

3.1 Struktur der Reifegraddimension

3.1.1 Levels und Prozessattribute

Automotive SPICE nutzt das normative Measurement Framework der ISO/IEC 33020. Die dort definierte Reifegraddimension beschreibt die Reife von Prozessen durch neun Prozessattribute, die den Levels 1–5 zugeordnet sind. Level 0 besitzt kein Prozessattribut (PA). Die Prozessattribute sind ebenfalls im Measurement Framework definiert.

ISO/IEC 33001[1] definiert den Begriff »Prozessattribut« folgendermaßen: *Eine messbare Eigenschaft eines Qualitätsmerkmals eines Prozesses.* Eine aus unserer Sicht treffendere Definition gab es in der alten ISO/IEC 15504 Teil 5: *Prozessattribute sind Eigenschaften eines Prozesses. Sie können auf einer leistungsorientierten Skala beurteilt werden und geben dadurch ein Maß für die Leistungsfähigkeit eines Prozesses. Sie sind auf alle Prozesse anwendbar.*

---

1. Die ISO/IEC 33001 enthält die Begriffserklärungen der ISO-33000-Familie und deren Konzepte.

Jedem Level sind ein (nur bei Level 1) oder zwei (ab Level 2) Prozessattribute zugeordnet. Jedes Prozessattribut beschreibt einen bestimmten Aspekt des jeweiligen Level. Die Anforderungen der Levels bauen aufeinander auf, so beinhaltet z.B. Level 3 alle Anforderungen der darunterliegenden Level 1 und 2 (siehe auch die Einführung in Abschnitt 1.4).

Jedes Prozessattribut ist im Measurement Framework durch »process attribute achievements« (auch manchmal »process attribute outcome« genannt) beschrieben. Diese spezifizieren, was durch das Prozessattribut erreicht werden soll.

3.1.2 Indikatoren für die Reifegraddimension

Die Prozessattribute werden im Measurement Framework durch Indikatoren weiter detailliert, die den Assessoren Hinweise für die Bewertung der Prozessattribute liefern.

Die Indikatoren der Reifegraddimension beschreiben wichtige Aktivitäten, Ressourcen oder Ergebnisse, die im Zusammenhang mit den Prozessattributen stehen und auf die Prozessattributergebnisse referenzieren. Es gibt zwei Arten von Indikatoren der Reifegraddimension:

- Generische Praktiken (GP)
- Generische Ressourcen (GR)

Die generischen Praktiken sind generisch (d.h. prozessunabhängig) formulierte Aktivitäten, die Anleitungen für die Implementierung des jeweiligen Prozessattributs geben. Viele der generischen Praktiken unterstützen die Ausführung der Basispraktiken durch Prozessmanagementaktivitäten. Ein Beispiel für eine generische Praktik ist GP 2.1.2 (Plane die Prozessausführung ...), die u.a. fordert, dass die Prozessaktivitäten terminlich geplant werden.

Generische Ressourcen können bei der Ausführung generischer Praktiken genutzt werden. Generische Ressourcen beinhalten Mitarbeiter, Werkzeuge, Methoden oder sonstige Infrastruktur. Ein Beispiel für eine generische Ressource für Prozessattribut PA 2.2 ist z.B. eine Methode zur Durchführung von Reviews von Arbeitsprodukten.

Zur Beurteilung von Level 1 sind die Indikatoren für die Prozessausführung (Basispraktiken und Arbeitsprodukte) relevant, aufgrund derer das Prozessattribut PA 1.1 und damit die Ausführung des Prozesses bewertet wird. Die Indikatoren für die Prozessausführung sind prozessspezifisch und sind für jeden Prozess in Kapitel 2 dieses Buchs beschrieben. Zur Beurteilung von Level 2 und höher sind die Indikatoren der Reifegraddimension relevant. In der Assessmentpraxis werden hier vor allem die generischen Praktiken als Indikatoren herangezogen. Daher werden die generischen Ressourcen nachfolgend nicht weiter behandelt. In Abbildung 3–1 sind die Elemente der Reifegraddimension zusammengefasst.

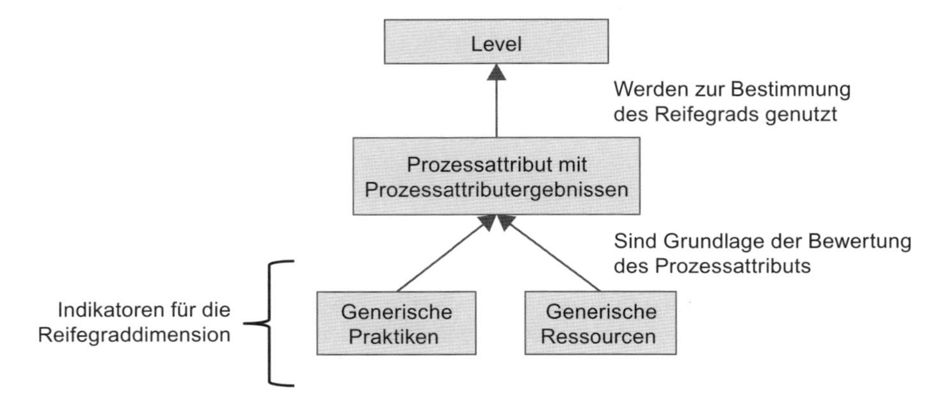

Abb. 3–1 *Elemente der Reifegraddimension*

3.2 Wie werden Levels gemessen?

In einem Assessment wird der real ausgeführte Prozess mit den Indikatoren des Assessmentmodells verglichen und darauf basierend die Erfüllung der Prozessattribute bewertet. Zur Ermittlung des Levels eines Prozesses fordert die ISO/IEC 33020 die Bewertung der Erfüllung der Prozessattribute mittels folgender vierstufiger Bewertungsskala:

- *N (Not achieved bzw. nicht erfüllt), entspricht 0–15 %.*
  Es gibt keine oder geringe Anzeichen der Erfüllung des definierten Prozessattributs bei dem assessierten Prozess.
- *P (Partially achieved bzw. teilweise erfüllt), entspricht >15–50 %.*
  Es gibt einige Anzeichen für eine Vorgehensweise und eine teilweise Erfüllung des definierten Prozessattributs in dem assessierten Prozess. Einige Aspekte der Erfüllung des Attributs können unvorhersagbar sein.
- *L (Largely achieved bzw. überwiegend erfüllt), entspricht >50–85 %.*
  Es gibt Anzeichen für eine systematische Vorgehensweise und eine signifikante Erfüllung des definierten Prozessattributs in dem assessierten Prozess. Im assessierten Prozess können einige Schwächen bezüglich des Prozessattributs existieren.
- *F (Fully achieved bzw. vollständig erfüllt), entspricht >85–100 %.*
  Es gibt Anzeichen für eine vollständige und systematische Vorgehensweise und eine volle Erfüllung des definierten Prozessattributs in dem assessierten Prozess. Im assessierten Prozess gibt es keine signifikanten Schwächen bezüglich des Prozessattributs.

Hinweise für Assessoren

Obwohl die ISO/IEC 33020 lediglich eine Bewertung der Prozessattribute fordert, werden in der Assessmentpraxis meistens auch Basispraktiken und generische Praktiken mittels der NPLF-Skala bewertet, da dies eine objektive und nachvollziehbare Bewertung sehr gut unterstützt. Bei der Bewertung der Basispraktiken werden auch die Existenz und Qualität der Arbeitsprodukte berücksichtigt, da diese durch die Basispraktiken erzeugt bzw. bearbeitet werden.

Einige Assessmentverfahren sehen eine Mittelwertbildung der Bewertung der Basispraktiken als Anhaltspunkt für die Bewertung von PA 1.1 sowie eine Mittelwertbildung der Bewertung der generischen Praktiken für die Bewertung der anderen Prozessattribute vor. Assessmenttools berechnen sogar einen Mittelwert der prozentualen Erfüllung des Prozessattributs aus den prozentualen Erfüllungen der einzelnen Basispraktiken bzw. der generischen Praktiken. Diese Methode kann jedoch immer nur als Anhaltspunkt dienen, da die Basispraktiken in der Regel nicht gleichgewichtig sind und auch in der individuellen Situation eine unterschiedliche Gewichtung haben können. Gleiches gilt für die generischen Praktiken.

Diese Problematik spielt besonders in Grenzfällen eine Rolle, wenn z.B. durch ein Assessmenttool ein Erfüllungsgrad von 50% (=P) vorgeschlagen wird und die Diskussion aufkommt, ob es nicht doch 51% (=L) sein könnte. Das Assessmentteam muss daher – insbesondere in solchen Grenzfällen – die Erfüllung des Prozessattributs im jeweiligen Kontext anhand der verbalen Charakterisierung der NPLF-Skala bewerten (siehe oben) und nicht etwa alleine aufgrund einer von einem Assessmenttool ausgeworfenen Prozentzahl. Dabei ist auch zu beachten, dass die generischen Praktiken keineswegs ein genaues Spiegelbild der Charakteristika der Prozessattribute darstellen, sondern sehr viel detaillierter sind. Manche Details (die eventuell bei der generischen Praktik bewertet wurden) fallen auf der übergeordneten Ebene des Prozessattributs weg. Gleiches gilt für den Spezialfall des PA 1.1, das in seiner Bewertung auf die Prozessergebnisse abzielt. Die Basispraktiken sind ebenfalls kein genaues Spiegelbild der Prozessergebnisse, analog zu den obigen Ausführungen. Bei Unklarheiten der Bewertung auf Level 1 sind letztlich die Prozessergebnisse und die Definition des Zwecks des Prozesses heranzuziehen.

Zur Berechnung des Levels aus den Bewertungen der einzelnen Prozessattribute gibt ISO/IEC 33020 ein »process capability level model« vor. Nach diesem gilt:

- Die PAs des betreffenden Levels müssen mindestens mit L (»überwiegend erfüllt«) bewertet sein, um diesen Level zu erreichen.
- Alle PAs aller darunterliegenden Levels müssen mit F (»vollständig erfüllt«) bewertet sein.

Diese Berechnung ist in Abbildung 3–2 dargestellt (siehe auch ISO/IEC 33020, Tab.1).

Reifegradstufen	Prozessattribute	Bewertung
Level 1	**PA 1.1**	Überwiegend oder vollständig erfüllt
Level 2	**PA 1.1** **PA 2.1** **PA 2.2**	Vollständig erfüllt Überwiegend oder vollständig erfüllt Überwiegend oder vollständig erfüllt
Level 3	**PA 1.1** **PA 2.1** **PA 2.2** **PA 3.1** **PA 3.2**	Vollständig erfüllt Vollständig erfüllt Vollständig erfüllt Überwiegend oder vollständig erfüllt Überwiegend oder vollständig erfüllt
Level 4	**PA 1.1** **PA 2.1** **PA 2.2** **PA 3.1** **PA 3.2** **PA 4.1** **PA 4.2**	Vollständig erfüllt Vollständig erfüllt Vollständig erfüllt Vollständig erfüllt Vollständig erfüllt Überwiegend oder vollständig erfüllt Überwiegend oder vollständig erfüllt
Level 5	**PA 1.1** **PA 2.1** **PA 2.2** **PA 3.1** **PA 3.2** **PA 4.1** **PA 4.2** **PA 5.1** **PA 5.2**	Vollständig erfüllt Vollständig erfüllt Vollständig erfüllt Vollständig erfüllt Vollständig erfüllt Vollständig erfüllt Vollständig erfüllt Überwiegend oder vollständig erfüllt Überwiegend oder vollständig erfüllt

Abb. 3–2 *Ermittlung des Levels mithilfe des »process capability level model«*

3.3 Erweiterungen der ISO/IEC 33020

Automotive SPICE 3.0 enthält auch einige neue Aspekte gegenüber der Version 2.5. Diese Erweiterungen wurden aus der ISO/IEC 33020 in das Automotive SPICE-Modell übernommen, allerdings ohne konkrete Aussagen, ob und inwieweit diese in der Praxis eingesetzt werden. Wir beschreiben nachfolgend diese Erweiterungen und geben eine kurze Zusammenfassung und Einschätzung dazu.

Die ISO/IEC 33020 führt eine mögliche weitere Verfeinerung der in Abschnitt 3.2 beschriebenen und bewährten NPLF-Bewertungsskala ein. Diese Erweiterung ist auch im Automotive SPICE-Modell enthalten:

- P– (Partially achieved bzw. teilweise erfüllt –), entspricht >15 % bis ≤32,5 %. Im Gegensatz zur Definition von »P« können »viele« statt »einige« Aspekte unvorhersagbar sein.

- P+ (Partially achieved bzw. teilweise erfüllt +), entspricht >32,5 bis ≤50 %, Definition ist analog der »P«-Definition in Abschnitt 3.2.
- L– (Largely achieved bzw. überwiegend erfüllt –), entspricht >50 % bis ≤67,5 %. Im Gegensatz zur Definition von »L« können »viele« statt »einige« Schwächen bezüglich des Prozessattributs existieren.
- L+ (Largely achieved bzw. überwiegend erfüllt +), entspricht >67,5 % bis ≤85 %, Definition ist analog der »L«-Definition in Abschnitt 3.2.

Zusammenfassend lässt sich sagen, dass die Verfeinerung eine Möglichkeit bietet, in der Prozessattributbewertung zwischen einem »schwachen P bzw. L« und einem »normalen P bzw. L« zu unterscheiden. Ob diese Methode in der Praxis angewendet werden wird und sich bewährt, wird die Zukunft zeigen.

Des Weiteren sind in Automotive SPICE 3.0 auch folgende drei Bewertungsmethoden angeführt, die aus der ISO/IEC 33020 übernommen wurden. Dazu gibt es den Hinweis, dass der Lead Assessor entscheiden soll, ob und welche dieser Bewertungsmethoden eingesetzt werden. Dies soll als Teil des Assessment-Inputs im Assessmentbericht referenziert werden. Die Bewertungsmethode sollte in Abhängigkeit von Assessmentklasse, -umfang und -kontext ausgewählt werden. Die Bewertungsmethoden sind:

- **Bewertungsmethode R1**
  Das Verfahren zur Prozessattributbewertung erfüllt die folgenden Bedingungen:
  a) Für jede Prozessinstanz werden für jeden assessierten Prozess alle Prozessergebnisse basierend auf validierten Daten charakterisiert[2].
  b) Für jede Prozessinstanz werden für jeden assessierten Prozess für jedes Prozessattribut alle Prozessattributergebnisse basierend auf validierten Daten charakterisiert.
  c) Die Charakterisierung der Prozessergebnisse für alle assessierten Prozessinstanzen werden aggregiert und ergeben eine Bewertung des Prozessattributs für die Prozessausführung (PA 1.1).
  d) Die Charakterisierung der Prozessattributergebnisse für alle assessierten Prozessinstanzen werden aggregiert und ergeben eine Bewertung Erreichung des Prozessattributs.
- **Bewertungsmethode R2**
  Das Verfahren zur Prozessattributbewertung erfüllt die folgenden Bedingungen:
  a) Für jede Prozessinstanz werden für jeden assessierten Prozess alle Prozessattribute basierend auf validierten Daten charakterisiert.
  b) Die Charakterisierung der Prozessattribute für alle assessierten Prozessinstanzen werden aggregiert und ergeben eine Bewertung der Erreichung des Prozessattributs.

---

2. Eine Bewertung nach dem NPLF-Schema in Verbindung mit der Beschreibung der objektiven Evidenzen kann eine »Charakterisierung« sein.

- **Bewertungsmethode R3**
  Die Bewertung der Prozessattribute wird für die assessierten Prozessinstanzen ohne Aggregation durchgeführt.

Die drei Methoden sind in den Abbildungen 3–3 und 3–4 illustriert. Alle drei Bewertungsmethoden beziehen sich auf den Fall, dass man mehrere Prozessinstanzen assessiert. Dies ist z.B. der Fall bei einem Organisationsassessment, in dem mehrere Projekte betrachtet werden (z.B. mit intacs »trustworthy« Organizational Maturity Assessment, siehe Abschnitt 4.4) oder bei einem Assessment eines größeren Projekts, bei dem mehrere Teilprojekte und Gruppen assessiert werden (siehe dazu auch Abschnitt 4.2).

Prozessinstanzen

	I 1	I 2		I3	
Prozessergebnis 1	P	L	R1 a)	N	
Prozessergebnis 2	P	L		L	
Prozessergebnis 3	L	L		L	
...					
Prozessattribut 1.1		L	R1 c)		»Matrixaggregation«

	I 1	I 2		I3	
Prozessattributergebnis 1	N	L	R1 b)	N	
Prozessattributergebnis 2	P	N		P	
Prozessattributergebnis 3	N	N		L	
...					
Prozessattribut 2.1		P	R1 d)		»Matrixaggregation«

Abb. 3–3 *Veranschaulichung der Bewertungsmethode R1*

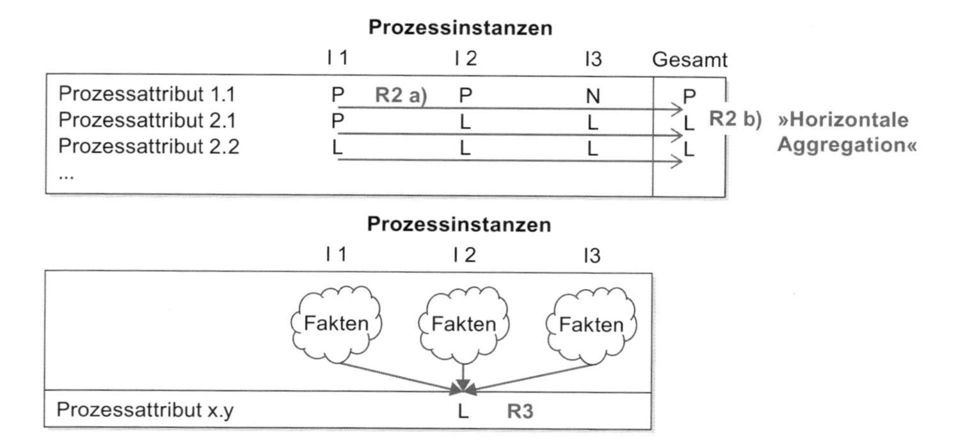

Abb. 3–4 *Veranschaulichung der Bewertungsmethoden R2 und R3*

Diese drei Bewertungsmethoden gehen allerdings von einer Bewertung der Prozessergebnisse bzw. der Prozessattributergebnisse aus, was derzeit (2016) nicht so praktiziert wird. Seit Veröffentlichung des ersten Assessmentmodells in den 90er-

Jahren ist es gängige Praxis (jedoch in der ISO/IEC 15504 so nicht beschrieben), zuerst die Basispraktiken und die generischen Praktiken zu bewerten und daraus die Prozessattributbewertungen abzuleiten. Diese Bewertungsmethoden wären aber durchaus mit der derzeitigen Vorgehensweise kompatibel, würde man »Bewertung der Prozessergebnisse« durch »Bewertung der Basispraktiken« und »Bewertung der Prozessattributergebnisse« durch »Bewertung der generischen Praktiken« ersetzen.

In Automotive SPICE 3.0 werden auch drei Aggregationsmethoden aus der ISO/IEC 33020 zitiert:

- Bei der horizontalen Aggregation werden Bewertungen über die verschiedenen Prozessinstanzen aggregiert. Dies kommt hier beispielhaft in der Bewertungsmethode R2 zum Einsatz (siehe Abb. 3–4).
- Bei der vertikalen Aggregation werden die Bewertungen pro Prozessinstanz aggregiert (siehe Abb. 3–5).
- Bei der Matrixaggregation werden die Bewertungen horizontal und vertikal gleichzeitig aggregiert. Dies kommt hier beispielhaft in der Bewertungsmethode R1 zum Einsatz (siehe Abb. 3–3).

Prozessinstanzen

	I 1	I 2	I3
Prozessergebnis 1	P	L	F
Prozessergebnis 2	P	L	L
Prozessergebnis 3	L	L	L
...			
Prozessattribut 1.1	P	L	L

»Vertikale Aggregation«

Abb. 3–5 *Vertikale Aggregation*

Wir haben bereits einige Organisationsassessments durchgeführt und dabei meist die horizontale Aggregation angewendet, um dann auf dieser Basis den Level für die Organisation zu ermitteln. Dies hat sich gut bewährt und wir empfehlen für diesen Fall, im Rahmen des Assessmentprozesses und des Organisational-Maturity-Modells Bewertungsregeln zu definieren.

In Anhang A ist dazu ein Beispiel angegeben. Dort werden z.B. für den Prozess SWE.2 fünf Prozessinstanzen assessiert. Wir haben eine horizontale Aggregation durchgeführt und dabei u.a. folgende Aggregationsregel verwendet:

- Wenn Prozessinstanzen einer BP/GP mindestens zweimal mit »Largely« bewertet wurden (und alle anderen mit »Fully«), ist die aggregierte Bewertung der BP/GP maximal »Largely«.
- Nach unserem Wissensstand (Stand 2016) gibt es derzeit keine diesbezüglichen Empfehlungen seitens des VDA-Arbeitskreises 13, weder zu der erweiterten Bewertungsskala noch zu den Bewertungs- oder Aggregationsmethoden.

3.4 Die Levels

3.4.1 Level 0 (»Unvollständiger Prozess«)

Der Prozess ist nicht implementiert oder er erfüllt seinen Zweck nicht. Es gibt keine oder wenige Anzeichen für ein systematisches Erreichen des Prozesszwecks.

Level 0 ist der einzige Level ohne Prozessattribut. Level 0 wird vergeben, wenn das Prozessattribut PA 1.1 von Level 1 mit P »teilweise erfüllt« oder N »nicht erfüllt« bewertet wird.

3.4.2 Level 1 (»Durchgeführter Prozess«)

Der implementierte Prozess erfüllt den Zweck des Prozesses.

»Der Zweck des Prozesses ist erfüllt« bedeutet, dass die Prozessergebnisse erzielt werden.

Level 1 hat im Gegensatz zu den höheren Stufen nur ein Prozessattribut PA 1.1 »Prozessausführung« und eine generische Praktik GP 1.1.1 »Erziele die Prozessergebnisse«. Dieses Prozessattribut bezieht sich auf den Zweck und die Prozessergebnisse des jeweiligen Prozesses, und diese sind von Prozess zu Prozess unterschiedlich.

Prozessausführung (PA 1.1)

Dieses Prozessattribut ist ein Maß dafür, inwieweit der Zweck des Prozesses erreicht wird. Als Ergebnis einer vollständigen Erfüllung dieses Attributs gilt: Der Prozess erzielt seine definierten Ergebnisse.

Die Erreichung des Prozesszwecks wird daran gemessen, inwieweit der Prozess seine Ergebnisse erreicht. Diese Beurteilung stützt sich auf den Indikator GP 1.1.1 (Erziele die Prozessergebnisse) und dieser wiederum auf die Indikatoren für die Prozessdimension[3] (Basispraktiken und Arbeitsprodukte). Die Basispraktiken und Arbeitsprodukte sind also Anzeichen dafür, inwieweit der Prozesszweck erfüllt ist und die Prozessergebnisse erreicht werden. Die Zusammenhänge sind in Abbildung 3–6 dargestellt.

3. Die Indikatoren für die Prozessdimension werden nur durch GP 1.1.1 bzw. PA 1.1 adressiert, nicht aber durch die höheren Prozessattribute.

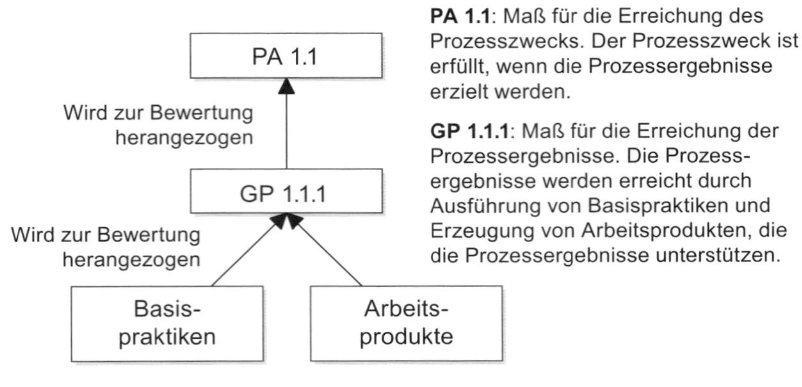

Abb. 3–6 *Beurteilung von PA 1.1*

Hinweise für Assessoren

Die Problematik bei der Bewertung von PA 1.1 ist, dass die Prozessergebnisse und die Basispraktiken zwar inhaltlich ähnlich sind, jedoch nicht identisch. Der inhaltliche Zusammenhang ist durch entsprechende Referenzierungen der Basispraktiken auf die Prozessergebnisse hergestellt. Allerdings sind die Basispraktiken detaillierter, setzen teilweise andere Betonungen bzw. unterscheiden sich inhaltlich geringfügig von den Prozessergebnissen.

Diese Unterschiede sind bei den meisten Beurteilungsfällen unerheblich. Eine Rolle spielen sie dann, wenn eine bestimmte Prozessattributbewertung auf der Kippe steht und das Erreichen einer Stufe davon abhängt (z.B. bei L oder F). In solchen Fällen empfehlen wir, die Prozessergebnisse zu konsultieren, da die Prozessergebnisse in der Bewertungshierarchie eine übergeordnete Bedeutung gegenüber den Basispraktiken und Arbeitsprodukten besitzen (siehe Abb. 3–6).

GP 1.1.1: Erziele die Prozessergebnisse. *Erreiche den Zweck der Basispraktiken. Erzeuge Arbeitsprodukte, die die Prozessergebnisse nachweisen.*

Die Organisation führt die Arbeit in der von ihr gewählten Art und Weise aus und der Zweck der Basispraktiken wird dadurch erfüllt. Durch die Arbeit entstehen Arbeitsprodukte, die zeigen, dass die Prozessergebnisse erreicht wurden.

Diese Arbeitsweise muss sich nicht 1:1 mit den Basispraktiken decken. Ebenso müssen sich die realen Arbeitsprodukte nicht 1:1 mit den Arbeitsprodukten des Assessmentmodells (siehe Automotive SPICE, Annex B »Work product characteristics«) decken und auch nicht mit den Prozessergebnissen. Die Basispraktiken und die Arbeitsprodukte sind Modellelemente, die zur Veranschaulichung dienen, wie die Prozessergebnisse erreicht werden können. Dies kann von Organisationen aus guten Gründen unterschiedlich umgesetzt werden. Es ist Aufgabe der Assessoren, die Abbildung der realen Arbeitsweise auf das Modell zu verstehen.

Da es für dieses Prozessattribut nur eine generische Praktik GP 1.1.1 gibt und daher die Bewertung von PA 1.1 alleine von GP 1.1.1 abhängt, ist deren Bewertung in der Praxis identisch.

Hinweise für Assessoren

In Abbildung 3–7 sind zur Verdeutlichung einige schematische Bewertungsbeispiele anhand des SWE.4-Prozesses aufgeführt. Fall 1, 2 und 4 enthalten keine Besonderheiten und werden nicht weiter erläutert. In Fall 3 lagen eine ausreichende Testplanung und entsprechende Testfälle vor. Die Units wurden gegen Programmierrichtlinien verifiziert. Allerdings wurden die Unit Tests aus Zeitgründen unzureichend durchgeführt und dokumentiert. Im Assessment konnte nur mühsam nachvollzogen werden, welche Tests letztlich durchgeführt wurden. Dies führte zu einem N bei BP 4 und als Folge davon zu weiteren Abwertungen bei BP 5-7. Daher wurde das Prozessattribut mit P bewertet (sprich Level 0, Prozesszweck nicht erreicht), obwohl einige Basispraktiken mit F bewertet sind.

Beispielprozess: Software Construction	**Fall 1**	**Fall 2**	**Fall 3**	**Fall 4**
PA.1.1 Process Performance	**P**	**F**	**P**	**L**
O1 A SW unit verification strategy incl. regression strategy is developed ...				
O2 Criteria for SW unit verification are developed ...				
O3 SW units are verified ...				
O4 Consistency and bidirectional traceability are established ...				
O5 Results of the unit verification are summarized and communicated ...				
SWE.4.BP 1 Develop SW unit verification strategy incl. regression strategy	P	F	F	L
SWE.4.BP 2 Develop criteria for unit verification.	L	F	F	F
SWE.4.BP 3 Perform static verification of SW units.	L	L	F	L
SWE.4.BP 4 Test SW units.	L	F	N	F
SWE.5.BP 5 Ensure bidirectional traceability.	P	F	P	L
SWE.5.BP 6 Ensure consistency.	P	L	P	P
SWE.4.BP 7 Summarize and communicate results.	P	F	P	L
WP 08-52 Test plan	(X)	X	X	(X)
WP 08-50 Test specification	X	X	X	X
WP 13-25 Verification results	(X)	X	(X)	X
WP 13-22 Traceability record		X	X	(X)
WP 13-50 Test result	X	X	(X)	X

Legende:
X: Arbeitsprodukt existiert in der erforderlichen Qualität
(X): Arbeitsprodukt existiert, hat aber signifikante Mängel
BP: Basispraktik
WP: Output-Arbeitsprodukt (Auswahl)
O: Prozessergebnis

Abb. 3–7 *Bewertungsbeispiele für PA 1.1*

3.4.3 Level 2 (»Gemanagter Prozess«)

*Der zuvor beschriebene **durchgeführte Prozess** wird nun in gemanagter Art und Weise umgesetzt (geplant, überwacht und angepasst) und seine Arbeitsprodukte werden angemessen erstellt, überwacht und gepflegt.*

Level 2 bedeutet, dass zusätzlich zu den Anforderungen aus Level 1 die Prozessausführung nun konsequent geplant und verfolgt wird. Dadurch wird die Erreichung von Ergebnissen und Terminen besser vorhersagbar. Des Weiteren unterliegen die Arbeitsprodukte des Prozesses der Qualitätssicherung und dem Konfigurationsmanagement. Level 2 bedeutet auch, dass die Anforderungen von Level 1 vollständig erfüllt sind (Bewertung PA 1.1 ist »Fully«). Dies ist in der Praxis für die meisten Organisationen deutlich schwieriger als die Erreichung von Level 2.

Auf Level 1 liegt der Fokus auf der Erreichung des Prozesszwecks und den dafür notwendigen Basispraktiken und Arbeitsprodukten (z.B. Designdokumente, Software, Testdokumentation). Bei Level 2 kommen weitere Arbeitsprodukte des Prozesses (z.B. hinsichtlich Planung und Verfolgung der Prozessaktivitäten, Qualitätssicherung der Arbeitsprodukte des Prozesses) und generische Praktiken hinzu.

Automotive SPICE fordert dokumentierte Prozesse explizit erst ab Level 3. Auf Level 2 wird u.a. verlangt, dass der Arbeitsumfang für die Prozessausführung festgelegt wird (GP 2.1.1) und dass die Prozessaktivitäten definiert werden (GP 2.1.2). Dies wird durch eine Prozessbeschreibung erleichtert. Um bei komplexeren Prozessen deren Planung zu erleichtern bzw. teilweise erst zu ermöglichen, ist eine Beschreibung der Abläufe bereits auf Level 2 dringend zu empfehlen. In diesen Fällen muss die Dokumentation nicht alle Anforderungen an eine Prozessbeschreibung von Level 3 erfüllen (siehe GP 3.1.1).

Hinweise für Assessoren

Es ist sehr unwahrscheinlich, einen komplexen Arbeitsablauf ohne eine vorliegende Prozessbeschreibung planen und verfolgen zu können. Die Entscheidung, inwieweit das Fehlen einer Prozessbeschreibung in die Bewertung von PA 2.1 einfließt, liegt bei den Assessoren.

Die Prozessattribute und generischen Praktiken von Level 2 sind in Abbildung 3–8 als Übersicht dargestellt.

Prozessattribute		Generische Praktiken	
PA 2.1	Management der Prozessausführung	**GP 2.1.1**	Ermittle die Ziele für die Prozessausführung
		GP 2.1.2	Plane die Prozessausführung hinsichtlich der Erfüllung der ermittelten Ziele
		GP 2.1.3	Überwache die Prozessausführung gegen die Pläne
		GP 2.1.4	Regle die Prozessausführung
		GP 2.1.5	Definiere Verantwortlichkeiten und Befugnisse für die Durchführung des Prozesses
		GP 2.1.6	Ermittle Ressourcen, bereite diese vor und stelle sie bereit, um den Prozess nach Plan auszuführen
		GP 2.1.7	Manage die Schnittstellen zwischen beteiligten Parteien
PA 2.2	Management der Arbeitsprodukte	**GP 2.2.1**	Definiere die Anforderungen an die Arbeitsprodukte
		GP 2.2.2	Definiere Anforderungen an die Dokumentation und Lenkung von Arbeitsprodukten
		GP 2.2.3	Bestimme, dokumentiere und lenke die Arbeitsprodukte
		GP 2.2.4	Reviewe die Arbeitsprodukte und passe sie an, um die definierten Anforderungen zu erfüllen

Abb. 3–8 *Prozessattribute und generische Praktiken von Level 2*

PA 2.1 Management der Prozessausführung

Dieses Prozessattribut ist ein Maß dafür, inwieweit die Prozessausführung gemanagt wird. Als Ergebnis einer vollständigen Erfüllung dieses Prozessattributs gilt:

a) Ziele für die Prozessausführung sind identifiziert.
b) Die Prozessausführung wird geplant.
c) Die Prozessausführung wird überwacht.
d) Die Prozessausführung wird angepasst, um die Pläne zu erfüllen.
e) Verantwortlichkeiten und Befugnisse für die Prozessausführung sind festgelegt, zugewiesen und kommuniziert.
f) Das Personal zur Ausführung des Prozesses wird darauf vorbereitet, seine Verantwortlichkeiten wahrzunehmen.
g) Ressourcen und Informationen, die für die Prozessausführung erforderlich sind, sind ermittelt, bereitgestellt, zugewiesen und werden verwendet.
h) Die Schnittstellen zwischen beteiligten Parteien werden gemanagt, um eine effektive Kommunikation und eine klare Zuweisung von Verantwortlichkeiten sicherzustellen.

Die generischen Praktiken (GP) von PA 2.1 beschreiben grundlegende Projektmanagementprinzipien, jedoch angewendet auf den jeweiligen Prozess (und nicht auf das Projekt als Ganzes).

So wird gefordert, dass der Prozess auf der Basis von Zielen geplant und die Planeinhaltung verfolgt wird. Dies beinhaltet auch die Zuordnung und Nutzung von Ressourcen sowie die Steuerung der Schnittstellen zu beteiligten Personen und Gruppen.

Die Planung und Verfolgung von Prozessen gemäß PA 2.1 werden durch Praktiken des Projektmanagementprozesses (MAN.3) unterstützt.

Die Planung und Verfolgung können je nach Prozess unterschiedlich intensiv sein und auf unterschiedliche Art erfolgen. Zum Beispiel ist für manche Prozessaktivitäten eine Planung nicht sinnvoll. Beispielsweise ist es nicht zweckmäßig, beim Konfigurationsmanagementprozess (SUP.8) jedes Einchecken eines Objekts in das KM-Tool zu planen und zu verfolgen. Wohl aber muss z.B. die Releaseerstellung geplant werden.

Hinweise für Assessoren

Wenn sich beim Assessieren der Basispraktiken herausstellt, dass wesentliche Aktivitäten fehlen, schlägt sich dies zunächst negativ in der Bewertung von PA 1.1 nieder, wirkt sich aber auch auf die Bewertung von PA 2.1 aus: Wenn die vorhandenen Aktivitäten zwar im Sinne von PA 2.1 gut gemanagt werden, diese aber nicht vollständig sind, muss trotzdem PA 2.1 abgewertet werden, denn PA 2.1 setzt das vollständige und korrekte Umsetzen der Basispraktiken voraus. Dies ist in einer intacs-Bewertungsregel definiert und wird in den intacs-Assessorenschulungen vermittelt.

GP 2.1.1: Ermittle die Ziele für die Prozessausführung.

Die Ziele für die Ausführung werden auf Basis der Anforderungen an den Prozess ermittelt. Der Aufgabenumfang der Prozessausführung wird definiert. Annahmen und Rahmenbedingungen werden bei der Ermittlung der Ziele für die Ausführung berücksichtigt.

Anmerkung 1: *Die Prozessziele können beinhalten:*

1. *Rechtzeitige Erstellung von Artefakten, die die definierten Qualitätskriterien erfüllen*
2. *Prozessdurchlaufzeiten und Häufigkeit*
3. *Ressourcennutzung*
4. *Grenzen des Prozesses*

Anmerkung 2: *Zumindest sollten Ressourcen, Aufwand und Terminpläne als Ziele für die Ausführung des Projekts[4] festgeschrieben werden.*

4. Statt »Ziele für die Ausführung des Projekts« müsste es »Ziele für die Ausführung des Prozesses« lauten, da PA 2.1 auch für Prozesse anwendbar sein muss, die keinen Projektbezug besitzen, z.B. Prozessverbesserung (PIM.3). Für Prozesse mit Projektbezug ist es natürlich sinnvoll, »Ziele für die Ausführung des Projekts« zu berücksichtigen.

Es werden Ziele für die Ausführung des jeweiligen Prozesses bestimmt, wie z.B.:

- Inhaltliche Vorgaben für die Prozessschritte (z.B. in Form von Verfahrensanweisungen)
- Qualitätsvorgaben für den Prozess (z.B. Restfehlerdichte, qualitätssichernde Aktivitäten)
- Einzuhaltende gesetzliche Vorschriften, Normen oder Kundenforderungen (z.B. ISO 26262, Automotive SPICE)
- Prozessdurchlaufzeiten (z.B. wie lange darf eine bestimmte Prozessaktivität höchstens dauern)
- Einzuhaltende Termine/Meilensteine
- Aufwandsvorgaben, basierend auf einer Aufwandsschätzung bzw. auf Erfahrungswerten
- Der Einsatz bestimmter, qualifizierter Ressourcen (Mindestqualifikation, Erfahrung/Schulung in dem Prozess)
- Verwendung von technischen Ressourcen (z.B. Infrastruktur)

Diese Ziele können sowohl qualitativ (z.B. »Peer-Review-Ergebnisse müssen dokumentiert werden«) als auch quantitativ sein (z.B. »Mindestens 80% der Arbeitsprodukte werden durch Peer-Reviews überprüft«).

Aus diesen Vorgaben muss der Arbeitsumfang des Prozesses bestimmt werden, d.h., es muss festgelegt werden, welche Aktivitäten im Rahmen dieses Prozesses anfallen.

Hinweise für Assessoren

Das Berücksichtigen von Prozesszielen bei der Planung eines Prozesses ist bei den meisten Anwendern keine separate, explizite Tätigkeit. Erfahrungsgemäß ist es sinnvoll, sich zuerst den Planungsvorgang erläutern zu lassen und dann nach den dabei berücksichtigten Zielen und Vorgaben zu fragen. Vorgaben resultieren oft aus vielen verschiedenen Dokumenten (z.B. Projektzielen, QS-Plan, Projektterminplan, definierten Standardprozessen der Organisation). Eine typische Schwäche ist, dass der Sollaufwand für Prozesse mit Querschnittsaufgaben (z.B. Konfigurationsmanagement, Projektmanagement) unbekannt ist. Es ist zwar eine Person dafür benannt, diese Person hat jedoch noch viele andere Aufgaben, und es ist ungewiss, ob die entsprechenden Prozessaktivitäten aus Überlastungsgründen hinreichend ausgeführt werden.

Hinweise für Assessoren

Folgende Fragen können in Interviews hilfreich sein, um die Umsetzung dieser GP zu ermitteln:

- Welche Vorgaben Ihrer Organisation oder Ihres Kunden oder des Gesetzgebers sind für Sie relevant, wenn Sie den Aufgabenumfang des Prozesses bestimmen?
- Um diese Aufgaben planen zu können, müssen Sie hier Vorgaben berücksichtigen, z.B. Termin- oder Zeitvorgaben. Ist ein bestimmtes Aufwandsbudget einzuhalten oder gibt es Vorgaben bezüglich Ressourcen?

GP 2.1.2: Plane die Prozessausführung hinsichtlich der Erfüllung der ermittelten Ziele. *Pläne für die Prozessausführung werden entwickelt. Der Arbeitsablauf für den Prozess ist definiert. Wichtige Meilensteine für die Prozessausführung werden aufgestellt. Schätzungen für Attribute der Prozessausführung werden ermittelt und gepflegt. Prozessaktivitäten werden definiert. Ein Terminplan ist festgelegt und abgestimmt auf den Ablauf des Prozesses. Reviews der Arbeitsprodukte des Prozesses werden geplant.*

GP 2.1.2 und GP 2.1.3 beschreiben Prinzipien des Projektmanagements, angewendet auf den jeweiligen Prozess. GP 2.1.2 zielt auf die Planung ab, GP 2.1.3 auf die Überwachung. Der »Arbeitsablauf für den Prozess« kann durch ein Vorgehensmodell für die Prozessausführung definiert sein, z.B. in Form einer Prozessdefinition. »Attribute der Prozessausführung« können z.B. Aufwand, Termine und Ressourcen sein. Grundlage der Planung ist, dass der Arbeitsablauf und die Prozessaktivitäten definiert sind.

GP 2.1.2 und GP 2.1.3 sollten nicht mit dem Projektmanagement für das Projekt als Ganzes verwechselt werden. »Die Prozessaktivitäten planen« für den Prozess Projektmanagement (MAN.3) beispielsweise bedeutet, dass die Projektmanagementaktivitäten (wie z.B. Projektplanung, Erstellen von Statusberichten) geplant werden. Die Planung des Projekts hingegen umfasst die Planung sämtlicher Projektaktivitäten und wird durch die Basispraktiken von MAN.3 gefordert. Insofern gibt es eine Überschneidung zwischen GP 2.1.2 und MAN.3 bei projektbezogenen Prozessen[5], da deren Prozessaktivitäten gleichzeitig auch Projektaktivitäten sind. Die Realisierung von GP 2.1.2 kann also durchaus im Rahmen des Projektmanagements erfolgen unter Nutzung der gleichen Planungsdokumente, d.h., es muss nicht für jeden Prozess ein gesondertes Prozessplanungsdokument erstellt werden. Die Prozessplanungen können also z.B. im Projektplan zusammengefasst werden. Es sollten alle sinnvoll planbaren Prozessaktivitäten zumindest mit Terminen, Aufwand sowie zugeordneten Ressourcen und Verantwortlichkeiten geplant und dokumentiert sein.

Bei einigen Prozessen macht eine zeitliche Planung einzelner Aktivitäten wenig Sinn, da es sich um durch asynchrone Ereignisse angestoßene Aktivitäten handelt (z.B. Änderungsanträge). Bei regelmäßig wiederkehrenden Aktivitäten (z.B. Teammeetings) erfolgt die Planung meist nicht im Projektplan, sondern mit anderen Mitteln (z.B. mit einem Terminplanungssystem). Das Gleiche gilt für Querschnittstätigkeiten (z.B. Konfigurationsmanagement, Änderungsmanagement). Bei Querschnittstätigkeiten muss aber sehr wohl eine Aufwandsplanung erfolgen, z.B. in Form eines Prozentwerts der Kapazität des zuständigen Mitarbeiters. Hier ist es erfahrungsgemäß schwierig, den notwendigen Personalbedarf

5. Gemeint sind alle Prozesse, die innerhalb eines Projekts zur Anwendung kommen, im Gegensatz zu nicht in Projekten umzusetzenden Prozessen wie z.B. dem Prozessverbesserungsprozess auf Organisationsebene (PIM.3).

detailliert abzuschätzen. Deshalb empfiehlt es sich, auf Erfahrungswerte von vorangegangenen Projekten mit ähnlichem Projektkontext und ähnlichen Aufgaben zurückzugreifen.

Hinweise für Assessoren

Folgende Fragen können in Interviews hilfreich sein, um die Umsetzung dieser GP zu ermitteln:

- Wie werden die Aktivitäten des Prozesses geplant? Gibt es vereinbarte Termine und Meilensteine?
- Wie wurden Termine, Aufwand und Ressourcen bestimmt?
- Wurde die Aufwandsschätzung korrigiert, nachdem bei der Verhandlung des Auftrags Budgetkürzungen vorgenommen wurden?
- Gibt es ein Vorgehensmodell für den Prozess, das den Arbeitsablauf skizziert? Inwieweit ist dies Grundlage für die Planung?
- Wurden Reviews von Arbeitsprodukten geplant?

GP 2.1.3: Überwache die Prozessausführung gegen die Pläne. *Der Prozess wird entsprechend der Planung ausgeführt. Die Prozessausführung wird überwacht, um sicherzustellen, dass die geplanten Ergebnisse erzielt werden, und um mögliche Abweichungen zu identifizieren.*

GP 2.1.3 umfasst die Überwachung der Prozessausführung gegen die gemäß GP 2.1.2 aufgestellten Pläne, z.B. in Form von Statusberichten und Statusbesprechungen.

Hinweise für Assessoren

Folgende Fragen können in Interviews hilfreich sein, um die Umsetzung dieser GP zu ermitteln:

- Wie wird der Arbeitsfortschritt des Prozesses überwacht?
- Welche Planabweichungen gab es?

GP 2.1.4: Regle die Prozessausführung. *Probleme bei der Prozessausführung werden erkannt. Es werden geeignete Maßnahmen eingeleitet, wenn die geplanten Ergebnisse und Ziele nicht erreicht werden. Die Pläne werden bei Bedarf angepasst. Terminplananpassungen werden bei Bedarf vorgenommen.*

Im Falle von Abweichungen gegenüber der Planung müssen entsprechende Maßnahmen eingeleitet werden. Mögliche Maßnahmen sind:

- Korrekturmaßnahmen, um die Ausführung wieder zur Deckung mit dem Plan zu bringen, z.B. Hindernisse aus dem Weg räumen, Prioritäten setzen, Mitarbeiter durch Fachspezialisten unterstützen etc.
- Plananpassungen, wenn sich der Plan als nicht mehr realistisch erweist. Dies kann auch zu größeren Planrevisionen führen.

Bei Neu- oder umfangreichen Umplanungen sollten eine erneute Abstimmung mit den Stakeholdern und eine Überprüfung und ggf. Freigabe durchgeführt werden.

Hinweise für Assessoren

Folgende Fragen können in Interviews hilfreich sein, um die Umsetzung dieser GP zu ermitteln:

- Wie werden Abweichungen vom Plan erkannt? Was haben Sie im Falle von Abweichungen unternommen?
- Wie oft wird der Plan angepasst?
- Werden Planänderungen mit den Stakeholdern abgestimmt?

GP 2.1.5: Definiere Verantwortlichkeiten und Befugnisse für die Durchführung des Prozesses. *Verantwortlichkeiten, Zusagen und Befugnisse für die Prozessausführung werden festgelegt, zugewiesen und kommuniziert. Verantwortlichkeiten und Befugnisse zur Verifizierung von Arbeitsprodukten werden definiert und zugewiesen. Der für die Prozessausführung notwendige Bedarf an Erfahrung, Wissen und Fähigkeiten wird definiert.*

Die Verantwortung für Aktivitäten und Arbeitsprodukte wird mit den Bearbeitern abgestimmt, ebenso für Verifikationsmaßnahmen für die Arbeitsprodukte. Die Verantwortlichkeiten werden dokumentiert und kommuniziert.

Die Begriffe »Verantwortlichkeiten« und »Befugnisse« werden am besten durch ein Beispiel verdeutlicht: Der Gesamtprojektleiter ist verantwortlich dafür, das Projekt im Kostenrahmen zum vereinbarten Termin mit vereinbarter Funktionalität abzuschließen. Er ist dazu befugt:

- Unterschriften für Geschäftsvorfälle bis zur Höhe von ... Euro zu leisten,
- Arbeitsanweisungen an Projektmitarbeiter zu geben,
- externe Lieferanten bis zu einem Auftragsvolumen von ... Euro zu beauftragen.

Eine explizite Zuweisung von Verantwortlichkeiten sowie deren Kommunikation ist in einem gut geführten Projekt eine Selbstverständlichkeit, wird im Modell aber erst auf Level 2 gefordert.

Benötigte Erfahrung, Wissen und Fähigkeiten werden häufig in Rollenbeschreibungen definiert und im Prozess werden die Rollen mit geeigneten Mitarbeitern besetzt. Spezielle Erfahrung, Wissen und Fähigkeiten werden im Zuge der personellen Besetzung für den Prozess bei der Linienorganisation angefragt. Als Nachweis im Assessment werden häufig die Personalbedarfsanfragen und die Mitarbeiterlisten in Projekten verwendet.

Hinweise für Assessoren

Entscheidend ist, dass Verantwortlichkeiten und Befugnisse schriftlich geregelt sind. Diese sind typischerweise in Rollenbeschreibungen und in Planungsdokumenten (z.B. Projektplänen) enthalten. Oft findet man zwar etwas zu Verantwortlichkeiten, aber nicht zu Befugnissen (wobei eventuell manche Rollen keine Befugnisse besitzen).

Hinweise für Assessoren

Folgende Fragen können in Interviews hilfreich sein, um die Umsetzung dieser GP zu ermitteln:

- Wo sind die Verantwortlichkeiten und Befugnisse definiert?
- Wie wurden diese für den Prozess zugewiesen und kommuniziert?
- Wer ist für die Verifikation von Arbeitsprodukten zuständig?
- Welches Wissen, welche Erfahrungen und Fähigkeiten brauchen die Mitarbeiter dazu? Sind diese schriftlich festgehalten?

GP 2.1.6: Ermittle Ressourcen, bereite diese vor und stelle sie bereit, um den Prozess nach Plan auszuführen. *Mitarbeiter- und Infrastrukturressourcen, die zur Prozessausführung notwendig sind, werden ermittelt, bereitgestellt, zugewiesen und genutzt. Personen, die den Prozess durchführen und managen werden durch Training, Mentoring oder Coaching darauf vorbereitet, ihre Verantwortlichkeiten wahrzunehmen. Die zur Prozessausführung notwendigen Informationen werden ermittelt und bereitgestellt.*

Bei GP 2.1.2 wurde geplant, wie viele und welche Ressourcen für die Prozessausführung benötigt werden. Mit Ressourcen sind hier sowohl »menschliche Ressourcen« (also Personal) als auch Software, Hardware, Werkzeuge und sonstige Infrastruktur gemeint. Bei GP 2.1.6 geht es für das Projekt darum:

- Dass geeignetes Personal mit genügend Erfahrung, Wissen und Fähigkeiten ermittelt wird und in ausreichender Anzahl z.B. von der Linienorganisation zur Verfügung gestellt wird. Hierzu gehört auch die feste Reservierung des Personals.
- Dass das ausgewählte Personal auch auf die Ausübung der Rollen, Verantwortlichkeiten und Befugnisse ausreichend vorbereitet wird. Zum Beispiel wird ein Mitarbeiter, der gerade zum Projektleiter befördert wurde und sein erstes Projekt leitet, auf diese Rolle durch Training, Mentoring und Coaching vorbereitet.
- Dass geeignete Infrastruktur (Software, Rechner, sonstige Hardware, Testumgebungen etc.) und Einrichtungen (Räumlichkeiten, Büromöbel, Telefon etc.) zur Verfügung gestellt werden.
- Dass im Rahmen von Plananpassungen, wenn notwendig, weitere Ressourcen eingesetzt werden.
- Dass Informationen, die zur Prozessausführung erforderlich sind, identifiziert sind und zur Verfügung stehen (und natürlich auch genutzt werden). Das kann z.B. Kundenunterlagen, Literatur, Datenbanken, Handbücher etc. betreffen.

Es ist meistens nicht sinnvoll, den Personalbedarf (d.h., welche Person für welchen Zeitraum benötigt wird) für jeden Prozess in einem separaten Dokument festzuhalten. Stattdessen wird der Personalbedarf einmal insgesamt für das Projekt dokumentiert und gepflegt.

Die Basispraktik umfasst auch, die Ressourcen im Rahmen von Planungsänderungen entsprechend anzupassen (häufig aufzustocken), was sich in der Praxis meist schwierig gestaltet.

Generische Praktiken des Levels 3 (GP 3.2.4 und GP 3.2.5) beinhalten ähnliche Anforderungen, allerdings müssen dort die Ressourcenauswahl und Bereitstellung auf einem dokumentierten, definierten Prozess inklusive Rollenbeschreibungen und Infrastrukturanforderungen basieren.

Hinweise für Assessoren

Nachfolgend sind häufig anzutreffende Probleme bei dieser GP geschildert, die ein korrigierendes Eingreifen erfordern:

- Annahmen, die zum Zeitpunkt der Planung getroffen wurden, werden oft durch die Realität überholt. So können z.B. aufgrund diverser Terminverschiebungen die ursprünglich eingeplanten Ressourcen nicht mehr zur Verfügung gestellt werden bzw. diese Ressourcen sind überbucht. In diesen Fällen ist eine realistische Anpassung der Planung auf Basis von aktuellen Informationen erforderlich.
- Bei der geplanten Nutzung gleicher Ressourcen in unterschiedlichen Projekten, die ggf. noch unterschiedlichen Managementverantwortlichen zugeordnet sind, treten oft Konflikte auf. Häufig erhält der Projektleiter, der am »lautesten schreit«, den Zuschlag. Abhilfe schafft hier eine gut funktionierende Ressourcenreservierung und -steuerung in Verbindung mit Prioritätensetzung im Konfliktfall durch das Management.
- Mitarbeiter werden überbucht (oft weit über 100% ihrer Kapazität über längere Zeiträume). Daher muss im Assessment auch die projektübergreifende Auslastung der Projektmitarbeiter betrachtet werden, um zu überprüfen, ob diese insgesamt über ihre Kapazität hinaus verplant sind.
- Entwicklungsteams sind oft über mehrere Standorte, Länder (häufig unterteilt in »High Cost« und »Best Cost« Countries) und Zeitzonen verteilt. Leider haben die Teams keine entsprechende Infrastruktur: Netmeetings mit Bild funktionieren nicht, da Kameras verboten sind; Videokonferenzräume sind meist von anderen Projekten gebucht oder die Infrastruktur funktioniert nicht; Telefonfreisprecheinrichtungen haben keine ausreichende Qualität. Bei verteilten Teams sind gute Kommunikationseinrichtungen ein Schlüssel zum Erfolg. Hier muss die Organisation entsprechend investieren.

Es ist weiterhin darauf zu achten, dass dem Projekt geeignete Infrastruktur (leistungsfähige Rechner, ausreichende Softwarelizenzen, notwendige Programme und Werkzeuge, Netzwerkzugang) und sonstige Hardware wie z.B. Testumgebungen/Prüfmittel und entsprechende Räumlichkeiten (Arbeitsplätze, genügend Besprechungsräume etc.) zur Verfügung stehen. Dies kann z.B. im Rahmen von Interviews am Arbeitsplatz und bei Ortsbegehungen überprüft werden.

Hinweise für Assessoren

Folgende Fragen können in Interviews hilfreich sein, um die Umsetzung dieser GP zu ermitteln:

- Welche Mitarbeiter benötigen Sie konkret? Wo ist das geplant? Wie werden diese dem Projekt zur Verfügung gestellt?
- Wie sieht die (projektübergreifende) Ressourcenplanung aus? Stehen die geplanten Mitarbeiter dann auch tatsächlich zur Verfügung, d.h., sind sie verlässlich zugeteilt?
- Wie wurden die Mitarbeiter auf die Ausübung ihrer Rollen vorbereitet?
- Welche Infrastruktur benötigen Sie? Wie wird diese geplant und bereitgestellt?

GP 2.1.7: Manage die Schnittstellen zwischen beteiligten Parteien. *Die Personen und Gruppen, die an der Prozessausführung beteiligt sind, werden bestimmt. Verantwortlichkeiten werden den beteiligten Parteien*[6] *zugewiesen. Die Schnittstellen zwischen den involvierten Parteien werden gemanagt. Die Kommunikation zwischen den involvierten Parteien ist sichergestellt. Die Kommunikation zwischen den involvierten Parteien ist effektiv.*

Das systematische Managen von Schnittstellen beinhaltet, dass

- regelmäßig bzw. zu geplanten Terminen Abstimmungen mit dem erforderlichen Teilnehmerkreis erfolgen und
- die Kommunikation in größeren Projekten und verteilten Teams standardisiert ist (z.B. in Form von Workflow-Management-Systemen, E-Mail-Verteilern).

Zur Planung und Steuerung der Kommunikation kann z.B. ein Kommunikationsplan (auch Kommunikationsmatrix genannt, siehe Abb. 3–9) herangezogen werden.

6. »Parteien« können sowohl einzelne Personen als auch Gruppen sein.

Kommunikationsplan für Projekt xyz

Informationstyp	Verantwortlich/Ersteller/Rolle	Empfänger des Informationstyps: Bereichsleiter	Abteilungsleiter	Teamleiter	Produktmanager	Konstrukteur System …	Konstrukteur System …	Kundendienst	Produktion	…	Frequenz	Verteilungsmechanismus, E-Mail-Verteiler
Projektmanagement												
Projektstrukturplan	Projektleiter			X								
Projektzeitplan	Projektleiter		X	X	X	X	X	X	X			
Risikoliste	Projektleiter		X	X	X			X	X			
Kommunikationsplan	Projektleiter				X	X	X					
Projektstatusbericht	Projektleiter	X	X	X	X	X	X	X	X		monatlich	E-Mail-Verteiler, Präsentation in Runde …
Abschlussbericht/Lessons Learned	Projektleiter											
Anforderungsmanagement												
Technische Produktbeschreibung	Vertrieb											
Systemarchitektur/Systembeschreibung	Systemarchitekt											
Systemschaltplan	Konstrukteur											
Gesetzliche Rahmenbedingungen	Normenstelle											
Lastenheft	Konstrukteur											
Funktionsbeschreibungen	Konstrukteur											
Beschaffung												
Ausschreibungsunterlagen	zuständiger Einkäufer											
Erprobung & Versuch												
EMV-Prüfung												

Abb. 3–9 *Kommunikationsplan*

Eine mündliche Kommunikation ist dann effektiv, wenn die üblichen Regeln für gute Besprechungen eingehalten werden, z.B.:

- Es werden (nur) die richtigen Personen eingeladen.
- Einladungen erfolgen rechtzeitig vorher unter Angabe der Tagesordnung, Anfangs- und Endzeitpunkten.
- Die Sitzung wird professionell geleitet.
- Beschlüsse und offene Punkte werden klar und eindeutig protokolliert.
- Die geplante Sitzungsdauer wird eingehalten.
- Die Einhaltung von Beschlüssen wird in Folgesitzungen kontrolliert.
- Die Abarbeitung der offenen Punkte wird verfolgt.

Hinweise für Assessoren

Folgende Fragen können in Interviews hilfreich sein:

- Wer ist alles an dem Prozess beteiligt? Wer ist wofür verantwortlich?
- Wie werden diese Schnittstellen gemanagt und wie erfolgt die Kommunikation?
- Werden offene Punkte verfolgt? Werden Beschlüsse eingehalten?

PA 2.2 Management der Arbeitsprodukte

Dieses Prozessattribut ist ein Maß dafür, inwieweit die Arbeitsprodukte des Prozesses angemessen gemanagt werden. Als Ergebnis einer vollständigen Erfüllung dieses Prozessattributs gilt:

a) *Anforderungen an die Arbeitsprodukte des Prozesses sind definiert.*
b) *Anforderungen an die Dokumentation und Lenkung von Arbeitsprodukten sind definiert.*
c) *Arbeitsprodukte sind angemessen identifiziert, dokumentiert und werden gelenkt.*
d) *Arbeitsprodukte werden plangemäß reviewt und wenn notwendig angepasst, um ihre Anforderungen zu erfüllen.*

Anmerkung 1: *Anforderungen an die Dokumentation und Lenkung von Arbeitsprodukten können sich beziehen auf die Bestimmung von Änderungen und des Änderungsstatus, Freigabe und erneute Freigabe von Arbeitsprodukten, Verteilung von Arbeitsprodukten, Bereitstellung relevanter Versionen von Arbeitsprodukten zum erforderlichen Zeitpunkt.*

Anmerkung 2: *Bei den hier erwähnten Arbeitsprodukten handelt es sich um diejenigen, die zur Erreichung der Prozessergebnisse und des Prozesszwecks dienen.*

Bei den Arbeitsprodukten handelt es sich um diejenigen des Prozesses, die zur Erreichung von Level 1 dienen (siehe Anmerkung 2). Die generischen Praktiken (GP) von PA 2.2 beschreiben grundlegende Prinzipien für diese Arbeitsprodukte: Die Arbeitsprodukte des jeweiligen Prozesses sind identifiziert. Die Anforderungen an die Arbeitsprodukte des jeweiligen Prozesses werden definiert (a), z.B.

hinsichtlich Inhalt, Struktur und Qualität (Grundlage für Reviews). Des Weiteren sind Anforderungen an die Dokumentation und Lenkung von Arbeitsprodukten definiert (b), wie z.B. hinsichtlich Benennung, Traceability, Verteilung, Genehmigung und ggf. Konfigurationskontrolle. Die zu lenkenden Arbeitsprodukte werden bestimmt, unterliegen dem Änderungsmanagement und der Versionsverwaltung und werden zur Verfügung gestellt (c). Die Arbeitsprodukte werden gemäß Planung (siehe GP 2.1.2) gegen die definierten Anforderungen reviewt und, wenn notwendig, angepasst (d).

Die Steuerung der Arbeitsprodukte gemäß PA 2.2 wird durch qualitätssichernde Prozesse (SUP.1, SUP.2, SUP.4) sowie durch die Konfigurations- und Änderungsmanagementprozesse (SUP.8–SUP.10) unterstützt.

Hinweise für Assessoren

Wenn beim Assessieren der Basispraktiken fehlende oder mangelhafte Arbeitsprodukte festgestellt werden, schlägt sich dies zunächst negativ in der Bewertung von PA 1.1 nieder, wirkt sich aber auch auf die Bewertung von PA 2.2 aus: Wenn z.B. Arbeitsprodukte fehlen, auch wenn die vorhandenen Arbeitsprodukte im Sinne von PA 2.2 gut gemanagt werden, muss trotzdem PA 2.2 abgewertet werden, denn PA 2.2 setzt das Vorhandensein der notwendigen Arbeitsprodukte voraus. Dies ist in einer intacs-Bewertungsregel definiert und wird in den intacs-Assessorenschulungen vermittelt.

GP 2.2.1: Definiere die Anforderungen an die Arbeitsprodukte. *Die Anforderungen an die zu erzeugenden Arbeitsprodukte werden definiert. Anforderungen können die Definition von Inhalten und Struktur beinhalten. Qualitätskriterien an die Arbeitsprodukte werden ermittelt. Angemessene Kriterien für Review und Freigabe von Arbeitsprodukten werden festgelegt.*

Die Anforderungen an Arbeitsprodukte sind oft über verschiedene Dokumente verteilt: Im Arbeitsprodukt selbst (z.B. durch Struktur und Ausfüllanleitungen einer Dokumentenvorlage), in den Prozesshandbüchern der Organisation, in den Projektlasten- und -pflichtenheften etc. Eine Liste der Arbeitsprodukte inklusive der Anforderungen an diese kann hier dem Projektteam helfen, schnell eine Übersicht über den Arbeitsumfang zu bekommen.

Bei Arbeitsprodukten aus den Entwicklungsprozessen (SYS, SWE) ist darauf zu achten, dass neben den funktionalen Anforderungen (z.B. Anforderungen an die Funktion »Routenberechnung« bei einem Navigationssystem) auch nicht funktionale Anforderungen (Leistungsanforderungen wie Antwortzeiten, Einhaltung von Richtlinien, Korrektheit, Eindeutigkeit, Widerspruchsfreiheit etc.) definiert werden.

Qualitätskriterien können z.B. durch arbeitsproduktspezifische Checklisten vorgegeben sein, die sich auf Struktur, Inhalt und sonstige Qualitätsmerkmale beziehen. Kriterien für Reviews geben an, ob bzw. unter welchen Bedingungen das Arbeitsprodukt reviewt werden muss (und bei welchen Arten von Änderungen erneut ein Review stattfinden muss) und welche Kriterien in dem Review geprüft werden. Es ist weiter festzulegen, welche Kriterien[7] das Arbeitsprodukt erfüllen muss, um formal abgenommen oder freigegeben zu werden.

Hinweise für Assessoren

Folgende Fragen können in Interviews hilfreich sein, um die Umsetzung dieser GP zu ermitteln:

- Was sind Ihre Anforderungen (bezüglich Inhalt, Struktur, Qualität) an die Arbeitsprodukte des Prozesses?
- Gibt es definierte Kriterien für Review und Freigabe von Arbeitsprodukten?

GP 2.2.2: Definiere Anforderungen an die Dokumentation und Lenkung von Arbeitsprodukten. *Anforderungen an die Dokumentation und Lenkung von Arbeitsprodukten werden definiert. Diese können beinhalten:*

- *Anforderungen an deren Verteilung*
- *Anforderungen an die Bezeichnung von Arbeitsprodukten und ihrer Komponenten*
- *Anforderungen an ihre Traceability*

Abhängigkeiten zwischen Arbeitsprodukten sind bekannt und werden verstanden. Anforderungen an die Freigabe der zu lenkenden Arbeitsprodukte sind festgelegt.

Diesbezügliche Anforderungen sind häufig in einem Konfigurationsmanagementplan dokumentiert und umfassen z.B.:

- Wer welche Arbeitsprodukte des Prozesses zu welchem Zweck (Information, Prüfung, Zustimmung etc.) erhält (spezifiziert z.B. in einem Kommunikationsplan; siehe auch Abb. 3–9).
- Eine eindeutige Bezeichnungsmethode für Arbeitsprodukte
- Welche Arbeitsprodukte des Prozesses von wem freigegeben werden müssen
- Wie Arbeitsprodukte des Prozesses mit anderen Arbeitsprodukten im Sinne einer durchgängigen Traceability zusammenhängen (dadurch wird u.a. das Änderungsmanagement unterstützt)

Die Anforderungen an die Traceability von Abhängigkeiten zwischen Arbeitsprodukten sind je nach Prozess sehr unterschiedlich. Bei Entwicklungsprozessen wird z.B. die Traceability von Produktanforderungen über den gesamten Entwicklungsablauf (von der Anforderungserhebung bis hin zum Systemtest) explizit in den Basispraktiken gefordert.

Bei Management- und Supportprozessen ist eine explizite Dokumentation aller Abhängigkeiten oft nicht praktikabel bzw. wirtschaftlich. Die Mitarbeiter

7. Zum Beispiel »ein Arbeitsprodukt muss ein Review bestehen mit 0 Fehlern der Kategorie 1 und maximal 2 Fehlern der Kategorie 2«.

sollten dann aber in ihrem Arbeitsumfeld die Zusammenhänge zwischen den wesentlichen Arbeitsprodukten kennen und im Falle von Änderungen die betroffenen Arbeitsprodukte gemäß GP 2.1.4 korrekt überarbeiten können. Vor allem zeitlichen und Ressourcenabhängigkeiten ist besondere Beachtung zu schenken. Beispiel: Projektplan und QS-Plan sind voneinander abhängig. Wenn z.B. im QS-Plan qualitätssichernde Maßnahmen eingeplant werden, so müssen sich diese auch im Projektplan wiederfinden, notwendige Ressourcen müssen vorgehalten werden etc. Wird z.B. im QS-Plan eine neue Maßnahme eingeplant, so ist auch der Projektplan entsprechend anzupassen.

Hinweise für Assessoren

Folgende Fragen können in Interviews hilfreich sein, um die Umsetzung dieser GP zu ermitteln:

- Welche Regelungen gibt es bezüglich Dokumentation und Lenkung von Arbeitsprodukten (Bezeichnung von Arbeitsprodukten, Verteilerkreise, Genehmigung, Traceability)?
- Welche Regelungen gibt es bezüglich Konfigurationsmanagement der Arbeitsprodukte?

GP 2.2.3: Bestimme, dokumentiere und lenke die Arbeitsprodukte. *Die zu lenkenden Arbeitsprodukte werden festgelegt. Ein Änderungsmanagement für Arbeitsprodukte ist eingeführt. Die Arbeitsprodukte werden in Übereinstimmung mit den Anforderungen dokumentiert und gelenkt. Versionen von Arbeitsprodukten sind, falls anwendbar, Produktkonfigurationen zugeordnet. Die Arbeitsprodukte werden über geeignete Zugriffsmechanismen bereitgestellt. Der Änderungsstatus der Arbeitsprodukte kann einfach ermittelt werden.*

Die zu lenkenden Arbeitsprodukte des Prozesses werden ermittelt, nach den Anforderungen von GP 2.2.1 und 2.2.2 gehandhabt und stehen unter Konfigurations- und Änderungsmanagement. Dies beinhaltet:

- Arbeitsprodukte tragen Versionsinformationen und besitzen eine Änderungshistorie. Der diesbezügliche Status eines jeden Arbeitsprodukts ist bekannt.
- Änderungen werden nach einem definierten Ablauf vorgenommen (z.B. Änderungswünsche werden gesammelt, analysiert, entschieden, beauftragt, verfolgt, verifiziert).
- Beauftragte Änderungen werden auch tatsächlich in allen geänderten Dokumenten sichtbar und sind von den Dokumenten zurück zum Änderungsantrag verfolgbar.
- Ausgewählte Arbeitsprodukte können Produktkonfigurationen zugeordnet werden (z.B. »Welche Version des Pflichtenhefts gehört zu dieser Auslieferung?«).
- Arbeitsprodukte stehen jedem, der sie benötigt, zur Verfügung und sind vor unberechtigtem Zugriff oder Änderung geschützt.

Auch wenn Automotive SPICE den Einsatz von Werkzeugen nicht vorschreibt, so ist aus der praktischen Erfahrung der Einsatz eines KM-Tools zumindest für die Arbeitsprodukte der Entwicklungsprozesse (z. B. Pflichtenheft, Designdokument, Code, Testfälle) erforderlich.

Bei zweckmäßiger Anwendung des KM-Tools wird sowohl die Umsetzung von GP 2.2.3 als auch die einiger Basispraktiken des Konfigurationsmanagementprozesses (SUP.8) unterstützt. Andere Arbeitsdokumente wie z. B. Pläne werden ggf. in einem Dateisystem außerhalb des KM-Tools versioniert. Ein entsprechendes Regelwerk (z. B. im KM-Plan) muss dann vorhanden sein (siehe SUP.8). Generell gilt: Die Umsetzung der Basispraktiken von SUP.8 unterstützt auch die Erreichung von GP 2.2.3.

Hinweise für Assessoren

Folgende Fragen können in Interviews hilfreich sein, um die Umsetzung dieser GP zu ermitteln:

- Welche Arbeitsprodukte stehen unter Konfigurations- und Änderungsmanagement? Gibt es eindeutige Versionsstände? Sind Änderungen nachvollziehbar? Sind Arbeitsprodukte eindeutig Produktkonfigurationen zuordenbar? Sind Zugriff und Verteilung der Arbeitsprodukte geregelt?

GP 2.2.4: Reviewe die Arbeitsprodukte und passe sie an, um die definierten Anforderungen zu erfüllen. *Die Arbeitsprodukte werden plangemäß gegen definierte Anforderungen reviewt. Probleme, die in den Reviews der Arbeitsprodukte gefunden werden, werden gelöst.*

Arbeitsprodukte werden gegen die unter GP 2.2.1 definierten Anforderungen reviewt. Die Reviews werden gemäß der Planung (siehe GP 2.1.2) durchgeführt. Außerdem beinhaltet die generische Praktik auch die Behebung der in den Reviews gefundenen Problempunkte.

Die Reviews sollten nach dem Vier-Augen-Prinzip (Prüfung eines Arbeitsprodukts durch eine andere Person als den Autor) durchgeführt werden. Sie können sowohl durch Projektmitarbeiter (durch sog. Peer-Reviews[8]) als auch durch Externe (z. B. QS) erfolgen oder durch beide (z. B. inhaltlich durch Projektmitarbeiter, formal durch QS). Ergebnisse der Reviews werden in Protokollen dokumentiert, die u. a. die gefundenen Probleme und die daraus resultierenden Aktionen und Verantwortlichkeiten beinhalten. Die Beseitigung der Probleme und Fehler muss nachweislich nachgeprüft werden (weiterführende Informationen zu Reviews siehe SUP.2, zur Problemverfolgung siehe SUP.9).

8. Das Review wird unter Kollegen ohne Beteiligung von Vorgesetzten durchgeführt.

Hinweise für Assessoren

Folgende Fragen können in Interviews hilfreich sein, um die Umsetzung dieser GP zu ermitteln:

- Wurden Reviews oder sonstige qualitätssichernde Maßnahmen für die Arbeitsprodukte des Prozesses durchgeführt? Welche Nachweise gibt es? Wie werden die Ergebnisse dokumentiert? Wie werden gefundene Probleme beseitigt?

3.4.4 Level 3 (»Etablierter Prozess«)

Der zuvor beschriebene »gemanagte Prozess« wird unter Verwendung eines definierten Prozesses ausgeführt, der dazu geeignet ist, die Prozessergebnisse[9] zu erzielen.

Während auf Level 2 alle Projekte – solange die Anforderungen von Automotive SPICE erfüllt werden – unterschiedliche, projektspezifische Prozesse nutzen können, werden die Arbeitsabläufe auf Level 3 aus organisationseinheitlich festgelegten Standardprozessen abgeleitet.

Der in der Definition von Level 3 angesprochene »definierte Prozess« ist ein Prozess, der durch Tailoring aus den Standardprozessen der Organisation gemäß den Tailoring-Richtlinien der Organisation entsteht. Der definierte Prozess stellt eine Basis dar für die Planung, Durchführung und Verbesserung der Aktivitäten des Projekts und ist in der Lage, die in Level 1 geforderten Prozessergebnisse zu erzielen. Die Umsetzung der Level-3-Anforderungen wird auch durch die Prozesse PIM.3 und MAN.6 unterstützt.

Organisationseinheitlich bedeutet nicht, dass eine große Organisation nach einem einzigen Standardprozess arbeitet. So ist es üblicherweise nicht sinnvoll, in einem weltweit agierenden Konzern mit vielen Tausenden von Mitarbeitern, vielen unterschiedlichen Geschäftsbereichen und Entwicklungsvorgehensweisen einen einheitlichen Standardprozess vorzugeben. Ein Standardprozess sollte für eine geeignete organisatorische Einheit gelten (z.B. Standardprozess innerhalb eines Kundengeschäftsfeldes oder innerhalb eines Entwicklungsbereichs, der einheitliche Entwicklungstechnologien einsetzt).

Begleitend zu den Standardprozessen werden schriftliche Rollenbeschreibungen mit Kompetenzanforderungen, Infrastrukturanforderungen und Metriken zur Überwachung des Prozesses verwendet. Dies bedeutet jedoch nicht, dass alle Projekte genau gleich arbeiten müssen. Projekte haben unterschiedliche Größen, unterschiedliche Entwicklungstechnologien etc. Diesen Faktoren wird folgendermaßen Rechnung getragen:

- **Variantenbildung von Standardprozessen**
  Für unterschiedliche Projekttypen gibt es unterschiedliche Standardprozesse, die auf einen gemeinsamen Stamm zurückzuführen sind. Variantenbildung wird

9. Gemeint sind die Prozessergebnisse (engl. process outcomes), die in der Prozessdimension für jeden Prozess definiert sind.

in Automotive SPICE nicht explizit erwähnt, ist jedoch in Organisationen sinnvoll und empfehlenswert, wenn aufgrund der Vielfalt der Projekttypen und Entwicklungsmethodiken ein einziger Standardprozess nicht ausreicht.

- **Tailoring**
  Ein gewählter Standardprozess wird projektspezifisch angepasst. Der dabei mögliche Spielraum wird durch Tailoring-Richtlinien vorgegeben. Das Resultat ist der »definierte Prozess«, der die projektspezifische Vorgehensweise bezüglich des Prozesses beschreibt[10] (siehe hierzu auch Abb. 2–44 auf S. 235).

Die Prozessattribute und generischen Praktiken von Level 3 sind in Abbildung 3–10 als Übersicht dargestellt.

Prozessattribute		Generische Praktiken	
PA 3.1	Prozess-definition	**GP 3.1.1**	Definiere und pflege den Standardprozess, der die Umsetzung des definierten Prozesses unterstützt.
		GP 3.1.2	Lege die Reihenfolge und Interaktionen zwischen Prozessen fest, sodass sie wie ein zusammenhängendes System von Prozessen arbeiten.
		GP 3.1.3	Bestimme die Rollen und Kompetenzen, Verantwortlichkeiten und Befugnisse zur Ausführung des Standardprozesses.
		GP 3.1.4	Bestimme die benötigte Infrastruktur und Arbeitsumgebung zur Ausführung des Standardprozesses.
		GP 3.1.5	Lege geeignete Methoden und Maßnahmen zur Überwachung der Effektivität und Eignung des Standardprozesses fest.
PA 3.2	Prozess-anwendung	**GP 3.2.1**	Setze einen definierten Prozess um, der die kontextspezifischen Anforderungen bezüglich der Nutzung des Standardprozesses erfüllt.
		GP 3.2.2	Weise Rollen, Verantwortlichkeiten und Befugnisse zur Ausführung des definierten Prozesses zu und kommuniziere diese.
		GP 3.2.3	Stelle benötigte Kompetenzen zur Ausführung des definierten Prozesses sicher.
		GP 3.2.4	Stelle Ressourcen und Informationen bereit, um die Ausführung des definierten Prozesses zu unterstützen.
		GP 3.2.5	Stelle eine angemessene Prozessinfrastruktur bereit, um die Ausführung des definierten Prozesses zu unterstützen.
		GP 3.2.6	Erfasse und analysiere Daten bezüglich der Prozessausführung, um Eignung und Effektivität des Prozesses nachzuweisen.

Abb. 3–10 *Prozessattribute und generische Praktiken von Level 3*

10. Der Übergang zwischen Variantenbildung und Tailoring ist fließend, oft wird unter dem Begriff »Tailoring« auch beides verstanden.

PA 3.1 Prozessdefinition

Dieses Prozessattribut ist ein Maß dafür, inwieweit der Standardprozess gepflegt wird, um die Umsetzung des definierten Prozesses zu unterstützen. Als Ergebnis einer vollständigen Erfüllung dieses Prozessattributs gilt:

a) Ein Standardprozess inklusive angemessener Tailoring-Richtlinien wird definiert und gepflegt, der grundlegende Elemente beschreibt, die in einen definierten Prozess einbezogen werden müssen.
b) Die Reihenfolge und Interaktion des Standardprozesses mit anderen Prozessen wird bestimmt.
c) Notwendige Kompetenzen und Rollen zur Durchführung des Prozesses werden als Teil des Standardprozesses bestimmt.
d) Notwendige Infrastruktur und Arbeitsumgebung zur Durchführung des Prozesses werden als Teil des Standardprozesses bestimmt.
e) Geeignete Methoden und Maßnahmen zur Überwachung der Effektivität und Eignung des Prozesses werden festgelegt.

Die generischen Praktiken (GP) von PA 3.1 beschreiben grundlegende Prinzipien für die Beschaffenheit von Standardprozessen inklusive Rollen, Kompetenzen, Infrastrukturanforderungen und Überwachungsmethoden.

GP 3.1.1: Definiere und pflege den Standardprozess, der die Umsetzung des definierten Prozesses unterstützt. *Ein Standardprozess wird entwickelt und gepflegt, der die grundlegenden Prozesselemente enthält. Der Standardprozess beschreibt die Anforderungen an seine Umsetzung und den Kontext seiner Umsetzung. Bei Bedarf werden Anleitungen und Verfahren zur Unterstützung der Implementierung des Prozesses bereitgestellt. Bei Bedarf stehen angemessene Tailoring-Richtlinien zur Verfügung.*

In GP 3.1.1 wird die Definition und Pflege eines Standardprozesses gefordert, der übergreifend für einen bestimmten Teil der Entwicklungsorganisation gilt. Auf Basis dieses Standardprozesses leiten die Projekte ihren projektspezifischen Prozess (den sog. »definierten Prozess«) ab.

Automotive SPICE fordert auf Level 3 eine Prozessbeschreibung, die aus grundlegenden Prozesselementen besteht. Gemeint ist, dass die Prozessbeschreibung verschiedene strukturelle Elemente enthält wie:

- Prozessaktivitäten mit Abhängigkeiten und Schnittstellen
- Input- und Output-Arbeitsprodukte
- Unterstützende Werkzeuge und Hilfsmittel
- Angaben, welche Rollen in welcher Form (z.B. verantwortlich, mitwirkend, zustimmungspflichtig) an den Aktivitäten beteiligt sind (siehe GP 3.1.3)

Eine anerkannte Methode zur Beschreibung und Modellierung ist das EITVOX[11]-Modell [Radice & Phillips 1988] (siehe Abb. 3–11).

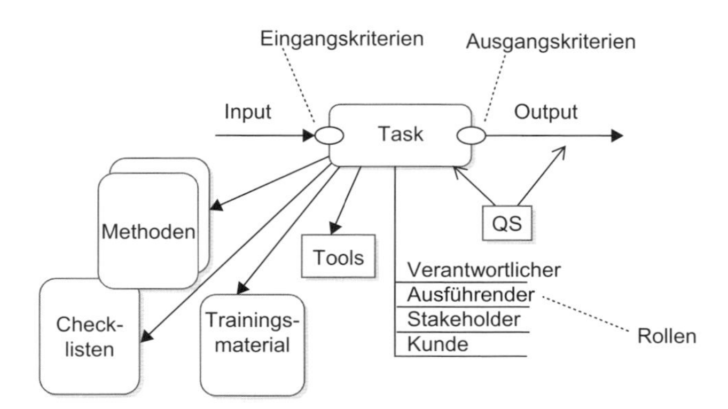

Abb. 3–11 *Prozessarchitektur nach dem EITVOX-Modell*

Ein definierter Standardprozess erfordert eine ausreichend detaillierte, möglichst benutzerfreundliche Prozessbeschreibung, die allen Anwendern zur Verfügung steht. Als Medium wird von vielen Unternehmen eine HTML-basierte Darstellung verwendet, z.B. im firmeneigenen Intranet. Oder man nutzt Prozessmodellierungstools. Eine gut strukturierte Intranetpräsentation mit einer ansprechenden Mischung aus Grafiken und Texten erzielt erfahrungsgemäß eine wesentlich bessere Akzeptanz der Anwender verglichen mit rein textuellen Verfahrensanweisungen. Durch Hyperlinks wird auch ein schneller Zugriff auf weitere Informationen (wie z.B. andere Prozesse, Rollenbeschreibungen) und Dokumente (wie z.B. Dokumentenvorlagen) ermöglicht.

Des Weiteren enthält die Prozessbeschreibung auch Angaben über mögliche Einsatzbereiche des Prozesses (Anwendungskontext), d.h., für welche Organisationseinheiten, Projekttypen und/oder Anwendungen der Prozess sinnvoll eingesetzt werden kann und welche Anforderungen in diesen Fällen bestehen, z.B. hinsichtlich Bereitstellung, Qualifikation und Schulung von Personal oder Vorhandensein bestimmter Softwarewerkzeuge.

Anleitungen und Verfahren zur Unterstützung der Implementierung des Prozesses im Projekt oder in der Organisation (z.B. bei den Prozessgruppen PIM, REU) können beispielsweise Erfahrungsberichte, Beispiele guter Praktiken, Interpretationshilfen, Schulungsmaterialien oder Checklisten sein.

Tailoring-Richtlinien beschreiben, welche Anpassungsmöglichkeiten bei der Umsetzung des Standardprozesses in den definierten Prozess bestehen und wie das Tailoring abläuft (ob z.B. das Ergebnis des Tailoring genehmigt werden muss).

11. EITVOX steht für Entry Criteria, Inputs, Tasks, Verification, Outputs, eXit Criteria.

Exkurs: Tailoring von Prozessen

Das Tailoring des Standardprozesses sollte zu Projektbeginn für jeden Prozess erfolgen. Dabei wird entschieden, welche Aktivitäten und Arbeitsprodukte durchgeführt bzw. erzeugt, angepasst oder auch ganz weggelassen werden.

Die Mitarbeiter benötigen Hilfestellungen, um den definierten Prozess im Projekt[12] basierend auf dem Standardprozess zu definieren. Tailoring-Richtlinien sollen daher klare, eindeutige Anweisungen enthalten. Sie sollten in Abhängigkeit des Projektkontextes (z.B. in Form von Projekttypen nach Größe, Art von Projekt, Technologie) bzw. des Organisationskontextes beschreiben, was geändert oder weggelassen werden darf und was nicht. Tailoring adressiert nicht nur Aktivitäten, sondern auch die Arbeitsprodukte, z.B. kann es für verschiedene Projekttypen unterschiedliche Dokumentenvorlagen für ein und dasselbe Arbeitsprodukt geben.[13]

Grundlage des Tailoring ist meistens eine Kategorienbildung von Einsatzbereichen (z.B. Projekttypen) des Prozesses. Dabei muss nachvollziehbar sein, warum z.B. ein Projekt in eine bestimmte Kategorie eingestuft wurde. Für jede Kategorie wird vorgegeben, welche Aktivitäten erforderlich sind und welche Arbeitsprodukte erzeugt werden müssen bzw. wo Entscheidungsspielräume bestehen. Bei Entscheidungsspielräumen muss die getroffene Entscheidung nachvollziehbar dokumentiert werden.

Ein nützliches Hilfsmittel für Tailoring sind Tailoring-Tabellen (Abb. 3–12 zeigt ein Beispiel). Hier wird dem Projektleiter vorgegeben, welche Aktivitäten für sein Projekt durchzuführen sind und welche Arbeitsprodukte relevant sind. Im Beispiel wird zwischen 3 Projekttypen (A, B und C) unterschieden. Abhängig vom Projekttyp sind unterschiedliche Aktivitäten und Arbeitsprodukte gefordert. Für ein Projekt vom Typ C ist vorgeschrieben, dass zur Systemanforderungsspezifikation das entsprechende Template vollständig ausgearbeitet werden muss, für ein Projekt vom Typ A hingegen ist es ausreichend, wenn ein vereinfachtes Template genutzt wird.

---

12. Die Anwendung kann bei Organisationsprozessen auch außerhalb von Projekten erfolgen.
13. Zum Beispiel unterschiedlich komplexe Projektplanvorlagen für unterschiedliche Projektgrößen.

Prozess/Aktivität	Projekttyp			Zu verwendende Dokumentvorlagen je Projekttyp			Beteiligte Rollen					
	A	B	C	A	B	C	PL	Linienmanagmt.	QS	Systemarchitekt	Anforderungsingenieur	SW-Entwickler
Prozess Systemanforderungsanalyse												
1.1 Planung der Requirements-Management (RM)-Aktivitäten	X	X	X	Projektplan	Projektplan	RM-Plan	A	I	I	I	R	I
1.2 Stakeholder und deren Beteiligung identifizieren		X	X	–	Stakeholder-Analyse	Stakeholder-Analyse	R	I			I	
1.3 Ausarbeitung der Systemanforderungsspezifikation (SAS)	X	X	X	SAS-light-Template	SAS-Template Abschnitte 1, 2, 3, 6, 8	SAS-Template vollständig	A		I		R	I

Legende:
R: Responsible: Treiber der Aktivität (genau ein R pro Zeile)
A: Approval: Abnahme des Ergebnisses der Aktivität
I: Informed: wird informiert

Abb. 3–12 *Tailoring-Tabelle*

Hinweise für Assessoren

Die Prozesse von Automotive SPICE müssen keineswegs 1:1 in Standardprozesse der Organisation abgebildet sein. Die Organisation sollte ihre Prozesse so benennen und strukturieren, wie es für ihre Geschäftstätigkeit sinnvoll ist. Es ist Aufgabe der Assessoren, diese Abbildung durch Interviews und Dokumentensichtung zu verstehen.

Es ist allerdings für die Organisation sinnvoll, eine schriftliche Abbildung aufzustellen und zu pflegen (z.B. in Form einer Tabelle, in der die Prozesse der Organisation den Automotive SPICE-Prozessen zugeordnet sind). Dadurch werden nicht nur Assessments unterstützt, sondern es wird auch die Prüfung der korrekten und vollständigen Umsetzung der Forderungen erleichtert.

Hinweise für Assessoren

Folgende Fragen können in Interviews hilfreich sein, um die Umsetzung dieser GP zu ermitteln. Interviewpartner sollten sowohl Prozessexperten als auch Projektmitarbeiter sein, die beim Tailoring beteiligt waren.

- Können Sie uns den Standardprozess erläutern?
- Wie wird der Standardprozess weiterentwickelt und gepflegt? Gibt es dafür Nachweise?
- Für welche Einsatzbereiche ist dieser Standardprozess geeignet?
- Gibt es Tailoring-Richtlinien?
- Wie läuft das Tailoring ab? Bekommen Sie dabei Hilfestellungen?
- Muss das Ergebnis des Tailoring genehmigt werden? Von wem?

GP 3.1.2: Lege die Reihenfolge und Interaktionen zwischen Prozessen fest, sodass sie als ein zusammenhängendes System von Prozessen arbeiten. *Die Reihenfolge und Interaktion des Standardprozesses mit anderen Prozessen wird festgelegt. Die Umsetzung des Standardprozesses als definierter Prozess erhält die Integrität der Prozesse aufrecht.*

Wichtig ist hier, dass die Schnittstellen der Standardprozesse untereinander und die sich daraus ergebenden Reihenfolgen und Interaktionen bekannt und dokumentiert sind. Prozesse haben gegenseitige Auswirkungen, hängen zum Teil voneinander ab und besitzen gegenseitige Schnittstellen durch

- Arbeitsprodukte, die über mehrere Prozesse weiterbearbeitet werden, oder
- Prozessaktivitäten mehrerer Prozesse, die eng verzahnt sind, oder
- Rollen, die in mehreren Prozessen tätig sind.

So sollte z.B. im Rahmen der Standardprozessdefinition eines Projektmanagementprozesses beschrieben sein, welche Planungsdokumente anderer Prozesse (z.B. Risikoliste) zu prüfen und ggf. abzugleichen sind. Oder z.B., dass nach dem Finden von Fehlern im Systemtestprozess eine Erfassung und Bearbeitung der Fehler im Fehlermanagementprozess durchgeführt werden muss.

Bei der Umsetzung des Standardprozesses in den definierten Prozess muss die Integrität[14] der Prozesse insgesamt gewahrt bleiben, d.h., die oben beschriebenen Schnittstellen und verzahnten Abläufe müssen auch nach erfolgtem Tailoring noch intakt sein. Würde z.B. ein Systemprojekt einen Meilenstein für Software-Hardware-Integration weglassen, wäre dies eine Integritätsverletzung.

Hinweise für Assessoren

Folgende Fragen können in Interviews hilfreich sein, um die Umsetzung dieser GP zu ermitteln:

- Wie hängt der Standardprozess mit anderen Prozessen zusammen?
- Gibt es Schnittstellen zwischen Prozessen?
- Gibt es verzahnte Arbeitsabläufe?

GP 3.1.3: Bestimme die Rollen und Kompetenzen, Verantwortlichkeiten und Befugnisse zur Ausführung des Standardprozesses[15]. *Die Rollen zur Ausführung des Prozesses werden bestimmt. Die Kompetenzen zur Ausführung des Prozesses werden bestimmt. Die Befugnisse, die notwendig sind, um die Verantwortlichkeiten wahrzunehmen, werden identifiziert.*

Eine Standardprozessbeschreibung enthält auch Angaben zu Rollen (z.B. Projektleiter, QS-Verantwortlicher, Entwickler). Für die Rollen werden Rollenbeschreibungen erstellt. Eine Rollenbeschreibung sollte spezifizieren,

---

14. Integrität = Intaktheit, Unversehrtheit, Vollständigkeit.
15. Genau genommen wird nicht der Standardprozess, sondern der definierte Prozess ausgeführt.

- an welchen Aktivitäten die Rolle in welcher Form beteiligt ist (dies geschieht häufig in Form einer Verantwortlichkeitsmatrix, in der den Rollen Verantwortlichkeiten zugeordnet werden)[16],
- welche Verantwortungen und Befugnisse sie umfassen[17] (bezüglich des Unterschieds zwischen Verantwortlichkeiten und Befugnisse siehe die Ausführungen bei GP 2.1.5.),
- welche Kompetenzen zur Wahrnehmung der Rolle erforderlich sind. Bei den Kompetenzen können z.B. Fachkompetenz, Methodenkompetenz und soziale Kompetenz unterschieden werden.

In Abbildung 3–13 ist beispielhaft eine Rollenbeschreibung für einen Softwareprojektleiter angegeben.

	Software-(Teil-)Projektleiter
Rollenbeschreibung	Der Software-(Teil-)Projektleiter ist verantwortlich für die Planung und Steuerung der Softwareentwicklungsaktivitäten. Dies beinhaltet die Projektplanung und -verfolgung inklusive Kostenkontrolle. Er führt das Softwareteam. Für jedes Projekt mit Softwareentwicklungsanteil ist ein Softwareprojektleiter benannt.
Verantwortlichkeiten	▪ Auswahl der Teammitglieder in Abstimmung mit dem (Gesamt-)Projektleiter ▪ Sicherstellen, dass die Projektziele bezüglich Software durch Planung und Verfolgung der Projektaktivitäten eingehalten werden ▪ Sicherstellen, dass die notwendigen Ressourcen zur Durchführung der Softwareaktivitäten bereitstehen ▪ Freigabe von Softwarelieferungen
Befugnisse	▪ Unterschriften für Geschäftsvorfälle bis zur Höhe von 10.000 Euro leisten ▪ Arbeitsanweisungen an Projektmitarbeiter geben ▪ externe Lieferanten bis zu einem Auftragsvolumen von 100.000 Euro beauftragen
Aktivitäten	1. Steuerung des Software-(Teil-)Projekts, um die Projektziele bezüglich Softwareaktivitäten, die in der Projektdefinition definiert wurden, zu erfüllen. Dies umfasst: ▪ Planung und Definition des Projektumfangs bezüglich Software, Dokumentation im Softwareentwicklungsplan. Dies umfasst: Definition der Arbeitspakete zusammen mit den beteiligten Teammitgliedern, Budgetplanung, Zeitplanung, Planung von QS-Aktivitäten inklusive Reviews, Testplanung, Planung der technischen Infrastruktur etc. ▪ Fortschrittskontrolle und Plan-Ist-Vergleiche bezüglich Termine, Kosten, Ausführung der geplanten Aktivitäten gemäß Softwareentwicklungsplan ▪ Erstellung und Verteilung des Projektstatusberichts bezüglich Softwareaktivitäten ▪ Vorbereiten von Meilensteinreviews und Steuerkreissitzungen in Abstimmung mit dem Gesamtprojektleiter ▪ ...

→

16. Eine Verantwortlichkeitsmatrix ist z.B. in der Tailoring-Tabelle in Abbildung 3–12 enthalten.
17. Zum Beispiel in Form einer RACI-Matrix.

	Software-(Teil-)Projektleiter
Aktivitäten (Fortsetzung)	2. Repräsentation der Softwareanteile im Gesamtprojekt. Dies umfasst: ■ Teilnahme an Projektleitungssitzungen ■ Teilnahme am Change Control Board ■ Zusammenarbeit mit dem (Gesamt-)Projektleiter bei der Auswahl von Unterlieferanten ■ ...
Kompetenz	Technisch: Sehr gute Kenntnisse in Projektmanagement und Software Engineering, Grundkenntnisse in Betriebswirtschaft, gute Kenntnisse in inkrementeller Softwareentwicklung, gute Kenntnisse in der Nutzung von Microsoft Project Methodisch: Gute Präsentations- und Moderationskenntnisse Sozial: Ausgeprägte Kommunikationsfähigkeit, Konfliktmanagement

Abb. 3–13 *Beispiel für Rollenbeschreibung Softwareprojektleiter*

Hinweise für Assessoren

Folgende Fragen können in Interviews hilfreich sein, um die Umsetzung dieser GP zu ermitteln:

- Welche Rollen sind im Standardprozess beteiligt?
- Welche Kompetenzen, Verantwortlichkeiten und Befugnisse werden für diese Rolle benötigt bzw. definiert? Wie ist das dokumentiert?

GP 3.1.4: Bestimme die benötigte Infrastruktur und Arbeitsumgebung zur Ausführung des Standardprozesses. *Prozessinfrastrukturkomponenten (Anlagen und Einrichtungen, Werkzeuge, Netzwerke, Methoden) werden bestimmt. Anforderungen an die Arbeitsumgebung werden bestimmt.*

Auch wenn es auf Level 1 nicht explizit adressiert ist, bildet die Bereitstellung geeigneter Infrastruktur und Arbeitsmittel die Grundlage für die Durchführung des Prozesses. Ansonsten ist der Zweck des Prozesses nicht erfüllt, d.h., bereits auf Level 1 benötigt man eine Infrastruktur und Arbeitsmittel. Auf Level 2 müssen Infrastruktur und Arbeitsmittel für jeden Prozess im Rahmen von PA 2.1 (genauer: GP 2.1.6) explizit geplant werden. Auf Level 3 sind die Infrastrukturanforderungen sowie die Anforderungen an Arbeitsmittel bereits im Standardprozess enthalten (z.B. könnte das Vorhandensein einer Lizenz eines Anforderungsmanagementtools im Standardprozess gefordert sein). Unter GP 2.1.6 sind weitere Beispiele für mögliche Infrastrukturkomponenten angegeben.

> **Hinweise für Assessoren**
> Folgende Fragen können in Interviews hilfreich sein, um die Umsetzung dieser GP zu ermitteln:
> - Welche Infrastruktur wird für den Standardprozess benötigt?
> - Welche Arbeitsumgebung wird benötigt?
> - Wie ist das dokumentiert?
> - Wie ist das Änderungsmanagement für die Infrastruktur?

GP 3.1.5: Lege geeignete Methoden und Maßnahmen zur Überwachung der Effektivität und Eignung des Standardprozesses fest. *Methoden und Maßnahmen zur Überwachung der Effektivität und Eignung des Prozesses werden festgelegt. Geeignete Kriterien und Daten, die zur Überwachung der Effektivität und Eignung des Prozesses erforderlich sind, werden festgelegt. Es ist bekannt, ob interne Audits und Managementreviews durchgeführt werden müssen. Prozessänderungen werden durchgeführt, um den Standardprozess aufrechtzuerhalten.*

Die Effektivität und Eignung des Standardprozesses kann nur im Praxiseinsatz des definierten Prozesses im Projekt bzw. in der Organisation beurteilt werden. Geeignete Beurteilungsmethoden sind z.B.:

- **Regelmäßige Messungen aussagefähiger Kennzahlen des gelebten Prozesses**
  Die Erfassung solcher Kennzahlen ist nicht bei jedem Prozess in jedem Kontext sinnvoll. Kennzahlen sind prozessspezifische Parameter, die ein besseres Verständnis des gelebten Prozesses ermöglichen (Beispiel: Der Prozentsatz verspäteter Rückmeldungen an den Kunden im Änderungsmanagementprozess).
- **Managementreviews**
  Bei Managementreviews beschäftigt sich das Management regelmäßig mit den Inhalten und der Umsetzung der Prozesse, um deren Angemessenheit und Wirksamkeit zu beurteilen. Hier sind viele Gestaltungsformen möglich. Als praktikabel hat sich z.B. die regelmäßige Durchführung (z.B. alle 2–3 Monate) von »Prozesssteuerkreisen« bewährt. Dabei werden neben dem Fortschritt von Prozessverbesserungsaktivitäten auch Inhalte (bis zu einem gewissen Detaillierungsgrad) diskutiert und Barrieren bei der Umsetzung von Prozessen beseitigt. Teilnehmer sind z.B. die verschiedenen Managementebenen in der Entwicklung, Prozessverantwortliche[18], QS-Mitarbeiter und Projektleiter von Prozessverbesserungsprojekten.
- **Interne Audits**
  (Prüfungen auf Prozesskonformität, z.B. interne Prozessaudits durch die QS)
- **Feedback von den Projektmitarbeitern**
  z.B. durch Erfahrungsauswertungen am Projektende[19]

---

18. Prozessverantwortliche sind für die Definition und Pflege der Prozesse verantwortlich.

GP 3.1.5 fordert die Definition und Bereitstellung solcher Methoden im Rahmen der Standardprozesse. Deren Anwendung im gelebten Prozess ist in GP 3.2.6 beschrieben. GP 3.2.6 nutzt also die Methoden aus GP 3.1.5.

Die Beurteilung, ob ein Standardprozess effektiv und geeignet ist, muss anhand von Kriterien erfolgen. Diese Kriterien beziehen sich auf Daten, die aus den o.g. Beurteilungsmethoden gewonnen werden. Es kann z.B. ein Alarmsignal sein, wenn ein Prozess im Vergleich zu anderen Prozessen eine signifikant geringere Prozesseinhaltung (ermittelt durch interne Audits) hat. Oder beispielsweise könnte ein Prozess zur Durchführung von Modultests dann überarbeitungsbedürftig sein, wenn mindestens eines der folgenden Kriterien zutrifft:

- Von den Entwicklern wurde in mehr als einem Projekt bei Erfahrungsauswertungen Kritik an der Praktikabilität der Methode geäußert.
- Bei Prozessaudits zeigen sich im Mittel der Projekte mindestens 20 % mehr Beanstandungen bezüglich Nichteinhaltung des Prozesses als im Durchschnitt aller Prozesse.
- Im Integrationstest sind mehr als 15 % der gefundenen Fehler solche, die eigentlich schon beim Modultest hätten entdeckt werden müssen.

Auch Benchmarking von Kennzahlen kann zur Beurteilung der Effektivität und Eignung herangezogen werden. So können z.B. die durchschnittlich in Reviews gefundenen Probleme mit Erfahrungswerten aus der Literatur oder anderer Unternehmen verglichen werden, um die Effektivität und Eignung der Reviewmethode zu beurteilen.

Basierend auf diesen Erkenntnissen muss der Standardprozess kontinuierlich weiterentwickelt werden. Die Weiterentwicklung des Standardprozesses ist ein wichtiges Kennzeichen von Level 3, denn Prozesse veralten schnell und benötigen ständigen Erhaltungs- und Pflegeaufwand. Erfolgt dies nicht, sinken die Akzeptanz und Prozesseinhaltung rapide ab.

Hinweise für Assessoren

Es sollten auch entsprechende Nachweise geprüft werden, ob aufgrund der Erkenntnisse aus den genannten Methoden auch tatsächlich eine Wartung und Pflege des Standardprozesses stattgefunden hat.

Gute Praxis bezüglich Messdaten ist (jedoch in GP 3.1.5 nicht gefordert), dass die Daten kontinuierlich über die Zeit gesammelt, aufbereitet und ausgewertet sowie aufbewahrt werden. Eine »historische Datenbasis« leistet wertvolle Dienste, um z.B. aktuelle Messwerte mit den historischen Daten zu vergleichen oder um Prozessverbesserungen konkret nachzuweisen.

---

19. Gute Praxis ist es, dass den Mitarbeitern jederzeit die Möglichkeit offensteht, Feedback zu den Prozessen (Probleme, Erkenntnisse, Verbesserungsvorschläge) zu geben und über definierte Wege zu melden (z.B. mittels Intranetformular an Prozessverantwortliche).

Hinweise für Assessoren

Folgende Fragen können in Interviews hilfreich sein, um die Umsetzung dieser GP zu ermitteln:

- Welche Methoden und Maßnahmen stehen zur Beurteilung der Effektivität des Standardprozesses zur Verfügung?
- Wird Feedback zwecks Weiterentwicklung des Standardprozesses gesammelt?
- Werden Managementreviews des Prozesses durchgeführt?
- Wie und wie häufig wird der Standardprozess weiterentwickelt?

PA 3.2 Prozessanwendung

Dieses Prozessattribut ist ein Maß dafür, inwieweit der Standardprozess als definierter Prozess umgesetzt wird, um die Prozessergebnisse zu erzielen. Als Ergebnis einer vollständigen Erfüllung dieses Prozessattributs gilt:

a) Ein definierter Prozess wird umgesetzt, basierend auf einem geeignet ausgewählten und/oder zugeschnittenen Standardprozess.
b) Die zur Durchführung des definierten Prozesses notwendigen Rollen, Verantwortlichkeiten und Befugnisse sind zugewiesen und kommuniziert.
c) Das Personal, das den definierten Prozess ausführt, ist kompetent hinsichtlich angemessener Ausbildung, Schulung und Erfahrung.
d) Die zur Durchführung des definierten Prozesses notwendigen Ressourcen und Informationen werden bereitgestellt, zugewiesen und genutzt.
e) Die zur Durchführung des definierten Prozesses notwendige Infrastruktur und Arbeitsumgebung werden bereitgestellt, gemanagt und gepflegt.
f) Geeignete Daten werden gesammelt und analysiert, um das Prozessverhalten zu verstehen, um die Eignung und Effektivität des Prozesses nachzuweisen und um zu beurteilen, wo eine fortwährende Verbesserung des Prozesses durchgeführt werden kann.

Die Standardprozesse, Rollen, Kompetenzen, Infrastrukturanforderungen und Überwachungsmethoden gemäß PA 3.1 werden durch die Praktiken von PA 3.2 konkret angewendet, das bedeutet:

- Es wird der sogenannte »definierte Prozess« mittels Tailoring aus dem Standardprozess abgeleitet.
- Rollen, Verantwortlichkeiten und Befugnisse werden konkret zugewiesen und kommuniziert.
- Es wird kompetentes Personal eingesetzt, basierend auf expliziten Kompetenzanforderungen.
- Ressourcen, Informationen und Infrastruktur bzw. Arbeitsumgebung werden, basierend auf den Vorgaben, zur Verfügung gestellt. Es wird sichergestellt, dass Infrastruktur und Arbeitsumgebung gewartet und gepflegt werden.
- Bei der Ausführung des definierten Prozesses werden Messdaten gesammelt, um den Prozess besser zu verstehen, die Effektivität nachzuweisen und Verbesserungspotenzial zu identifizieren.

Hinweise für Assessoren

Über das erfolgte Tailoring müssen nachvollziehbare Nachweise existieren, und der resultierende definierte Prozess muss angemessen dokumentiert sein. Außerdem ist zu prüfen, ob der definierte Prozess im Projekt nachweislich und konsequent ausgeführt wird und ob der Prozess seinen Zweck erfüllt.

GP 3.2.1: Setze einen definierten Prozess um, der die kontextspezifischen Anforderungen bezüglich der Nutzung des Standardprozesses erfüllt. *Der definierte Prozess wird adäquat ausgewählt und/oder aus dem Standardprozess zurechtgeschnitten*[20]*. Die Konformität des definierten Prozesses mit den Anforderungen des Standardprozesses wird überprüft.*

Basierend auf dem unter GP 3.1.1 definierten Standardprozess wird für eine konkrete Anwendung[21] aus dem Standardprozess ein »definierter Prozess« abgeleitet und dokumentiert. Gibt es mehrere mögliche Standardprozesse (wenn z.B. Prozessvarianten existieren), so muss der passende ausgewählt werden. Das Ableiten muss gemäß dokumentierten Tailoring-Richtlinien erfolgen. Die dabei getroffenen Entscheidungen bzw. Anpassungen müssen festgehalten und begründet werden.

Es muss nachgewiesen werden, dass die Anforderungen des Standardprozesses nicht verletzt wurden und die Ableitung konform mit den Tailoring-Richtlinien vorgenommen wurde. Dies kann z.B. durch eine Prüfung oder Freigabe durch die QS geschehen.

Hinweise für Assessoren

Folgende Fragen können in Interviews hilfreich sein, um die Umsetzung dieser GP zu ermitteln:

- Wie wurde der von Ihnen genutzte Prozess aus dem Standardprozess abgeleitet?
- Wie wurde das Ergebnis dokumentiert?
- Wurde seine Konformität mit dem Standardprozess geprüft?

GP 3.2.2: Weise Rollen, Verantwortlichkeiten und Befugnisse zur Ausführung des definierten Prozesses zu und kommuniziere diese. *Die Rollen zur Durchführung des definierten Prozesses werden zugewiesen und kommuniziert. Die Verantwortlichkeiten und Befugnisse zur Durchführung des definierten Prozesses werden zugewiesen und kommuniziert.*

Die Zuweisung der in GP 3.1.3 definierten Rollen zu Personen wird dokumentiert und kommuniziert. Dies beinhaltet auch die Verantwortlichkeiten und Befugnisse.

---

20. Mittels Tailoring.
21. Die Anwendung kann in Projekten sowie bei Organisationsprozessen auch außerhalb von Projekten erfolgen.

Hinweise für Assessoren

Folgende Fragen können in Interviews hilfreich sein, um die Umsetzung dieser GP zu ermitteln:

- Welche Rollen, Verantwortlichkeiten und Befugnisse wurden den Mitarbeitern zugewiesen?
- Wie wurde das dokumentiert und kommuniziert?
- Sind alle erforderlichen Rollen zugewiesen ?

GP 3.2.3: Stelle benötigte Kompetenzen zur Ausführung des definierten Prozesses sicher. *Die entsprechenden Kompetenzen für das zugewiesene Personal werden ermittelt. Passende Schulungen stehen den Mitarbeitern, die den definierten Prozess anwenden, zur Verfügung.*

Die Kompetenzen der für eine Rolle vorgesehenen Mitarbeiter werden gegen die in GP 3.1.3 bestimmten Kompetenzanforderungen geprüft. Hier ist z.B. hilfreich, dass die Organisation entsprechende Aufzeichnungen (z.B. Personaldatenbanken) über die Mitarbeiterkompetenzen führt. Das Gleiche gilt für spezielle Kompetenzen im Projektkontext (z.B. bezüglich Domänenwissen, Methodenkenntnisse, Toolkenntnisse). Gegebenenfalls sind Daten bezüglich Mitarbeiterqualifikationen datenrechtlich geschützt und müssen im Assessment vertraulich behandelt werden (z.B. Analyse nur durch Lead Assessor und Führungskraft, oder es werden anonyme Beispiele ohne Namen betrachtet).

Gibt es hier Diskrepanzen, wird der resultierende Schulungsbedarf systematisch ermittelt, Schulungen werden rechtzeitig geplant, und es wird sichergestellt, dass die Mitarbeiter daran auch tatsächlich teilnehmen. Es wird zwar nicht von Automotive SPICE gefordert, aber gute Praxis ist auch, dass die Qualität der Schulung z.B. durch Mitarbeiterbefragung mittels Bewertungsbögen nach einer Schulung überprüft wird, die Bewertungsbögen ausgewertet und – wenn notwendig – entsprechende Maßnahmen eingeleitet werden.

Hinweise für Assessoren

Es sollte geprüft werden, ob ein Kompetenzabgleich zwischen geforderten und vorhandenen Kompetenzen stattfand und als Konsequenz Schulungen oder andere Maßnahmen wie Coaching und Mentoring geplant und tatsächlich durchgeführt wurden.

Hinweise für Assessoren

Folgende Fragen können in Interviews hilfreich sein, um die Umsetzung dieser GP zu ermitteln:

- Welche Kompetenzen werden bei diesem Prozess gemäß Standardprozess benötigt?
- Wurde ein Abgleich zwischen geforderter und vorhandener Kompetenz durchgeführt?
- Wurden daraus Schulungen oder andere Maßnahmen abgeleitet?
- Fanden die Schulungen statt?

GP 3.2.4: Stelle Ressourcen und Informationen bereit, um die Ausführung des definierten Prozesses zu unterstützen. *Benötigtes Personal wird bereitgestellt, zugewiesen und genutzt. Notwendige Informationen zur Ausführung des Prozesses werden bereitgestellt, zugewiesen und genutzt.*

Bereits auf Level 2 wird mit GP 2.1.6 gefordert, dass Ressourcen ermittelt und bereitgestellt werden. GP 3.2.4 geht darüber hinaus, denn im Kontext von Level 3 gibt es Standardprozesse (GP 3.1.1) mit definierten Rollen (GP 3.1.3). Diese Rollen werden Mitarbeitern zugewiesen (GP 3.2.2), diese sind entsprechend qualifiziert (GP 3.2.3), und sie werden systematisch und zuverlässig bereitgestellt und reserviert (GP 3.2.4).

Bei GP 3.2.2 werden geeignete Mitarbeiter ausgewählt, die aufgrund ihrer Kompetenzen grundsätzlich geeignet sind bzw. im Sinne von GP 3.2.3 qualifizierbar sind. Hier wird deutlich, dass GP 3.2.2, GP 3.2.3 und GP 3.2.4 nur in engem Zusammenhang (und nicht notwendigerweise in der in Automotive SPICE verwendeten Reihenfolge) umsetzbar sind.

Hinweise für Assessoren

Es sollten Nachweise überprüft werden, ob die Mitarbeiter auch tatsächlich wie geplant zur Verfügung stehen, z. B. mittels der auf Aktivitäten gebuchten Stunden bzw. durch Interviews mit Projektmitarbeitern.

Welche Informationen zur Durchführung des definierten Prozesses notwendig sind, ist abhängig vom jeweiligen Prozess. Erforderlich ist eine systematische Bereitstellung der Information, z. B. in Form eines gut strukturierten Projektverzeichnisses oder im Intranet oder in einem Dokumentenmanagementsystem (z. B. MS SharePoint), in dem diese Informationen abgelegt sind. Diese sollen aktuell und allen Beteiligten leicht zugänglich sein. Erhöhte Anforderungen bestehen hier insbesondere bei einer Entwicklung an verteilten Standorten. Beispiele für derartige Informationen sind:

- Beispiele und Erfahrungen aus bereits abgeschlossenen Projekten
- Schätzdaten aus der Vergangenheit, z. B. eine Datenbank mit aufgezeichneten Messwerten aus verschiedenen Projekt- und Organisationsprozessen
- Informationen und Schulungsunterlagen zu den Prozessen
- Allgemeine (z. B. kundenspezifische Normen) und projektspezifische Kundeninformationen (z. B. Lastenhefte und mitgeltende Unterlagen)
- Normen, rechtliche Vorschriften

Hinweise für Assessoren

Folgende Fragen können in Interviews hilfreich sein, um die Umsetzung dieser GP zu ermitteln:

- Wie werden Mitarbeiter ausgewählt und dann zur Verfügung gestellt? Gibt es eine zuverlässige Reservierung der Mitarbeiter?
- Welche unterstützenden Informationen stehen den Mitarbeitern zur Verfügung (z.B. Kundeninformationen, Schulungsunterlagen zu Prozessen)?

GP 3.2.5: Stelle eine angemessene Prozessinfrastruktur bereit, um die Ausführung des definierten Prozesses zu unterstützen. *Die benötigte Infrastruktur und Arbeitsumgebung stehen zur Verfügung. Es gibt einen Support durch die Organisation, um die Infrastruktur und Arbeitsumgebung effektiv zu managen und zu pflegen. Die Infrastruktur und Arbeitsumgebung werden genutzt und gepflegt.*

Die in GP 3.1.4 definierte Standardinfrastruktur (sowie weitere, dort nicht erfasste Infrastrukturen) muss im definierten Prozess (z.B. im Projekt) bereitgestellt und ggf. beschafft werden. Ist für den Betrieb oder Wartung der Infrastruktur organisatorische Unterstützung nötig (z.B. technischer Support bei Soft- und Hardware), so wird diese sichergestellt. Die definierte Infrastruktur wird in den Projekten auch genutzt.

Die Abgrenzung zur generischen Praktik GP 2.1.6 ist unter GP 3.2.4 analog beschrieben.

Hinweise für Assessoren

Folgende Fragen können in Interviews hilfreich sein, um die Umsetzung dieser GP zu ermitteln:

- Welche Infrastruktur wird benötigt?
- Steht diese auch in geeigneter Form zur Verfügung?
- Wird die Bereitstellung/Beschaffung dokumentiert?
- Gibt es einen Support für die Infrastruktur?

GP 3.2.6: Erfasse und analysiere Daten bezüglich der Prozessausführung, um Eignung und Effektivität des Prozesses nachzuweisen. *Die Daten werden ermittelt, die notwendig sind, um Verhalten, Eignung und Effektivität des definierten Prozesses zu verstehen. Die Daten werden gesammelt und analysiert, um Verhalten, Eignung und Effektivität des definierten Prozesses zu verstehen. Die Ergebnisse der Analysen werden genutzt, um zu erkennen, wo eine kontinuierliche Verbesserung des Standardprozesses und/oder des definierten Prozesses durchgeführt werden können.*

Anmerkung 1: *Daten bezüglich der Prozessausführung können qualitative oder quantitative Daten sein.*

GP 3.1.5 fordert die Definition der Methoden zusammen mit den Standardprozessen. Deren Anwendung im definierten Prozess ist in GP 3.2.6 beschrieben. Entsprechend den in GP 3.1.5 definierten Methoden werden im definierten Prozess z.B. regelmäßig Messungen, Reviews und Audits durchgeführt. Die Ergebnisse werden analysiert, um das Verhalten des Prozesses zu verstehen und dessen Eignung und Effektivität beurteilen zu können. Diese Messdaten werden regelmäßig erfasst und in dem vorgenannten Sinne analysiert. Die Messdaten können sowohl qualitativer (z.B. Verbesserungsvorschläge, Ergebnisse von Lessons-Learned-Workshops) als auch quantitativer Natur sein (z.B. Messwerte, Trendanalysen, statistische Auswertung von QS-Audits). Basierend auf der Analyse werden Prozessverbesserungspotenziale sowohl im definierten Prozess als auch im Standardprozess ermittelt.

GP 3.2.6 verlangt nicht die Durchführung von Verbesserungen, sondern lediglich, dass solche Verbesserungspotenziale ermittelt werden. GP 3.1.5 fordert nur, dass der Prozess erhalten und gepflegt wird, also genau genommen keine kontinuierliche Prozessverbesserung. Gefordert wird diese auf Level 5 und im Prozess PIM.3. PA 3.1 und PA 3.2 leisten somit wertvolle Vorarbeiten für Level 5 und/oder den PIM.3-Prozess. Natürlich sollten in der Praxis Verbesserungsmaßnahmen unabhängig vom Level und auch ohne vollständige Implementierung des PIM.3-Prozesses sowohl im definierten Prozess als auch im Standardprozess umgesetzt werden.

Hinweise für Assessoren

Folgende Fragen können in Interviews hilfreich sein, um die Umsetzung dieser GP zu ermitteln:

- Welche Daten werden erfasst, um das Prozessverhalten besser zu verstehen und seine Eignung und Effektivität zu beurteilen?
- Wurden daraufhin Verbesserungspotenziale ermittelt?

3.4.5 Level 4 (»Vorhersagbarer Prozess«)

Der zuvor beschriebene »etablierte Prozess« wird nun vorhersagbar innerhalb definierter Grenzen ausgeführt, um die Prozessergebnisse zu erreichen. Der Bedarf für quantitatives Management wird ermittelt, Messdaten werden gesammelt und analysiert, um zuordenbare Gründe für Abweichungen zu ermitteln. Korrekturmaßnahmen werden durchgeführt, um diese zuordenbare Gründe für Abweichungen zu adressieren.

Auf Level 4 werden bei der Ausführung des definierten Prozesses detaillierte Messungen durchgeführt und analysiert, woraus ein quantitatives Verständnis der Prozessausführung und eine verbesserte Vorhersagegenauigkeit resultiert. Die Messung von Prozessen erfordert auf Level 4 ein effektives Messsystem, um

Kennzahlen für die Prozessausführung und die Qualität der Arbeitsprodukte zu erfassen und Analysen zu unterstützen.

Im Rahmen der quantitativen Prozessanalyse (PA 4.1) werden quantitative Prozessziele aus den Geschäftszielen und aus dem Informationsbedarf von Stakeholdern abgeleitet. Ein Beispiel dafür: Für das Geschäftsziel »Best Quality« werden quantitative Ziele bezüglich Fehlererkennungsraten abgeleitet.

Zur Messung der Zielerreichung werden konkrete Metriken[22] abgeleitet und im Detail definiert (Häufigkeit der Erhebung, Algorithmen und Messmethoden, Datensammlungs- und Verifikationsmechanismen etc.). Diese Definitionen werden Bestandteil der Standardprozessbeschreibung (siehe PA 3.1). Die Daten, Metriken und Messergebnisse werden im Rahmen der Prozessausführung – wie definiert – erhoben, analysiert und berichtet. Dazu können auch Produktmetriken herangezogen werden. So kann z.B. die Anzahl der gefundenen Fehler im Test in Relation zu einer Fehlerrate im Feld gesetzt werden.

Im Rahmen der quantitativen Prozesssteuerung (PA 4.2) werden Analysemethoden und Techniken ausgewählt. Des Weiteren werden zu erwartende Verteilungen (z.B. Fehlerverteilungen) und Kontrollgrenzen (z.B. minimale und maximale Fehlererkennungsrate) definiert. Der Prozess wird ausgeführt und das Prozessverhalten z.B. hinsichtlich der Einhaltung von oberen und unteren Eingriffsgrenzen untersucht (siehe Abb. 3–14). Im Falle von Abweichungen im Sinne von Über- oder Unterschreiten der Kontrollgrenzen werden die Abweichungen analysiert und die Ursachen werden für alle Abweichungen identifiziert. Verbesserungsmaßnahmen zur Beseitigung der Ursachen werden durchgeführt und überwacht. Die Wirksamkeit der Verbesserungsmaßnahmen wird überprüft. Die Prozessvariationen werden quantitativ verstanden (warum hat die Fehlererkennungsrate beim Test von Release X gegenüber Release Y so stark variiert, obwohl das gleiche Team die gleichen Testmethoden eingesetzt hat?).

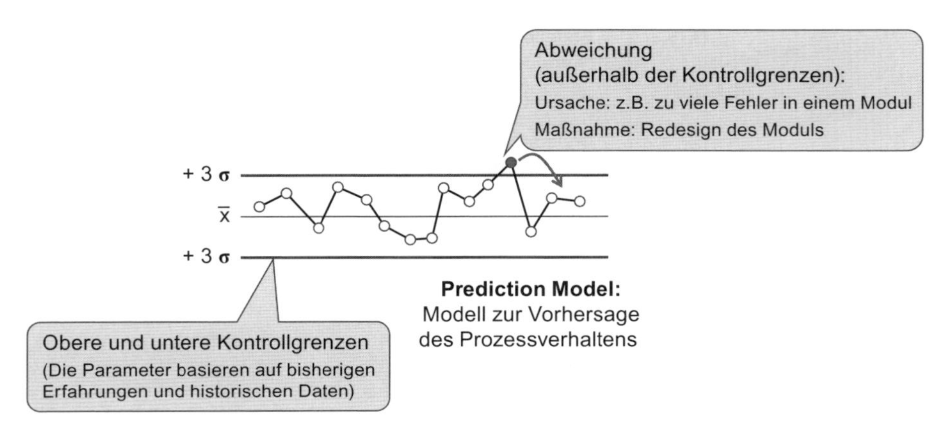

Abb. 3–14 *Level 4 – vorhersagbares Prozessverhalten*

22. Sowohl Basismetriken als auch daraus abgeleitete Metriken.

Quantitative Prozesssteuerung eignet sich nicht für alle Prozesse bzw. ist auch nicht überall sinnvoll. Sie ist z.B. sinnvoll für Engineering-Prozesse und Projektmanagement, weniger geeignet für organisatorische Prozesse oder den Konfigurationsmanagementprozess (SUP.8). Beispiele für Metriken zur Prozesssteuerung von SWE-Prozessen sind das Fehlerflussmodell (wo werden Fehler verursacht, wo gefunden) und die damit verbundenen Metriken wie Defect Injection Rate, Review Defect Leakage, Test Defect Leakage. Des Weiteren sind Metriken bezüglich Fehler im Verhältnis zu Größenmaßen (z.B. Lines of Code) oder Aufwand verbreitet.

Typische Metriken zur quantitativen Steuerung von Projektmanagementprozessen sind On Time Delivery, Schedule Variance, Effort Variance und Estimation Accuracy.

Die Prozessattribute und generischen Praktiken von Level 4 sind in Abbildung 3–15 als Übersicht dargestellt.

Prozessattribute		**Generische Praktiken**	
PA 4.1	Quantitative Prozessanalyse	**GP 4.1.1**	Ermittle die Geschäftsziele.
		GP 4.1.2	Ermittle den Informationsbedarf für den Prozess.
		GP 4.1.3	Leite aus dem Informationsbedarf Prozessmessziele ab.
		GP 4.1.4	Ermittle messbare Beziehungen zwischen den Prozesselementen.
		GP 4.1.5	Stelle quantitative Ziele auf.
		GP 4.1.6	Identifiziere Prozessmetriken, die die Erfüllung der quantitativen Ziele unterstützen.
		GP 4.1.7	Sammle Produkt- und Prozessmessergebnisse während der Ausführung des Prozesses.
PA 4.2	Quantitative Prozesssteuerung	**GP 4.2.1**	Bestimme Analysetechniken.
		GP 4.2.2	Erstelle Verteilungen, die die Prozessausführung charakterisieren.
		GP 4.2.3	Bestimme zuordenbare Gründe für Prozessabweichungen.
		GP 4.2.4	Bestimme Korrekturmaßnahmen für die zuordenbaren Gründe und setze sie um.
		GP 4.2.5	Stelle verschiedene Verteilungen zur Analyse des Prozesses auf.

Abb. 3–15 *Prozessattribute und generische Praktiken von Level 4*

3.4.6 Level 5 (»Innovativer Prozess«)

Der zuvor beschriebene »Vorhersagbare Prozess« wird kontinuierlich verbessert, um auf Änderungen in Verbindung mit Organisationszielen zu reagieren.

Auf Level 5 existiert eine langfristige Strategie zur erfolgreichen Umsetzung von Prozessinovationen und -verbesserungen, damit die Organisation sich kontinuierlich verbessern und verändern kann.

Im Rahmen der Prozessinnovation (PA 5.1) leitet die Organisation aus den Geschäftszielen Innovationsziele ab. Gemeint sind damit Prozessinnovationen wie z.B. die Verwendung von besseren Software-Engineering-Methoden und Tools oder neue Technologien, um neue Geschäftsbereiche zu erschließen. Industrielle Best Practices, neue Technologien und Prozesskonzepte werden evaluiert und es wird aktiv nach Innovationschancen gesucht. Die dabei aufkommenden Risiken werden ebenfalls untersucht.

Erfolgreiche Level-5-Organisationen haben oft eine kleine Innovationsgruppe, die z.B. Messen und Konferenzen besuchen und neue Veröffentlichungen, Benchmarks und Studien kontinuierlich hinsichtlich möglicher Innovationen analysieren und die Auswahl und Pilotierung dieser Innovationen begleiten.

Das auf Level 4 aufgebaute quantitative Prozessverständnis wird genutzt, um die Variationen der Prozessausführung zu analysieren und die zufälligen Streuungsursachen (»common causes of variation«) zu untersuchen. Im Gegensatz zu Level 4 werden nicht die Abweichungen gegenüber den Kontrollgrenzen untersucht, sondern die Ursachen der Variation innerhalb der Kontrollgrenzen. Es wird versucht, die Prozesse durch die Reduzierung von Streuung und durch die Verbesserung von Mittelwerten noch leistungsfähiger zu machen (siehe Abb. 3–16). Aus den zufälligen Streuungsursachen werden somit weitere Innovationschancen abgeleitet.

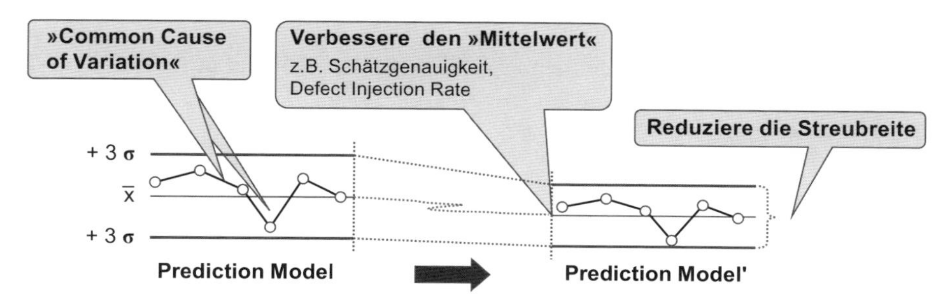

Abb. 3–16 *Level 5 – quantitative Prozessoptimierung*

Die Umsetzung dieser kontinuierlichen Suche nach Prozessinnovationen wird aktiv durch das Management und die Prozesseigner (engl. Process Owner) unterstützt. Dafür gibt es eine konkrete Strategie inklusive Umsetzungsplanung und Ziele, deren Erreichung gemessen wird. Basierend auf dieser Strategie werden Prozessänderungen geplant und priorisiert. Des Weiteren werden Metriken definiert, die die Wirksamkeit der Innovationen und die Auswirkungen auf die Geschäftsziele belegen.

Im Rahmen der Prozessoptimierung (PA 5.2) wird jede vorgesehene Prozessänderung im Hinblick auf konkrete Auswirkungen und Ziele bezüglich Prozess- und Produktqualität untersucht.

Geeignete Verbesserungsmöglichkeiten (z.B. aus innovativen Ansätzen und Techniken) werden systematisch ermittelt, analysiert und pilotiert. Im Rahmen der Einführung wird das betroffene Personal geschult und die Änderungen werden wirksam in die Organisation kommuniziert.

Bei der Pilotierung wird der Nutzen der Änderung durch Messungen quantitativ erfasst, mit historischen Daten verglichen und hinsichtlich der Erreichung der gesetzten Verbesserungsziele analysiert. Änderungen, die sich auf diese Weise als erfolgreich erwiesen haben, werden systematisch in die Prozesslandschaft der Organisation integriert und umgesetzt.

Level 5 basiert wesentlich auf dem quantitativen Verständnis der Prozessausführung (Merkmal von Level 4). Level 5 erfordert zusätzlich zu den Merkmalen von Level 4 Folgendes:

- Der Fokus liegt auf proaktiver, kontinuierlicher Prozessverbesserung mit dem Ziel, heutige und angestrebte zukünftige Geschäftsziele zu erreichen. Entsprechende Aktivitäten und Ressourcen werden eingeplant.
- Prozessveränderungen werden ermittelt, geplant und in geordneter Weise eingeführt. Dabei wird darauf geachtet, dass die Prozessausführung (operativer Betrieb) nur so wenig wie möglich gestört wird. Zu berücksichtigen sind dabei z.B. Kritikalität des Projekts, vorgesehene angestrebte Effektivitätssteigerungen und das Generieren von neuen Geschäftsfeldern.
- Die Effektivität von Prozessveränderungen wird durch den Vergleich mit dem vorhergehenden Zustand quantitativ nachgewiesen.

Die Prozessattribute und generischen Praktiken von Level 5 sind in Abbildung 3–17 als Übersicht dargestellt.

Prozessattribute		Generische Praktiken	
PA 5.1	Prozess-innovation	GP 5.1.1	Definiere Prozessinnovationsziele für den Prozess, die die relevanten Geschäftsziele unterstützen.
		GP 5.1.2	Analysiere die Daten des Prozesses, um Chancen für Innovationen zu identifizieren.
		GP 5.1.3	Analysiere neue Technologien und Prozesskonzepte, um Chancen für Innovationen zu identifizieren.
		GP 5.1.4	Definiere und pflege eine Umsetzungsstrategie, die auf einer Vision für Innovationen und Innovationszielen basiert.
PA 5.2	Prozess-optimierung	GP 5.2.1	Untersuche die Auswirkungen von jeder vorgeschlagenen Änderung gegen die Ziele des definierten und des Standard-prozesses.
		GP 5.2.2	Manage die Umsetzung von abgesprochenen Änderungen.
		GP 5.2.3	Untersuche die Effektivität von Prozessveränderungen.

Abb. 3–17 *Prozessattribute und generische Praktiken von Level 5*

3.5 Zusammenhang von Prozess- und Reifegraddimension

Auch wenn Prozess- und Reifegraddimension im Modell getrennt voneinander beschrieben sind, gibt es natürlich einen Zusammenhang. Der prinzipielle Zusammenhang ist in Abbildung 1–3 auf Seite 7 dargestellt. Prozesse und Prozessattribute besitzen Gemeinsamkeiten, d.h., einige Prozesse unterstützen die Erfüllung einzelner Prozessattribute. Dieser Zusammenhang ist in Abbildung 3–18 dargestellt. Ein »+« bedeutet, dass der Prozess und das Prozessattribut sich gegenseitig unterstützen, ein »++« deutet auf eine starke Unterstützung hin. Sind die mit »++« gekennzeichneten Prozesse vollständig implementiert, so ist das unterstützte Prozessattribut mit großer Wahrscheinlichkeit in allen Prozessen gut umgesetzt. Findet man in diesen Prozessen Schwächen, so spiegeln sich diese Schwächen mit großer Wahrscheinlichkeit auch in der Bewertung der Prozessattribute aller Prozesse wider. Für Level 2 z.B. kann man vereinfacht sagen: Sind Projektmanagement, Qualitätssicherung und Konfigurationsmanagement vollständig umgesetzt, sprich PA 1.1 dieser Prozesse ist mit »Fully« bewertet, so sollte sich dies auch in der Bewertung der Prozessattribute PA 2.1 und PA 2.2 über alle Prozesse widerspiegeln. Wenn dies nicht der Fall ist, dann sollte es dazu auch eine Begründung geben. Hierzu ein Beispiel: SUP.1 und SUP.8 sind gut umgesetzt (PA 1.1 mit »Fully« bewertet) und in den meisten Prozessen wurde PA 2.2 ebenfalls gut bewertet. Im Systemtestprozess jedoch wurde PA 2.2 nur mit »Partially« bewertet. Der Grund ist, dass Systemtests von einem externen Team mit einem anderen Tool durchgeführt werden. Sowohl das Tool als auch dessen Handhabung weisen erhebliche Schwächen auf.

Diese Tabelle kann als Checkliste genutzt werden, um die Konsistenz der Bewertung zu prüfen[23].

		PA 2.1	PA 2.2	PA 3.1	PA 3.2	PA 4.1	PA 4.2	PA 5.1	PA 5.2
SUP 1	Qualitätssicherung		++		+				
SUP 2	Verifikation		+		+				
SUP 4	Gemeinsame Reviews		+						
SUP 7	Dokumentation		+	+			+		
SUP 8	Konfigurationsmanagement		++	+					
SUP 9	Problemmanagement	+	+		+		+		
SUP 10	Änderungsmanagement		+		+				
MAN 3	Projektmanagement	++							
MAN 5	Risikomanagement	+			+	+	+		
MAN 6	Messen	+			+	++	++		++
PIM 3	Prozessverbesserung				++			+	+
REU 2	Wiederverwendungsmanagement		+	+					
SPL 2	Releasemanagement		+						
ACQ 3	Vertragsschließung	+							
ACQ 4	Lieferantenmanagement	+	+						
ACQ 11	Technische Anforderungen		+						
ACQ 12	Rechtliche und administrative Anforderungen	+	+						
ACQ 13	Projektanforderungen	+	+						

Abb. 3–18 *Abhängigkeiten zwischen Prozessen und Prozessattributen*

23. Für eine solche Überprüfung sind zusätzlich auch noch die intacs-Bewertungsrichtlinien zu empfehlen, die in den intacs-Assessorenkursen vermittelt werden.

4 Automotive SPICE-Assessments

SPICE wurde entwickelt, um Prozessverbesserungen (engl. process improvement) zu steuern und zur Feststellung der Prozessqualität (engl. capability determination). Dabei wird auch die Systemebene untersucht, aber der Fokus liegt primär auf der Softwareentwicklung. Automotive SPICE wird meistens für folgende grundlegende Anwendungsfälle eingesetzt:

- Bewertung der eigenen Prozesse im Rahmen von Prozessverbesserungsaktivitäten
- Bewertung der Prozesse von Lieferanten zwecks Risikoeinschätzung bei der Lieferantenauswahl oder um in einer laufenden Zusammenarbeit Verbesserungen anzustoßen
- Definition bzw. Verbesserung von Prozessen im Rahmen eines Prozessverbesserungsprogramms (sowohl intern als auch beim Lieferanten)

Wir gehen nachfolgend insbesondere auf Projektassessments[1] ein, die in der Praxis am häufigsten vorkommen. In Anhang A zeigen wir dazu anhand einer konkreten Fallstudie Beispiele einer Assessmentplanung und Dokumentation. Einige Textpassagen wurden aus den Automotive SPICE Essentials [Automotive SPICE Essentials] der Firma Kugler Maag Cie entnommen.

4.1 Assessments – Überblick und Grundlagen

Ein Assessment ist eine Untersuchung, in der ein Team von Assessoren Prozesse in der Praxis und innerhalb eines definierten Assessmentumfangs[2] untersucht. Dabei befragen die Assessoren die Personen, die die Prozesse in Projekten oder in der Organisation anwenden, und sichten zugehörige Dokumente, Tools und Datenhaltungssysteme. Ist Level 3 im Assessmentumfang, werden auch Standard-

---

1. Auf daraus entstehende Spezialfälle wie Organisationsassessments oder Gap-Analysen (kurze Assessments ohne formale Bewertung) gehen wir hier nicht weiter ein.
2. Dieser spezifiziert typischerweise das Projekt, die involvierten Teams und Standorte, die betroffenen Produktteile, die zu untersuchenden Prozesse und die zu untersuchenden Levels (z.B. alle Prozesse bis Level 2).

prozesse auf Organisationsebene angeschaut und mit Prozessexperten besprochen. Dabei wird in Bezug auf Automotive SPICE geprüft, ob Stärken, Schwächen oder Risiken festzustellen sind, und es werden Capability Levels (Reifegrade) berechnet.

Für Automotive SPICE-Assessments ist die ISO/IEC 33002 [ISO 33002] maßgeblich. Diese definiert Anforderungen an Assessments. Dazu gehört auch, dass jedes Assessment nach einem dokumentierten Assessmentprozess durchgeführt werden muss. Für die Gestaltung von Assessmentprozessen gibt es zwei maßgebliche Quellen:

- den intacs-Assessmentprozess, der in den intacs-Assessorenschulungen trainiert wird, und
- den VDA Blau/Gold-Band »Automotive SPICE – Prozessassessmentmodell«, der einen Standardprozess zur Prozessbewertung für Automotive SPICE enthält [Automotive SPICE].

4.2 Phasen, Aktivitäten und Dauer des Assessmentprozesses

In diesem Abschnitt stellen wir einen in der Praxis bewährten Assessmentprozess vor (siehe Abb. 4–1), der in weiten Teilen dem intacs- und VDA-Assessmentprozess entspricht. Ein Assessment setzt sich aus den Phasen Assessmentvorbereitung, Assessmentdurchführung und Assessmentabschluss zusammen.

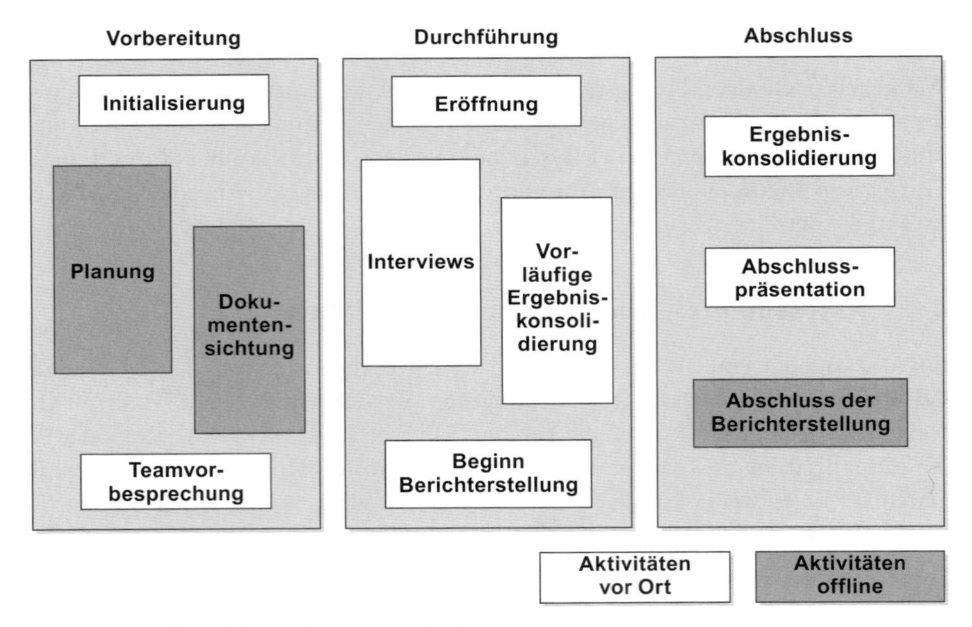

Abb. 4–1 *Überblick über Phasen und Aktivitäten des Assessmentprozesses*

Assessmentvorbereitung

In der Assessmentvorbereitung geht es um die Klärung der Zielsetzung, die Bestimmung des Assessmentumfangs und die darauf basierende Planung des Assessments. Ergebnis ist ein Assessmentplan mit allen notwendigen Daten zum Assessment sowie eine Assessmentagenda. Beide werden zwischen dem Lead Assessor, dem Sponsor und der zu assessierenden Organisation abgestimmt. Beispiele dazu finden sich in Anhang A. Bei einigen Assessmentmethoden werden auch Fragebögen im Vorfeld verschickt oder es wird eine Selbstbewertung der zu assessierenden Organisation gefordert. Diese dienen dann als Input für die Vorbereitung. Wenn die assessierte Organisation noch keinerlei Erfahrung mit Automotive SPICE-Assessments hat, empfiehlt sich eine Vorbereitung der Organisation auf das Assessment, z.B. durch Automotive SPICE-Trainings der beteiligten Personen. Gegebenenfalls sichtet das Assessmentteam vorab zur Verfügung gestellte Dokumente der Organisation und des Projekts.

Assessmentdurchführung

Das Assessment wird vor Ort bei der assessierten Organisation durchgeführt. Man spricht daher auch von der »Onsite-Phase«. Die Personen, die interviewt werden, müssen in der Regel vor Ort sein. In vorher mit dem Lead Assessor abzustimmenden Ausnahmefällen können einzelne Prozessinterviews per Telefonkonferenz und Remote Access auf die Dokumente durchgeführt werden.

Die Durchführungsphase beginnt in der Regel mit einer kurzen Vorstellungsrunde, einer Einführungspräsentation des Lead Assessors (Vorstellung von Automotive SPICE, Rahmenbedingungen des Assessments sowie Vorstellung der Agenda) und einer Vorstellung der assessierten Organisation inklusive des verwendeten Entwicklungsprozesses.

Danach werden die Interviews durchgeführt und es erfolgen in der Regel auch Arbeitsplatzbegehungen, z.B. eine Besichtigung der Entwicklerarbeitsplätze und der Testumgebungen und eine Vorführung der Tests. Falls Level 3 assessiert wird, beginnt man normalerweise mit einer gründlichen Sichtung der Standardprozesse der Organisation und einer Vorbewertung des Prozessattributs PA 3.1. Danach folgt zweckmäßigerweise die Untersuchung der Prozesse Projektmanagement (MAN.3), Qualitätssicherung (SUP.1) und Konfigurationsmanagement (SUP.8), da diese einen guten Einblick in das Projekt geben und gleichzeitig eine Grundlage der Bewertung von Level 2 bilden. Danach folgen die SYS- und SWE-Prozesse und die Supportprozesse sowie Lieferantenmanagement (ACQ.4). Für die Reihenfolge der Prozesse gibt es verschiedene Strategien, die in den intacs-Trainings vermittelt werden. Ein Beispiel ist in der Agenda in Anhang A gegeben.

Zwischen den einzelnen Interviews und am Ende des Tages werden Konsolidierungsrunden des Assessorenteams durchgeführt. Das Assessorenteam prüft die Evidenzen der Interviews auf Vollständigkeit, konsolidiert die Dokumentation und nimmt vorläufige Bewertungen vor. Die Bewertungen basieren auf den

Erkenntnissen aus den Interviews und den Dokumentensichtungen. Diese Abstimmungsrunden sind vertraulich.

Die Dokumentation während der Interviews erfolgt meistens elektronisch unter Verwendung von Assessmenttools, aus denen dann später der Bericht generiert wird.

Assessmentabschluss

Gegen Ende des Assessments werden die Bewertungen und die diesen zugrunde liegende Dokumentation konsolidiert. Alle Bewertungen müssen durch Evidenzen begründet sein und insbesondere die Schwächen müssen verständlich formuliert sein. Die Bewertungen müssen konsolidiert werden. Hierzu muss sichergestellt werden, dass überall das gleiche Maß angelegt wurde. Wegen der Redundanzen zwischen den Prozessen MAN.3, SUP.1 und SUP.8 zu den Prozessattributen von Level 2 muss ein Quervergleich stattfinden[3].

Nach erfolgter Konsolidierung findet die Abschlusspräsentation statt. Falls aufgrund des großen Zeitdrucks im Assessment die Konsolidierung nicht abgeschlossen werden konnte, hat die Präsentation einen vorläufigen Charakter. In manchen Fällen wird die Ergebnispräsentation auch mit einem Verbesserungs-Workshop kombiniert.

Nach der Onsite-Phase wird der Assessmentbericht fertiggestellt. Es empfiehlt sich, dessen Bestandteile soweit wie möglich bereits in der Onsite-Phase zu erstellen. Beispiele für eine Assessmentdokumentation sind in Anhang A angeführt.

Bezüglich des Assessmentberichts haben die OEMs das standardisierte HIS-Austauschformat festgelegt, in dem die Bewertungen der Capability Level, der Prozessattribute sowie die Bewertung der Praktiken (Basis- und generische Praktiken) festgehalten werden. Weitere Informationen sind der Name des Lieferanten sowie eine Klassifizierung des entwickelten Systems, z.B. Infotainmentsystem, aber keine projektinternen Details. Dieses HIS-Austauschformat kann auf Wunsch zusätzlich zu einem ausführlicheren Bericht erzeugt werden. Es wird aber (wie jeder andere Bericht auch) nicht an Dritte weitergegeben. Alle Berichte werden ausschließlich dem Auftraggeber übergeben und nicht etwa an OEMs oder an intacs. Ein Austausch geht von der assessierten Organisation aus und muss mit allen beteiligten Parteien abgestimmt sein.

---

3. Ein Widerspruch wäre z.B., wenn GP 2.2.1 und GP 2.2.4 in vielen Prozessen schlecht bewertet wurden, aber SUP.1 hervorragend bewertet wurde.

Wie lange dauert ein Assessment?

Für Automotive SPICE-V3.0-Assessments (HIS Scope) werden bei einem Level-2-Assessment für die Onsite-Phase für ein Projekt (mit je einer Prozessinstanz[4]) in der Regel vier bis fünf Tage benötigt. Falls bis Level 3 assessiert werden soll, kommt ein weiterer Tag dazu.

Weitere Faktoren, die die Länge eines Assessments beeinflussen, sind unter anderem:

- **Mehrere Standorte**
  Multisite-Assessments erfordern zusätzliche Reisezeiten.
- **Mehrere Instanzen**
  Wenn ein Prozess an mehr als einer Stelle angewendet wird und deswegen mehrere Interviews und Bewertungen durchzuführen sind, steigt der Aufwand proportional. Beispiel: Basissoftware und Applikationssoftware werden von Teams mit unterschiedlichen Prozessen und Tools entwickelt.
- **Sprachliche und kulturelle Barrieren, Telefoninterviews**
  Kommunikationsschwierigkeiten und ggf. eine Übersetzung erfordern Zeit.
- **Größe des Assessmentteams**
  Hier ist die Faustformel: Je größer das Assessmentteam, desto größer ist der Konsolidierungs- und Nachbereitungsaufwand.

In Abschnitt 4.4 und Anhang A sind weitere Punkte erläutert, die bei komplexen Assessments zu beachten sind.

4.3 Rollen im Assessmentprozess

Man unterscheidet die Rollen Lead Assessor, Co-Assessor und Sponsor:

Der Lead Assessor ist verantwortlich für die normkonforme Durchführung des Assessments. Die erforderliche Qualifikation für einen Lead Assessor ist intacs™ Automotive SPICE Competent oder Principal Assessor. Er hat folgende wesentliche Aufgaben:

- Ansprechpartner des Sponsors des Assessments
- Planung des Assessments
- Verantwortung für die Sicherstellung der Qualifikation des Assessorenteams
- Sicherstellen, dass das Assessment und die Bewertung nach den Anforderungen des Assessmentprozesses durchgeführt werden. Gegebenenfalls auch Sicherstellen weiterer im Rahmen der Assessmentplanung vereinbarten Anforderungen wie z.B. spezielle OEM-Anforderungen.
- Verantwortung bezüglich der korrekten Assessmentdokumentation

4. Eine Prozessinstanz bedeutet: Ein Prozess wird einmal (in einem Team) assessiert. Zwei Prozessinstanzen entstehen, wenn ein Prozess zweimal, z.B. an zwei Standorten oder bezüglich zwei Prozessvarianten (z.B. handgeschriebener Code und modellgenerierter Code), assessiert werden muss.

Ein Assessorenteam besteht in der Regel aus mindestens zwei Assessoren, dem Lead Assessor und ein oder mehreren Co-Assessoren. Diese müssen beim VDA QMC zertifiziert sein[5], da das Assessment sonst von den meisten OEMs nicht anerkannt wird. Für ein unabhängiges Assessment muss zumindest der Lead Assessor aus einer anderen als der assessierten Organisation kommen.

Der Sponsor eines Assessments ist für folgende Tätigkeiten verantwortlich:

- Sicherstellen der Qualifikation des Lead Assessors
- Sicherstellen, dass das Assessmentteam Zugriff auf alle notwendigen Ressourcen hat

Der Sponsor muss daher aus der assessierten Organisation kommen und ist in der Regel Mitglied des höheren Managements (z. B. Entwicklungsleitung oder Ähnliches). Beauftragt ein OEM ein Assessment bei einem Lieferanten, kommt meistens noch ein zweiter Sponsor seitens des OEM hinzu.

Des Weiteren hat es sich bei Assessments bewährt, jeweils pro Standort einen Assessmentkoordinator zu benennen, der sich um die Organisation des Assessments kümmert (Einladungen, Räume, Catering etc.). In einem Assessment können Beobachter[6] zugelassen werden, die aber keine aktive Rolle im Assessmentprozess übernehmen. Letztlich entscheidet der Lead Assessor, ob er Beobachter zulässt.

4.4 Komplexe Assessments

Einige zu assessierende Projekte und die Produkte, die diese Projekte entwickeln, sind sehr komplex. Bei solchen Projekten gibt es Projektteams mit mehreren Hundert Mitarbeitern, die über viele Standorte und Teilprojekte verteilt sind, mit mehreren Führungsebenen.

Grundsätzlich gilt die Regel: Die im Assessment genommene Stichprobe muss repräsentativ sein. Deshalb leuchtet es ein, dass bei einem Projekt mit mehreren Teilprojekten und 100 Mitarbeitern eine einzige Prozessinstanz nicht ausreicht.

Eine Prozessinstanz ist eine assessierte Ausprägung der Prozesse. Besteht ein Projekt z. B. aus drei Teilprojekten und wird jedes dieser Teilprojekte assessiert, dann betrachtet man im Assessment bei jedem Prozess drei Prozessinstanzen[7]. Komplexe Projekte erfordern daher eine umfangreiche Assessmentplanung, die sicherstellt, dass das Ergebnis repräsentativ ist. Die »Trustworthy-Assessment-Methode«[8] von intacs definiert dazu einige nützliche Regeln (siehe auch den nächsten Abschnitt). Auch wenn die Methode ordinär für Organisationsassess-

5. Zumindest ein Co-Assessor muss mindestens die Qualifikation intacs Automotive SPICE Provisional Assessor besitzen.
6. Zum Beispiel Mitarbeiter aus der Organisation zu Ausbildungszwecken, Mitarbeiter aus anderen betroffenen Projekten oder Kundenvertreter.
7. Siehe auch die Hinweise zur Aggregation von Bewertungen in Abschnitt 3.3.

ments entwickelt wurde, sind die Prinzipien auf große Projektassessments übertragbar. In Anhang A ist auch ein Beispiel einer komplexen Assessmentplanung gegeben.

Wie bei CMMI gibt es auch bei SPICE die Möglichkeit, ein Assessment der Organisationsreife der Prozesse (engl. Organizational Maturity Assessment, kurz OMA) durchzuführen. Bei solchen Organisationsassessments spricht man im Englischen von »Maturity Level« im Gegensatz zu den »Process Capability Level« eines Prozesses. Die Maturity Levels leiten sich von den Process Capability Levels ab. intacs hat ein Organizational-Maturity-Assessmentmodell (OMM) für die Automobilindustrie entwickelt, das vom HIS Scope ausgeht und stufenweise weitere Prozesse hinzufügt (siehe Abb. 4–2). Die nachfolgend beschriebenen Beispiele stammen aus der intacs-Trustworthy-Assessment-Methode.

intacs.info
International Assessor Certification Scheme™

1.	**Basic Process Set**		
	SYS.2-5 und SWE.1-6		
		System and Software Engineering	
	MAN.3	Project Management	
	SUP.1	Quality Assurance	
	SUP.8	Configuration Management	
	SUP.9/10	Change Management and Problem Resolution Management	
2.	**Extended Process Set**		
	Level 2:		
		MAN.5	Risk Management
		■	No further additional processes required; already covered by basic set
	Level 3:		
		PIM.1	Process Establishment from ISO/IEC 15504-5
		PIM.3	Process Improvement
		MAN.6	Measurement
		RIN.2	Training from ISO/IEC 15504-5
	Level 4:		
		QNT.1	Quantitative Performance Management
	Level 5:		
		QNT.2	Quantitative Process Improvement

Abb. 4–2 *Von intacs definiertes OMM für Automotive SPICE*

8. Kostenfrei erhältlich auf der intacs-Webseite (*www.intacs.info*) für Mitglieder und registrierte Assessoren.

Was ist zum Erreichen eines Maturity Level notwendig?

- Für Maturity Level 1 müssen für die Prozesse im Basic Process Set in den untersuchten Projekten und Organisationseinheiten ein Capability Level 1 nachgewiesen werden.
- Für Maturity Level 2 müssen die Prozesse im Basic Process Set und Extended Process Set bis Level 2 in den untersuchten Projekten und Organisationseinheiten mindestens Capability Level 2 nachweisen.
- Für Maturity Level 3 muss entsprechend für alle Prozesse im Basic Process Set und Extended Process Set bis Level 3 in den untersuchten Projekten und Organisationseinheiten mindestens Capability Level 3 nachgewiesen werden.
- Für Maturity Level 4 und 5 müssen alle Prozesse im OMM-Umfang den Capability Level 3 erreichen und zusätzlich noch mindestens ein Prozess aus dem Basic Process Set auf Capability Level 4 bzw. 5 entwickelt werden.

In Abbildung 4–3 sind die Anforderungen an die Maturity Levels in Form einer Tabelle zusammengefasst.

Level	Basic Process Set	Extended Process Set ML2	Extended Process Set ML3	Extended Process Set ML4	Extended Process Set ML5
0	At least one CL0	–	–	–	–
1	All ≥ CL1	–	–	–	–
2	All ≥ CL2	All ≥ CL2	–	–	–
3	All ≥ CL3	–	All ≥ CL3	–	–
4	At least one CL4	–	–	All ≥ CL3	–
5	At least one CL5	–	–	–	All ≥ CL3

Abb. 4–3 *Anforderungen an die Maturity Levels in Form von geforderten Capability Levels für bestimmte Prozessmengen*

Wie werden die zu untersuchenden Projekte ausgewählt?

Je nach Vertrauensstufe (engl. Confidence Level) muss die Gesamtliste der Projekte, aus der die betrachteten Projekte ausgewählt werden, einen bestimmten Anteil der Gesamtorganisation abdecken (»OU coverage«). Dies ist in Abbildung 4–4 dargestellt. »Class« bezieht sich dabei auf die Assessmentklasse gemäß ISO/IEC 33002.

ISO/IEC TR 15504 Part-7		intacs	
Class	**Purpose**	**OU Coverage**	**Confidence Level**
Class 1	▪ to provide a level of confidence in the results of the assessment such that the results are well suited for comparisons across different organizations; ▪ to enable assessment conclusions to be drawn as to the relative strengths and weaknesses of the organizations compared; ▪ to provide a basis for process improvement, external benchmarking and capability determination.	≥67%	High
Class 2	▪ to provide a level of confidence in the assessment results that may indicate the overall level of performance of the key processes in the organization unit, which are suitable for comparisons of maturity across an organizational or product line scope; ▪ to enable assessment conclusions to be drawn about the opportunities for improvement and levels of process-related risk; ▪ to provide a basis for an initial assessment at the commencement of an improvement program.	<67% ≥34%	Medium
Class 3	▪ to generate results that may indicate critical opportunities for improvement and key areas of processrelated risk; ▪ to be suitable for monitoring the ongoing progress of an improvement program, or to identify key issues for a later class 1 or class 2 assessment. ▪ to provide a general indication of organizational maturity of the organization unit;	<34%	Low

Abb. 4–4 *Definition der Assessmentklassen*

Auch für die Anzahl der zu assessierenden Prozessinstanzen und der Prozesse je Instanz gibt es Vorgaben, die aber den Rahmen dieses Buchs sprengen würden. Nur so viel sei gesagt: Die Anzahl der zu untersuchenden Projekte wird vor der Assessmentplanung festgelegt. Allerdings werden die zu assessierenden Projekte erst kurz vor dem Assessment bekannt gegeben (maximal 4 Wochen vorher), um ein Aufhübschen dieser Projekte zu verhindern.

Die meisten OMAs werden zurzeit im asiatischen Raum durchgeführt. Das kann unter anderem daran liegen, dass es dort eine hohe Affinität zu Prozessen und Prozesszertifizierungen gibt und hier in der Vergangenheit oft hohe CMMI Levels nachgewiesen wurden. Auch in Deutschland besteht Interesse, allerdings wurden bisher nur wenige OMAs durchgeführt.

Werden OMAs anerkannt?

Als die intacs-Methode innerhalb der HIS vorgestellt wurde, waren die HIS-Teilnehmer durchaus daran interessiert, da eine organisationsweite Prozessreife den Vorteil bietet, dass die Organisation aus eigenem Antrieb heraus nach Prozessverbesserung strebt und sich verpflichtet, die gesamte Organisation daran auszurichten. Das »Aufhübschen« einzelner Projekte für ein Assessment entfällt und es wird wahrscheinlicher, dass Projekterfahrungen aus einem Projekt auf das nächste besser übertragen werden. Allerdings ist die Methode noch nicht etabliert und damit offiziell noch nicht anerkannt. Bei Interesse sollte daher am besten direkt mit dem OEM vereinbart werden, inwieweit der OEM in solche Organisationsassessments eingebunden werden will (z.B. als Inspekteur, Beobachter oder Co-Assessor, Auswahl von zu untersuchenden Projekten).

5 Funktionale Sicherheit und Automotive SPICE

Nachdem immer mehr mechanische und hydraulische Systeme in sicherheitsrelevanten Baugruppen im Automobil durch elektrische und elektronische Lösungen ersetzt oder ergänzt werden, ist die »Funktionssicherheit« dieser Systeme eine zentrale Eigenschaft. Viele dieser Steuergeräte können bei Fehlfunktionen zur Verletzung von Personen führen. Für Bremsensteuerung, Lenkung oder Airbag-Steuerung ist dieser Zusammenhang offensichtlich. Darüber hinaus gibt es viele weitere Steuergeräte, Funktionen und Sensoren, die ebenfalls davon betroffen sind, deren Gefahren aber weniger offensichtlich sind.

Im November 2011 wurde die ISO 26262 Road vehicles – Functional safety [ISO 26262] veröffentlicht. Dieser Standard definiert den Stand der Technik zur Entwicklung sicherheitsbezogener elektronischer Systeme im Automobil. Die Entwickler von Steuergeräten im Automobil stehen also vor der Herausforderung, sowohl die Anforderungen der ISO 26262 als auch die Anforderungen des Automotive SPICE-Modells zu erfüllen.

In diesem Kapitel geben wir einen Überblick über die relevanten Standards, gehen auf Gemeinsamkeiten und Unterschiede zwischen Automotive SPICE und ISO 26262 ein und stellen einen Ansatz zur Kombination von Automotive SPICE-Assessments und Safety-Audits vor.

Einige der Textpassagen in diesem Kapitel basieren auf den Functional Safety Essentials [FUSI Essentials] bzw. dem Abschnitt »Beziehung Automotive SPICE zu Safety« der Automotive SPICE Essentials [Automotive SPICE Essentials] der Firma Kugler Maag Cie.

5.1 Überblick funktionale Sicherheit und ISO 26262

Funktionale Sicherheit (nachfolgend mit FS abgekürzt) bezeichnet den Teil der Sicherheit eines Systems, der eine zuverlässige und sicherheitsbezogene Funktion der (Sub-)Systeme und externer Einrichtungen gewährleistet. Die bekanntesten diesbezüglichen Normen sind die IEC 61508 und die ISO 26262.

IEC 61508

Die Norm IEC 61508 [IEC 61508] ist eine internationale branchenunabhängige »Dachnorm« zur Entwicklung von elektrischen, elektronischen und programmierbar elektronischen (E/E/PE)[1] Systemen, die eine Sicherheitsfunktion ausführen.

ISO 26262

Abgeleitet von der IEC 61508 definiert die Norm ISO 26262 Anforderungen an die Entwicklung von sicherheitsrelevanten Systemen in der Automobilindustrie. Sie bietet einen Sicherheitslebenszyklus (siehe Abb. 5–1) zur Entwicklung von elektrischen und/oder elektronischen Systemen in Personenkraftwagen mit dem Ziel, unvertretbare Risiken im Produkt zu vermeiden. Sie verwendet einen strukturierten Ansatz, um Sicherheitsziele für ein Produkt abzuleiten und zu implementieren. Die Zahlen in Abbildung 5–1 beziehen sich auf die ISO 26262; z.B. verweist 3-7 auf ISO 26262 Teil 3, Kap. 7.

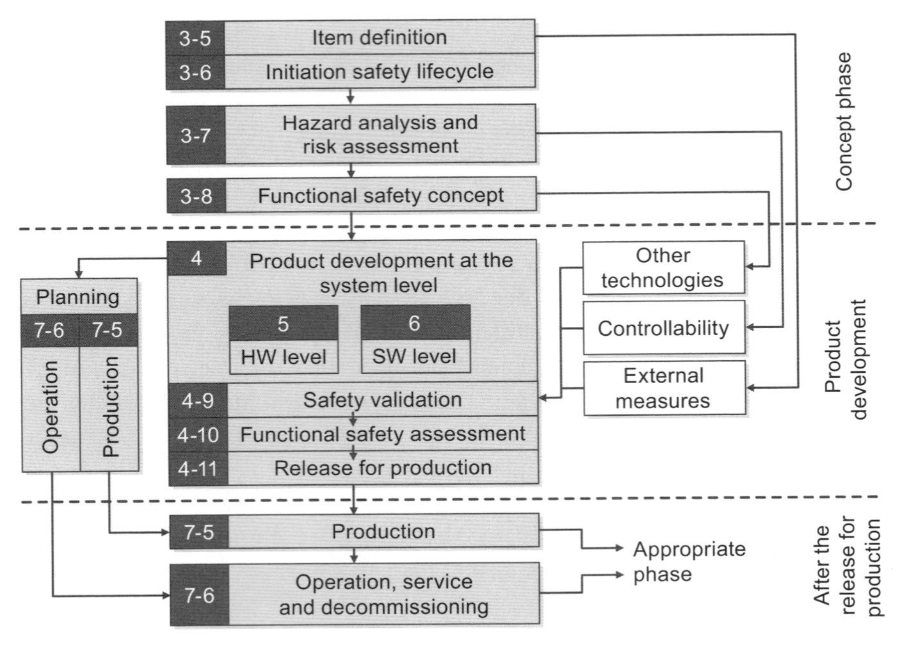

Abb. 5–1 Sicherheitslebenszyklus der ISO 26262

Die Norm besteht aus 10 Teilen, die in Abbildung 5–2 dargestellt sind. Die Teile 3 bis 7 der Norm enthalten Anforderungen und Empfehlungen für alle Aktivitäten, die erforderlich sind, um das notwendige Maß an funktionaler Sicherheit während des gesamten Entwicklungslebenszyklus zu erreichen: Konzeptphase, Systemdesign, Hardwareentwicklung, Softwareentwicklung, Systemtest, Produk-

1. E/E/PE steht für »electrical/electronic/programmable electronic«.

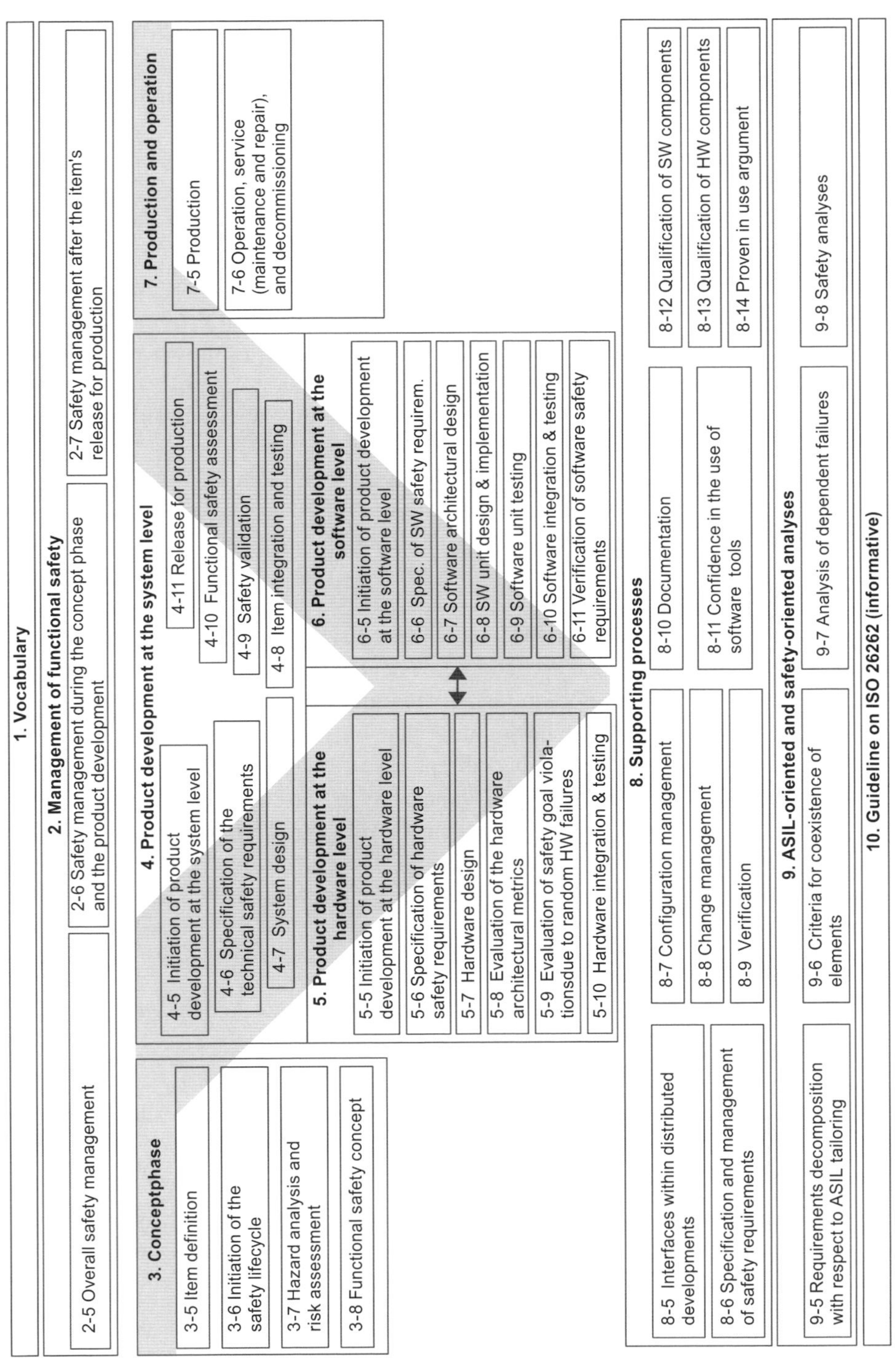

Abb. 5–2 *ISO 26262-Überblick [ISO 26262]*

tion und Betrieb. Ein Zuschneiden der notwendigen Aktivitäten während des Sicherheitslebenszyklus wird durch die ISO 26262 unterstützt. Die Norm fordert kein bestimmtes Entwicklungsmodell, sie ist allerdings nach dem in der Automobilindustrie üblichen V-Modell strukturiert. Die weiteren Teile der Norm enthalten Anforderungen und Empfehlungen für phasenübergreifende Aktivitäten. Der Teil 10 ist ein Leitfaden zur ISO 26262.

ASIL

Gemäß ISO 26262 ist vor Beginn der Entwicklung eine Gefährdungs- und Risikoanalyse durchzuführen, um die mit dem zu entwickelnden Produkt verbundenen Risiken zu identifizieren und zu bewerten. Aus den erkannten Risiken werden Sicherheitsziele abgeleitet, die nach ihrer Kritikalität (ASIL: Automotive Safety Integrity Level) klassifiziert und wiederum in Sicherheitsanforderungen zur Beherrschung der Risiken detailliert werden.

Die Gefährdungen werden in der Risikoanalyse mit den Stufen QM, ASIL A, ASIL B, ASIL C oder ASIL D klassifiziert. Dabei bezeichnet QM (Quality Management) die niedrigste Risikostufe, ASIL D die höchste Stufe.

ISO/IEC 15504-10

Wenig bekannt ist, dass die ISO/IEC 15504 eine Erweiterung bezüglich funktionaler Sicherheit enthält, nämlich den Teil 10 »Safety extension« [ISO/IEC 15504-10]. Der Teil 10 ist in der Automobilindustrie nach unserer Einschätzung wenig akzeptiert[2]. Zum Zeitpunkt der Bucherstellung war angedacht, diesen Teil in der Zukunft in die ISO/IEC 33040 zu überführen, ein Safety Extension PRM. Bis dahin kann man den Teil 10 noch bestellen. Daher wollen wir kurz darauf eingehen.

ISO/IEC 15504-10 definiert zusätzliche Prozesse und Safety-Arbeitsprodukte und gibt Anleitungen und Hinweise für die Durchführung von Prozessassessments in der Entwicklung von sicherheitskritischen Systemen. Die zusätzlichen Prozesse sind:

- **SAF.1 Safety management**
  Zweck des Prozesses ist es, dass Produkte, Services und Lebenszyklusprozesse die definierten Sicherheitsanforderungen erfüllen.
- **SAF.2 Safety engineering**
  Zweck des Prozesses ist es, dass funktionale Sicherheit durch alle Stufen der Engineering-Prozesse ausreichend adressiert ist.
- **SAF.3 Safety qualification**
  Zweck des Prozesses ist es, die Eignung von externen Ressourcen zu assessieren, wenn sicherheitskritische Software oder Systeme entwickelt werden.

---

2. In ISO/IEC 15504 -10 selbst findet sich folgender interessanter Hinweis: »This part of ISO/IEC 15504 is not intended to provide the state of the art for developing or verifying functional or non-functional safety-related systems or components.«

Des Weiteren bietet der Teil 10 noch spezielle Hinweise für jeden Prozess der beiden Assessmentmodelle ISO/IEC 15504-5 und 15504-6. Für weiterführende Informationen zum Thema funktionale Sicherheit siehe [Löw et al. 2010] und [Gebhardt et al. 2013].

5.2 Vergleich von ISO 26262 und Automotive SPICE

Sowohl Automotive SPICE als auch die ISO 26262 stellen Anforderungen an die Entwicklungsprozesse. Darüber hinaus stellt die ISO 26262 noch weitergehende Anforderungen bezüglich zu verwendender Methoden. Außerdem stellt die ISO 26262 Anforderungen an

- das Produkt und die Produktarchitektur,
- Produktion und Betrieb des Systems,
- Sicherheitsmanagement
- und die Durchführung von Sicherheitsanalysen.

Der Sicherheitslebenszyklus der ISO 26262 (siehe Abb. 5–1) enthält Bereiche, in denen es eine große Überlappung gibt und die gut durch Automotive SPICE-Prozesse unterstützt werden, wie »Product development SW level« und »Release for production«. Es gibt aber auch Bereiche, die kaum oder gar nicht unterstützt werden, wie »Hazard analysis and risk assessment«, »Product development HW level« und »Production«. Die prinzipielle Überlappung der Modelle ist in Abbildung 5–3 dargestellt.

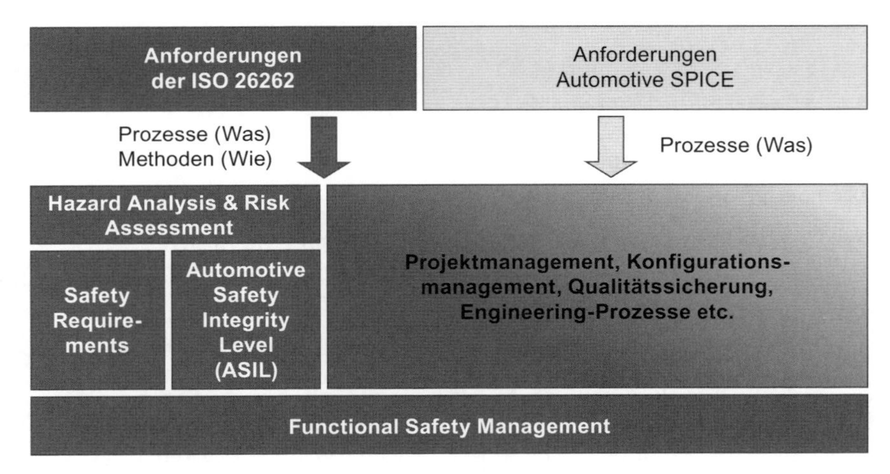

Abb. 5–3 *Überlappung von Automotive SPICE und ISO 26262*

Somit ist klar, dass die Einführung von Automotive SPICE allein nicht ausreicht, um eine ISO-26262-Konformität sicherzustellen. Andererseits widersprechen die Anforderungen von Automotive SPICE den Anforderungen der ISO 26262 nicht, sodass beide Standards gleichzeitig angewendet werden können.

Zur Umsetzung der ISO-26262-Anforderungen sind unter anderem reife Entwicklungsprozesse mit zugehörigen Methoden und unterstützenden Tools notwendig. Viele der Automotive SPICE-Prozesse tragen zur Erfüllung dieser Anforderungen bei, die ISO-26262-Forderungen gehen aber an vielen Stellen deutlich darüber hinaus, insbesondere bei höheren ASIL.

Aus der Einstufung »QM« ergeben sich keine weiteren Anforderungen der ISO 26262 und die weitere Entwicklung erfolgt nach den üblichen Prozessen gemäß Automotive SPICE.

Bei den Einstufungen ASIL A bis ASIL D ergeben sich aus der ISO 26262 weitere Anforderungen, die zusätzlich zu den Anforderungen des Automotive SPICE-Modells zu erfüllen sind. Diese Anforderungen sind von der ASIL-Einstufung abhängig und beziehen sich auf zusätzliche Prozessschritte, Methodenanforderungen oder Anforderungen an die Unabhängigkeit von Personen.

5.3 Unterschiede zwischen ISO 26262 und Automotive SPICE

Automotive SPICE und ISO 26262 haben in folgenden Punkten wesentliche Unterschiede, die nachfolgend weiter erläutert sind:

- im Scope der Standards,
- in den Levels,
- in einigen (zusätzlichen) Aktivitäten und Rollen,
- in einigen zusätzlichen Arbeitsprodukten,
- in den Methodenanforderungen und
- in den Unabhängigkeitsanforderungen.

5.3.1 Unterschiede im Scope der Standards

Beide Standards haben einen unterschiedlichen Scope. Dies wird schon im sogenannten Scope Statement deutlich:

- **Zitat aus dem Automotive SPICE Scope Statement** (Auszug)
  »The Automotive SPICE process assessment model (PAM) is intended for use when performing conformant assessments of the process capability on the development of embedded automotive systems. It was developed in accordance with the requirements of ISO/IEC 33004.«
- **Zitat aus dem ISO 26262 Scope Statement** (Auszug)
  »ISO 26262 is intended to be applied to safety-related systems that include one or more electrical and/or electronic (E/E) systems and that are installed in series production passenger cars ...«

Neben dem völlig unterschiedlichen Zweck der Standards ist auch erkennbar, dass Automotive SPICE (auch aus der Historie heraus) als Hauptgegenstand das Assessment der Entwicklungsprozesse behandelt. Auch wenn das Scope Statement im Automotive PAM in Version SPICE 3.0 neutral gehalten ist, so liegt der Fokus in der praktischen Anwendung auf den System- und Softwareentwicklungsprozessen. Ein »System« kann zwar neben der Software auch Hardware, Mechanik, Hydraulik, Pneumatik, Sensoren, Kabel, Stecker etc. enthalten. Mechanik- und Hardwareentwicklung sind aber im Automotive SPICE PAM (noch) nicht beschrieben, auch wenn das Konzept dies prinzipiell vorsieht.

Im Gegensatz dazu stehen für die ISO 26262 die elektrischen/elektronischen Systeme im Vordergrund. Für diese werden System-, Hardware- und Softwareentwicklung behandelt, außerdem Produktion, Betrieb und die Sicherheitsmanagementprozesse.

5.3.2 Unterschiede in den Levels

Der Zweck des Automotive SPICE-Modells besteht darin, Kriterien für die Bewertung von Prozessen zu definieren. Diese Kriterien können in einem Prozessassessment zur Bewertung der Levels oder bei der Prozessgestaltung zur Definition reifer Prozesse benutzt werden.

Die ISO 26262 gibt Kriterien vor, nach denen ein sicherheitsbezogenes System zu entwickeln ist, um die Produktrisiken nach dem Stand der Technik ausreichend zu minimieren. Dabei wird keine »Reife« der Prozesse bewertet, sondern lediglich die Frage, ob durch die implementierten Maßnahmen das Risiko ausreichend gesenkt wurde oder nicht.

Es gibt keine effektive Verknüpfung der Anforderungen in den Standards (z.B. »Level X in bestimmten Automotive SPICE-Prozessen ergibt ASIL Y«). Es gibt aber bei den Basispraktiken (Level 1) besonders viele Überdeckungen und auch auf Level 2 sind Überdeckungen zu finden. Zudem fordert die ISO 26262 »organization-specific rules and processes to comply with the requirements of ISO 26262«, was einem Standardprozess entspricht. Wir empfehlen daher einen Automotive SPICE Capability Level 3 für alle in Abbildung 5–4 mit »starker Bedarf« gekennzeichneten Prozesse[3] als notwendige Voraussetzung (wenn auch nicht hinreichend, da die ISO 26262 weitere Forderungen hat wie in Abb. 5–3 dargestellt).

---

3. Gemeinsame Reviews z.B. werden in der ISO 26262 nicht explizit gefordert, sondern dass man mit Kunden zusammen eine Verifikation durchführt. Daher wurde SUP.4 als »mittlerer Bedarf« eingestuft.

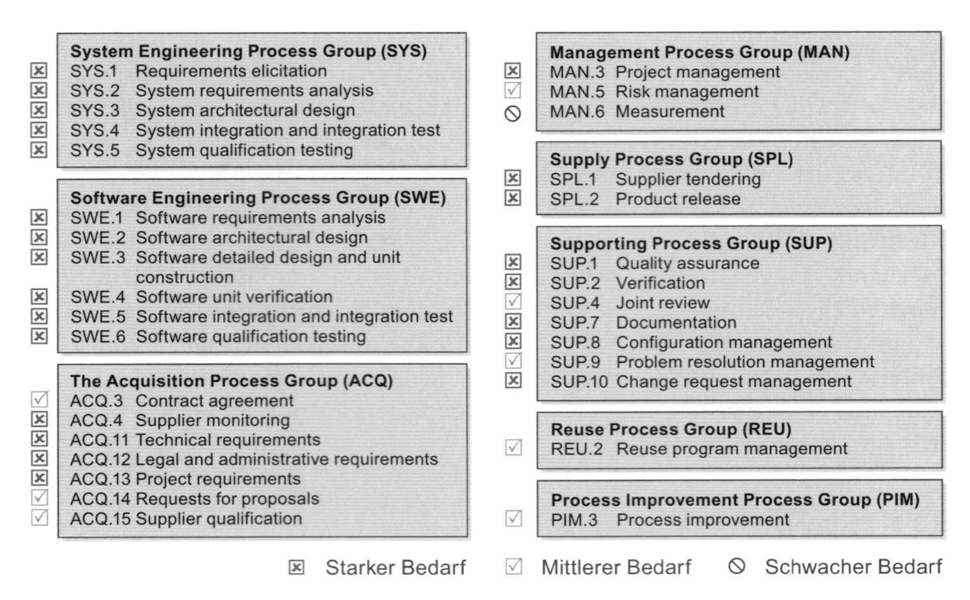

Abb. 5–4 *Unterstützung der ISO-26262-Umsetzung durch Automotive SPICE*

5.3.3 Unterschiede in den Aktivitäten und Rollen

Für die Entwicklung nach ISO 26262 werden einige Aktivitäten zusätzlich gefordert, wie z. B.:

- Gefährdungs- und Risikoanalyse, Sicherheitsanalysen auf System-, Hardware- und Softwareebene
- Sicherheitsvalidierung
- Confirmation Reviews
- Safety-Audit
- Safety-Assessment
- Weitere unterstützende Prozesse aus Teil 8:
  - Confidence in the use of SW tools
  - Qualification of SW components
  - Qualification of HW components
  - Proven in use argument

Bei den Prozessrollen gibt es bei ISO 26262 zusätzlich die Rolle »Safety-Manager«.

5.3.4 Unterschiede in den Arbeitsprodukten

Die ISO 26262 fordert die Erstellung zusätzlicher Arbeitsprodukte:

- Sicherheitsplan (Safety Plan)
- Funktionales Sicherheitskonzept (Functional Safety Concept)
- Technisches Sicherheitskonzept (Technical Safety Concept)
- Bericht über Bestätigungsmaßnahmen (Confirmation Measures Report)
- Dokumentation der Softwaretool-Qualifizierung (Confidence in the use of Software Tools)
- Dokumentation der Qualifizierung von Softwarekomponenten (Software Component Qualification Report)
- Dokumentation der Qualifizierung von Hardwarekomponenten (Hardware Component Qualification Report)
- Nachweis der Betriebsbewährung (Proven in use argument)
- Bericht zum Safety-Audit (Safety Audit Report)
- Bericht des Safety-Assessments
- Sicherheitsnachweis (Safety Case)

Das Automotive SPICE PAM enthält keine Arbeitsprodukte, die diesen Dokumenten entsprechen. Allerdings gibt es Überlappungen zwischen

- dem funktionalen Sicherheitskonzept und »Stakeholder-Anforderungen« (gemäß SYS.1),
- dem technischen Sicherheitskonzept und technischen Anforderungen in der »System Requirements Specification« (gemäß SYS.2),
- den Qualification Reports und den Verifikationsergebnissen (gemäß SUP.2).

5.3.5 Unterschiede in den Methodenanforderungen

Automotive SPICE definiert die Prozessanforderungen über den Zweck der Prozesse (Process Purpose) und über die Prozessergebnisse (Process Outcomes). Darüber hinaus gibt es vertiefende Indikatoren wie Basispraktiken, Arbeitsprodukte und generische Praktiken. Durch diese Vorgaben ist direkt oder indirekt definiert, *was* getan werden muss. Welche Methoden und Techniken (das *Wie*) verwendet werden müssen, wird in der Regel nicht vorgegeben[4]. Jedes Unternehmen muss die Methoden und Techniken bei der Festlegung der Entwicklungsprozesse selbst definieren. In einem Automotive SPICE-Assessment wird dann bewertet, ob die Prozessergebnisse tatsächlich erzielt wurden.

Die ISO 26262 gibt für die meisten Prozessschritte eine Auswahl vor, aus denen jedes Projekt nach vorgegebenen Regeln und abhängig von der ASIL-Einstufung die anzuwendenden Methoden und Techniken auswählt. Ein Beispiel für

4. Bis auf einige Hinweise in den »Notes« des Automotive SPICE-Modells.

die Methodenauswahl der Systemdesign-Verifikation ist in Abbildung 5–5 angegeben.

7.4.8 Verification of system design

7.4.8.1 The system design shall be verified for compliance and completeness with regard to the technical safety concept using the verification methods listed in Table 3.

Table 3 — System design verification

	Methods	ASIL			
		A	B	C	D
1a	System design inspection[a]	+	++	++	++
1b	System design walkthrough[a]	++	+	o	o
2a	Simulation[b]	+	+	++	++
2b	System prototyping and vehicle tests[b]	+	+	++	++
3	System design analyses[c]	see Table 1			

[a] Methods 1a and 1b serve as a check of complete and correct implementation of the technical safety requirements.

[b] Methods 2a and 2b can be used advantageously as a fault injection technique.

[c] For conducting safety analyses, see ISO 26262-9:2011, Clause 8.

NOTE Anomalies and incompleteness identified between the system design, regarding the technical safety concept, will be reported in accordance with ISO 26262-2:2011, 5.4.2.

Abb. 5–5 *Beispiel einer Methodentabelle der ISO 26262 (Auszug aus der [ISO 26262], Teil 4, Tabelle 3)*

Ein »++« in diesen Tabellen bedeutet, dass die Anwendung dieser Methode für das entsprechende ASIL dringend empfohlen wird (highly recommended), ein »+« gibt eine einfache Empfehlung, ein »o« kennzeichnet eine Methode, für die es keine Empfehlung für oder gegen die Anwendung der Methode gibt.

Die Methodenempfehlungen der ISO 26262 sollten, wo möglich, eingehalten werden. Unabhängig vom ASIL-Level muss man die Methodenauswahl immer begründen. Sind die empfohlenen Methoden in bestimmten Fällen nicht anwendbar, so gibt die ISO 26262 Alternativmethoden[5] vor. Plant man, andere Methoden einzusetzen, so ist dies ebenfalls zu begründen, und man muss im Sicherheitsplan darlegen, dass das Risiko noch akzeptabel ist. Man muss also nachweisen, dass die vorgesehene Methode in Bezug auf die Risikominimierung mindestens genauso wirksam ist wie die von der ISO 26262 empfohlene Methode. Bei dieser Vorgehensweise besteht aber immer das Risiko, dass im Falle eines Personenschadens dieser Nachweis infrage gestellt wird.

5.3.6 Unterschiede in den Unabhängigkeitsanforderungen

Automotive SPICE stellt nur zu wenigen Prozessen und Aktivitäten Anforderungen an die Unabhängigkeit der durchführenden Personen. Zum Beispiel wird im Qualitätssicherungsprozess (SUP.1) gefordert, dass die Organisationsstruktur eine objektive Qualitätssicherung ohne Interessenkonflikt erlaubt.

5. In Abbildung 5–5 sind die Methoden 1a) und 1b) Alternativen.

Die ISO 26262 stellt für einige Aktivitäten sehr konkrete Anforderungen an die Unabhängigkeit der durchführenden Personen und unterscheidet verschiedene Grade der Unabhängigkeit[6]. Anforderungen an die Unabhängigkeit gibt es für alle Bestätigungsmaßnahmen (Confirmation Reviews, Sicherheitsaudit und Safety-Assessment). Bei höheren ASIL-Einstufungen müssen Bestätigungsmaßnahmen zum Teil von einer unabhängigen Organisationseinheit oder Organisation durchgeführt werden. Das betrifft vor allem die ASIL-Einstufung in der Gefährdungs- und Risikoanalyse und das Safety-Assessment. Mit diesen Anforderungen soll ausgeschlossen werden, dass Risiken heruntergespielt werden, um z.B. Entwicklungsaufwand einzusparen.

5.4 Kombination von Automotive SPICE-Assessments und funktionalen Safety-Audits

Sowohl Automotive SPICE als auch die Entwicklung nach ISO 26262 erfordern viele Evaluierungsmethoden und Aktivitäten. Wir wollen in diesem Abschnitt darauf eingehen,

- welche Überlappungen es gibt,
- wie man Automotive SPICE-Assessments und Safety-Audits kombinieren kann und
- was man sonst noch beachten sollte, um kombinierte Evaluierungen durchzuführen.

Zunächst die drei wesentlichen Evaluierungsmethoden im Vergleich:

- **Automotive SPICE-Assessment**
  Evaluierung der Implementierung der Prozesse gegen das Automotive SPICE PAM
- **Safety-Audit**
  Evaluierung der Implementierung der FS-relevanten Prozesse
- **Safety-Assessment**
  Unabhängige Untersuchung von Produktcharakteristiken und Bewertung, ob die definierten Sicherheitsziele erreicht wurden

Die Überlappung dieser Methoden ist in Abbildung 5–6 dargestellt.

---

6. Die Unabhängigkeitsgrade sind: I1: Vier-Augen-Prinzip, I2: Prüfer aus anderem Team, d.h. jemand mit einem anderen direkten Vorgesetzten, I3: Prüfer aus einem anderen Bereich (Abteilung) ODER einer anderen Organisation.

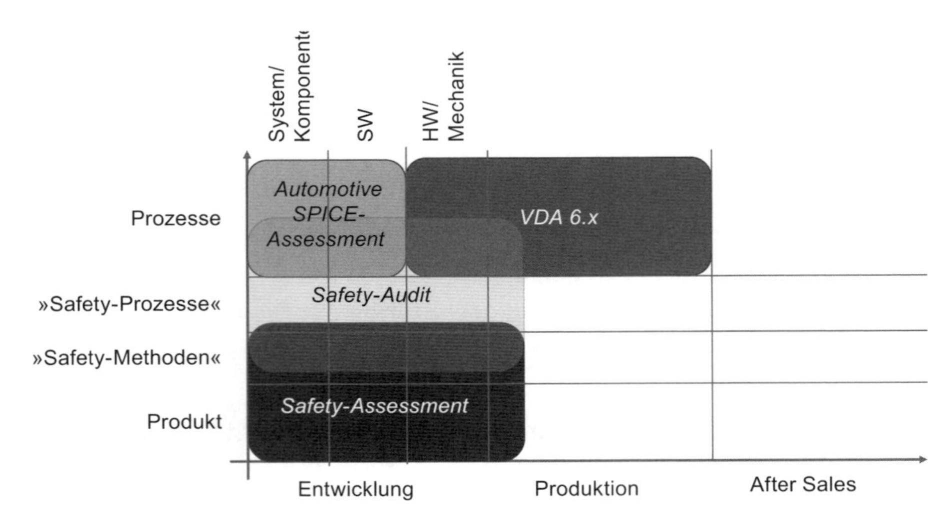

Abb. 5–6 *Überlappung der Evaluierungsmethoden*

Safety-Assessments können mehrere Male im Projekt durchgeführt werden (funktionales Sicherheitskonzept, Systemdesign etc.) und sind erst am Ende des Projekts nach Vorliegen aller Evidenzen abgeschlossen. Für das Safety-Assessment braucht der Assessor ein tiefes technisches Verständnis vom Produkt, um die Angemessenheit der im Produkt implementierten Sicherheitsmaßnahmen beurteilen zu können. Außerdem muss er die Korrektheit der durchgeführten Sicherheitsanalysen (z.B. FMEDA, FTA) bewerten.

Da Safety-Assessments somit eine andere Zielsetzung verfolgen, ist eine Zusammenlegung mit Automotive SPICE-Assessments nach unserer Erfahrung wenig sinnvoll. Wir betrachten daher nachfolgend die Synergien zwischen einem Automotive SPICE-Assessment und Safety-Audit.

5.4.1 Kombination von Automotive SPICE-Assessment und Safety-Audit

Safety-Audits und Automotive SPICE-Assessments erfordern einen erheblichen Aufwand. Durch die Überlappung der beiden Modelle hinsichtlich Prozessanforderungen (siehe Abb. 5–3) kann es zu einer Unzufriedenheit in der assessierten Organisation kommen, wenn in zwei unterschiedlichen Evaluierungen ähnliche Fragen gestellt werden, deren Antworten dann im Worst Case noch unterschiedlich bewertet werden. Daher ist eine intelligente Verknüpfung zu empfehlen. Vergleicht man die zu betrachtenden Anforderungen, so kann man diese in fünf grundsätzliche Kategorien einteilen, die in Abbildung 5–7 dargestellt sind. Eine mögliche Verknüpfung, die sich in der Praxis gut bewährt hat, zeigt Abbildung 5–8.

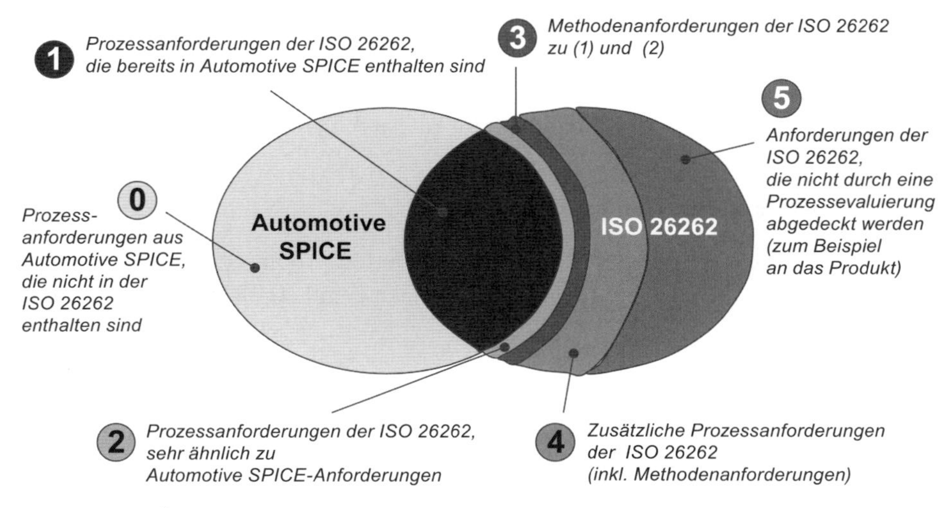

Abb. 5–7 *Überlappung von Automotive SPICE-Assessment und Safety-Audit im Detail*

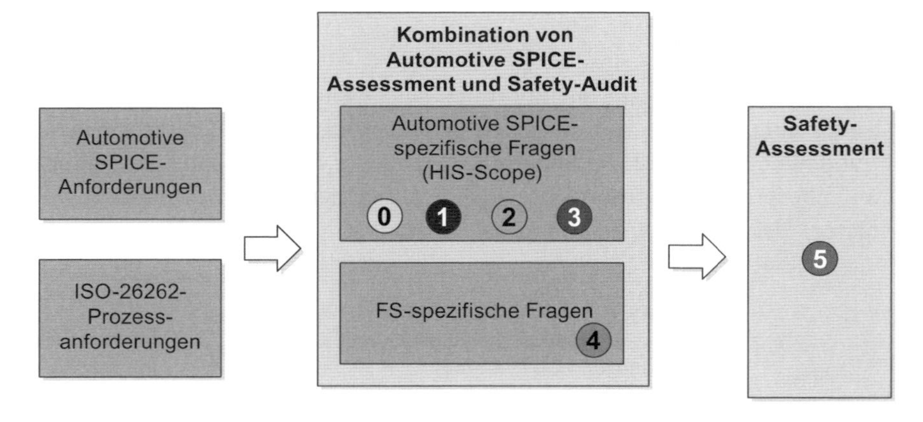

Abb. 5–8 *Kombinierte Methode Automotive SPICE-Assessment und Safety-Audit*

Im kombinierten Ansatz werden zuerst die Automotive SPICE-Anforderungen sowie die ISO-26262-Anforderungen untersucht, die eine starke Überdeckung mit Automotive SPICE haben, also die Bereiche 0-3 in Abbildung 5–7[7]. Damit werden sowohl Automotive SPICE- als auch ISO-26262-Aspekte in einer Evaluierung betrachtet und vorhandene Synergien werden optimal berücksichtigt.

Die zusätzlichen Prozess- und Methodenanforderungen der ISO 26262 (Kategorie 4) werden durch FS-spezifische Fragen überprüft. Dazu können z.B. die zusätzlichen Prozesse der ISO/IEC 15504-10 herangezogen werden, auch wenn diese die Anforderungen der ISO 26262 nicht abdecken. Man braucht

7. Dabei sollten, falls zutreffend, auch die in Kapitel 6 genannten Aspekte hinsichtlich funktionaler Sicherheit beachtet werden.

dann noch weitere Prozesse z.B. für Hardwareentwicklung, »Confidence in the use« für Entwicklungswerkzeuge sowie Qualifizierung von Komponenten.

Anforderungen der ISO 26262, die nicht durch eine Prozessevaluierung abgedeckt werden (Kategorie 5), sollten dann im Safety-Assessment abgedeckt werden.

5.4.2 Weitere zu beachtende Aspekte

Wenn man Automotive SPICE-Assessments und Safety-Audits verknüpfen möchte, sind weitere Aspekte zu beachten, um diese effektiv und effizient durchzuführen.

Teamzusammensetzung

Das Assessorenteam muss wie bei jedem Assessment Kontextwissen besitzen, daher sollten im Assessmentteam FS-Experten vertreten sein. Ein Teammitglied übernimmt die Rolle des Safety-Auditors. Die Anforderungen der ISO 26262 bezüglich Unabhängigkeit des Auditors (abhängig vom ASIL) sind zu beachten. Des Weiteren ist zu empfehlen, dass die Überprüfungen möglichst vom selben Team über einen längeren Zeitraum durchgeführt und begleitet werden.

Modellergänzungen

Während der Untersuchung der Praktiken sind weitere FS-spezifische Anforderungen zu überprüfen. Am besten man erweitert das verwendete Prozessassessmentmodell entsprechend. In Abbildung 5–9 sind z.B. spezifische FS-Ergänzungen auf Ebene der Basispraktiken aus dem Assessmenttool »Automotive SPICE Navigator« der Firma Kugler Maag Cie dargestellt.

SWE.2.BP3: Define interfaces of software elements. Identify, develop and document the interfaces of each software element. [OUTCOME3]

Functional Safety: Listen for Software specific refinement of the hardware-software interface specification (HIS), including: RAM, A/D converter, D/A converter, multiplexer, watchdog, interrupts, send/receive message, real time counter etc.

Abb. 5–9 *Beispiel für FS-Ergänzungen*

Neben den genannten Evaluierungsmethoden erfordern sowohl Automotive SPICE als auch die ISO 26262 viele weitere Methoden wie Analysen, Verifikationsmethoden (Walkthrough, Inspektion, Review), Tests, Prozessaudits[8] und Validierung. Die Evaluierungen sind teilweise sehr aufwendig und hängen voneinander ab. So können Prozessaudits z.B. von den Ergebnissen von Inspektionen und Reviews abhängen und eine Sicherheitsvalidierung setzt auf den Testergebnissen auf. Ein Prozessassessment sollte vor einem Safety-Assessment durchgeführt werden. Eine gute Planung der zeitlichen Reihenfolge und der Abhängigkeiten kann daher signifikant Aufwand einsparen und Frustration ersparen. Eine mögliche Planung der Evaluierungen eines Projekts entlang des Sicherheitslebenszyklus ist in Abbildung 5–10 dargestellt. Diese Abbildung stammt aus einem Artikel von Erwin Petry und Peter Löw [Petry & Löw 2009], der eine vertiefende Betrachtung dieses Themas enthält.

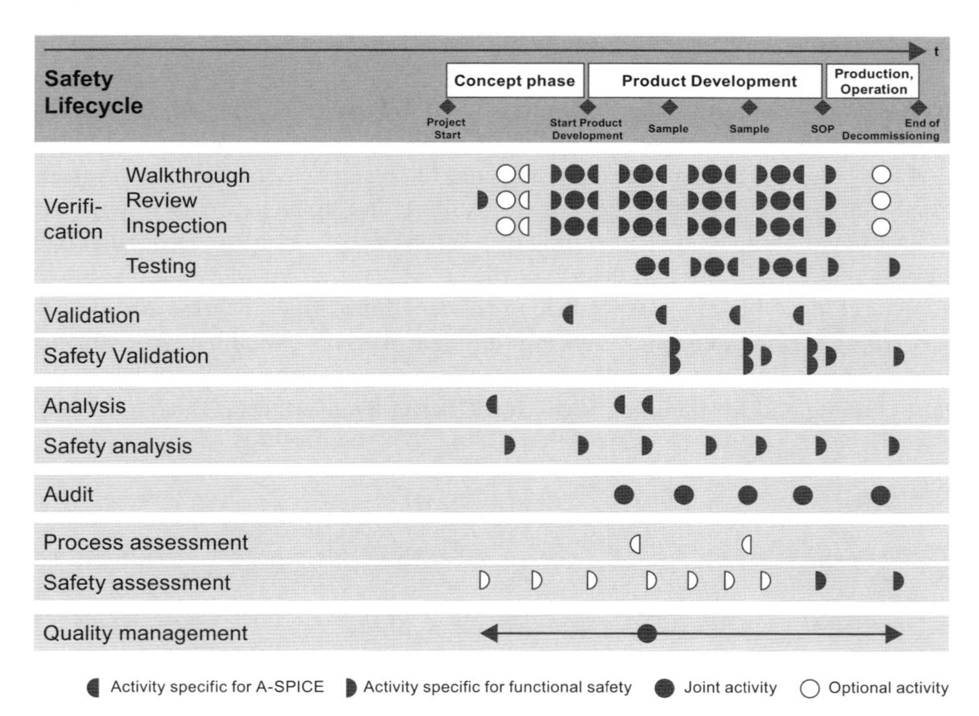

Abb. 5–10 *Evaluierungen entlang des Sicherheitslebenszyklus*

8. Das ist im Rahmen der ISO 26262 das Safety-Audit.

5.5 Zusammenfassung ISO 26262 und Automotive SPICE

Die Analogien und Überlappungen zwischen Automotive SPICE und der ISO 26262 bildet man am besten in den unternehmensspezifischen Prozessdefinitionen ab, indem man die Aktivitäten zur Erfüllung der beiden Standards soweit wie möglich in einer Prozessdefinition kombiniert. Wenn bereits Prozesse konform zu Automotive SPICE vorliegen, sollten die Methodenanforderungen und die zusätzlichen Aktivitäten der ISO 26262 in die Prozessbeschreibungen eingearbeitet werden.

Die Prozesse der Hardwareentwicklung sollten analog zu den Softwareentwicklungsprozessen unter Berücksichtigung der Anforderungen der ISO 26262 definiert werden. Im Rahmen einer intacs-Arbeitsgruppe wird z.B. eine Erweiterung von Automotive SPICE auf die Mechanikentwicklung erarbeitet. Das ermittelte ASIL sollte als ein Kriterium beim Tailoring der Automotive SPICE-Prozesse genutzt werden.

Es gibt keine effektive Verknüpfung der Anforderungen in den Standards (z.B. »Level X in bestimmten Automotive SPICE-Prozessen ergibt ASIL Y«). Wir empfehlen aber einen Automotive SPICE Capability Level 3 für alle in Abbildung 5–4 mit »starker Bedarf« gekennzeichneten Prozesse als notwendige Voraussetzung, um sicherheitskritische Software (ASIL 1 und höher) zu entwickeln. Wir empfehlen außerdem, die Umsetzung der Anforderungen von Automotive SPICE Level 3 und ISO 26262 parallel zu verfolgen.

Durch die Überlappung der beiden Modelle hinsichtlich Prozessanforderungen hat sich eine intelligente Verknüpfung von Automotive SPICE-Assessments und Safety-Audits in der Praxis bewährt. Einen noch größeren Nutzen kann eine gute Planung und Abstimmung aller erforderlichen Evaluierungsmethoden bringen.

6 Agilität und Automotive SPICE

Seit einigen Jahren wird ein Einsatz von agilen Methoden in der Automobilindustrie intensiv diskutiert. Das Thema ist in aller Munde. Dies zeigt auch eine neu aufgesetzte Konferenz »Agile in Automotive« in Stuttgart im November 2015[1]. Für eine neue Konferenz war sie mit über 130 Teilnehmern aus aller Welt sehr gut besucht. Der Konferenzveranstalter sprach von einem außergewöhnlichen Erfolg und kündigte noch am Ende der Konferenz an, die Konferenz im nächsten Jahr fortzusetzen.

Eine internationale Studie bezüglich des Einsatzes agiler Methoden in der Automobilindustrie [Agile Studie 2015] bestätigt das große Interesse. Einige OEMs fordern ihre Zulieferer aktiv zu einer agilen Entwicklung auf und sehen Agilität als ein wichtiges Kriterium für eine Auftragsvergabe. So sagte ein Sprecher von BMW in einer Key Note der »Agile Cars«-Konferenz im Februar 2014[2]: »Die nächste Ebene der Entwicklungsarbeit wird nur möglich sein, wenn OEMs und Zulieferer agil zusammenarbeiten.«

Wir haben dieses Thema in vier inhaltliche Abschnitte gegliedert: In Abschnitt 6.1 gehen wir auf die Frage ein, warum man sich mit dem Thema Agilität in der Automobilindustrie beschäftigen sollte. Dieser Abschnitt richtet sich auch an Leser ohne Grundkenntnisse in agilen Methoden.

In Abschnitt 6.2 wollen wir ein einheitliches Verständnis bezüglich Agilität sicherstellen. Leider ist das Thema »agile Entwicklung« nicht einheitlich definiert und es gibt viele unterschiedliche Meinungen und Definitionen dazu. Wir gehen darauf ein, was wir unter »Agilität in Automotive« verstehen und welche Methoden, Praktiken und Tools typischerweise eingesetzt werden.

In Abschnitt 6.3 zeigen wir auf, wie Agilität und Automotive SPICE zusammenpassen und welche kritischen Punkte es bei der Umsetzung von agilen Praktiken in der Automobilentwicklung bei gleichzeitiger Erfüllung der Automotive SPICE-Anforderungen gibt. Für ausgewählte Probleme zeigen wir konkrete Lösungsansätze aus Projektbeispielen auf.

---

1. *http://www.euroforum.de/agile-automotive.*
2. Die Konferenz wurde mittlerweile umbenannt, siehe *http://www.embedded-meets-agile.de.*

In Abschnitt 6.4 gehen wir kurz darauf ein, wie Agilität, Automotive SPICE und funktionale Sicherheit nach ISO 26262 zusammenpassen.

Zuletzt fassen wir in Abschnitt 6.5 die wesentlichen Erkenntnisse aus diesem Kapitel zusammen. Insbesondere die Abschnitte 6.2 und 6.3 setzen voraus, dass der Leser sich bereits mit agilen Methoden und den dahinter stehenden Werten und Prinzipien beschäftigt hat und zumindest die wesentlichen Begriffe und Grundlagen kennt.

6.1 Warum sich mit Agilität und Automotive SPICE beschäftigen?

In einer Studie [Agile Studie 2015] wurden die Teilnehmer unter anderem gefragt, warum sie sich mit dem Thema Agilität in der Automobilentwicklung beschäftigen. Die Teilnehmer nannten wie im Vorjahr als Hauptgrund, dass ihr derzeitiger Entwicklungsansatz nicht mehr geeignet ist, die aktuellen und zukünftigen Herausforderungen zu meistern:

- Schneller Anstieg der Komplexität ihrer Produkte
- Anzahl und Geschwindigkeit von Anforderungsänderungen
- Kürzere Time-to-Market

Am Beispiel von »Connected Car«[3] zeigt sich dies deutlich. Besonders drastisch sind hier z.B. die Unterschiede in den typischen Entwicklungszeiten. In der Verbraucherelektronik- und App-Welt werden neue Services innerhalb eines Tages bereitgestellt, die Entwicklung und Bereitstellung neuer Funktionen dauern meist nicht länger als einen Monat. In der Automobilindustrie dauert die Entwicklung von Automobilkomponenten durchschnittlich bis zu 30 Monate und länger. Hier muss das Auto mit dem Internet und der Verbraucherelektronik zusammenspielen und hinsichtlich Entwicklungszyklen, Update-Mechanismen und -Zyklen sowie Safety- und Security-Anforderungen abgeglichen werden.

Agile Methoden und Praktiken wurden entwickelt, um in einem neuen oder noch instabilen Technologiefeld mit unklaren Anforderungen erfolgreich Produkte zu entwickeln. Daher können diese insbesondere bei der Entwicklung neuer Technologien wie autonomes Fahren, Connected Car und Elektromobilität hilfreich sein. Nachfolgend fassen wir zusammen, was agile Entwicklung ausmacht:

- Die Entwicklung erfolgt in kleinen Schritten (Iterationen) mit kurzen Feedbackzyklen (1–4 Wochen, kürzer ist besser).
- Mit jeder Iteration wird ein funktionierendes und getestetes Produkt(teil) (z.B. lauffähige Software, funktionsfähige Prototypen) abgeliefert. Dies ist auch das wesentliche Maß für den Fortschritt.

---

3. Ein Begriff für Fahrzeuge, die mit Internetzugang und z.B. WLAN ausgestattet sind und die Internetverbindung mit anderen Geräten teilen können.

- Für jede Iteration wird auf Basis des lauffähigen Produkts Kundenfeedback eingeholt, um festzustellen, ob die Kundenerwartungen erfüllt sind, und um neue und weiterführende Anforderungen zu konkretisieren.
- Entwicklungsteams arbeiten weitestgehend selbstorganisiert und haben alle notwendigen Kompetenzen im Team. Dies wird insbesondere aufgrund der Komplexität des Produkts, der damit verbundenen Teamgrößen und der oft internationalen Verteilung der Teams notwendig, auch wenn dies zugegeben schwierig ist.
- Damit einher geht auch eine Änderung des Führungsverständnisses[4] und Micromanagement wird vermieden: Die Teams erhalten mehr Entscheidungsbefugnisse, als es in klassischen Organisationsstrukturen üblich ist.
- Der Fokus der Entwicklung liegt neben der Entwicklung von Features auf technischer Exzellenz, guter Architektur und gutem Design und der Lauffähigkeit des Produkts. Es gilt das Prinzip »Quality First«, sprich Fehlerhebung und Stabilität geht vor Entwicklung neuer Features.
- In regelmäßigen, kurzen Zeitspannen (z.B. nach jeder Iteration) wird reflektiert, wie Teams effektiver und wirksamer werden können. Die Teams leiten daraus Maßnahmen ab und setzen diese schon in der nächsten Iteration um.
- Für diese kurzen Iterationen gelten klare Regeln:
  - Bearbeite nur das, was du ausreichend verstehst (Vermeidung von »Waste«).
  - Halte den vereinbarten Umfang in einer Iteration stabil. Vermeide möglichst Kontextwechsel.
  - Schaffe tägliche Transparenz über die aktuelle Entwicklung inkl. Abhängigkeiten (wer macht was?) sowie über den Entwicklungsfortschritt (wo stehen wir?).
  - Löse Probleme im Team schnell und effektiv.

Dass der agile Ansatz erfolgreich sein kann, zeigen einige aktuelle Beispiele. Laut einer Studie von Version One [Version One 2015], in der jährlich mehrere Tausend Softwareentwickler befragt werden (überwiegend aus der IT), werden als die häufigsten Vorteile einer agilen Entwicklung folgende Punkte genannt:

- Besserer Umgang mit und Management von sich ändernden Prioritäten (87 %)
- Höhere Produktivität (84 %)
- Verbesserte Transparenz (82 %) und Vorhersagbarkeit (79 %) im Projekt
- Verbesserte Teammoral (79 %)

Beispiele aus der Automobilindustrie

Die gleichen Vorteile werden auch in der »Automotive Studie« [Agile Studie 2015] genannt. Allerdings konnten nur wenige Organisationen den Produktivitätszuwachs quantifizieren. Das liegt sicher auch daran, dass die Erfahrungen mit agilen Ansätzen in der Automobilindustrie noch recht jung[5] sind.

---

4. Siehe dazu weiterführende Literatur wie [Appelo 2010].

Auf der bereits genannten Konferenz »Agile in Automotive 2015« wurden ebenfalls einige interessante Vorteile genannt:

- Im Vortrag »Agility at Bosch« wurde ein gemeinsames Projekt mit Tesla genannt, in dem die Entwicklungszeit durch agile Ansätze auf die Hälfte der herkömmlichen Zeit verkürzt werden konnte.
- Im gleichen Vortrag wurde die agile Entwicklung der »Automotive IoTS Application – my Drive Assist« erwähnt, die in der Kategorie »Best App« in Las Vegas den »Connected Car Award«[6] erhielt.
- Im Vortrag »Driving Scaled Agile at TomTom« gab TomTom neben anderen folgende Vorteile an:
  - Geplante Releases wurden immer rechtzeitig ausgeliefert.
  - Releases wurden schneller und häufiger bereitgestellt als zuvor.
  - Tägliche, automatisierte Tests haben zu einer immer lauffähigen »Main Line« geführt. Dadurch wurde »Waste« vermieden.
- Im Vortrag »Agile transformation of an automotive supplier« gab Elektrobit an, dass die Entwickler in agilen Projekten 45 % mehr Zeit für kreative Funktionsentwicklung hatten und gleichzeitig der Aufwand für Fehlerbehebung um 17 % reduziert wurde. Zudem wurde die Anzahl der »Change Requests« durch inkrementelle Verfeinerung der Anforderungen deutlich reduziert.

6.2 Was bedeutet »Agilität in Automotive«?

Der Begriff »agile Entwicklung« ist nicht fest definiert. Das liegt unter anderem daran, dass »Agilität« kein fest definierter Standard wie Automotive SPICE zugrunde liegt. Vielmehr ist »Agilität« ein Oberbegriff für eine Vielzahl von Methoden und Praktiken, die überwiegend aus der Softwareentwicklung stammen. Abbildung 6–1 gibt einen Überblick über die bekannteren agilen Methoden und Praktiken.

5. Laut Studie liegt 2015 die durchschnittliche Erfahrungsdauer bei 3 Jahren.
6. Leserwettbewerb der Magazine Auto Bild und Computer Bild.

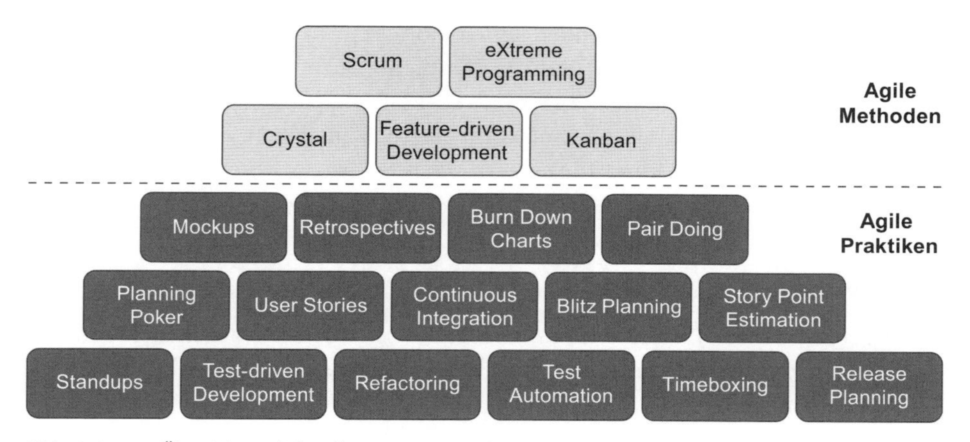

Abb. 6–1 *Übersicht und Klassifizierung von »agilen« Begriffen*

6.2.1 Was macht eine agile Entwicklung aus?

Leider wird die Aussage »Wir entwickeln agil« sehr unterschiedlich genutzt und interpretiert. Viele Unternehmen machen sogenanntes »Cherry Picking« und setzen einzelne agile Praktiken ein, ohne die agile Denkweise wirklich verstanden zu haben und zu leben. Oder aber agile Entwicklung wird als Argument vorgeschoben, um bei der Softwareentwicklung die Dokumentation weglassen zu können. Letzteres hat nichts mit agiler Entwicklung zu tun. Den ersten Punkt illustrieren die zwei nachfolgenden Beispiele:

- Ich besichtigte ein Kanban[7]-Board bei einer Organisationseinheit, die von sich behauptete, »agil« zu arbeiten. Auf diesem Board war zu sehen, dass ein Mitarbeiter über 20 Aufgaben parallel in Bearbeitung hatte. Dadurch wurde eine der wesentlichen Praktiken in Kanban, nämlich »Limitiere die Menge paralleler Arbeit (Work in Progress, WIP)«, um Kontextwechsel zu vermeiden, deutlich verletzt. Die Organisation benutzte zwar ein Kanban-Board zur Visualisierung, arbeitete aber noch im Push- statt im Pull-Modus.
- Bei einer anderen Organisation wurde Scrum eingeführt. Da man sich aber nicht darauf einigen konnte, den Entwicklungsumfang während eines Sprints stabil zu halten, wurden in der Sprint-Planung fast 50 % Puffer für Unvorhergesehenes eingeplant. Auch hiermit wurde eine wesentliche Praktik verletzt, nämlich den Umfang während eines Sprints stabil zu halten.

Will man also beurteilen, ob eine Entwicklungsorganisation wirklich agil arbeitet, zieht man am besten das Agile Manifest [Agiles Manifest 2001] zurate. Dieses

7. Kanban steht für evolutionäres Change Management und ist eigentlich eine »Lean«-Methode, die sich aber an eine agile Entwicklung angenähert hat. Daher bezeichnen wir Kanban hier als agile Methode.

wurde im Jahre 2001 von führenden agilen Pionieren wie Kent Beck, Ken Schwaber und Jeff Sutherland verfasst und veröffentlicht. Darin hat man sich neben vier grundlegenden Leitsätzen auch auf folgende 12 Prinzipien geeinigt, die sehr gut beschreiben, was eine agile Organisation letztlich ausmacht. Man kann diese Prinzipien auch als Checkliste für ein kritisches Selbstassessment nutzen, um die eigene Agilität selbst zu beurteilen. Im Folgenden sind die 12 Prinzipien – etwas frei übersetzt – wiedergegeben.

Die 12 Prinzipien agiler Softwareentwicklung

1. Unsere höchste Priorität ist es, den Kunden (vertreten durch den Product Owner) durch frühe und kontinuierliche Lieferung wertvoller Ergebnisse zufriedenzustellen.
2. Auf Änderungen der Anforderungen, selbst spät in der Entwicklung, reagieren wir gelassen. Unsere agile und flexible Vorgehensweise nutzt Veränderung zum Wettbewerbsvorteil.
3. Wir liefern funktionierende bzw. verwendbare Ergebnisse regelmäßig innerhalb weniger Wochen oder Monate und bevorzugen dabei die jeweils kürzere Zeitspanne.
4. Funktionierende bzw. verwendbare Ergebnisse sind für uns das wichtigste Fortschrittsmaß.
5. Bei uns arbeiten Fachexperten und Entwickler während des Projekts täglich zusammen.
6. Wir errichten Projekte rund um motivierte Individuen. Wir gestalten ihnen ein passendes Umfeld, geben ihnen alle nötige Unterstützung und vertrauen darauf, dass sie die ihnen gestellten Aufgaben erledigen werden.
7. Zum Informationsaustausch innerhalb des agilen Teams nutzen wir die effizienteste und effektivste Methode – das Gespräch von Angesicht zu Angesicht.
8. Unsere agile Vorgehensweise fördert nachhaltige Entwicklung. Alle Beteiligten sollen dabei ein gleichmäßig hohes Tempo bzw. eine hohe Ergebnisrate auf unbegrenzte Zeit halten können.
9. Unser ständiges Augenmerk auf technische Exzellenz, gute Architektur und Design fördert Agilität.
10. Wir nutzen als Grundlage selbstorganisierte Teams, aus denen die besten Architekturen, Anforderungen, Entwürfe und Ergebnisse entstehen.
11. In regelmäßigen Abständen reflektieren unsere agilen Teams, wie sie effektiver, wirksamer werden können, und passen ihr Verhalten entsprechend an.
12. Bei allem Denken und Handeln unserer agilen Teams ist Einfachheit – die Kunst, unnötige Arbeit zu vermeiden – essenziell.

6.2.2 »Agile in Automotive (AiA)«: Welche agilen Methoden und Praktiken werden in der Automobilentwicklung aktuell eingesetzt?

Die Studie bezüglich des Einsatzes agiler Methoden in der Automobilentwicklung [Agile Studie 2015] zeigt, dass agile Methoden und Praktiken zunehmend auch in Serienentwicklungsprojekten eingesetzt werden, die u.a. Anforderungen von Automotive SPICE und funktionaler Sicherheit erfüllen müssen.

Basierend auf den Erkenntnissen aus der Studie und eigenen Erfahrungen mit der Einführung von agilen Methoden und Praktiken in der Automobilelektronikentwicklung, fassen wir nachfolgend unter dem Schlagwort »Agile in Automotive (AiA)« unsere Erkenntnisse und Erfahrungen mit Stand der Drucklegung dieses Buchs zusammen. Bei einigen Aspekten würden wir uns eine deutlich »agilere« Ausprägung wünschen und haben dies dann entsprechend kommentiert.

Domänen und eingesetzte Methoden

Agile Methoden werden heutzutage fast in allen Domänen eingesetzt, aber überwiegend im Multimediabereich. Multimedia umfasst z.B. Telematikdienste, Radio und Navigation sowie App-Services. Aber auch in den Domänen Body-Elektronik, Powertrain und Chassis sowie bei der Entwicklung integrierter Systeme und Services haben agile Vorgehensweisen Einzug gefunden.

Am häufigsten kommt Scrum zur Anwendung, gefolgt von Kanban bzw. Software-Kanban (für weitere Informationen siehe [Pichler 2007] und [Anderson 2011]). Allerdings weichen viele erfolgreiche Umsetzungen teilweise deutlich von der im Scrum Guide [Scrum Guide] beschriebenen Vorgehensweise oder einem Scrum »out of the box« ab. Auch werden die agilen Prinzipien aus Abschnitt 6.2.1 nicht immer eingehalten. Fast alle Teilnehmer der Studie gaben an, dass eine Anpassung an die Automobilwelt notwendig ist, ohne genau zu benennen, warum.

Disziplinen und Projektphasen

AiA kommt überwiegend in der Softwareentwicklung zum Einsatz. Aktuell sind nur wenige Implementierungen in der Hardware- und Mechanikentwicklung bekannt. Scrum eignet sich gut bei der Entwicklung neuer Features, Kanban eignet sich gut, um eine Menge von Tasks möglichst schnell und ungestört abzuarbeiten. Daher wird Scrum eher während den Feature-Implementierungsphasen, Kanban eher am Projektende während der Fehlerbehebungs- und Stabilisierungsphase eingesetzt[8]. Nicht alle Teams wechseln die Methodik, sondern behalten die ausgewählte Methodik mehr oder minder bei. Kanban wird auch häufig bei Teams eingesetzt, die für die Wartung und Betreuung von entwicklungsbegleiten-

8. Auch wenn diese Vorgehensweise an sich den agilen Prinzipien widerspricht, und man Fehler gleich nach der Entdeckung beheben sollte, ist eine Verschiebung der Fehlerbehebung in eine spätere Phase immer noch häufige Praxis.

den Tools zuständig sind, da in diesen Teams häufig eine Vielzahl von unabhängigen Tasks bearbeitet wird.

Häufige Integration

Die meisten geben Continuous Integration als wichtigste Praktik und auch als Voraussetzung für AiA an (siehe dazu nachfolgenden Exkurs). Allerdings lässt der Testautomatisierungsgrad meist noch zu wünschen übrig. Auch sind viele noch beim Daily/Nightly Build anstelle eines Continuous Build.

Sprint-Dauer, Sprint-Umfang

Die Sprint-Dauer ist eher länger als der aktuelle Trend in der IT-Entwicklung[9]. Am häufigsten wird von den Teilnehmern der Studie drei Wochen als Sprint-Dauer genannt. Dies liegt sicher auch am noch unzureichenden Testautomatisierungsgrad.

Einige AiA-Teams und insbesondere Plattformteams tun sich schwer, den vereinbarten Umfang während des Sprints stabil zu halten. Daher werden häufig kleinere Puffer eingeplant und es gibt sogenannte »Hot Fix«-Tickets. Solange der Puffer einen Umfang von 10–15 % nicht übersteigt, kann dies noch funktionieren. Geht dies nicht, sollte man besser auf Kanban umsteigen, da es hier keine Sprints gibt.

AiA-Team-Setup

Typischerweise sind AiA-Teams über mehrere Standorte und oft auch mehrere Länder und Kontinente verteilt. Das macht die Abstimmung meist schon wegen der unterschiedlichen Zeitzonen schwierig. Leider ist eine Infrastruktur für das Arbeiten mit verteilten Teams bei den meisten Organisationen oft nur unzureichend vorhanden. Telefonkonferenzen und Webmeetings sind zwar Standard, aber die Qualität der Freisprecheinrichtungen lässt meist zu wünschen übrig. Es fehlt häufig die Erlaubnis für den Einsatz von Videoaufnahmen der Teilnehmer. Videokonferenzräume gibt es selten oder sind ständig ausgebucht oder defekt und nur wenige kennen sich mit der Bedienung aus.

AiA-Teams bestehen meistens aus einem Mix aus Experten und weniger erfahrenen Entwicklern. Sogenannte »T-Shape«-Teams findet man selten. T-Shape bedeutet, jeder im Team kann alles machen und ist zudem noch Experte auf mindestens einem Themengebiet. Die Scrum-Rollen »Scrum Master« und »Product Owner« werden in der Praxis häufig von Projekt- oder Teamleitern übernommen. Dies ist sicher nicht immer optimal und führt manchmal zu Problemen bei der Umsetzung einer Selbstorganisation im Team. Der Product Owner kommt häufig aus der eigenen Entwicklungsorganisation und repräsentiert den OEM-Kunden, was in der Praxis meist gut funktioniert. Einen Product Owner direkt aus der Kundenorganisation (z.B. ein OEM-Mitarbeiter) findet man sehr selten.

9. Je kürzer je besser, meist ein bis zwei Wochen.

Retrospektiven und Demos

Retrospektiven werden zwar durchgeführt, allerdings nicht immer nach jedem Sprint. Das Umsetzen der identifizierten Verbesserung dauert häufig noch zu lange und wird unterschätzt bzw. geht leider im Tagesgeschäft unter. Auch die Demos zum Sprint-Ende auf Basis eines lauffähigen Produkts, die das Ziel haben, daraus neue Anforderungen zu entwickeln, werden leider viel zu selten im agilen Sinne durchgeführt. Meist liegt der Fokus auf dem Review der bisherigen Entwicklung und nicht dem Ableiten neuer Anforderungen. Hier gibt es noch deutlichen Aufklärungs- und Verbesserungsbedarf.

User Stories

Häufig anzutreffen ist der Einsatz von User Stories zur Beschreibung der umzusetzenden Arbeiten. Allerdings werden diese nicht immer aus Benutzersicht[10] beschrieben. Die User Stories müssen in Bezug zu den Anforderungen gesetzt werden, will man Automotive SPICE erfüllen. Mit der Schätzung der Aufwände in Story Points tun sich viele AiA-Teams schwer. Es werden lieber die Aufwände der User Stories in »Personenstunden« geschätzt, womit die Vorteile der Methode[11] häufig verloren gehen.

Agile Skalierung

Zwar werden die Entwicklungsteams auf eine agile Vorgehensweise umgestellt, die Schnittstellen und andere Organisationseinheiten jedoch häufig nicht. Veränderungen in der gesamten Organisation sind sehr selten. Dabei sind gerade die Anpassung von AiA an eine große und verteilte Entwicklung mit mehreren 100 Mitarbeitern, an große Entwicklungsprojekte sowie die Einbettung und Synchronisation der agilen Teams mit dem Fahrzeug-Produktentstehungsprozess (PEP) und den zugehörigen Integrationsstufen große Herausforderungen. Eine Umstellung der Organisation in Richtung Feature-Orientierung[12] findet ebenfalls zu selten statt.

Ein weiteres Problem tritt bei Plattformentwicklungen auf, wenn Steuergeräte mit hohem Plattformanteil für mehrere Kundenprojekte parallel entwickelt werden. Hier gestaltet sich die Einigung mit mehreren Kunden auf einen stabilen Entwicklungsumfang schwierig, sowohl kurzfristig im Detail auf Ebene eines Sprints als auch auf einer höheren Ebene (Grobplanung für die nächsten Sprints).

Bei der Skalierung im Großen von agilen Vorgehensweisen geht es um die Anpassung der gesamten Organisation und die Umsetzung der agilen Prinzipien

10. Im Sinne der Beschreibungsschablone »Als <Rolle/Persona> möchte ich <Ziel/Funktionalität> damit ich <Grund>«.
11. Vorteile sind: weniger Schätzaufwand durch Vergleich mit Referenzstories oder Planning Poker, der Ausdruck der Unsicherheit durch eine nicht normierte Einheit, Ermittlung der »Team-Velocity«.
12. Dies entspricht den agilen Prinzipien 1, 2 und 4, Lieferung von »valuable« Software für den Kunden.

auf Organisationsebene. Für die Skalierung gibt es Ansätze wie »Scaled Agile Framework« (SAFe, siehe dazu auch [Mathis 2015] und [SAFE]) und »Large-Scale Scrum« (LeSS) [LESS], die auch teilweise im Automobilumfeld genannt werden. Diesen Methoden fehlt leider der Automotivbezug und sie können wegen der oben genannten Probleme nicht im gesamten Umfang eingesetzt werden, da die Modelle meist eine vollständige Umsetzung der Modellelemente voraussetzen. Insbesondere SAFe bietet einige bewährte Elemente, wie z.B. einen Release-Planungs-Workshop, die sich gut realisieren lassen. Auch das gerade entstehende »Agile in Automotive Framework«[13] erscheint hier als ein vielversprechender Ansatz.

6.2.3 Welche Herausforderungen werden demnächst angegangen ?

In der agilen Studie [Agile Studie 2015] haben fast alle Teilnehmer geäußert, dass sie sich auch in Zukunft (und meist noch intensiver) mit dem Thema Agilität beschäftigen werden. Als die nächsten Ziele und Herausforderungen wird zum einen die vorher erläuterte Skalierung von Agilität auf größere Organisationseinheiten genannt, zum anderen eine deutliche Steigerung des Testautomatisierungsgrads hin zu Continuous Integration und sogar Continuous Delivery auf Fahrzeugebene[14]. Da Continuous Integration (CI) eine wichtige Voraussetzung für AiA ist, aber häufig falsch interpretiert wird[15], wollen wir CI im nachfolgenden Exkurs erläutern.

Exkurs: Continuous Integration

Continuous Integration (CI, fortlaufende Integration) hat das Ziel, Integrationsprobleme frühzeitig zu erkennen und zu reduzieren, die z.B. durch Änderungen verschiedener Teammitglieder entstehen können. Änderungen werden einmal oder mehrmals am Tag zu einer gemeinsamen Baseline zusammengeführt.

Voraussetzung für CI ist ein gemeinsames Repository zur Quellcodeverwaltung, auf dem immer der aktuelle Stand der Software für alle verfügbar ist[16] und das das Ein- und Auschecken des Quellcodes geführt unterstützt und synchronisiert. Konflikte und Widersprüche werden dabei aufgezeigt und im Team entsprechend aufgelöst.

---

13. Hier entsteht gerade ein Open Framework, das erst nach Veröffentlichung dieses Buchs erscheinen wird. Ansprechpartner ist Frank Sazama, Fa. Kugler Maag Cie.
14. Dazu gab es auf der AiA-Konferenz in Stuttgart ein deutliches Plädoyer seitens BMW Car IT.
15. Häufig wird Continuous Integration noch mit Daily Build gleichgesetzt und die damit verbundene Testautomatisierung fehlt.
16. Häufig auch »Main Trunk« genannt.

Die Integration selbst wird automatisiert durchgeführt, d.h. übersetzt und zusammengebunden zu einem Komplettprodukt.

Des Weiteren beinhaltet CI automatisierte statische Codeanalysen sowie Unit- und Integrationstests. Die Entwickler erhalten Statusberichte und Qualitäts- und Performance-Metriken. Der Integrationsprozess ist dann abgeschlossen, wenn alle Fehler behoben wurden und ein lauffähiges Produkt entstanden ist. Die wesentlichen CI-Prinzipien sind:

- Häufiges Einchecken – mindestens einmal täglich, im Idealfall mit jedem Commit (kontinuierlich)
- Schnelles Feedback für jedes Einchecken, fehlerhafter Code wird nicht auf den Main Branch integriert.
- Die Behebung eines Problems hat die höchste Priorität.
- Wer das Problem verursacht hat, kümmert sich um die Lösung.

Ein beispielhafter Ablauf ist in Abbildung 6–2 dargestellt. Der Entwickler oder ein Tester »committen« eine Änderung auf den Entwicklungshauptpfad (z.B. SVN-Server). Dieser triggert einen Job auf dem CI-Server (häufig Jenkins-Server). Dieser startet die automatisierten Tests und gibt ein Feedback bzw. einen Build-Report an die »Trigger-Person«.

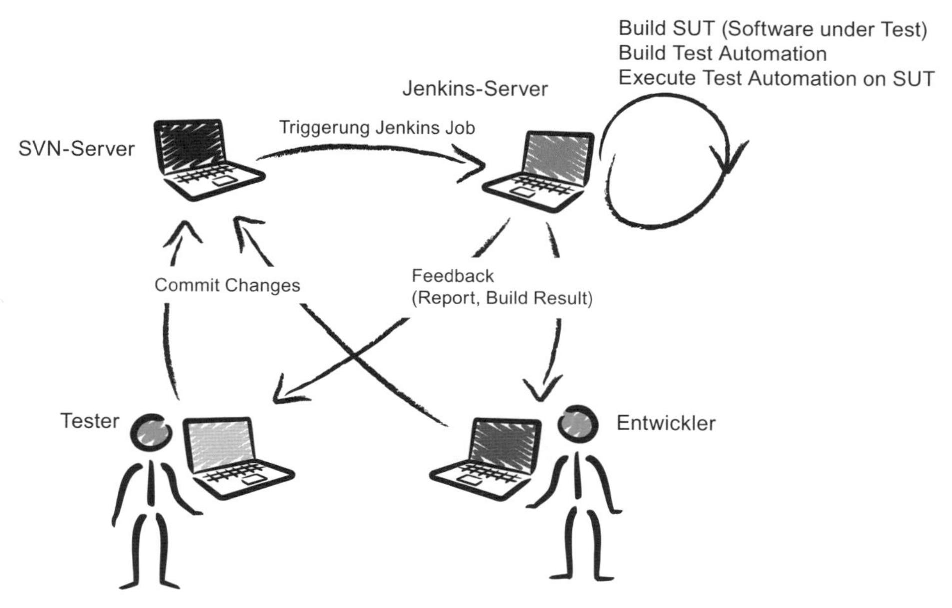

Abb. 6–2 *Ablauf von Continuous Integration*

6.3 Wie bringt man Agilität und Automotive SPICE zusammen?

Dass AiA und Automotive SPICE zusammenpassen, wurde in der Studie [Agile Studie 2015] mehrfach genannt. Neben den bereits in Abschnitt 6.1 genannten Beiträgen gab es auf der angesprochenen »Agile in Automotive«-Konferenz weitere Beiträge z.B. von Visteon und Magnetti Marelli, die aufgezeigt haben, wie es gehen kann. Insbesondere der Vortrag von Andrea Ketzer von Continental zum Thema »The Co-existence of V-Model with Agile Practices – The best of both worlds« hat hier sehr gute Lösungsansätze aufgezeigt. Wir wollen einige davon, ergänzt um eigene Erfahrungen, nachfolgend aufzeigen.

Auch die OEMs stehen dem Thema offen gegenüber, das zeigt z.B. die Aussage von BMW in der Einführung dieses Kapitels. Auf der genannten Konferenz gab es auch einen Beitrag seitens der Qualitätssicherung von Volkswagen. In diesem Vortrag wird prinzipiell bejaht, dass Agilität und Automotive SPICE zusammenpassen, allerdings gibt es kritische Faktoren, auf die man achten muss. Auf diese wollen wir nachfolgend ebenfalls eingehen.

6.3.1 Grundsätzliches

Will man Agilität und Automotive SPICE zusammenbringen, so gibt es einige agile Praktiken, die die Erfüllung von Automotive SPICE-Anforderungen gut unterstützen. Es gibt aber Anforderungen in Automotive SPICE, die typisch in der Automotive-Entwicklung sind und die nicht explizit mit agilen Vorgehensweisen abgedeckt werden können. Es müssen also neben agilen Praktiken weitere zusätzliche, in der Automotive-Entwicklung bewährte Praktiken angewendet werden.

So können agile Methoden und Praktiken kaum auf die Konfigurationsmanagement- und Lieferantenmanagementprozesse angewendet werden. Diese Prozesse müssen auch in agilen Teams systematisiert werden, was in der nachfolgend erläuterten Abdeckungsübersicht deutlich wird. Es ist zu erkennen, dass keiner der Automotive SPICE-Prozesse des HIS Scope auf Level 1 vollständig durch agile Praktiken und Methoden abgedeckt werden kann.

Mögliches Mapping

In Abbildung 6–3 ist die Abdeckung der Automotive SPICE-Prozessergebnisse je Prozess durch häufig in der Praxis verwendete agile Praktiken dargestellt[17]. Näheres zur Abbildung und zu dieser Zuordnung siehe den [Agile Pocket Guide].

---

17. Für eine solche Abdeckungsanalyse empfehlen wir eine Zuordnung der agilen Elemente zu den Prozessergebnissen (engl. process outcomes) der Automotive SPICE-Prozesse, da hier eine deutlich bessere Zuordnung als zu den Basispraktiken möglich ist.

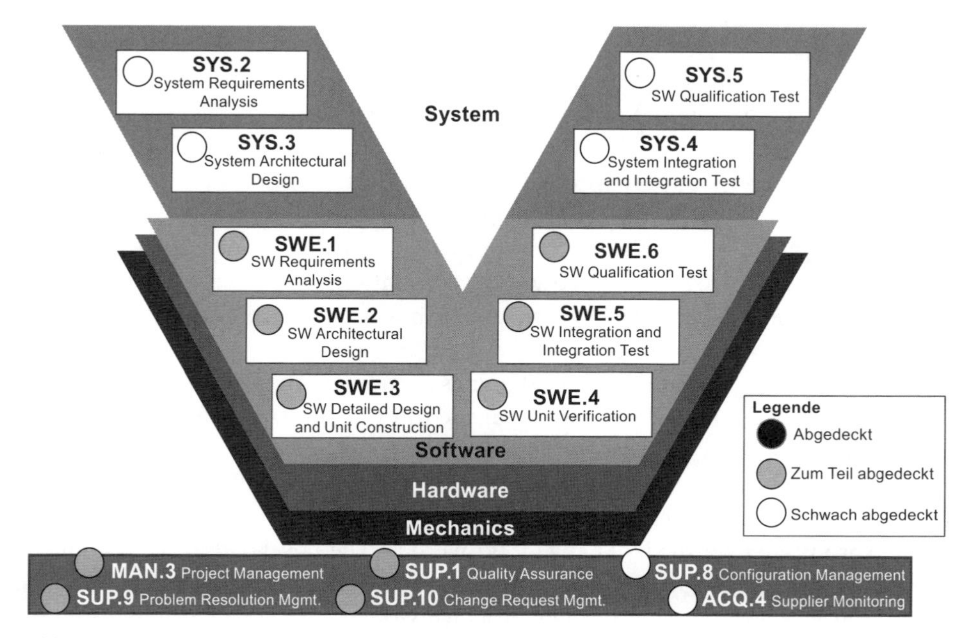

Abb. 6–3 *Abdeckung des HIS Scope Level 1 durch typische agile Praktiken*

6.3.2 Was sind die kritischen Punkte in der Praxis?

Basierend auf den Erkenntnissen aus der Studie, der Konferenz in Stuttgart und aus umfangreichen eigenen Erfahrungen aus diversen Beratungsprojekten geben wir nachfolgend eine Übersicht zu kritischen Punkten bei der Umsetzung von Agilität und Automotive SPICE in Kombination und erläutern die wichtigsten Schritte bei der Umsetzung. Die kritischen Punkte sind:

- **Generell**
  Die Implementierung der Automotive SPICE-Arbeitsprodukte, insbesondere:
  - Engineering-Arbeitsprodukte (insbesondere SWE.2-4)
  - Strategie- und Planungsdokumente
  - Level-2- und -3-Arbeitsprodukte und Aspekte
- Agile Vorausplanung über längere Zeiträume, Einbettung der agilen Teams in die Gesamtprojektorganisation (MAN.3)
- Qualitätssicherung (SUP.1)
- Anforderungsmanagement und Traceability (SYS- und SWE-Prozesse)
- Softwarearchitektur (SWE.2-3)
- Continuous Integration und Test (SWE.4-6)
- Problem-, Änderungs- und Konfigurationsmanagement (SUP.8-10) sowie Lieferantenmanagement (ACQ.4)
- Einbindung weiterer Disziplinen wie Hardware- und Mechanikentwicklung sowie der Systemebene (SYS-Prozesse)

Generell: Die Implementierung der Automotive SPICE-Arbeitsprodukte

Wie oben bereits angesprochen, müssen bewährte Arbeitsprodukte weiterhin erzeugt und in die agile Vorgehensweise integriert werden. Insbesondere die Arbeitsprodukte von SWE.2-4 wie z.B. Softwarearchitektur und Softwarefeinentwurf, Analyseergebnisse, Reviewprotokolle, Testspezifikationen und Testergebnisse sind in der Definition of Done (DoD) sowie der Entwicklungsumgebung zu verankern und innerhalb der Iterationen zu erzeugen oder zu pflegen. Die Erstellung der Arbeitsprodukte sowie das Durchführen von Reviews und Tests sind im Rahmen der Sprint-Planung einzuplanen[18] und bei den Aufwandsabschätzungen zu berücksichtigen.

Die geforderten Strategie- und Planungsdokumente müssen erzeugt werden. Diese umfassen dann meist die Projektebene (im Gegensatz zur Teamebene) und decken die mittel- bis langfristigen Planungsebenen ab.

Bei Level-2- und -3-Anforderungen von Automotive SPICE gibt es kaum Überdeckungen zu agilen Praktiken und Methoden. Hier können z.B. diese Arbeitsprodukte über die DoD abgedeckt werden. Die Level-2-Praktiken können zudem innerhalb der Iterationen auf Teamebene angewendet werden, z.B. in Form von Reviews mit entsprechenden Nachweisen. Wird »Pair Programming« als agile Entwicklungspraktik eingesetzt, so müssen trotzdem die auf Level 2 geforderten Nachweise erzeugt werden (z.B. Reviewnachweise).

Steht Level 3 im Fokus, so gibt es auch Prozessdokumente, die teamübergreifend gelten. Sie beschreiben die angewandte Vorgehensweise in den Teams, referenzieren häufig auf die DoD und sind z.B. in das »Entwicklungs-Wiki[19]« integriert. Die Erkenntnisse aus den Retrospektiven fließen in die kontinuierlichen Prozessverbesserungsaktivitäten ein.

Agile Ansätze bedingen ein hohes Maß an Prozessautomatisierung (kontinuierliche Integration, Tests, Konfigurationsmanagement, Taskmanagement etc.), was sich in der Standardinfrastruktur entsprechend widerspiegeln muss. Abbildung 6–4 zeigt eine bewährte agile Entwicklungsumgebung eines Automobilzulieferers, die in einem Automotive SPICE-Assessment bestätigt wurde.

18. Zum Beispiel in einem Taskmanagementtool; hier wird häufig das Tool JIRA verwendet.
19. Ein Wiki ist ein effizientes Community Tool zum Erfassen, Sammeln und Verteilen von relevanten Informationen.

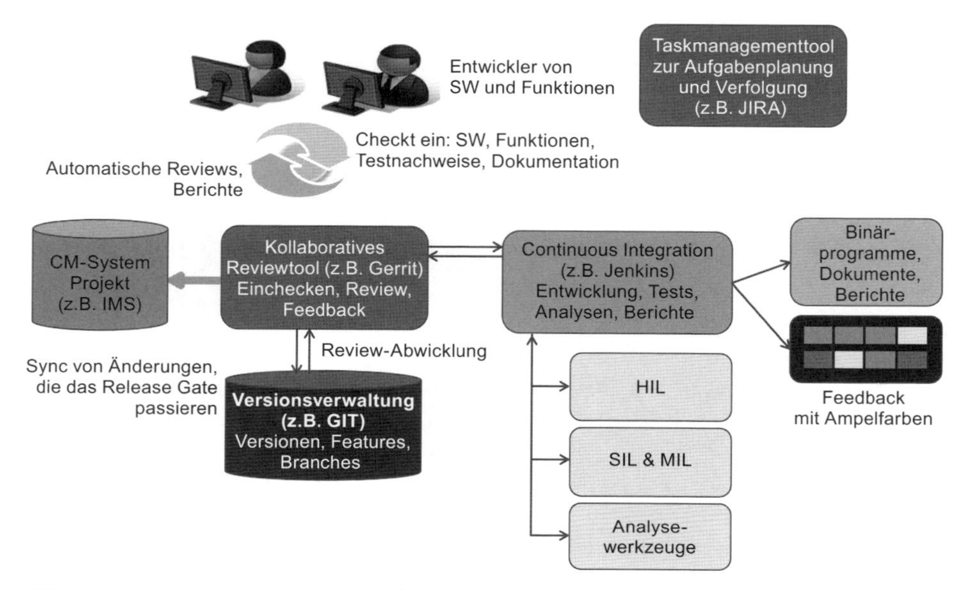

Abb. 6–4 *Beispiel einer agilen Entwicklungsumgebung*

Agile Vorausplanung und Automotive SPICE

Auch in der agilen Entwicklung wird weiter als nur der nächste Sprint geplant. OEMs erwarten hier üblicherweise eine detaillierte Planung über wenige Monate hinweg (zusätzlich zu einer Grobplanung des gesamten Projekts). Daher sind mehrere Planungsebenen erforderlich, die in agilen Projekten durch unterschiedliche Planungsgranularität gelöst werden können. In Abschnitt 6.3.3 geben wir hierzu ein konkretes Lösungsbeispiel.

Einbettung agiler Teams in das Gesamtprojekt

Auf die generelle Problematik bei der Einbettung von agilen Teams in die Gesamtprojektorganisation wurde bereits in Abschnitt 6.2.2 im Rahmen der agilen Skalierung eingegangen. Um die in Abschnitt 6.1 angesprochenen Vorteile zu erreichen, sollte auch die Projektebene agil skaliert werden.

Eine andere Möglichkeit ist, dass zwar die Softwareentwicklungsteams mit agilen Vorgehensweisen arbeiten, der Rest des Projekts aber »klassisch« organisiert ist. Dann müssen die Schnittstellen bezüglich Projektplanung und Verfolgung abgestimmt werden. Wie in Abbildung 6–5 zu sehen ist, arbeiten die Teams agil, abgebildet im Taskmanagement mit JIRA. Die einzelnen Aggregationsebenen sind im Projektplan abgebildet[20]. Der Feature-Release-Plan bildet die Kundensicht auf den Projektfortschritt ab. Der JIRA-Erfüllungsgrad wird zur Projektebene hochaggregiert. Projektplan und Feature-Release-Plan entsprechen der

---

20. In Abbildung 6–5 sind die Epics aus JIRA im Projektplan (MS Project) als Sub-Features abgebildet.

»klassischen« Vorgehensweise. Abbildung 6–5 zeigt aus dem gleichen Zuliefererprojekt die Schnittstellen zwischen den verschiedenen Planungswerkzeugen, die in dem bereits angesprochenen Automotive SPICE-Assessment bestätigt wurden.

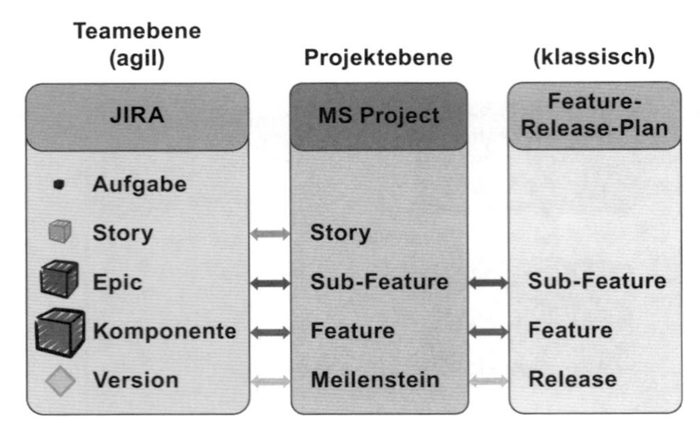

Abb. 6–5 *Schnittstellen der Planungswerkzeuge zur Projektverfolgung*

Qualitätssicherung

Viele der agilen Prinzipien (siehe Abschnitt 6.2.1) zielen explizit auf eine gute Produktqualität ab. Neben der Kundenzufriedenheit als ein Maß für die Qualität werden auch die Anwendung von guten Designprinzipien, herausragende Architekturen sowie eine kontinuierliche Lieferung einer funktionsfähigen Software in kurzen Entwicklungszyklen adressiert. Dies umfasst auch die dazu notwendige Dokumentation. Daher ist es wichtig, dass die eingesetzten agilen Praktiken, die die Prozessergebnisse des Qualitätssicherungsprozesses SUP.1 gut unterstützen, ausreichend umgesetzt sind:

- Die Definition of Ready (DoR) definiert allgemeine Kriterien für User Stories und wird eingehalten, sprich, es werden nur User Stories umgesetzt, die ausreichend spezifiziert und geschätzt sind.
- Akzeptanzkriterien definieren spezifische Anforderungen an eine User Story, die als Verifikationskriterien im Sinne von Automotive SPICE zu verstehen sind.
- Die Definition of Done (DoD) definiert sowohl Anforderungen an die Arbeitsprodukte inklusive deren Dokumentation sowie Anforderungen bezüglich der Einhaltung von Prozessanforderungen (siehe dazu auch das Lösungsbeispiel in Abb. 6–7).
- Die Impediment-Liste dient der Dokumentation und Verfolgung von identifizierten Problemen bis zu deren Beseitigung.
- Refactoring-Aktivitäten mit dem Ziel der Verbesserung der nicht funktionalen Eigenschaften der Software werden konsequent eingeplant und durchgeführt.

Die Rolle einer unabhängigen Qualitätssicherung wird zwar bei agilen Methoden und Praktiken nicht angesprochen, ist aber auch nicht verboten. Hier haben sich in der Praxis folgende Lösungen bewährt. Die Qualitätssicherung ist außerhalb des agilen Teams angesiedelt, wobei es zwei Varianten gibt:

- Es gibt bereits eine Softwarequalitätssicherung, die sowohl Projekte, die nach agilen Methoden entwickelt werden, als auch »klassische« Projekte nach ähnlicher Vorgehensweise betreut. Dem agilen Projekt wird wie in anderen Projekten ein Qualitätssicherungs-Verantwortlicher zugeordnet.
- Es wird die Rolle eines »Quality Product Owner« eingeführt, der ähnlich der Rolle des Product Owner agiert, aber den Fokus klar auf die Produkt- und Prozessqualität legt.

Ansonsten müssen die bewährten Qualitätssicherungsmechanismen wie unabhängige Audits und Assessments, die Verfolgung von gefundenen Abweichungen, unabhängige Qualitätssicherungsberichte inklusive Qualitätssicherungsmetriken sowie eine aktive Beteiligung und Verantwortung des Managements funktionieren.

Anforderungsmanagement und Traceability

Eine agile Entwicklung erfordert ein »vertikales vs. horizontales Schneiden« von Anforderungen, was in der praktischen Umsetzung oft problematisch ist. Gemeint ist damit die Auslieferung eines lauffähigen Produkts mit Kundenwert im Idealfall nach jeder Iteration. Dies erfordert das Schneiden der User Stories in »vertikale Scheiben«. Der Begriff »vertikale Scheibe« bezieht sich auf die Realisierung einer Anforderung durch die verschiedenen Schichten der Softwarearchitektur[21]. Es wird in diesem Zusammenfang häufig auch von funktionalem Schnitt gesprochen. Viele Produktentwicklungen tun sich damit schwer und schneiden die Anforderungen und die damit verbundenen Arbeitspaketen lieber horizontal gemäß den verschiedenen Schichten der Softwarearchitektur.

Auch ist das Herunterbrechen der Arbeit in User Stories, die in einem Sprint umgesetzt werden, in der Praxis nicht immer umsetzbar und sinnvoll. Daher kommt es durchaus vor, dass die Arbeitsschritte des Entwicklungs-V für ein Arbeitspaket über mehrere Sprints aufgeteilt werden. Hierbei sollte darauf geachtet werden, dass das Ziel, lauffähige Software zu jedem Sprint-Ende zu liefern, eingehalten und über einen funktionalen Schnitt der Aufgabenaufteilung nachgedacht wird.

Ein Beispiel soll dies verdeutlichen: Ein Feature ist das automatische Abblenden des Innenspiegels. Im ersten Sprint wird eine User Story umgesetzt, die das System aktiviert, und eine LED zeigt an, dass das System eingeschaltet ist. In der nächsten User Story wird die Grundfunktionalität[22] implementiert, und eine LED

---

21. Zum Beispiel durch die Schichten Data Access Layer (Bottom), Business Logic Layer (Middle) und User Interface Layer (Top).
22. Zum Beispiel Erkennen des Lichteinfalls.

zeigt an, ob die Abblendung aktiviert ist. In der nächsten User Story wird zusätzlich die Verdunkelung implementiert.

Im Kontrast dazu ist folgende Vorgehensweise nicht mit agiler Softwareentwicklung gleichzusetzen: Sprint 1 = Architektur, Sprint 2 = Design, Sprint 3 = Codierung und Sprint 4 = Integration und Test der Funktion.

Die Umsetzung von »agilem« Anforderungsmanagement erfordert ein intensives Training und ein Umdenken der Anforderungsmanager und Entwickler.

Um die Traceability-Anforderungen von Automotive SPICE zu erfüllen, müssen die User Stories in Bezug zu den Anforderungen gesetzt werden. Hier ist eine entsprechende Toolunterstützung für die Verlinkung besondere wichtig, da die User Stories und die Anforderungen häufig in unterschiedlichen Tools abgelegt werden.

Ein weiteres Problem ist die Umsetzung der OEM-Erwartung, dass alle bekannten Anforderungen, die in den Lastenheften dokumentiert sind, zu Projektbeginn ausreichend analysiert und als Basis für die Aufwands- und Ressourcenabschätzung genutzt werden sollen. Dies ist ein Widerspruch gegenüber dem agilen Vorgehen, der nicht so einfach aufgelöst werden kann. Hier können wir nur folgenden Rat geben: Agil ist kein »Silver Bullet« und auch nicht in jedem Projekt sinnvoll. Agile Methoden und Praktiken wurden entwickelt, um in einem neuen oder noch instabilen Technologiefeld mit unklaren Anforderungen erfolgreich Produkte zu entwickeln. Geht es bei einem Projekt um eine geringfügige Weiterentwicklung der x-ten Generation oder eine Anpassung auf das x-te Fahrzeug oder sind 19.000 Anforderungen detailliert in einem Lastenheft spezifiziert und bleiben stabil, sollte man sich überlegen, ob nicht besser »klassisch« entwickelt werden sollte, wenn die Automotive SPICE-Anforderungen zu erfüllen sind. Man kann es natürlich mit einer Mischform aus agiler und klassischer Entwicklung versuchen und wird damit bestimmte Vorteile auf Teamebene (mehr Transparenz, höhere Mitarbeiterzufriedenheit) erreichen können. Dem entgegen steht ein erhöhter Aufwand für die agilen Techniken wie Sprint-Planung, Sprint-Review etc.

Softwarearchitektur

Insbesondere das Thema agile Softwarearchitektur wird noch sehr kontrovers diskutiert. Agile Methoden sprechen häufig von einer »Just Enough«-Softwarearchitektur oder der inkrementellen Entwicklung der Architektur im Rahmen der Feature-Entwicklung. Dabei ist die Softwarearchitektur von entscheidender Bedeutung für ein gutes Produkt. Bei der Fokussierung auf die Funktionalität darf der Gesamtüberblick nicht verloren gehen. Will man Automotive SPICE-Anforderungen und Agilität zusammenbringen, so ist anzuraten, die grundlegende Architektur zu entwickeln, bevor es in die Entwicklungsiterationen geht. Im Rahmen der Entwicklung gilt, dass die Architektur weiter ausgestaltet werden muss, bevor der Feinentwurf der Softwarearchitektur entworfen und der Code geschrieben wird. Bei größeren Änderungen kann z.B. ein sogenannter Architektur-Sprint einlegt werden. Zu diesem Thema gibt es auch kritische Beiträge, siehe z.B. [Meseberg 2013] sowie [Hoenow 2013].

Continuous Integration und Test

Im Idealfall werden die verschiedenen Tests und Integrationsstufen gemäß Automotive SPICE innerhalb einer Iteration durchlaufen. Dazu müssen die Arbeitspakete entsprechend funktional geschnitten werden, sodass z.B. für eine User Story innerhalb eines Sprints sowohl das detaillierte Design und der Code erstellt als auch die zugehörigen Tests durchgeführt werden.

Tests innerhalb eines Sprints sollten mehr als Modultests abdecken. Sie sollten mit Test-driven Development, Continuous Integration und einem hohen Maß an Testautomatisierung einhergehen. Im Idealfall deckt ein Test innerhalb eines Sprints neben SWE.4- auch SWE.5-6-Aspekte ab. Zusätzlich sind üblicherweise ein Software-Release-Test und ein Systemtest durch unabhängige Testgruppen und einen Testverantwortlichen außerhalb der agilen Entwicklungsteams erforderlich, um die Automotive SPICE-Anforderungen abzudecken. Auch hier kommt der Continuous Integration inklusive eines hochautomatisierten Tests eine besondere Bedeutung zu. In Abschnitt 6.3.3 geben wir hierzu ein konkretes Lösungsbeispiel.

Regressionstests sind in Continuous Integration und den zugehörigen automatisierten Tests integriert. Im Idealfall sind alle Tests automatisiert und die Testabdeckung beim jeweiligen Testschritt ist 100%. Ist dies nicht der Fall, so muss wie bisher eine Regressionsteststrategie definiert werden.

Unterstützende Prozesse

Agile Methoden und Praktiken sagen kaum etwas zur Handhabung von Änderungs-, Problemlösungs- und Konfigurationsmanagement aus. Diese Prozesse müssen auch in agilen Teams im Rahmen der Sprints (in der Regel toolunterstützt) durchgeführt werden und auf der Projektebene zusammenlaufen (im Sinne von SUP.8-10).

Gleiches gilt für das Thema Lieferantenmanagement (ACQ.4). In der Praxis gibt es insbesondere bei Softwarelieferanten, die agil entwickeln, bereits einiges an positiven Erfahrungen. Es gilt das Gleiche wie bei der Einbettung agiler Teams in das Gesamtprojekt. Die Teams des Zulieferers können agil entwickeln, die Schnittstelle zum Projekt kann auch »klassisch« durchgeführt werden. Je nachdem, welche Vorteile man mit der agilen Entwicklung erreichen will, sollte auch auf Projektebene ein agiles Vorgehen eingesetzt werden.

Einbindung weiterer Disziplinen

Wie angesprochen kommt AiA überwiegend in der Softwareentwicklung zum Einsatz. Projekte im Sinne von Automotive SPICE umfassen in der Regel aber mehr als nur das Team zur Entwicklung der Software. Daher gibt es auch hier die grundlegenden Möglichkeiten, die Softwareentwicklung auf agiles Vorgehen umzustellen und die anderen Disziplinen »klassisch« zu steuern oder aber Agilität auch in den weiteren Disziplinen und auf Systemebene zu etablieren. Auf Letzteres wollen wir kurz eingehen. Bei agilen Systementwicklungsprojekten müssen Software, Hardware und Mechanik auf mehreren Ebenen integriert werden. Eine Herausforderung ist hier insbesondere die Synchronisation, da die Disziplinen eine unterschiedliche Iterationsdauer haben. Dies ist in Abbildung 6–6 schematisch dargestellt.

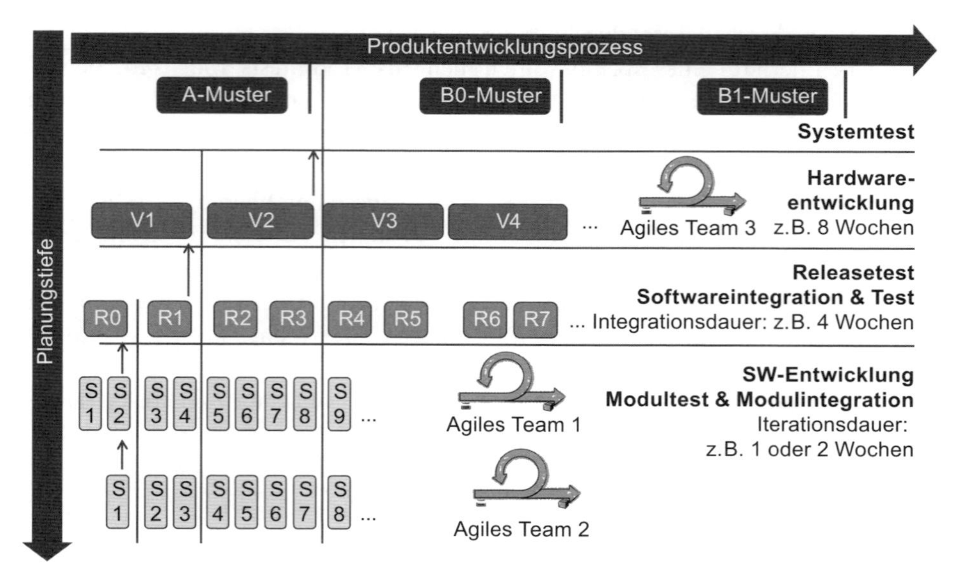

Abb. 6–6 *Synchronisation und Integrationsebenen unterschiedlicher Zyklenlängen*

Sowohl die Software- als auch die Hardwareentwicklung arbeiten in dem Beispiel mit agilen Teams. Die Softwareteams entwickeln in zweiwöchigen Iterationen, wobei Softwareteam 2 auf den Ergebnissen von Team 1 aufsetzt und einen Sprint versetzt arbeitet. Das Hardwareteam 3 entwickelt ebenfalls agil, allerdings mit einer Iterationsdauer von 8 Wochen. In diesem gezeigten Beispiel arbeiten die Testteams, die die Releasetests durchführen, eher klassisch.

6.3.3 Konkrete praktische Lösungsbeispiele

In diesem Abschnitt zeigen wir praktische Lösungsbeispiele aus realen Projekten, die einige der in Abschnitt 6.3.2 beschriebenen kritischen Punkte adressieren. Diese wurden in Automotive SPICE-Assessments, teilweise mit Beteiligung von OEM-Assessoren, bestätigt.

Definition of Done (DoD)

Will man die Automotive SPICE-Anforderungen in agilen Teams erfüllen, so spielt die DoD eine besondere Rolle. Sie wird um zusätzliche Aufgaben und Arbeitsprodukte erweitert, die die Automotive SPICE-Anforderungen abdecken. Außerdem ist die DoD mit der Qualitätssicherung (QS) abgestimmt oder durch diese freigegeben. Abbildung 6–7 stellt Auszüge einer DoD auf Teamebene aus einem realen Projekt vor. In Abhängigkeit von den verschiedenen Tasktypen[23] im Sprint gibt es unterschiedliche Kriterien, die zum Ende eines Sprints erfüllt sein müssen.

Types of tasks	Criteria	Details	References
Archi-tecture & Design	Traceability	SW Arch ⇔ Sys Arch; Design ⇔ SW Arch	Link to the related Process documentation
	Folder structure in Rhapsody	Fit the Rhapsody Standard Model WPs	
	Review	1. Checklist review doc to be saved on project share point 2. Checklist to be completed entirely 3. List of reviewers to be complete 4. Update after review to be done in Rhapsody 5. Review to be specified in the OIP ...	
	PR/CR updated	Tasks to be assigned to the specific CR/PR	
SW Imple-mentation	Associated design done	1. Design must be up-to-date in Rhapsody/ppt 2. Linkage with design task must be done, via CITaskTool (Design task is to be done first and then the code) 3. Code must fit 100% the design	
	Module Test/ Test Application to be available	1. Module Test/Test App must be done 2. Checkin to be done by a different task 3. Linkage from MT/TA to code to be CITasktool	
	Quality check	1. Code review (documented in CITaskTool, even by mentioning »no remarks« ... static Code checks with Tool X,Y criteria A, B fulfilled ...	
	PR/CR updated	Tasks to be assigned to the specific CR/PR (including MT/TA tasks)	
	Acceptance Criteria met for the specific tasks		
Testing	...	...	

Abb. 6–7 *Auszüge aus einer DoD auf Teamebene*

23. Wie Architekturtasks, Designtasks, Codierung, Test.

Da das Sprint-Review recht kurz ist und der Fokus am Ende einer Iteration typischerweise auf der Demonstration von lauffähigen User Stories und der Ermittlung von neuen Features liegt, müssen zum Sprint-Ende und vor dem Sprint-Review meist noch zusätzliche Prüfungen hinsichtlich der Einhaltung der DoD durchgeführt werden, z.B. in Form von Stichprobenprüfungen. Die Ergebnisse werden dann vom Product Owner[24] herangezogen, der beurteilt, ob das Sprint-Ergebnis inklusive der Einhaltung der DoD erreicht wurde. Die DoD umfasst auch die Definition, was ein »Potentially Shippable Product« (minimal auslieferbares Produktinkrement) zum Ende einer Iteration bedeutet.

Ist agile Skalierung ein Thema, so werden abgestufte DoDs über mehrere Ebenen benötigt. Neben der oben angesprochenen DoD am Ende eines Sprints auf Teamebene gibt es dann z.B. jeweils eine DoD auf Systemebene[25]und für jedes Release.

Agile Vorausplanung und Automotive SPICE

Um die Automotive SPICE-Anforderungen zu erfüllen, sind mehrere Planungsebenen erforderlich, die in agilen Projekten durch unterschiedliche Planungsgranularität realisiert werden können. In Abbildung 6–8 ist ein entsprechendes Product Backlog und daraus abgeleitet eine Sprint- und Releaseplanung dargestellt. Diese müssen mit dem Projektplan und dem Produktentstehungsprozess synchronisiert werden.

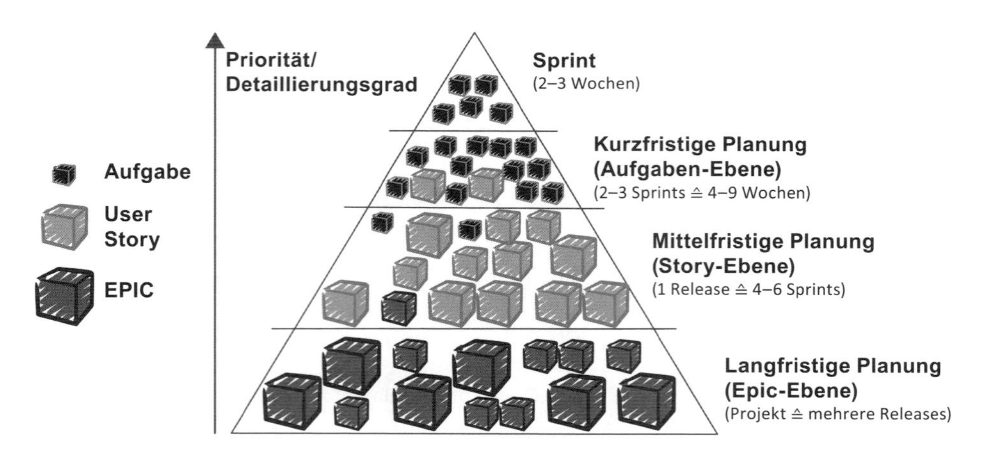

Abb. 6–8 *Product Backlog mit verschiedenen Planungsebenen*

---

24. Und auch vom Quality Product Owner, falls es diese Rolle gibt, siehe dazu die Erläuterung zu Qualitätssicherung im vorherigen Abschnitt 6.3.2.
25. Beim SAFe-Modell auch »System Increment« genannt.

Auf der kurzfristigen Ebene werden die Tasks für den aktuellen Sprint möglichst genau geplant. So ist der Aufwand für eine Aufgabe im aktuellen Sprint in der Regel nicht größer als 8 bis 12 Stunden. Ergänzend dazu werden in der Sprint-Vorausplanung bereits die nächsten 2–3 Sprints grob zwischen den Teams abgestimmt (größere Aufgaben und »User Stories«). Man plant so genau wie möglich. Ein mögliches Ziel für die angestrebte Schätzgenauigkeit[26] ist z.B. >90%.

Auf der mittelfristigen Ebene wird das nächste Release vorausgeplant (4 bis 6 Sprints). Hier wird z.B. in Story Points und mit User Stories (typische Größe: bis zu 20 Story Points) geplant. Ein mögliches Ziel für die Schätzgenauigkeit ist z.B. >80%.

Auf der langfristigen Ebene wird häufig eine Roadmap-Planung eingesetzt. Es wird mit Features und Meilensteinen geplant. Schätzungen werden ebenfalls in Story Points durchgeführt und mit sogenannten »Epics« geschätzt (20 bis 100 Story Points, Ziel der Schätzgenauigkeit >70%).

Dieses Prinzip der rollierenden Planung ist in Abschnitt 2.20 in Abbildung 2–34 dargestellt. Die Planungsgenauigkeit ist für die kurzfristigen Aufgaben hoch und für die längerfristigen niedriger.

Wichtig aus Automotive SPICE-Sicht ist, dass die aktuellen Istwerte mit den zugehörigen ursprünglichen Planwerten verglichen und daraus Maßnahmen zur Verbesserung der Schätzgenauigkeit abgeleitet werden, wie z.B. eine Verbesserung der Reference User Stories. Des Weiteren ist die rollierende Planung auch mit der Ressourcenplanung abzugleichen. Wenn man die Teams stabil halten kann[27], dann kann eine langfristige Ressourcenplanung auch auf Teamebene erfolgen. Man kennt die Team-Velocity (z.B. kann ein bestimmtes Team pro Sprint User Stories im Wert von 30 Story Points umsetzen) und plant dann auf Basis dieser Velocity den nächsten Releasezyklus von 6 Sprints auf Teamebene.

Continuous Integration und Testebenen

Wie bereits angesprochen kommt der Continuous Integration inklusive eines hochautomatisierten Tests eine besondere Bedeutung zu. In Abbildung 6–9 ist eine Umsetzung aus einem realen Projekt aufgezeigt, das agil entwickelt und die Anforderungen von SWE.4 bis SWE.6 erfüllt.

In Abbildung 6–9 sind auf der Y-Achse die einzelnen Testebenen dargestellt, die durchlaufen werden. Ein Punkt gibt an, welcher Test bei welchem Testschritt (X-Achse) durchlaufen wird. Die Größe des Punktes zeigt die Testintensität an.

---

26. Engl. estimation accuracy.
27. Das heißt, die Teammitglieder und Teamgröße bleiben über einen langen Zeitraum konstant und ändern sich nicht.

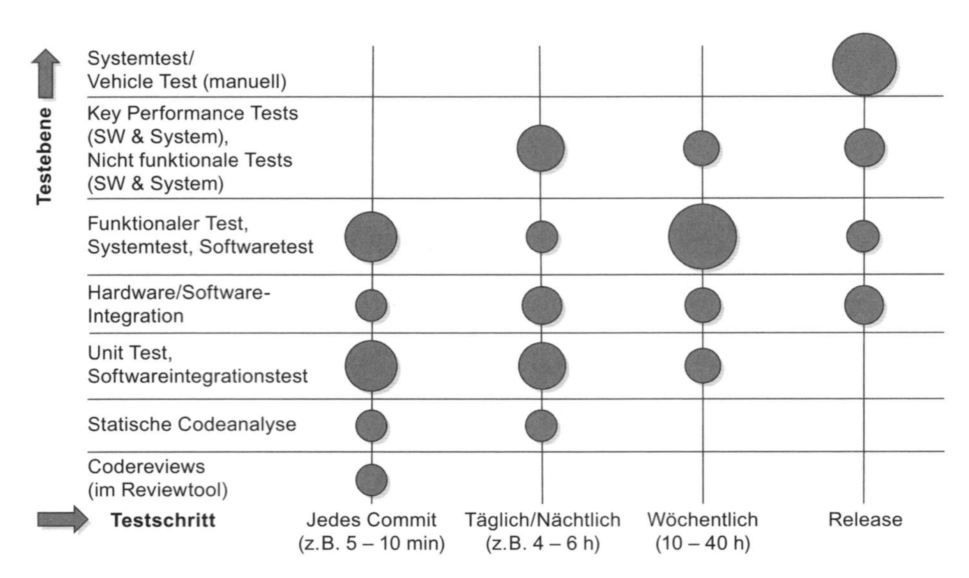

Abb. 6–9 *Continuous Integration und automatisierte Testebenen*

Bei jedem Commit (Einchecken einer Codeänderung durch einen Entwickler) muss sich der Entwickler zunächst einen anderen Entwickler suchen, der die Codeänderung reviewt (Peer-Review). Hierzu gibt es eine einfache Codereview-Checkliste mit wenigen Kriterien, die bewertet werden müssen. Das Codereview dauert meist nur wenige Minuten, da das Delta zwischen den Änderungen in der Regel klein ist. Die Ergebnisse werden in einem Collaboration Review Tool (z.B. Gerrit) dokumentiert, das in die Continuous-Integration-Umgebung voll integriert ist. Nur bei positiver Reviewbewertung wird der automatisierte Testlauf gestartet. Es werden nun automatisiert statische Codeanalysen sowie Tests mit Schwerpunkt Unit Tests und Anforderungstests durchlaufen. Der Schlüssel für eine erfolgreiche Umsetzung liegt in der Geschwindigkeit. Der Entwickler bekommt spätestens nach 10 Minuten ein Feedback, ob seine Änderung die Tests und die definierten Qualitätskriterien bestanden hat und in den Main Trunk integriert wird. Nun gibt es gerade im Embedded-Bereich Tests, die länger dauern. Diese werden vollautomatisiert jede Nacht durchlaufen. Auch hier erhält der Entwickler am nächsten Morgen einen Bericht, ob der Code ein Problem verursacht hat. Tests, die länger als eine Nacht laufen, werden automatisiert am Wochenende durchlaufen. Man hat also bis zu 40 Stunden Zeit für einen automatisierten Testlauf, der neben dem Jenkins-Server auch statische Analysewerkzeuge sowie Software-in-the-Loop- als auch Hardware-in-the-Loop-Teststände umfasst[28]. Lediglich Tests im Fahrzeug (die Ebene »Systemtest/Vehicle Test«) werden z.B. im Rahmen von Releasetests manuell durchgeführt.

28. Siehe dazu auch die zugehörige Entwicklungsumgebung, die in Abbildung 6–4 dargestellt ist.

Das dargestellte Beispiel ist sicherlich ein Best-Practice-Beispiel und viele Organisationen sind von solch einer Umsetzung noch weit entfernt. Es kann aber aufzeigen, wie es funktionieren kann, und sollte als Motivation verstanden werden, insbesondere in die Testautomatisierung zu investieren.

6.4 Agilität, Automotive SPICE und funktionale Sicherheit

In sicherheitskritischen Projekten (gemäß ISO 26262) wird der Einsatz agiler Methoden und Praktiken zur Zeit der Drucklegung dieses Buchs noch kontrovers diskutiert. Aufgrund des hohen Maßes an formaler Dokumentation und formaler Methoden können meist nur wenige agile Praktiken im eigentlichen Sinne eingesetzt werden. Trotzdem wird laut der Studie [Agile Studie 2015] Agilität auch in ASIL-Projekten, bis hin zu einer ASIL-D-Klassifikation, eingesetzt. Es ist zwar zugegeben schwierig, Anforderungen der funktionalen Sicherheit in eine agile Entwicklung zu integrieren und dabei die Vorteile der agilen Entwicklung nicht zu verlieren, aber nicht unmöglich.

Will man agile Methoden in Verbindung mit Automotive SPICE und ISO 26262 einsetzen, so gilt das Prinzip »Zuerst funktionale Sicherheit, dann Agilität«. Werden die agilen Prinzipien an dieses Umfeld adaptiert, so lassen sich nach unserer Erfahrungen auf jeden Fall Vorteile auf Teamebene wie ein besserer Umgang mit sich ändernden Prioritäten, eine verbesserte Transparenz sowie eine bessere Teammoral erreichen.

Prinzipiell sind also agile Vorgehensweisen auch in der Entwicklung von sicherheitskritischen Systemen (siehe Kap. 5) anwendbar. Dabei sollte beachtet werden, dass agile Prinzipien in erster Linie auf Teamebene angewendet werden mit dem Fokus auf der Erfüllung der Kundenanforderungen und einer hohen Flexibilität bei Änderungen. Funktionale Sicherheit ist typischerweise auf Projekt- und Produktebene in größeren Systementwicklungsprojekten mit mehreren Entwicklungspartnern, die koordiniert werden müssen, relevant.

Die Umsetzung der Anforderungen der ISO 26262 verlangen meist eine umfangreiche Dokumentation sowie Prozesse und Standards, die eingehalten werden müssen. Es gilt insbesondere die Erfüllung der in Abschnitt 6.3.2 angesprochenen kritischen Punkte. Auch die von der ISO 26262 geforderten Arbeitsprodukte und Prozessschritte müssen in der iterativen Entwicklung, der Entwicklungsumgebung, der Sprint-Planung etc. verankert werden. Des Weiteren sind bei der Kombination von Agilität, Automotive SPICE und funktionale Sicherheit (FS) noch folgende Punkte zu beachten:

- Sicherheitsanforderungen werden als zusätzliche Anforderungen im Backlog abgebildet. Das Backlog beinhaltet auch die Sicherheitsanforderungen.
- Sicherheitsanforderungen werden z.B. über DoD-Kriterien abgebildet, die eingehalten werden müssen. Die DoD überprüft neben der Einhaltung der

Produktanforderungen auch die Einhaltung der Prozessanforderungen und der erforderlichen Methoden.
- Die Sicherheitsanforderungen müssen mit höchster Priorität eingestuft werden, um sicherzustellen, dass der erforderliche Sicherheitsgrad auf jeden Fall erreicht wird.
- Die Zusammenarbeit zwischen dem FS-Manager und den agilen Teams muss definiert werden. Dies kann z.B. durch die Einführung einer zusätzlichen Rolle eines unabhängigen »Safety Product Owner«, ähnlich der Rolle des »Quality Product Owner«, umgesetzt werden.

Zusammenfassend ist festzustellen, dass agile Methoden und Praktiken auch im Umfeld der funktionalen Sicherheit eingesetzt werden können. Dies muss jedoch mit Bedacht erfolgen, und die Risiken, die damit einhergehen, müssen explizit mit Gegenmaßnahmen minimiert werden. Das grundlegende Prinzip muss sein »Zuerst funktionale Sicherheit, dann Agilität«. Die agilen Methoden und Praktiken müssen angepasst und teilweise erweitert werden. Prinzipiell gilt: Je höher der ASIL-Level, desto mehr sollte hinterfragt werden, ob die Vorteile, die man mit dem Einsatz von agilen Methoden und Praktiken erzielen will, auch noch erreichbar sind.

6.5 Zusammenfassung Agilität und Automotive SPICE

Agile Methoden können im Automotive-Umfeld einen deutlichen Zusatznutzen bringen und ohne Widerspruch zu Automotive SPICE angewandt werden, wenn etablierte Automotive-Basisanforderungen (z.B. für Dokumentation, Review) weiterhin erfüllt werden. Für eine Abdeckungsanalyse empfiehlt sich die Zuordnung der agilen Elemente zu den Prozessergebnissen.

Aufgrund der unterschiedlichen Ansätze, Denkweisen und Werte ist ein 1:1-Mapping zwischen Automotive SPICE und den agilen Methoden nicht möglich. Automotive SPICE fokussiert mehr auf Prozesse und Projekte, während agile Methoden sich auf das Team und die menschlichen Faktoren in der Entwicklung konzentrieren. Einige agile Praktiken unterstützen Automotive SPICE-Anforderungen recht gut. Zusätzlich sind Automotive SPICE-spezifische Ergänzungen notwendig.

In der Praxis gibt es einige kritische Punkte bei der Umsetzung der Kombination von Agilität und Automotive SPICE. Diese wurden hier benannt, und es gibt bereits in der Praxis bewährte Lösungsansätze, die in Automotive SPICE-Assessments bestätigt wurden. Eine agile Entwicklung bringt einen größeren Nutzen, wenn sie mit Continuous Integration, testgetriebener Entwicklung und einem hohen Maß an Prozessautomatisierung (Testen, Taskmanagement, Traceability etc.) kombiniert wird[29].

---

29. Dies wurde auch in der Studie »Agile in Automotive« [Agile Studie 2015] bestätigt.

Anhang

A Beispiele zu Assessmentplanung und Assessmentdokumentation

A.1 Fall 1: Einfaches Projektassessment Tier-1-Lieferant

Ein OEM assessiert einen Tier-1-Entwicklungslieferanten. Das Projekt umfasst die Weiterentwicklung eines bereits bewährten Steuergeräts an ein neues Fahrzeug sowie die Erweiterung um einige neue Funktionalitäten. Das Projektteam beim Tier-1 besteht aus 13 Mitarbeitern. Der Hauptsitz des Projekts ist in Deutschland (Projektleitung, Systemebene, Systemtest, Architekt, Anforderungsmanagement). Die Softwareentwicklung findet an einem anderen Standort statt (z.B. asiatischer Standort), der zuständige QS-Ingenieur sitzt in Osteuropa. Es gibt keine Softwarelieferanten. Assessiert werden soll der HIS Scope bis Level 3. Das Assessmentteam entscheidet sich nach einem Vorgespräch und der Sichtung von Unterlagen für ein Assessment einer Prozessinstanz je Prozess. Vertreter der Entwicklung sowie der QS-Ingenieur werden zum Assessmentstandort nach Deutschland eingeflogen.

A.1.1 Beispiel eines Assessmentplans

Allgemeine Angaben zum Assessment

1. Organisation

Datum: 19.–26.08	**Ort und Firma:** Firma XX, Ort Y	**Sponsor:** Name, Rolle in der Organisation
Projekte: X, für OEM ABC	**Projektstatus:** B-Muster-Entwicklung läuft	**Nächster Meilenstein:** XX Nov XX SOP 03/XY

2. Assessorenteam

Lead Assessor: Markus Müller, KMC	**Co-Assessor:** Klaus Hörmann, KMC

3. Teilnehmer der assessierten Organisation

Senior Manager:	Herr X
Assessment-Projektleiter:	Herr Y
Interviewte Experten:	... Liste der interviewten Teilnehmer Zuordnung der Teilnehmer auf Prozesse, siehe Abbildung A–1

4. Ziele des Assessments

Zweck:	Ermittlung der Capability Levels
Grund für das Assessment:	Lieferantenassessment

5. Assessmentumfang, Informationen zum Assessment

Höchster assessierter Level:	Capability Level 3
Zu assessierende Prozesse:	HIS Scope ohne ACQ.4
Vor dem Assessment analysierte Dokumente:	Liste der Dokumente...
Zusätzlich gesammelte Informationen:	OEM-Anforderungen an das Projekt, Gespräch mit dem Sponsor

6. Vereinbarungen

Eigentumsrecht und Verwendung der Assessmentergebnisse: Der Assessmentbericht ist Eigentum der assessierten Firma

7. Assessmentprozess

Assessmentmethode:	Kugler Maag Cie Assessmentprozess
Assessmentmodell:	Automotive SPICE, PAM V3.0
Verfügbarkeit von Schlüsselressourcen:	Alle Ressourcen verfügbar
Andere Einschränkungen:	Keine
Entscheidungsprozess:	Einstimmige Entscheidung

8. Referenzdokumente und Vertraulichkeit

Lieferantenfragebogen:	Questionaere_V03
Detaillierte Planung/Onsite-Zeit:	6 Tage, erster Tag Standardprozessanalyse (PA 3.1)
Assessmentagenda:	Details siehe Agenda (hier Abb. A–1)
Kick-off-Präsentation:	Kick-off Praesentation_V02
Vertraulichkeitsvereinbarung:	Die Assessoren werden alle Informationen streng vertraulich behandeln. Der Assessmentbericht wird der assessierten Organisation zur eigenen Verfügung überlassen.

A.1.2 Beispiel einer Assessmentagenda bis Level 3

Automotive SPICE® Assessment Agenda						
Tag	Prozess		Dauer	Start	Ende	Teilnehmer Interview (Name, Rolle)
1	Analyse Prozessdokumentation		8			
2	Start – Begrüßung & Einführung		0,25	8:30	8:45	Alle Assessment-teilnehmer
	Assessment Einführung		0,5	8:45	9:15	Alle Assessment-teilnehmer
	Vorstellung Projekt		0,5	9:15	9:45	
	MAN.3 Project management		3	9:45	12:45	Projektleiter
		Konsolidierung	0,25	12:45	13:00	
		Mittag	0,5	13:00	13:30	
	SUP.1 Quality assurance		1,75	13:30	15:15	Qualitäts-verantwortlicher
		Konsolidierung	0,25	15:15	15:30	
	SUP.8 Configuration management		1,75	15:30	17:15	Konfigurations-manager
		Konsolidierung	0,25	17:15	17:30	
	Bewertung		1,5	17:30	19:00	
			10,5			
3	**SYS.2** System requirement analysis		1,5	8:30	10:00	Anforderungsmanager System
		Konsolidierung	0,25	10:00	10:15	
	SYS.3 System architectural design		1,5	10:15	11:45	Systemarchitekt
		Konsolidierung	0,25	11:45	12:00	
		Mittag	0,75	12:00	12:45	
	SWE.1 Software requirements analysis		2	12:45	14:45	Anforderungsmanager SW
		Konsolidierung	0,25	14:45	15:00	
	SWE.2 Software Architectual Design		1,5	15:00	16:30	SW-Architekt, SW-Designer
		Konsolidierung	0,25	16:30	16:45	
	Bewertung		1,5	16:45	18:15	
			9,75			

→

Automotive SPICE® Assessment Agenda						
Tag	**Prozess**		**Dauer**	**Start**	**Ende**	**Teilnehmer Interview (Name, Rolle)**
4	**SWE.3** Software Detailed Design and Unit Construction		2	8:30	10:30	SW-Entwickler, SW-Designer
		Konsolidierung	0,25	10:30	10:45	
	SWE.4 Software Unit Verification		2	10:45	12:45	SW-Entwickler
		Konsolidierung	0,25	12:45	13:00	
		Mittag	0,75	13:00	13:45	
	SWE.5 Software Integration and Integration Test		1,75	13:45	15:30	SW-Integrator
		Konsolidierung	0,25	15:30	15:45	
	SWE.6 Software Qualification Test		1,75	15:45	17:30	SW-Tester
		Konsolidierung	0,25	17:30	17:45	
	Bewertung		1,5	17:45	19:15	
			10,75			
5	**SYS.4** System Integration and System Integration Test		1,75	8:30	10:15	Systemintegrator
		Konsolidierung	0,25	10:15	10:30	
	SYS.5 System Qualification Test		1,75	10:30	12:15	Systemtester
		Konsolidierung	0,25	12:15	12:30	
		Mittag	0,75	12:30	13:15	
	SUP.9 Problem resolution management		1,25	13:15	14:30	Problemverantwortlicher
		Konsolidierung	0,25	14:30	14:45	
	SUP.10 Change request management		1,25	14:45	16:00	Anforderungsmanager
		Konsolidierung	0,25	16:00	16:15	
	Bewertung		1,5	16:15	17:45	
			9,25			
6	**ACQ.4** Supplier monitoring		0	8:30	8:30	Projektleiter
		Konsolidierung	0	8:30	8:30	
	Erstellung draft findings		2,5	8:30	11:00	
	Präsentation draft findings		1	11:00	12:00	Alle Assessmentteilnehmer
			3,5			

Abb. A–1 *Beispielagenda*

A.1.3 Beispielstruktur eines Assessmentberichts

1 Allgemeine Angaben zum Assessment (Assessmentplan)

2 Management Summary

3 Assessmentergebnisse
- 3.1 Level der assessierten Prozesse
- 3.2 Bewertung der Prozessattribute

4 Assessmentergebnisse der assessierten Prozesse
- 4.1 Findings mehrere oder alle Prozesse betreffend
- 4.2 MAN.3 Project Management
- 4.3 SUP.1 Quality Assurance
- 4.4-4.X ... weitere Prozesse des Assessmentumfangs

5 Anhang 1 – Gesichtete Dokumente

6 Anhang 2 – Assessmentagenda

7 Anhang 3 – Feedbackpräsentation

A.1.4 Beispielbewertung eines Prozesses inklusive Dokumentation

Bewertung der Indikatoren und Beschreibung der Evidenzen

Die eigentliche Dokumentation findet in einem Assessmenttool statt (siehe Abb. A–2, hier mit dem Automotive SPICE-Navigator der Firma Kugler Maag Cie). Die Inhalte werden dann später in den Assessmentbericht exportiert. Im Tool sind neben den Informationen aus der Assessmentplanung folgende Informationen dokumentiert:

- Je Indikator (Basispraktik und generische Praktik):
  - Die NPLF-Bewertung
  - Eine Dokumentation der Evidenzen und Erkenntnisse aus den Interviews
  - Wird ein Indikator nicht mit »F« bewertet, so ist in der Spalte »weakness« die Schwäche zu beschreiben
- Die Prozessattributbewertung
- Die vollständige Liste der untersuchten Evidenzen
- Stärken und Schwächen je Prozess
- Management Summary

In Abbildung A–2 ist ein Auszug aus einer detaillierten Bewertungsdokumentation des Projektmanagementprozesses dargestellt.

Management		MAN.3 – Project Management Process – Rating		
1. Process Dimension				
		Findings/Evidence	**Weakness**	**Findings/Interviews**
F	**PA 1.1**			additional remarks: weekly resource balancing meeting are performed; ‚Burn down charts are established
F	**MAN.3.BP1**	▪ [11] RFQ Documents XY, ▪ [6] SmartXXX.xls (Cost Calculation: ...-xls ▪ [7] DOORS Lastenheft Feature Planning in Doors ▪ [4] Gantt Chart/Schedule (on MS Project Server) ▪ Angebot...		The project scope is defined in RFQ document XY[1]; Estimations are done and documented in sufficient detail in the sheet for quotation phase [e.g. 6]; The feature planning is done within doors [7]: delivery dates for each feature; In addition a detailed WBS in the schedule is established and consisent [4];
F	**MAN.3.BP2**	▪ [12] SW PE Interaction Diagram , Version XY ▪ [13] Corporate Overall Interaction Diagram, Rev J ▪ [1] Project Presentation , ... ▪ [4] Gantt Chart/ Schedule (on MS Project Server)		Phase Model XX is established within the project; incl. i-steps milestones from OEM; [4,12,13]
	...	▪		
L	**MAN.3.BP5**	▪ [8] Team A; Tickets (TTPro# 17XXX Parent, ...) ▪ [5] Team A Embedded_Burn Down Chart. xls (SVN 3460_17XXX-_Only.xls) ▪ [8] Team B Tab in TTPro (TTPro# 17XXY Parent) ▪ [5] Team B Embedded_Burn Down Chart. xls (SVN 3460_17XXY_Only.xls)	missmatch between initial RFQ estimation (commercial) and real resource needs (documented and maintained in the schedule)	effort Estimation and resource allocation is performed within MS project server schedule [4]; underlaying is a detailed estimation in test reck pro [8] (on a task level); progress tracking via burn down charts [5]; PM focus is on Delivery (e.g. burn down chart and completion of tasks on time and not on estimation accuracy;
	...			
F	**PA 2.1**			
F	**GP 2.1.1**	▪ [2] EE Process Document Rev 1.7 ▪ [15] Resource Planning Snap Shot 3/6/2010 ▪ [16] Corporate Tuesday Morning Resource Balancing Meeting		Process description [2] defined the objectives for Gantt charts, e.g. Goal is 95% schedule accuracy for next sprint and 100% of planned features; this is checked by the project and EEPG via measures (e.g. »Delivery on time«); Another goal is task and workload balancing needs to be accurate to 90–95% at a minimum for the next 4 weeks, which is also measured frequentely. The Balancing is discussed weekly within the resource balancing meeting (focus on 4–6 weeks) and documented within the MS Project Server schedule.
	...			

Abb. A–2 *Beispielbewertung*

A.1.5 Beispiel: Auszug aus der Liste der analysierten Evidenzen/Dokumente

Nachfolgend ist ein Auszug der Liste der Evidenzen zu Abbildung A–2 dargestellt. Die Dokumente müssen eindeutig und nachvollziehbar inklusive Versionsnummer dokumentiert werden. Zusätzlich fordern einige OEMs, dass die im Assessment gezeigten Evidenzen (das gezeigte Dokument oder Screenshots) elektronisch in einem Dokumentationsfile archiviert werden:

[1] Project Presentation XY, Version B

[2] EE Software Engineering Process Document and SW PE Interaction Diagram, Datum, Version

[3] Software Project Plan ...

[4] Gantt Chart/Schedule (on MS Project Server), Gantt chart from Date ..., SWPE Gantt Chart/Schedule (SWPE team.published)

[5] Burn Down Charts for Team A and B, Sprints X, Y, Z

[6] Cost Calculation table, ...xls

[7] DOORS XXX Feature Planning

[8] Several Ticket items: # 17150, # 17123, # 16905, #14295, # 14040, 15956, 17703, # 17301,# 17648

...

A.2 Fall 2: Komplexes Projektassessment, mehrere Instanzen

Ein OEM assessiert einen Tier-1-Entwicklungslieferanten. Das Projekt umfasst die Entwicklung eines Navigationsgeräts. Dies ist eine Neuentwicklung, die auf der neuesten Generation der zugehörigen Plattformsoftware aufsetzt. Das Projektteam besteht aus insgesamt 250 Mitarbeitern, verteilt über mehrere Länder. Außerdem werden mehrere Komponenten von Zulieferern eingebunden. Assessiert werden soll bis Level 3.

Das Projekt besteht aus 14 Teilprojekten/Teams:

- 4 SW-Entwicklungsteams (Applikation)
- 4 SW-Entwicklungsteams (Plattform)
- 2 Lead-Teams für Projektmanagement, Architekturteam, Anforderungsmanagement und QS
- 2 Testteams SW und System
- 2 Teams für HW-Entwicklung und Mechanikentwicklung

Im Rahmen der Assessmentplanung legt das Assessmentteam fest, dass je ein Entwicklungsteam für Applikation und Plattform als sogenanntes Fokusteam assessiert wird (alle im Team ausgeführten Prozesse werden assessiert). Die anderen Entwicklungsteams werden als Non-Fokusteam untersucht, d.h., es werden wahlweise einzelne Prozesse in den Teams ausgewählt. Es muss sichergestellt sein, dass in den SWE-Prozessen – wo möglich – mindestens 4 Prozessinstanzen assessiert werden. Die Zuordnung der Prozesse zu den Teams (Prozessinstanzen) ist in nachfolgender Tabelle in Abbildung A–3 angeführt. In den beiden Lead-Teams und in den Testteams werden alle Prozesse assessiert, die durch diese Teams ausgeführt werden.

Die Zuordnung der Teams zur Planung[1] erfolgt erst kurz vor dem Assessment (4 Wochen zuvor). Das Assessmentteam besteht aus 4 Assessoren, 2 davon sind sehr erfahrene Assessoren (intacs Principal Assessoren), die schon einige Male intensiv zusammengearbeitet haben. Die anderen beiden Assessoren stammen aus der Q-Organisation der assessierten Organisation (unabhängig vom assessierten Projekt). Das Projektteam reist für das Assessment an einen Assessmentort, um die Assessmentdauer kurz zu halten.

A.2.1 Beispiel: Planung der Prozessinstanzen pro Prozess

Die Tabelle in Abbildung A–3 dient der Planung, welche Prozessinstanzen in welchem Projektteam assessiert werden.

Die Projektteams 1, 5 und 9-12 sind Fokusteams, die restlichen Teams sind »Non-Fokusteams«.

1. Zum Beispiel welches Entwicklungsteam das Team 1 in der Planung und somit das Fokusteam ist.

	Fokusteams														
	SW-Entwicklung Applikation	SW-Plattform	Lead-Teams (PM, QS, REQ, Architektur, SW und Systemebene)		Test & Qualification		SW-Entwicklung Applikation			Hardware	Mechanik	SW-Plattform			# Prozessinstanzen
Team	**1**	**5**	**9 (SW)**	**10 (Sys)**	**11 (SW)**	**12 (Sys)**	**2**	**3**	**4**	**13**	**14**	**6**	**7**	**8**	**Summen**
SWE.1	1	1	1				1								4
SWE.2	1	1	1				1					1			5
SWE.3	1	1						1					1		4
SWE.4	1	1							1					1	4
SWE.5	1	1			1								1		4
SWE.6					1										1
SYS.2				1											1
SYS.3				1											1
SYS.4						1				1	1				3
SYS.5						1									1
SUP.1	1	1	1												3
SUP.8	1	1		1						1	1				5
SUP.9	1	1	1												3
SUP.10	1	1	1												3
MAN.3			1	1											2
ACQ.4			1												1
Summen	9	9	7	4	2	2	2	1	1	2	2	1	2	1	45

Abb. A–3 *Assessmentplanung und Abdeckung eines komplexen Assessments*

A.2.2 Beispiel: Assessmentagenda

Basierend auf dieser Planung wird folgende Detailagenda aufgestellt (siehe Auszug in Abb. A–4). Am ersten Tag werden die Prozessbeschreibungen zusammen mit dem Prozessmanagementteam (EPG) assessiert. Danach werden an jedem Tag zwei Prozesse assessiert. Im jeweiligen Prozess sind alle ausgewählten Teams im Interview. Das Grundprinzip ist, dass der Assessor quasi einmal eine Praktik erfragt und die assessierten Teams nacheinander antworten und ihre Evidenzen zeigen. Neben den explizit ausgewiesenen Konsolidierungszeiten findet natürlich auch an jedem Abend eine Konsolidierung des jeweiligen Tags statt. Bei den Prozessen SWE.1-5 wird mit 2 Miniteams gearbeitet (2 Teams mit je 2 Assessoren, Leitung durch einen erfahrenen Assessor: Assessmentteam A&B), die die Prozesse parallel assessieren und damit mehr Interviewzeit zur Verfügung haben. Dies erfordert jedoch auch einen deutlich höheren Konsolidierungsaufwand am Abend und zu den geplanten Konsolidierungszeiten.

Woche 1														
	Montag		Dienstag			Mittwoch			Donnerstag			Freitag		
9–12:30	Prozessbeschreibung	EPG	MAN.3	6 Stunden	Team 10, 9	SUP.1		Team 1, 5, 9	SYS.2/ SYS.3		Team 10	SWE.2		AT A: Team 1, 6, 9 AT B: Team 5, 2
13:30–17	Prozessbeschreibung	EPG	ACQ.4		Team 9	SUP.8		Team 1, 5, 10, 13, 14,	SWE.1		AT A: Team 1, 9 AT B: Team 5, 2	Konsolidierung		

Woche 2										
	Montag			Dienstag			Mittwoch			Donnerstag	Freitag
9–12:30	SWE.3		AT A: Team 1, 7 AT B: Team 5, 3	SWE.5		AT A: Team 1, 7 AT B: Team 5, 11	SYS.4, 5		Team 12, 13, 14	Konsolidierung	Abschlusspräsentation
13:30–17	SWE.4		AT A: Team 1, 8 AT B: Team 5, 4	SWE.6		Team 11	SUP.9/10		Team 1, 5, 9	Konsolidierung	

Assessierte Teams

Abb. A–4 *Auszug aus Agenda eines komplexen Assessments*

A.2.3 Beispiel: Konsolidierungs- und Aggregationsregeln

Für dieses Assessment wurden folgende Konsolidierungs- und Aggregationsregeln vereinbart:

- Die Bewertung muss im Konsens erfolgen (gilt zumindest für die beiden Miniteam-Leader).
- Jeder Indikator (BP, GP) wird für jede Prozessinstanz einzeln bewertet. Dann wird die Gesamtindikatorbewertung mithilfe der horizontalen Aggregation ermittelt. Dazu gilt:
  - Die Gesamtindikatorbewertung muss die Bewertung der einzelnen Prozessinstanzen widerspiegeln.
  - Wenn eine identifizierte Schwäche eine generelle Schwäche (über mehrere Teams) ist, dann muss sich dies in der Bewertung widerspiegeln.
  - Ist eine identifizierte Schwäche eine individuelle Schwäche eines Teams (Annahme: Die anderen Teams haben diese nicht), so gelten die nachfolgenden Regeln:
    - Wenn zwei Instanzen mit »Largely« bewertet werden, kann kein »Fully« mehr vergeben werden.
    - Wenn eine Instanz mit »Partially« bewertet wird, kann kein »Fully« mehr vergeben werden.
  - Falls nicht alle Prozessinstanzen eines Indikators (BP oder GP) bewertet werden können (z.B. aus Zeitgründen), dann müssen bei 4 oder 5 geplanten Instanzen mindestens 3 bewertet sein, bei 3 geplanten Instanzen mindestens 2.

Die Bewertung der PA erfolgt auf Basis der Gesamtindikatorbewertung.

B Übersicht ausgewählter Arbeitsprodukte

Arbeitsprodukte	Prozess-ID	Abschnitt
01-00 Konfigurationselement	SUP.8	2.17.3
01-03 Softwareelement	SWE.5	2.12.3
01-50 Integrierte Software	SWE.5	2.12.3
01-51 Applikationsparameter		2.26.1
02-01 Vereinbarung	ACQ.4	2.1.3
03-03 Benchmarking-Daten	MAN.6	2.22.3
03-04 Kundenzufriedenheitsdaten	MAN.6	2.22.3
04-04 Softwarearchitektur	SWE.2	2.9.3
04-05 Softwarefeinentwurf	SWE.3	2.10.3
04-06 Systemarchitektur	SYS.3	2.5.3
07-01 Kundenzufriedenheitsbefragung	MAN.6	2.22.3
07-02 Feldbeobachtung	MAN.6	2.22.3
07-08 Service-Level-Messung	MAN.6	2.22.3
08-04 Konfigurationsmanagementplan	SUP.8	2.17.3
08-12 Projektplan	MAN.3	2.20.3
08-13 Qualitätssicherungsplan	SUP.1	2.14.3
08-16 Releaseplan	SPL.2	2.2.3
08-17 Wiederverwendungsplan	REU.2	2.24.3
08-27 Problemmanagementplan	SUP.9	2.18.3
08-28 Änderungsmanagementplan	SUP.10	2.19.3
08-29 Verbesserungsplan	PIM.3	2.23.3
08-50 Testspezifikation	SWE.4	2.11.3
08-52 Testplan	SWE.4	2.11.3
11-03 Produktrelease-Information	SPL.2	2.2.3
11-05 Softwaremodul	SWE.3	2.10.3
11-06 System	SWE.4	2.6.3

13-01 Abnahmeprotokoll	ACQ.4	2.1.3
13-07 Problemaufzeichnung	SUP.9	2.18.3
13-08 Baseline	SUP.8	2.17.3
13-09 Besprechungsprotokoll	ACQ.4	2.1.3
13-14 Fortschrittsstatusbericht	ACQ.4	2.1.3
13-16 Änderungsantrag	SUP.10	2.19.3
13-18 Qualitätsaufzeichnung	SUP.1	2.14.3
13-19 Reviewaufzeichnungen	ACQ.4	2.1.3
13-21 Änderungsaufzeichnung	SUP.10	2.19.3
13-22 Traceability-Aufzeichnung	SYS.2	2.4.3
13-25 Verifikationsergebnisse	SUP.2	2.15.3
13-50 Testergebnis	SWE.4	2.11.3
14-02 Liste der Korrekturaktionen	SUP.1	2.14.3
14-06 Terminplan	MAN.3	2.20.3
14-09 Projektstrukturplan	MAN.3	2.20.3
15-01 Analysebericht	SUP.9	2.18.3
15-05 Bewertungsbericht	SUP.9	2.18.3
15-06 Projektfortschrittsbericht	MAN.3	2.20.3
15-07 Bericht zur Bewertung der Wiederverwendung	REU.2	2.24.3
15-12 Problemstatusbericht	SUP.9	2.18.3
15-16 Verbesserungsmöglichkeit	PIM.3	2.23.3
16-03 Konfigurationsmanagement-Repository	SUP.8	2.17.3
17-02 Build-Liste	SWE.5	2.12.3
17-03 Stakeholder-Anforderungen	SYS.1	2.3.3
17-08 Schnittstellenanforderungen/ Schnittstellenbeschreibungen	SYS.2 SWE.2	2.4.3 2.9.3
17-11 Softwareanforderungsspezifikation	SWE.1	2.8.3
17-12 Systemanforderungsspezifikation	SYS.2	2.4.3
19-10 Verifikationsstrategie	SUP.2	2.15.3

C Glossar

A-/B-/C-/D-Musterstand Die Automobilindustrie arbeitet mit sogenannten Musterständen (A,B,C,D). Dabei werden Prototypen der zu entwickelnden Bauteile mit zunehmendem Reifegrad im Entwicklungsprozess bereitgestellt und in Erprobungsfahrzeugen integriert. Die Musterphasen bedeuten etwa (für Details *siehe Abschnitt 2.2.2*):

A-Muster: meist bedingt taugliche Funktionsmuster mit geringem Reifegrad

B-Muster: funktionsfähige Grundsatzmuster mit hohem Reifegrad, können auf Hilfswerkzeugen hergestellt werden

C-Muster: voll funktionsfähige Muster aus Serienwerkzeugen

D-Muster: wie C-Muster, werden vom Lieferanten zwecks Baumusterfreigabe zur Verfügung gestellt

Abnahme Die Abnahme ist die schriftliche Erklärung der Annahme des Arbeitsprodukts (oder der Dienstleistung) im juristischen Sinne durch den Kunden/Auftraggeber. Der Kunde/Auftraggeber überzeugt sich meist durch Tests oder Prüfungen davon, dass das Arbeitsprodukt die spezifizierten Eigenschaften besitzt, sich entsprechend den spezifizierten Anforderungen verhält und für die geplante Anwendung brauchbar ist. Abnahmen werden meist durch Auftraggeber und Auftragnehmer gemeinsam durchgeführt.

Agilität In unserem Verständnis ist »agile Softwareentwicklung« ein Oberbegriff für den Einsatz von Agilität (lat. agilis: flink; beweglich) mit dem Ziel, eine Software erfolgreich in einem turbulenten Umfeld mit häufig wechselnden Anforderungen iterativ zu entwickeln. Agilität ist auch eine geistige Haltung, die im Agilen Manifest dokumentiert ist.

Akzeptanzkriterien Bei der agilen Entwicklung sind dies im Gegensatz zur DoD User-Story-spezifische Kriterien, die pro User Story erfüllt werden müssen und die der Product Owner beispielsweise im Sprint-Review überprüft.

Anforderung Eine Anforderung (engl. requirement) beschreibt eine zu erfüllende Eigenschaft oder zu erbringende Leistung eines Produkts, Systems oder Prozesses, die verifizierbar ist.

Applikationsparameter Diese sind Daten, die die Ausführung der Software beeinflussen. Applikationsparameter (oft auch als »Kalibrierungsdaten« bezeichnet) dienen zur Feinabstimmung des Fahrzeugverhaltens (z.B. Anfahrverhalten, ESP-Eingriff) und werden während Erprobungsfahrten ermittelt. Variantencodierungsdaten erlauben die Verwendung derselben Software für unterschiedliche Karosserietypen, Ländervarianten, Rechts-/Linkslenker etc. (*siehe auch Abschnitt 2.26*).

Arbeitsprodukt Ein Artefakt, das mit der Ausführung eines Prozesses zusammenhängt. Output-Arbeitsprodukte werden im Prozess erstellt bzw. geändert und stehen nach Ausführung eines Prozesses weiteren Prozessen zur Verfügung. Arbeitsprodukte können projektinternen Charakter haben oder nach außen gegeben werden.
In diesem Fall spricht man eher von »Produkt«. Output-Arbeitsprodukte sind Indikatoren der Prozessdimension.

Assessment Eine Bewertung der Leistungsfähigkeit der Prozesse einer Organisation gegenüber einem Modell (z.B. Automotive SPICE PAM). Ziel ist die Bewertung und Verbesserung der Prozesse (Prozessfähigkeit).

Assessmentmodell *Siehe Prozessassessmentmodell*

AUTOSAR Eine Initiative führender OEMs und Tier-one-Lieferanten, um einen De-facto-Standard für Elektrik- und Elektronikarchitekturen für das Automobil zu entwickeln (*siehe auch bei SWE.2 und REU.2*).

Baseline Eine Konfiguration, die einen Entwicklungsstand beschreibt, der eine besondere Bedeutung hat (z.B. eine Anforderungsbaseline, Designbaseline oder Baselines im Zusammenhang mit der Erzeugung von Releases). Die betreffenden Konfigurationselemente und ihre Zusammengehörigkeit werden durch die Baselinebildung »konserviert«, d.h. gegen Änderungen geschützt. Sie werden als zusammengehörig gekennzeichnet und »eingefroren«, d.h., die betreffenden Konfigurationselemente dürfen nicht mehr geändert werden.

Basispraktik Eine oder mehrere Aktivitäten, die im Rahmen eines Prozesses ausgeführt werden und die Output-Arbeitsprodukte erzeugen. Basispraktiken sind Indikatoren der Prozessdimension.

Beschaffung Unter Beschaffung wird im Rahmen der ACQ-Prozesse (vergleiche Abschnitt 2.1 zu ACQ.4.) die Auswahl von Lieferanten sowie die Steuerung der Erstellung von (Teil-)Produkten durch die ausgewählten Lieferanten verstanden.

Bewertungsskala Gemäß ISO/IEC 33000 werden die Prozessattribute mit einer vierstufigen Bewertungsskala (N/P/L/F) bewertet (*siehe Abschnitt 3.2 zur Erläuterung der Skala*).

Blackbox-Test Dieser Test vergleicht das nach außen beobachtbare Verhalten an den äußeren Schnittstellen der Software (ohne Kenntnis von deren Aufbau) mit dem gewünschten Verhalten. Diese Tests werden häufig mit »funktionalen Tests« gleichgesetzt, obwohl Blackbox-Tests natürlich auch nicht funktionale Tests beinhalten können.
Siehe auch Whitebox-Test.

Code Code steht hier für Quellcode bzw. Sourcecode und ist die Darstellung von Abläufen und Datenstrukturen in einer Programmiersprache, sodass eine Weiterverarbeitung durch einen Übersetzer (Compiler) möglich ist.

Codeinspektion Automotive SPICE verwendet diesen Begriff als Synonym für »Codereview«. Unter einer »Inspektion« versteht man üblicherweise eine formalere Form eines Reviews nach einem genau festgelegten Prozess durch ausgebildete Gutachter und Inspektionsleiter. Der Inspektionsprozess sieht typischerweise unter anderem vor, dass das Prüfobjekt den Prüfern bereits eine Weile vor der Sitzung zwecks Prüfung zur Verfügung gestellt wird. Während der Sitzung werden dann nur noch die Prüfergebnisse kurz durchgesprochen, konsolidiert und aufgezeichnet. *Siehe auch Codereview und Review.*

Codereview Anwendung einer Review-Methodik (*siehe Review*) auf Software. Automotive SPICE zitiert hierzu im Glossar die IEEE-Definition aus [IEEE 610]: eine Sitzung, in der Software einer Gruppe von Projektmitarbeitern, Managern, Benutzern, Kunden und anderen Interessenten präsentiert wird zwecks Kommentierung oder Genehmigung. *Siehe auch Codeinspektion.*

Commitment Eine zwischen zwei oder mehreren Parteien freiwillig geschlossene, verbindliche Vereinbarung bzw. Verpflichtung.

Continuous Integration Continuous Integration (CI, fortlaufende Integration) ist eine automatisierte Integration mit dem Ziel, Integrationsprobleme zu reduzieren. CI beinhaltet auch automatisierte statische und dynamische Tests, z.B. statische Codeanalysen und automatisierte Unit- und Integrationstests (*siehe auch entsprechenden Exkurs in Abschnitt 6.2.3*).

Definierter Prozess Gemeint ist der im Projekt oder an einer sonstigen Stelle in der Organisation ausgeführte und dokumentierte Prozess, der aus einem Standardprozess abgeleitet und ggf. (mittels »Tailoring«) angepasst wurde.

Definition of Done (DoD) Die Definition of Done enthält Kriterien, die erfüllt werden müssen, damit implementierte User Stories durch den Product Owner im Sprint-Review abgenommen werden. Unterschiedliche Tasks können unterschiedliche DoD-Kriterien haben. Um Automotive SPICE zu erfüllen, enthält die DoD auch Qualitäts- und Prozessanforderungen.

Definition of Ready (DoR) Die Definition of Ready enthält Kriterien, um zu überprüfen, ob Anforderungen und insbesondere User Stories ausreichend klar sind, um in der Sprint-Planung geplant zu werden. Beispielsweise fordert die DoR, dass User Stories geschätzt und ausreichend feingranular sind und vom Team verstanden werden.

Dynamische Analyse Eine Analyse eines Systems oder einer Komponente basierend auf dem Verhalten während der Ausführung [IEEE 610]. *Siehe auch statische Analyse.*

Entwicklungsumgebung Eine Gruppe von Werkzeugen und Infrastruktur, die Entwicklungsprozesse unterstützen. Hierzu gehören u.a. Planungswerkzeuge, Entwurfswerkzeuge, Simulatoren und Generatoren, Editoren, Übersetzer, Debugger, Konfigurationsmanagementwerkzeuge sowie die Hardware wie PC, Testumgebungen etc.

Epic Der Begriff Epic wird in der agilen Entwicklung verwendet. Er beschreibt eine Anforderung auf einer hohen Abstraktionsebene mit deutlich höherem Aufwand als eine User Story. Ein Epic benötigt einen längeren Zeitraum zur Implementierung (zum Beispiel ein Release mit 4-6 Sprints). Ein Epic wird in mehrere User Stories heruntergebrochen.

Flashen Unter Flashen versteht man in der Automobilindustrie das Beschreiben eines EEPROM in einem Steuergerät, z.B. zum Einspielen eines neuen Softwarestands.

Freigabe Formale Entscheidung auf der Basis der Projektergebnisse über den Reifegrad eines Arbeitsprodukts zur offiziellen Übergabe an den nächsten Prozessschritt oder zur Auslieferung.

Funktionale Anforderung Eine Anforderung, die einen direkten Einfluss auf die Funktionalität besitzt und diese beschreibt.

Funktionsliste Weitverbreitetes Werkzeug in der Automobilindustrie zur Planung der Inhalte der einzelnen Musterstände und SW-Releases. In der Funktionsliste werden Funktionen (evtl. auch Bugfixes) den verschiedenen SW-Releases und Meilensteinen zugeordnet und deren Umsetzung wird verfolgt. Sie dient unter anderem der frühzeitigen Abstimmung des Funktionsumfangs zwischen Lieferant und OEM. Die Funktionsliste kann auch Anforderungen zum Reifegrad einer Funktion zum Musterstand enthalten.

Generische Praktik Ein oder mehrere Aktivitäten, die die Ausführung eines Prozesses unter dem Aspekt des jeweiligen Prozessattributs unterstützen. Generische Praktiken sind Indikatoren der Reifegraddimension.

Hardware Sammelbezeichnung für Bauelemente, Baugruppen, Komponenten, Geräte und Anlagen der Datenverarbeitung und Rechentechnik.

Indikator Ein Indikator ist eine objektive Charakteristik oder ein Attribut, das die Implementierung eines Prozesses unterstützt und das zur Bewertung der Prozessattribute herangezogen wird. Die Indikatoren der Prozessdimension sind Basispraktiken und Arbeitsprodukte. Die Indikatoren der Reifegraddimension sind generische Praktiken und generische Ressourcen.

Informationssicherheit Schutz vor Gefahren oder Bedrohungen zur Vermeidung von Schäden und zum Minimieren von Risiken in der Informationstechnik. In der Praxis das Ergebnis von Maßnahmen an informationsverarbeitenden oder -speichernden Systemen, um die Schutzziele Vertraulichkeit, Verfügbarkeit und Integrität sicherzustellen.

Integration Schrittweises Zusammenfügen von Komponenten zu einem Produkt, in der Regel begleitet von verschiedenen Tests.

IT-Infrastruktur Materielle oder immaterielle Güter, die das Betreiben von IT-Software ermöglichen (z.B. Server, Storage, Netzwerk).

IT-Servicemanagement Die Steuerung der operativen IT-Organisation zur zweckmäßigen Unterstützung der Geschäftsprozesse im Unternehmen. Dazu gehört auch die Anwendung von Methoden und Prozessen.

Kanban Gemeint ist Kanban für Software: Eine agile Methode zur Softwareentwicklung, bei der die Anzahl paralleler Arbeiten, der Work in Progress (WiP), reduziert und somit schnellere Durchlaufzeiten erreicht und Probleme – insbesondere Engpässe – schnell sichtbar gemacht werden sollen.

Konfiguration Eine Gruppe von Konfigurationselementen, die zusammen genommen einen bestimmten Entwicklungsstand darstellen.

Konfigurationselemente Konfigurationselemente (auch KM-Elemente genannt) sind die Arbeitsprodukte (z.B. Dateien, Codefiles, Dokumente), die unter Konfigurationsmanagement gestellt werden.

Konfigurationsmanagement Prozess zur Bestimmung und Verwaltung von Konfigurationen, der eine Änderungssteuerung und -überwachung über einen definierten Zeitraum einschließt. Auf einzelne Konfigurationen bzw. deren Elemente (= Arbeitsprodukte) kann jederzeit zugegriffen werden, und Unterschiede zwischen einzelnen Konfigurationen sind erkennbar. Eine Konfiguration kann zu einer Baseline gemacht werden. *Siehe auch Baseline.*

Konfigurationsmanagementsystem Eine Kombination aus einem (oder mehreren) KM-Werkzeug(en) (d.h. Software, die die physische Speicherung und Handhabung unterstützt) und den damit verbundenen Regeln (Vorschriften, Prozessen, Konventionen für Änderungsmanagement, Versionierung, Zugangsbeschränkung etc.), auch KM-System genannt.

Kunde Automotive SPICE verwendet den Begriff »Kunde« für die Beschreibung eines Verhältnisses zwischen zwei Partnern, bei dem der eine Ersteller (= Lieferant) und der andere Empfänger (= Kunde) der betreffenden (Entwicklungs-)Leistung ist. *Siehe Abschnitt 2.1 für eine detailliertere Darstellung.*

Lastenheft Ein Lastenheft beschreibt die Anforderungen, Erwartungen und Wünsche an ein geplantes Arbeitsprodukt in natürlicher Sprache aus Kundensicht einschließlich aller Randbedingungen.

Lebenszyklusmodell Das Lebenszyklusmodell ist eine geeignete und angemessene Vorgehensweise der Projektbearbeitung, bestehend aus den Projektphasen, die das Projekt in größere Abschnitte gliedern, sowie der Beschreibung der Phasenübergänge (z.B. Qualitätstore). Gegebenenfalls werden auch untergeordnete Aktivitäten definiert und deren Zusammenhänge angegeben, z.B. in Form von Schleifen und Iterationen.

Lessons Learned Gemeint ist das systematische Erfassen von Erfahrungen, um für die Zukunft zu lernen und Fehler zu vermeiden. Diese Erfassung kann z.B. beim Abschluss eines Projekts oder einer Projektphase geschehen. In der agilen Entwicklung wird dies »Retrospektive« genannt und nach jedem Sprint durchgeführt.

Lieferant Automotive SPICE verwendet den Begriff »Lieferant« für die Beschreibung eines Verhältnisses zwischen zwei Partnern, bei dem der eine Ersteller (= Lieferant) und der andere Empfänger (= Kunde) der betreffenden (Entwicklungs-)Leistung ist. Im Rahmen eines Vertragsverhältnisses ist mit »Lieferant« der Auftragnehmer gemeint, bei einer Ausschreibung der Anbieter. *Siehe auch Abschnitt 2.1 für eine detailliertere Darstellung.*

Meilenstein Ein Meilenstein ist ein wichtiges Ereignis im Projekt, an dem wesentliche Arbeitsergebnisse einen bestimmten Entwicklungsstand erreichen, z.B. der Abschluss einer Projektphase oder das Ausliefern eines Musterstands zu einem geplanten Termin.

Messen Wird im Kontext des Prozesses MAN.6 verwendet. Unter Messen wird hier ein kontinuierlicher Prozess verstanden, bei dem Metriken für die Prozesse definiert und Messdaten gesammelt, analysiert und bewertet werden. Ziel ist es dabei, die Prozesse zu verstehen, zu kontrollieren, zu steuern und zu optimieren, um z.B. Projekte besser steuern zu können, Aufwand und Kosten der Entwicklung zu reduzieren oder die entstehenden Arbeitsprodukte zu verbessern.

Metrik Auch »Maß« oder »Messwert« genannt. Eine numerische Größe, die ein Verfahren, einen Prozess, ein Produktattribut oder ein Ziel beschreibt. Zu unterscheiden sind Basismetriken (die direkt gemessen werden können) und abgeleitete Metriken, die sich aus mathematischen Operationen unter Verwendung von Basismetriken ergeben.

MISRA MISRA ist ein C-Programmierstandard aus der Automobilindustrie, der von der MISRA (The Motor Industry Software Reliability Association) erarbeitet wurde (*siehe Anhang E*).

Modularität Grad, zu dem ein Softwaresystem aus in sich geschlossenen, kleinen, logischen Einheiten (Softwaremodulen) besteht, die miteinander in Wechselbeziehung stehen. Die Komplexität der Kopplung dieser Softwaremodule muss überschaubar und handhabbar sein.

Modultest Testen der kleinsten Einheit eines Programms (Softwaremodul)

Nicht funktionale Anforderungen Nicht funktionale Anforderungen sind solche, die keinen direkten Einfluss auf die Funktionalität besitzen. Bezüglich Software können das z.B. Komplexität, Verschachtelungstiefe, Testbarkeit und Wartbarkeit sein. Nicht funktionale Anforderungen ergeben sich auch aus der Betriebsumgebung, wie z.B. Anforderungen bezüglich eines Temperaturbereiches, in dem ein System einwandfrei funktionieren muss (z.B. -50 bis +80 Grad Celsius).

Pflichtenheft Das Pflichtenheft ist die vertraglich bindende, detaillierte Beschreibung einer zu erfüllenden Leistung, z.B. eines geplanten Geräts, einer technischen Anlage, einer Maschine, eines Werkzeugs oder auch eines Softwareprogramms. Im Gegensatz zum Lastenheft sind die Inhalte präzise, vollständig, nachvollziehbar sowie mit technischen Festlegungen verknüpft, die auch die Betriebs- und Wartungsumgebung festlegen. Das Pflichtenheft beinhaltet eine Interpretation von Anforderungen aus Entwicklersicht an Arbeitsprodukte bzw. Dienstleistungen einschließlich der zu berücksichtigenden Randbedingungen.

Plattform Eine Plattform bezeichnet bei Automobilen eine technische Basis, auf der äußerlich verschiedene Modelle aufbauen. In der Elektronikentwicklung ist darunter ein Hardware-, Software- oder Systembaukasten zu verstehen mit der Möglichkeit, unter Beibehaltung wesentlicher Eigenschaften durch Änderungen, Parametrierung oder Ableitung in einfacher Weise Derivate zu erzeugen.

Product Backlog Das Product Backlog ist der Speicherort für alle Anforderungen an das Entwicklungsprojekt. Es ist priorisiert und wird durch den Product Owner gepflegt und verwaltet. Im Backlog sind typischerweise User Stories und Epics enthalten. Hochpriore User Stories sind beschrieben, haben Akzeptanzkriterien, sind möglichst genau geschätzt und erfüllen in der Regel die Definition of Ready.

Product Owner Eine definierte Rolle im Scrum-Rahmenwerk. Der Product Owner repräsentiert die Stimme des Kunden und stellt sicher, dass das Scrum-Team aus der Business-Perspektive an den richtigen Tasks arbeitet. Er verantwortet das sogenannte »Product Backlog«.

Projekt Zeitlich begrenztes, einmaliges Vorhaben zur Realisierung eines Produkts oder einer Dienstleistung.

Projektmanagement Planen, Überwachen und Steuern eines Projekts mit dem Ziel, ein Produkt zu liefern, das die vereinbarten Anforderungen hinsichtlich Produkt/Leistung, Qualität, Termine und Kosten erfüllt.

Projektphasen Projektphasen bestehen aus zeitlich verknüpften, umfassenderen Projektvorgängen, die in einem logischen Zusammenhang stehen. Beispiele für Phasen sind Projektstart, Projektplanungsphase, Projektdurchführungsphase, Projektabschluss. *Siehe auch Lebenszyklusmodell.*

Projektplan Der Projektplan besteht aus einem oder mehreren Planungsdokumenten (z.B. Projektstrukturplan, Terminplan, Ressourcenplanung) bzw. liegt in Form einer Verzeichnisstruktur mit verschiedenen Dateien vor, die den Projektumfang und die wesentlichen Projektmerkmale definieren. Der Projektplan ist Grundlage für die Projektkontrolle und -steuerung. Wenn der Projektplan aus mehreren Planungsdokumenten besteht, so ist darauf zu achten, dass die einzelnen Dokumente in Summe ein schlüssiges, zusammenhängendes Ganzes darstellen.

Projektstrukturplan Ein Projektstrukturplan (kurz PSP) ist eine an den Liefergegenständen oder Projektphasen orientierte Anordnung von Projektelementen, die den Gesamtinhalt und -umfang des Projekts strukturiert und definiert.

Prozess Ein Prozess besteht aus einer Reihe von (evtl. parallelen bzw. alternativen) Aktivitäten oder Schritten, die zu einem bestimmten Zweck durchgeführt werden und Input-Arbeitsprodukte in Output-Arbeitsprodukte transferieren. Die Output-Arbeitsprodukte werden ggf. von weiteren Prozessen genutzt.

Prozessassessmentmodell Ein Prozessassessmentmodell (PAM) enthält die Details zur Bewertung der Prozessreife (sog. Indikatoren) und ist in zwei Dimensionen (Prozessdimension und Reifegraddimension) organisiert. Ein Prozessassessmentmodell bezieht sich auf eines oder mehrere der Prozessreferenzmodelle. Ein Beispiel für ein Prozessassessmentmodell ist das Automotive SPICE PAM.

Prozessattribut Prozessattribute sind Eigenschaften eines Prozesses, deren Erfüllung bewertet werden kann und die zur Beurteilung der Erreichung einer Reifegradstufe eines Prozesses herangezogen werden. Sie sind auf alle Prozesse anwendbar.

Prozessdimension Diese enthält für alle relevanten Prozesse die Indikatoren bezogen auf den Prozesszweck und die Prozessergebnisse. Die Prozesse sind in Prozessgruppen zusammengefasst.

Prozessergebnisse Ein vorliegendes, nachweisliches Ergebnis der erfolgreichen Umsetzung eines Prozesses.

Prozessreferenzmodell Ein Prozessreferenzmodell (PRM) beschreibt für eine bestimmte Anwendungsdomäne eine Menge von Prozessen, jeweils in Form eines Prozesszwecks und der notwendigen Prozessergebnisse, um diesen Prozesszweck zu erreichen.

Prozessverantwortliche Der Prozessverantwortliche (Person oder Team) ist für die Definition und Pflege eines Prozesses verantwortlich. Auf Organisationsebene ist der Prozessverantwortliche für die Beschreibung des Standardprozesses verantwortlich. Auf Projektebene ist der Prozessverantwortliche für den definierten Prozess verantwortlich. Ein Prozess kann daher mehrere Prozessverantwortliche mit unterschiedlichen Verantwortungsebenen haben.

Quality Assurance/Qualitätssicherung Nach DIN EN ISO 9000:2015, Punkt 3.3.6, ist Qualitätssicherung (engl. quality assurance) definiert als »Teil des Qualitätsmanagements, der auf das Erzeugen von Vertrauen darauf gerichtet ist, dass Qualitätsanforderungen erfüllt werden«. Speziell für die Softwareentwicklung beschreibt Automotive SPICE einen Qualitätssicherungsprozess, dessen Aktivitäten die Erfüllung von Qualitätsanforderungen zum Ziel haben.

Regressionstest Testen, ob bereits früher erfolgreich getestete Eigenschaften immer noch korrekt sind. Wird nach Änderungen notwendig, um unerwünschte Seiteneffekte auszuschließen.

Reifegraddimension Sie enthält alle Indikatoren zur Unterstützung der Bewertung der Prozessattribute.

Reifegradprofil Ergebnisdarstellung der in den einzelnen Prozessattributen pro Prozess erreichten Erfüllungsgrade (N/P/L/F).

Reifegradstufe Reifegradstufen sind ein Maß für die Prozessreife. Je nachdem, welche Praktiken bzw. Arbeitsprodukte eines Prozessassessmentmodells nachgewiesen werden können, werden verschiedene Reifegradstufen vergeben. Automotive SPICE unterscheidet sechs Reifegradstufen von Level 0 »Unvollständig« bis Level 5 »Optimierend«.

Release Konsistente Menge von versionierten Objekten mit definierten Eigenschaften und Merkmalen, die zur Auslieferung an interne oder externe Kunden bestimmt ist. *Siehe auch Version.*

Releaseplanung Planung, in welcher Version eines Produkts bestimmte Eigenschaften realisiert werden. Auf dieser Basis kann man den Entwicklungsablauf strukturieren und die Arbeiten priorisieren.

Review Formelle Prüfung eines Objekts (z.B. Dokument oder Code) gegenüber Vorgaben und gültigen Richtlinien durch Gutachter mit dem Ziel, Fehler, Schwächen oder Lücken des Reviewgegenstands aufzuzeigen, zu kommentieren und zu dokumentieren sowie den erwarteten Reifegrad des Objekts festzustellen.

Risiko Ein Risiko ist ein ungewolltes Ereignis oder ein potenzielles Problem, das in der Zukunft mit einer gewissen Wahrscheinlichkeit eintreten kann. Ein Risikoeintritt ist mit einem Schaden verbunden, d.h., er hat einen negativen Effekt z.B. auf die Projektziele, bewirkt also z.B. eine Kostenerhöhung, Terminverschiebungen, Qualitätsprobleme oder sonstige Schäden.

Risikomanagement Risikomanagement ist ein kontinuierlicher, projektbegleitender Prozess und ein wichtiger Bestandteil der Projektmanagementaktivitäten. Ziel des Risikomanagements ist es, Risiken zu erkennen, zu vermeiden oder ihre Eintrittswahrscheinlichkeit zu verringern oder die Auswirkungen bei Risikoeintritt abzumildern.

Safety Für den Nutzer störungsfreier und sicherer Betrieb eines Fahrzeugs oder Geräts.

Scrum Die bekannteste agile Methode Scrum ist ein iteratives und inkrementelles Rahmenwerk für die agile Softwareentwicklung. Scrum definiert Rollen, Events und Artefakte, die im die sogenannten Scrum-Zyklus zusammenspielen.

Scrum Master Eine definierte Rolle im Scrum-Rahmenwerk. Er ist eine Kombination aus Coach, Problemlöser und Unterstützer und stellt sicher, dass die vereinbarten Regeln und Rahmentermine eingehalten werden, und kümmert sich um Störungen, die das Team am optimalen Arbeiten hindern, sog. »Impediments«.

Security Schutz vor Gefahren oder Bedrohungen zur Vermeidung von Schäden und zum Minimieren von Risiken.
Bezug zur IT – *siehe Informationssicherheit.*

Safety Integrity Level Einstufung von sicherheitskritischen Systemen in Sicherheitsstufen in Form von Safety Integrity Levels (SIL) (*siehe dazu auch Kap. 5*).

Softwarebestandteil Quellcode, ausführbarer Code, Steuerungsbefehle für Betriebssysteme, Steuerungsdaten oder eine Kombination dieser Elemente (nach [IEEE 610]). Der in Automotive SPICE verwendete Begriff ist »software item«.

Softwaremodul Eine Softwarekomponente, die nicht weiter unterteilt werden kann. Der in Automotive SPICE verwendete Begriff ist »unit« bzw. »software unit« (*siehe auch [IEEE 610]*). Anmerkung: [IEEE 610] enthält keine Definition für den Begriff »Softwarekomponente« (software component).

Softwaretest Verifikation oder Validierung eines Programms.
Siehe auch Testen.

Sponsor Im Kontext eines Assessments ist damit eine Person gemeint, die in einem Assessment zusammen mit dem Lead Assessor die wesentlichen Entscheidungen zum Assessmentumfang trifft, durch Ressourcenbereitstellung unterstützt und die Qualifikation des Lead Assessors sicherstellt.

Sprint Ein Sprint ist eine Entwicklungsiteration im Scrum-Rahmenwerk (»timeboxed«). Ein Sprint dauert typisch zwischen 1 und 4 Wochen.

Stakeholder Beteiligte und Betroffene, die zu einer Aktivität Inputs liefern, an der Aktivität beteiligt sind oder von den Ergebnissen der Aktivität betroffen sind bzw. diese nutzen. Dazu zählt auch derjenige, der Ressourcen bereitstellt.

Standardprozess Ein standardisierter Prozess, der übergreifend für einen bestimmten Teil der Entwicklungsorganisation gilt. Der Standardprozess besteht aus grundlegenden Prozesselementen wie Prozessaktivitäten mit Abhängigkeiten und Schnittstellen, Input- und Output-Arbeitsprodukten, unterstützenden Werkzeugen und Hilfsmitteln sowie Angaben dazu, welche Rollen an den Aktivitäten beteiligt sind.

Statische Analyse Eine Analyse eines Programms, ohne das Programm auszuführen. *Siehe auch dynamische Analyse.*

Steuerkreis Gremium, in dem mehrere Personen (wie z.B. Vertreter des Managements, Vertreter verschiedener Interessengruppen des Kunden) die oberste Kontrollinstanz eines Projekts darstellen, auch Projektlenkungsausschuss oder Lenkungskreis genannt.

Story Points Eine agile Schätzeinheit, die sehr häufig verwendet wird, um »User Stories« abzuschätzen. Story Points sind eine relative Größe, basierend auf einer Kombination von Größe und Komplexität. Ausgehend von zu bestimmenden Referenz-Stories wird vergleichend abgeschätzt: Die Umsetzung einer 10 Story Points User Story dauert doppelt so lange wie eine 5 Story Points User Story. Zum Vergleich legt man mehrere Referenz-Stories fest, zum Beispiel für 1, 2, 3, 5 und 8 Story Points.

Strategie Der Ausdruck Strategie wird in Automotive SPICE häufig im Zusammenhang mit verschiedenen Prozessen verwendet (z.B. Integrationsstrategie, *siehe SYS.4*). Oftmals wird eine Strategie in der ersten Basispraktik eines Prozesses gefordert. Gemeint ist die Festlegung der prinzipiellen Vorgehensweise bezüglich des jeweiligen Prozesses, d.h. die Aktivitäten des Prozesses und deren Zeitpunkte.

System Produkt oder Bestandteil eines Produkts, das wiederum aus Subsystemen bestehen kann, die untereinander in Wechselbeziehung oder Wechselwirkung stehen.

Terminplan Der Terminplan enthält die durchzuführenden Aktivitäten inkl. Reihenfolge und Abhängigkeiten zwischen diesen, Meilensteine, Zeitdauer und geschätzte Aufwände der Aktivitäten, Start- und Endtermine sowie die Zuordnung von Ressourcen zu den Aktivitäten. Ferner sollten der oder die kritischen Pfade im Terminplan kenntlich gemacht werden.

Testabdeckungsanalyse Eine Analysemethode, die bestimmt, welche Teile der Software durch die Testfallsammlung abgedeckt werden bzw. welche Teile nicht abgedeckt werden. Daraus kann man feststellen, ob und ggf. welche zusätzlichen Testfälle noch notwendig sind.

Testen Tätigkeit, um die Konformität eines Objekts zu seinen Anforderungen nachzuweisen und Abweichungen festzustellen.

Testfall Kombination von Eingabedaten, Bedingungen und erwarteten Ausgaben für die funktionale oder nicht funktionale Überprüfung eines Testgegenstands hinsichtlich der Einhaltung bzw. Umsetzung einer zugesicherten Eigenschaft.

Testgetriebene Entwicklung (test-driven development) Testgetriebene Entwicklung entwickelt auf Basis von Anforderungen und Grobentwurf schrittweise zunächst die Tests, die ein Feature erfüllen muss, anschließend den minimalen Code, der die Tests erfüllt. Dieses Vorgehen stellt sicher, dass Anforderungen und Entwurf durch den Code umgesetzt werden, und treibt ebenfalls die Klärung der Anforderungen voran. Die Tests stellen einen ausführbaren Teil des Detailentwurfs dar, der zwingend immer aktuell ist.

Testplan Dokument, das den Umfang, die Vorgehensweise, die Ressourcen und die Zeitplanung der intendierten Tests (inklusive aller Aktivitäten) beschreibt (*siehe [ISO 29119]*).

Tier »Tier« (englisch) bedeutet Stufe oder Schicht. Im Zusammenhang mit Lieferanten spricht man von tier one, tier two etc. und meint damit die Stufe in der Lieferantenkette. In der Automobilindustrie gibt es oft eine ganze Hierarchie von Auftraggeber-/Auftragnehmer-Beziehungen, d.h., ein Lieferant (»tier one«) akquiriert weitere Systembestandteile von eigenen Unterlieferanten bzw. von Unterlieferanten, die ihm durch den Auftraggeber vorgeschrieben werden (»tier two«).

Traceability Traceability stellt, ausgehend von den Anforderungen, eine Verbindung zwischen Elementen verschiedener Entwicklungsschritte her (*siehe auch Abschnitt 2.25*).

Traceability-Matrix Eine Matrix, in der die Nachverfolgbarkeit zwischen den Anforderungen und Arbeitsprodukten dargestellt werden kann.

Use-Case-Diagramm Mit Use-Case-Diagrammen kann eine geforderte Funktionalität grafisch und textuell dargestellt werden. Sie sind intuitiv verständlich, sodass sie auch als Grundlage für Gespräche zwischen Auftraggeber und Auftragnehmer dienen können. Jedes Use-Case-Diagramm besteht aus Use Cases (Ellipsen) und Akteuren (Strichmännchen), die sich zusammen in einem abgeschlossenen System befinden. Ein Use Case ist hierbei eine Tätigkeit, die meist aus einem Substantiv und einem Verb besteht, sie umfasst mehrere Aktivitäten (z.B. System einschalten, Knopf drücken, Display ablesen). Use-Case-Diagramme werden im Rahmen der Softwareanforderungsanalyse verwendet und sind Teil der Unified Modeling Language (UML).

User Story Eine User Story ist eine kurze, einfache Beschreibung eines Features aus der Perspektive eines Nutzers (Kunde, System etc.). Es gibt dazu ein einfaches Beschreibungsformat: As a <type of user> I want to perform <some task> so that I can <reach some goal>. Eine User Story sollte so klein sein, dass sie innerhalb eines Sprints umgesetzt werden kann.

Validierung Validierung beantwortet die Frage »Baue ich das richtige System?«, d.h., ist es geeignet für die vorgesehene Nutzung? Es wird also geprüft, ob ein System für seinen Einsatzzweck tauglich ist. Dies geschieht in erster Linie durch Prüfung gegen die Kunden- und Systemanforderungen.

Velocity Die Team-Velocity ist das erzielte Ergebnis eines Teams in einem Sprint. Man misst die Velocity zum Beispiel in Story Points. Eine aktuelle Velocity von 20 bedeutet, das Team hat in diesem Sprint User Stories im Wert von 20 Story Points erfolgreich (durch den Product Owner abgenommen) abgeschlossen. Die Velocity wird genutzt, um Vorhersagen zu treffen und zum Beispiel eine Releaseplanung aufzustellen. Werden beispielsweise im Rahmen des nächsten Releaseumfangs 6 Sprints durchgeführt, so kann das Team in diesem Release User Stories im Wert von 120 Story Points einplanen. In der Regel sieht man noch einen Puffer von ±15% vor.

Verifikation Verifikation wird als ein entwicklungsphasenspezifischer Prozess verstanden, in dem die Korrektheit und Vollständigkeit von Arbeitsprodukten dieser Phase im Hinblick auf die direkten Vorgaben an das jeweilige Arbeitsprodukt geprüft werden. So wird z.B. bei der Verifikation einer Softwarekomponente schwerpunktmäßig gegen deren Designvorgaben und gegen Programmierrichtlinien geprüft. Verifikation beantwortet die Frage »Baue ich das System richtig?«, d.h., entspricht es der Vorgabe?

Version Eindeutig gekennzeichnetes Objekt mit definiertem Entwicklungsstand (»Schnappschuss« oder »Baseline« zu einem bestimmten Zeitpunkt), das von anderen Versionen durch eine eindeutige Benennung unterschieden wird und ggf. im Rahmen des Konfigurationsmanagements verwaltet wird.

Whitebox-Test Dieser Test wird aus Kenntnis der inneren Struktur der Software, basierend auf dem Programmcode, dem Design, der Schnittstellenbeschreibungen etc. abgeleitet. Whitebox-Tests werden auch »strukturbasierte Tests« genannt. *Siehe auch Blackbox-Test.*

Wiederverwendung Verwendung von bestehenden Produkten oder deren Teilen in anderen Anwendungen.

Zeitverhalten Fähigkeit der Software, angemessene Antwort- und Prozesszeiten unter definierten Bedingungen sicherzustellen.

Zuverlässigkeit Die Zuverlässigkeit beschreibt die Fähigkeit eines Produkts, den festgelegten Leistungsumfang unter definierten Bedingungen über einen definierten Zeitraum beizubehalten.

D Abkürzungsverzeichnis

AiA	Agile in Automotive
AUTOSAR	Automotive Open System Architecture
AUTOSIG	Automotive Special Interest Group
BP	Base practice (Basispraktik)
BSI	Bundesamt für Sicherheit in der Informationstechnik
CAN	Controller Area Network
CCB	Change Control Board
CI	Continuous Integration, im IT-Umfeld auch Configuration Item
CL	Capability Level
CMM	Capability Maturity Model
CMMI	Capability Maturity Model Integration
COTS	Commercial off-the-shelf
DoD	Definition of Done
DoR	Definition of Ready
ECU	Electronic Control Unit (Steuergerät)
EEPROM	Electrically Erasable Programmable Read-Only Memory
EITVOX	Entry Criteria, Inputs, Tasks, Validation, Outputs, Exit Criteria
EMV	Elektromagnetische Verträglichkeit
EPG	Engineering Process Group
EPROM	Erasable Programmable Read-Only Memory
ESP	Elektronisches Stabilitätsprogramm
ETA	Event Tree Analysis
FMEA	Failure Modes and Effects Analysis (Fehlermöglichkeits- und Einflussanalyse)

FS	Funktionale Sicherheit
FTA	Failure Tree Analysis
GP	Generic practice (Generische Praktik)
GQM	Goal Question Metric
GR	Generic resource (Generische Ressource)
HAZOP	Hazard and Operability Study
HIL	Hardware-in-the-Loop
HIS	Herstellerinitiative Software
IEC	International Electrotechnical Commission
intacs	International Assessor Certification Scheme
IS	International Standard oder auch Integrationsstufe
ISO	International Organisation for Standardization
ITIL	IT Infrastructure Library
KM	Konfigurationsmanagement
LH	Lastenheft
MIL	Model-in-the-Loop
MISRA	Motor Industry Software Reliability Association
MMU	Memory Management Unit
OEM	Original Equipment Manufacturer, in diesem Fall der Automobilhersteller
OMA	Organizational Maturity Assessment
OMM	Organizational Maturity Model
OPL	Offene-Punkte-Liste
OU	Organizational Unit
PA	Prozessattribut
PAM	Prozessassessmentmodell
PH	Pflichtenheft
PKR	Prozesskonformitätsrate
PM	Projektmanagement
PPAP	Production Part Approval Process (Produktteil-Abnahmeverfahren)
PPF	Produktionsprozess- und Produktfreigabeverfahren
PPM	Parts per million
PRM	Prozessreferenzmodell

PSP	Projektstrukturplan
QM	Quality Management
QS	Qualitätssicherung
RCA	Root Cause Analysis
SADT	Structured Analysis and Design Technique
SEPG	Software Engineering Process Group
SIL	Safety Integrity Level
SIL	Software-in-the-Loop
SLA	Service Level Agreement
SOP	Start of Production
SPICE	Software Process Improvement and Capability Determination
SW	Software
SWOT	Strengths (Stärken), Weaknesses (Schwächen), Opportunities (Chancen) und Threats (Bedrohungen)
UML	Unified Modeling Language
VDA	Verband der Automobilindustrie
WP	Work Product

E Literatur, Normen und Webadressen

[Agile Pocket Guide] Agile und Automotive SPICE Pocket Guide, Kugler Maag Cie, *http://www.kuglermaag.de/shop.html.*

[Agile Studie 2015] Studie »Agile in Automotive. State of Practice 2015«, Kugler Maag Cie, *http://www.kuglermaag.de/verbesserungskonzepte/agile-in-automotive.*

[Agiles Manifest 2001] Beschreibung des »Agilen Manifests«, in dem die agilen Werte und Prinzipien von führenden Experten und Buchautoren vereinbart wurden, *http://agilemanifesto.org.*

[Anderson 2011] Anderson, D. J.: Kanban – Evolutionäres Change Management für IT-Organisationen. dpunkt.verlag, Heidelberg, 2011.

[Appelo 2010] Appelo, J.: Management 3.0: Leading Agile Developers, Developing Agile Leaders. Addison-Wesley, 2010.

[Automotive SPICE] VDA QMC Working Group 13/Automotive SIG: Automotive SPICE Process Assessment/Reference Model, Version 3.0, 2015, *http://www.automotivespice.com.*

[Automotive SPICE Essentials] Hörmann, K.; Vanamali, B.: Automotive SPICE Essentials. Kugler Maag Cie, 2015, *http://www.kuglermaag.de/shop.html.*

[AUTOSAR] *www.autosar.org*
Homepage von AUTOSAR (Automotive Open System Architecture)

[CMM 1993a] Paulk, M.; Curtis, B.; Chrissis, M.; Weber, C.: Capability Maturity Model for Software, Version 1.1, Technical Report CMU/SEI-93-TR-024. Software Engineering Institute, Carnegie Mellon University, 1993.

[CMM 1993b] Paulk, M.; Weber, C.; Garcia, S.; Chrissis, M.; Bush, M.: Key practices of the Capability Maturity Model, Version 1.1, Technical Report CMU/SEI-93-TR-025. Software Engineering Institute, Carnegie Mellon University, 1993.

[DIN 25419] DIN 25419:1985-11 Ereignisablaufanalyse; Verfahren, graphische Symbole und Auswertung. *www.beuth.de.*

[DIN 25424-2] DIN 25424-2:1990 Fehlerbaumanalyse; Handrechenverfahren zur Auswertung eines Fehlerbaumes.

[Fenton & Pfleeger 1997] Fenton, N. E.; Pfleeger, S. L.: Software Metrics – a rigorous & practical approach. 2nd ed., PWS Publishing Company, 1997.

[Freedman & Weinberg 1990] Freedman, D. P.; Weinberg, G. M.: Handbook of Walkthroughs, Inspections, and Technical Reviews. ISBN 0-932633-19-6.

[FUSI Essentials] Dürholz, D.; Herrmann, S.; Stärk, R.: Safety Essentials – ISO 26262 auf einen Blick. Kugler Maag Cie, 2014, *http://www.kuglermaag.de/shop.html.*

[Gebhardt et al. 2013] Gebhardt, V.; Rieger M.; Mottok J.; Gießelbach, C.: Funktionale Sicherheit nach ISO 26262: Ein Praxisleitfaden zur Umsetzung. dpunkt.verlag, Heidelberg, 2013.

[Gilb 1993] Gilb, T.: Software Inspection. Addison-Wesley, 1993.

[Hindel et al. 2009] Hindel, B.; Hörmann, K.; Müller, M.; Schmied, J.: Basiswissen Software-Projektmanagement. 3. Auflage, dpunkt.verlag, Heidelberg, 2009.

[Hoenow 2013] Hoenow, A.: Agile Entwicklungsmethoden und Open Source bewertet in Automotive SPICE® Assessments. Euroforum SQM Kongress, München, Juli 2013.

[Hörmann et al. 2006] Hörmann, K.; Dittmann, L.; Hindel, B.; Müller, M.: SPICE in der Praxis. dpunkt.verlag, Heidelberg, 2006.

[IEC 61508] IEC 61508:2010 Standard for Functional safety of electrical/electronic/ programmable electronic safety-related systems, International Electrotechnical Commission.
Diese Norm besteht aus sieben Teilen.
Siehe *http://www.iec.ch/functionalsafety* für Details.

[IEEE 610] IEEE 610.12:1990 Standard Glossar der Software Engineering Terminologie.

[IEEE 828] IEEE 828: 2012 Standard for Configuration Management

[IEEE 1012] IEEE 1012:1998 Standard for Software Verification and Validation.

[IEEE 1028] IEEE 1028:2008 Standard for Software Reviews, IEEE Computer Society.

[Informationssicherheit] Leitfaden des Bundesamtes für Informationssicherheit – IT-Grundschutz kompakt,
https://www.bsi.bund.de/DE/Home/home_node.html.

[ISO 26262] ISO 26262:2011 Standard for Road vehicles – Functional safety.
Die Norm stellt Anforderungen an die Entwicklung von sicherheitsrelevanten Systemen in der Automobilindustrie. Die Norm besteht aus 10 Teilen und wurde im November 2011 veröffentlicht.

[ISO/IEC 15504] ISO/IEC 15504:2006 Information technology –Process assessment; Part 1-10; wurde abgelöst durch die ISO/IEC 33000 ff.

[ISO/IEC 15504-10] ISO/IEC 15504-10:2011 Information technology – Process assessment – Part 10: Safety extension, ISO/IEC TS 15504-10:2011(E), first edition, 2011-11-15. Dieser Teil wurde bis heute noch nicht in einen ISO-330XX-Teil überführt.

[ISO/TS 16949] ISO/TS 16949:2009 Qualitätsmanagement in der Automobilindustrie, *http://webshop.vda.de/QMC*.

[ISO/IEC 20000] Information technology – Service management; besteht aus mehreren Teilen:

- ISO/IEC 20000-1:2011 Service management system requirements.
- ISO/IEC 20000-2:2012 Information technology – Service management – Part 2: Guidance on the application of service management systems.

[ISO/IEC 27001] ISO/IEC 27001:2013 Information technology – Security techniques – Information security management systems – Requirements.

[ISO/IEC 27002] ISO/IEC 27002:2005 Information technology – Security techniques – Code of practice for information security management.

[ISO 29119] Software and systems engineering – Software testing; besteht aus mehreren Teilen:

- ISO/IEC/IEEE 29119-1:2013 Software and systems engineering – Software testing – Part 1: Concepts and definitions.
- ISO/IEC/IEEE 29119-2:2013 Software and systems engineering – Software testing – Part 2: Test processes.
- ISO/IEC/IEEE 29119-3:2013 Software and systems engineering – Software testing – Part 3: Test documentation.
- ISO/IEC/IEEE 29119-4:2015 Software and systems engineering – Software testing – Part 4: Test techniques.

[ISO/IEC/IEEE 29148] ISO/IEC/IEEE 29148:2011 Systems and software engineering – Life cycle processes – Requirements engineering.

[ISO/IEC 33000] ISO/IEC 33000 ff: Series on Process Assessment; Normenserie bezüglich eines strukturierten Ablaufs eines Prozess-Assessments; *http://www.iso.org*; Vorgänger der Norm ISO/IEC 15504; besteht aus mehreren Teilen:

- ISO/IEC 33001 Concepts & Terminology.
- ISO/IEC 33002 Requirements for Performing Process Assessment.
- ISO/IEC 33003 Requirements for Process Measurement Frameworks.
- ISO/IEC 33004 Requirements for Process Models.
- ISO/IEC 33020 Measurement Framework for assessment of process capability and organizational maturity.

[Kerzner 2013] Kerzner, H.: Project Management. 11th ed., Wiley, 2013.

[LESS] LeSS (Large-Scale Scrum) Framework.
Ein frei zugängliches Methodenwerk zur Anpassung (Skalierung) von Scrum, Lean- und agiler Entwicklung für größere Organisationen und Teams (*http://less.works*).

[Leitfaden Informationssicherheit] Bundesamt für Sicherheit in der Informationstechnik, *http://www.bsi.bund.de/SharedDocs/Downloads/DE/BSI/Grundschutz/Leitfaden/GS-Leitfaden_pdf.pdf*.

[Löw et al. 2010] Löw, P.; Pabst, R.; Petry, E.: Funktionale Sicherheit in der Praxis. dpunkt.verlag, Heidelberg, 2010.

[Mathis 2015] Mathis, C.: SAFe – Das Scaled Agile Framework. dpunkt.verlag, Heidelberg, 2015.

[Meseberg 2013] Meseberg, U.: Zehn Jahre Agil – Das wurde teuer. Projektmagazin Ausgabe 09, 2013, *www.projektmagazin.de.*

[MISRA] Die Motor Industry Software Reliability Association hat speziell für die Automobilindustrie Codierungsrichtlinien für die Programmiersprache C herausgegeben (vgl. *www.misra.org.uk*).

[Müller 2004] Müller, M.: Project Support & Control Office (PSO™): Metric-based Project Management, Presentation on ESEPG, London, 2004.

[Petry & Löw 2009] Petry, E.; Löw. P.: Optimization of Assessments for Automotive SPICE and Functional Safety, SPICE Days 2009, *https://www.isqi.org/en/spice-days.html.*

[Pichler 2007] Pichler, R.: Scrum – Agiles Projektmanagement erfolgreich einsetzen. dpunkt.verlag, 2007.

[PMBoK] PMBoK: A Guide to the Project Management Body of Knowledge. 5th ed., Project Management Institute, 2013.

[Radice & Phillips 1988] Radice, R. A.; Phillips, R. W.: Software Engineering – An Industrial Approach. Prentice Hall, Englewood Cliffs, New Jersey, 1988.

[Rösler et al. 2013] Rösler, R.; Schlich, M.; Kneuper, R.: Reviews in der System- und Softwareentwicklung – Grundlagen, Praxis, kontinuierliche Verbesserung. dpunkt.verlag, Heidelberg, 2013.

[SAFE] SAFe: Scaled Agile Framework: Ein frei zugängliches Methodenwerk zur Anpassung (Skalierung) von Lean- und agiler Entwicklung für größere Organisationen und Teams, *http://www.scaledagileframework.com/: SAFe: Scaled Agile Framework.*

[Scrum Guide] Der Scrum Guide ist frei erhältlich und definiert die Scrum-Methodik. Er beschreibt die in Scrum enthaltenen Rollen, Events und Artefakte und die Regeln, wie diese zusammenspielen, *http://www.scrumguides.org.*

[Spillner & Linz 2012] Spillner, A.; Linz, T.: Basiswissen Softwaretest – Aus- und Weiterbildung zum Certified Tester. dpunkt.verlag, Heidelberg, 2012.

[System Footprint] Pragmatische und visuelle Methode, um kurzfristig Klarheit über Systemanforderungen zu schaffen und das Big Picture zu finden, *http://www.system-footprint.de.*

[van Solingen & Berghout 1999] van Solingen, R.; Berghout, E.: The Goal/Question/Metric Method. McGraw-Hill, 1999.

[Version One 2015] Studie über den Einsatz von agilen Methoden in der Entwicklung, 2015, *https://www.versionone.com/resources.*

[V-Modell] Website des V-Modell XT, *www.v-modell-xt.de.*

Index